대기복사

산란대기에서 복사전달

이광목 지음

도서출판 동화기술

머리말

대기에서 빛이 전파될 때 그 구성 성분과 상호 작용하는 과정 및 그 영향을 탐구하는 대기과학의 학문분야를 "대기복사"라 한다. 즉, 대기의 수직 방향 온도 구조, 성층권 오존층, 대기성분에 의한 온실효과, 에어로졸에 의한 우산효과 등 대기환경과 대기에서 나타나는 현상을 이해하는 데 필요한 분야이다. 아울러 전자기파를 이용한 원격탐사, 예를 들어 위성에서 측정한 자료를 이용하여 대기 성분과 분포를 탐구하거나 지표의 특성을 탐사하는데 요구되는 기초학문 분야라고 할 수 있다.

대기복사에서는 복사강도 혹은 복사속으로 정의된 복사 물리량을 다루며, Schwarzschild 복사 방정식을 설명하고 그 해를 구하기도 한다. 익숙하지 않은 물리량의 개념을 이해하고 방정식의 해를 계산하는 방법을 학습하는 데 상당한 노력과 시간이 요구될 것이다. 대기복사의 공부에 필요한 한글 교재가 부족한 것도 원인의 하나로 생각된다. 아마 적절한 한글 교재가 있으면 이러한 수고를 조금이나마 덜어 줄 수 있지 않을까? 이에 학부와 대학원의 대기복사 과목을 강의하면서 준비한 강의 노트를 정리하고 미진한 부분은 문헌을 참고하여 "대기복사 : 산란대기에서 복사전달"을 발간하게 되었다. 기본적으로 물리 과정을 설명하는 것이기 때문에 수식이 포함되어 있고, 따라서 문장은 딱딱한 느낌을 지울 수 없게 되었다. 초고를 완성하고 출판교정을 할 때까지 오타를 발견할 수 있고, 더 나은 설명이 생각나서 수정하기도 하였지만 찾지 못한 오타와 잘못된 수식이 있을 것으로 생각하고 있다. 이런 부분은 독자 여러분들이 정보를 교환하여 바르게 잡아 주기를 기대한다.

각 장에는 실습 문제 대신에 FORTRAN 프로그램을 이용한 계산 실습을 추가하였다. 기초프로그램과 응용 계산 프로그램을 통하여 복사 물리량을 이해하고, 정량적인 계산 과정을 통하여 본문에서 설명한 수식을 이해하는 데 도움이 되도록 설명하였다.

제1장에서는 복사 물리량의 정의와 함께 복사 방정식을 설명하였다. 특히 매질에서 빛의 산란과 흡수 및 방출이 있을 때의 방정식을 설명하였는데, 제2~4장에서 설명하는 내용의 기초가 되는 복사 방정식이다. 빛의 산란이 포함된 복사 방정식의 해를 구하고, 복사 물리량의 정량적 계산 방법으로 이 교재에서는 제3장의 “Discrete-ordinates method (DOM)”에 초점을 두고 설명하였다. 다른 방법으로 Adding method가 있고 근사적 계산 방법으로 Successive-orders of scattering method가 있는데, 이 방법에 대하여는 다른 문헌을 참고하여 주기 바란다. 고전적 근사계산 방법인 Two-stream method와 에딩턴 방법을 제2장에서 설명하였다. 이들은 컴퓨터의 성능이 좋아진 근래에는 실제 계산에 거의 사용되지 않지만 DOM의 해를 구하는 과정을 이해하는 데 많은 도움을 준다. 대기복사에서 가장 복잡한 경우가 매질에 의한 빛의 산란과 흡수 및 방출이 있을 때인데, 근적외선-적외선 영역의 빛이 대기 중의 온실기체에 의하여 흡수되거나 방출되고 동시에 그 빛이 에어로졸에 의하여 산란하는 경우이다. 제4장에서 관련된 내용을 설명하였다. 흡수 기체에 대한 대기의 광학두께를 구하는 “Line-by-line (LBL)” 방법을 설명하였고, 빛의 산란을 다루는 DOM과 결합한 “LBL-DISORT” 모델에 대한 설명과 프로그램 실습이 포함되어 있다. 그리고 제5장에서는 입자에 의한 빛의 산란에 대하여 설명하였다. 레일리 산란과 미 산란 및 산란 위상함수에 대한 설명과 빛의 편광에 대한 설명이 있다. 제6장에는 대기 중의 에어로졸 입자들의 통합 광학 특성에 대한 설명이 있다. 하나의 입자에 의한 산란의 개념이 크기분포가 정의된 에어로졸의 산란을 계산하는 개념으로 확장되었다.

대기복사의 기초적 개념은 2000년에 출판한 “대기복사 : 장파복사와 응용”에 설명되어 있다. 본 교재에는 상당량의 수식이 있어서 학부 과정 학생들에게는 어려울 것 같기는 하지만, 산란과정이 포함된 대기복사를 공부하는 후학들에게 도움이 될 것으로 기대한다.

목차

Chapter 3 Discrete-ordinate method

Chapter 4 LBL - DISORT

Chapter 6 에어로졸

Chapter 01

산란이 포함된 복사방정식

1.1 복사 물리량

빛의 전파를 설명할 때 문헌에 따라 복사 물리량의 명칭이 달라서 때로는 복사과정을 이해하는 데 어려움을 경험하기도 한다. 혼란을 방지하기 위하여 먼저 이 교재에서 사용한 복사 용어를 정리하기로 한다. 대기복사에서 가장 기본적인 물리량은 복사 에너지(radiant energy)이다. 면적 dA에 시간 dt 동안 입사한 빛에너지를 줄(Joule) 단위로 측정한 것이 복사 에너지이다. 파장 범위를 제한하여 측정할 수도 있고 입체각을 제한할 수도 있다. 복사 에너지 E를 빛이 입사한 시간으로 나눈 것을 복사 플럭스(radiant flux)라 한다.

$$\Phi = \frac{dE}{dt} \tag{1.1.1}$$

이 복사 플럭스의 단위는 $\mathrm{Js^{-1}[=W]}$이다. 즉, 단위시간 동안 입사한 빛에너지를 의미한다. 이 물리량을 다음과 같이 면적으로 나눈 것을 한국기상학회(2015)의 용어로는 복사조도(irradiance)라고 한다.

$$F = \frac{d\Phi}{dA} \tag{1.1.2}$$

단위는 $\mathrm{Wm^{-2}}$이다. 복사 플럭스 밀도(radiant flux density)라고 하기도 한다. 단위면적에 단위시간 동안 입사하는 빛에너지이다. 입사하는 빛의 입체각으로 복사 플럭스를 나눈 물리량을 복사강도(radiant intensity)라 한다.

$$L = \frac{d\Phi}{d\Omega} \tag{1.1.3}$$

단위는 $\mathrm{Wsr^{-1}}$이다. 대기복사에서 중요하게 취급하는 물리량은 면적과 입체각의 개념이 포함된 복사휘도(radiance)이다.

$$I = \frac{d^2\Phi}{dA\, d\Omega} \tag{1.1.4}$$

단위는 $\mathrm{Wm^{-2}sr^{-1}}$이다. 주의할 점은 이렇게 정의된 복사휘도는 면적, 시간 그리고 입체각의 각각에 대한 평균을 의미한다는 것이다. 복사강도와 복사휘도의 정의에 사용된 입체각 (solid angle)은 면적 dA를 거리 r에서 볼 때의 입체적인 각을 의미한다.

$$d\Omega = dA/r^2 \tag{1.1.5}$$

이 정의에서 보는 바와 같이 입체각은 단위가 없지만, 대기복사에서는 고깔(cone) 모양의 빛 줄기를 나타내기 위하여 "sr" (steradian)로 나타낸다.

복사 물리량 간의 관계를 살펴보자. 정의에 따라 전개하면 F, I, L의 관계는 다음과 같다.

$$F = \frac{d\Phi}{dA} = \frac{d\Phi}{r^2 d\Omega} = \frac{L}{r^2} \tag{1.1.6}$$

$$I = \frac{d^2\Phi}{dA\, d\Omega} = \frac{dF}{d\Omega} = \frac{dL}{dA} \tag{1.1.7}$$

지구－대기 시스템에서 다루는 빛에너지는 파장에 따라 다르다. 그러므로 파장의 함수로 나타내기 위하여 파장 범위 $\lambda \sim \lambda + d\lambda$ 사이의 복사 플럭스를 다음과 같이 $d\lambda$로 나누어 파장 λ에서의 단색 복사 플럭스(monochromatic radiant flux 또는 spectral radiant flux)로 정의한다.

$$\Phi_\lambda = \frac{d\Phi}{d\lambda} \tag{1.1.8}$$

그리고 단색 복사 플럭스를 이용하여 단색 복사조도(monochromatic irradiance) F_λ, 단색 복사강도(monochromatic radiant intensity) L_λ, 단색 복사휘도(monochromatic radiance or specific intensity) I_λ를 정의할 수 있다.

$$F_\lambda = \frac{d\Phi_\lambda}{dA} \tag{1.1.9a}$$

$$L_\lambda = \frac{d\Phi_\lambda}{d\Omega} \tag{1.1.9b}$$

$$I_\lambda = \frac{d^2\Phi_\lambda}{dA\, d\Omega} \tag{1.1.9c}$$

단색 복사휘도는 대기복사에서 가장 기초적인 물리량이다. 파장에 대하여 적분한 것이 복사휘도이고 입체각에 대하여 적분한 것이 단색 복사조도이다.

$$I = \int_{\lambda_1}^{\lambda_2} I_\lambda \, d\lambda \tag{1.1.10}$$

$$F_\lambda = \int_{\Omega} I_\lambda \, d\Omega \tag{1.1.11}$$

그런데 대기과학과 대기복사에서 속(flux)은 일반적으로 단위시간 동안 단위면적을 통과하는 물리량을 의미하므로 이 대기복사 교재에서는 속의 의미를 가진 "irradiance"를 "복사속"으로 나타내기로 한다. 또한 많은 문헌에서 radiance를 radiance intensity로 나타내고 있다. 그런데 "intensity"는 세기 혹은 강도의 의미이므로 radiance (intensity)를 앞으로는 "복사강도"라 한다. 빛의 파장을 nm 단위로 나타내었을 때, 단색 복사강도(monochromatic radiance intensity or specific intensity) I_λ의 단위는 $\mathrm{Js^{-1}m^{-2}sr^{-1}nm^{-1}}$이다. 단위면적에 단위시간 동안 단위 입체각으로부터 입사해 오는 단위 파장 범위의 빛에너지를 나타낸다. 대기복사에서는 "radiant intensity"는 잘 사용하지 않지만, "radiance intensity"와 구별되는 적합한 용어가 필요하다. 이 교재에서는 필요한 경우에 "복사강도(radiant intensity)"로 표현하기로 한다. 이상 대기복사에서 사용하는 기본 복사 물리량의 정의와 대기복사 교재에 사용되는 용어를 표 1.1.1에 요약하였다.

태양광의 복사 물리량을 생각해 보자. 대기 꼭대기에서 태양광에 수직인 면에 입사하는 태양광의 단색 복사강도 B_λ[여기의 B는 흑체(black body) 복사를 나타냄]의 의미는 단위 입체각으로부터 단위 파장 범위[중심이 λ]에 제한된 빛이 단위시간 동안 단위면적에 입사할 때

▼ 표 1.1.1 복사 물리량의 정의

영어	한국기상학회	대기복사 교재	기호	단위	정의
radiant energy	복사 에너지	복사 에너지	E	J	
radiant flux	복사 플럭스	복사 플럭스	Φ	$\mathrm{Js^{-1}}$, W	dE/dt
irradiance	복사조도	복사속	F	$\mathrm{Wm^{-2}}$	$d\Phi/dA$
radiance (intensity)	복사휘도	복사강도	I	$\mathrm{Wm^{-2}sr^{-1}}$	$d^2\Phi/dA\,d\Omega$
radiant intensity	복사강도		L	$\mathrm{Wsr^{-1}}$	$d\Phi/d\Omega$

의 에너지이다. 지구에서 본 태양의 입체각은 $d\Omega' = \pi R^2/d^2$ [R=태양의 반경, d=지구~태양 간의 거리] $= 6.807 \times 10^{-5}$ sr이다. 대기 꼭대기에서 정의된 태양광의 단색 복사강도를 태양의 입체각에 대하여 적분한 $B_\lambda \times d\Omega' = B_\lambda \times \pi R^2/d^2 = F_\lambda$를 태양광의 단색 복사속(monochromatic irradiance)이라 한다. 즉, $F_\lambda/d\Omega' = B_\lambda$의 관계이다. 단색 복사속의 단위는 입체각에 대하여 적분한 것이기 때문에 $\text{Js}^{-1}\text{m}^{-2}\text{nm}^{-1}$로 된다. 단색 복사속을 모든 파장에 대하여 적분한 것이 복사속이며 단위는 $\text{Js}^{-1}\text{m}^{-2}$ [$= \text{Wm}^{-2}$]이다. 대기 꼭대기에서 태양광의 복사속(solar irradiance)은 약 1,370 Wm^{-2}이다[한국기상학회 용어로 표현하면 태양광의 "복사조도"인데, 잘 맞지 않은 것 같음]. 태양에서 빛의 방출을 기준으로 생각해 보자. 태양의 단위면적 모든 지점에서 단위 입체각으로 단위 파장 범위의 빛이 단위시간 동안 방출되는 것이 태양광의 단색 복사강도 B_λ이다. 그리고 태양에서 대기 꼭대기의 단위면적을 바라볼 때의 입체각은 $d\Omega = 1/d^2$이 된다. 따라서 태양의 모든 지점에서 $d\Omega$ 범위로 방출된 것을 모두 더하면 대기 꼭대기에서의 단색 복사속 F_λ가 되어야 한다. 수식으로 표현하면 $(B_\lambda \times \pi R^2) \times d\Omega = B_\lambda \times \pi R^2/d^2$이 된다. 즉, 앞에서 설명한 F_λ와 같다.

위의 사례에서 설명한 바와 같이 태양광의 단색 복사강도는 입사의 관점에서 혹은 방출의 관점에서 정의해도 같은 값으로 표현되었다. 대기복사에서 복사강도(radiance intensity)를 중요시하는 이유는 그 불변성(invariance) 때문이다. 그 의미를 구체적으로 설명해보자. 아래 그림 1.1.1과 같이 왼쪽에서 오른쪽으로 진공을 전파하는 빛이 면적 dA를 통과하고 다시 거리 r에 있는 dA'를 통과하는 빛을 보자. 이 면들은 빛의 전파 방향에 수직이고 중심이 일치한다고 할 때, A에서 바라본 면적 dA'의 입체각은 $d\Omega = dA'/r^2$이고 A'에서 바라본 dA의 입체각은 $d\Omega' = dA/r^2$이다.

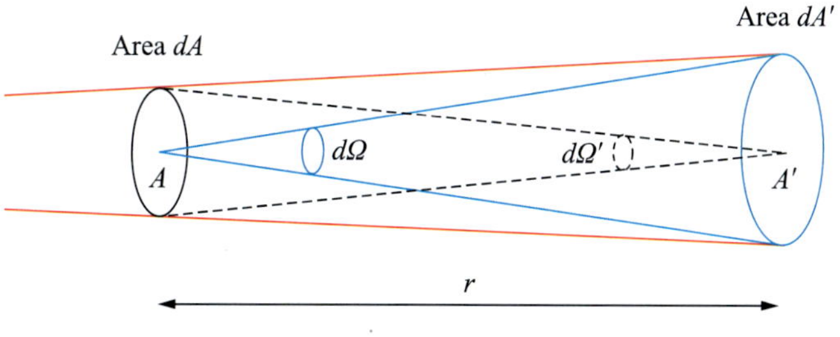

그림 1.1.1 복사강도(radiance)를 정의하는 면과 입체각

빛이 거리 r을 전파하는 동안 생성과 소멸 과정이 없다면 면적 dA를 통과하는 복사 플럭스(radiant flux) $d\Phi$와 dA'를 통과하는 복사 플럭스 $d\Phi'$는 같아야 한다. 지점 A와 A'에서의 그 빛의 복사강도를 I, I'이라 하자. 먼저 면적 dA에서 복사강도가 I인 빛이 $d\Omega$ 범위로 전파하는 복사 플럭스를 표현하면 다음과 같다.

$$d\Phi = I\,dA\,d\Omega = I\,dA\,\frac{dA'}{r^2} \tag{1.1.12}$$

그리고 면적 dA'에 복사강도가 I'인 빛이 $d\Omega'$ 범위에서 입사하는 복사 플럭스는 다음과 같다.

$$d\Phi' = I'\,dA'\,d\Omega' = I'\,dA'\,\frac{dA}{r^2} \tag{1.1.13}$$

복사 플럭스는 $d\Phi = d\Phi'$이므로, 식(1.1.12)~(1.1.13)에서 $I = I'$임을 알 수 있다. 설명한 바와 같이 동일 광원에서 근원한 빛의 복사강도가 위치와 관계없이 일정한 것을 복사강도의 불변성(radiance invariance)이라 한다. 파장 범위를 제한하여 단색 복사강도에 적용하여도 성립된다.

광학에서는 면적과 입체각의 곱을 "throughput"이라 하며 다음과 같이 정의한다: ⓐ 면적 dA와 입체각 $d\Omega$의 곱, $dA\,d\Omega = dA(dA'/r^2)$ 혹은 ⓑ 면적 dA'와 입체각 $d\Omega'$의 곱, $dA'\,d\Omega' = dA'(dA/r^2)$. 면적 dA와 dA'에서 정의한 throughput은 ⓐ = ⓑ임을 알 수 있다. 빛의 복사 물리량을 측정하는 장비에서는 광학계 성분(component)의 throughput이 같도록 설계된다.

1.2 대기복사 방정식의 기초

빛이 대기에서 전파할 때, 그 구성 성분과 상호작용을 한다. 빛은 공기를 구성하는 물질에 의해 산란 혹은 반사되거나 흡수되기도 하고 공기를 투과하기도 한다. 태양광이 대기 꼭대기에 입사하여 아래로 전파할 때 그 에너지양이 감소하는 것은 일부의 태양광이 공기의 성분에 흡수되기도 하고 일부는 산란되기 때문이다. 이같이 빛이 매질에서 전파해 갈 때 그 특성이 변화되는 것을 미분 방정식으로 표현할 수 있다. 이를 복사방정식이라 하는데, 방정식의 원리를 이해하기 위하여 먼저 그림 1.2.1과 같이 태양광이 대기에서 복사해 가는 과정을 보자. 파장이 λ인 빛의 단색 복사강도(monochromatic radiance intensity)가 I_λ [$\mathrm{J\,s^{-1}m^{-2}sr^{-1}nm^{-1}}$]이라고 하자. 이 빛이 미소 면적 da [$\mathrm{m^2}$]에 수직으로 입사하여 미소 거리 ds [m]를 통과하였다. 공기의 미소 부피는 $dv = da \times ds$ [$\mathrm{m^3}$]이고, 미소 시간 dt [s] 동안 미소 부피의 상단으로 유입되는 빛[파장이 λ에서 $\lambda + d\lambda$ 사이] 에너지는 $I_\lambda \, da \, d\Omega \, dt \, d\lambda$ [J]이다. 여기에서 $d\Omega$ [sr]는 입사하는 빛의 입체각이다. 부피가 dv인 공기를 통과하여 하단으로 유출되는 빛에너지는 상단으로 유입되는 에너지와 양이 다르다. 미소 부피를 통과하는 동안 빛이 물질과 상호작용하기 때문이다. 미소 부피에 유입, 유출되는 빛에너지의 계산에서 빛의 입체각, 파장 범위, 시

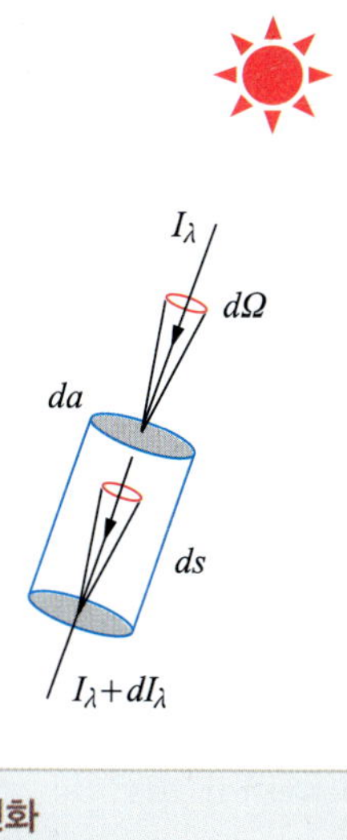

그림 1.2.1 **단색 복사강도 I_λ의 변화**
빛이 미소 거리 ds를 통과하여 $I_\lambda + dI_\lambda$로 변하였다.

간, 면적이 같으므로 하단으로 유출되는 빛에너지가 상단으로 유입되는 빛에너지와 다르기 위해서는 단색 복사강도가 달라야 한다. 이것을 $I_\lambda + dI_\lambda$로 나타내면, 빛에너지 변화량은 $dI_\lambda\, da\, d\Omega\, dt\, d\lambda$이다. 공기에 빛을 흡수하는 기체 성분이 존재할 경우, 실험에 의하면 빛에너지의 감소는 다음의 식으로 표현된다.

$$dI_\lambda\, da\, d\Omega\, dt\, d\lambda = -\delta_\lambda^{abs} I_\lambda\, ds\, da\, d\Omega\, dt\, d\lambda \tag{1.2.1}$$

이 빛에너지의 감소는 기체에 흡수된 빛에너지를 의미한다. 이것을 다음과 같이 간단하게 표현할 수 있다.

$$dI_\lambda da = -\delta_\lambda^{abs} I_\lambda\, dv \tag{1.2.2}$$

우변은 부피에 비례하는 수식이기 때문에, δ_λ^{abs}를 부피 흡수계수(volume absorption coefficient)라 하며 단위는 이름의 의미와는 다르게 m^{-1}이다. 더 간단하게 표현하면 다음과 같이 복사강도의 변화에 대한 식으로 나타낼 수 있다.

$$dI_\lambda = -\delta_\lambda^{abs} I_\lambda\, ds \tag{1.2.3}$$

부피 흡수계수의 내용을 보면 흡수 기체가 파장 λ의 빛을 흡수하는 능력과 그 기체의 양으로 나누어 볼 수 있으며, 이들의 곱이 곧 부피 흡수계수이다.

$$\delta_\lambda^{abs} = \sigma_\lambda^{abs} n_{abs} \tag{1.2.4a}$$

$$\delta_\lambda^{abs} = k_\lambda^{abs} \rho_{abs} \tag{1.2.4b}$$

여기서 σ_λ^{abs}, k_λ^{abs}는 빛을 흡수하는 능력을 나타내는 것이다. 전자는 한 개의 분자가 흡수하는 능력을 나타내는 것으로 면적의 단위로 표현되며 이를 흡수 단면(absorption cross section, m^2)이라 한다. 후자는 기체의 단위질량이 흡수하는 능력을 의미하며 질량 흡수계수(mass absorption coefficient, $m^2\ kg^{-1}$)라 한다. 흡수 기체의 양을 나타내기 위하여 수밀도 n_{abs} [m^{-3}]와 질량 밀도 ρ_{abs} [$kg\ m^{-3}$]가 사용되었다. 이 수밀도와 질량 밀도는 기체의 상태 방정식을 이용하여 서로 환산할 수 있다. 즉, 질량 흡수계수를 단위질량에 포함된 흡수 기체의 수로 나누면 흡수 기체의 흡수 단면이 된다.

미소 부피에 빛을 산란하는 입자들이 존재할 경우, 앞에서와 같은 논리로 식(1.2.1)~

(1.2.3)의 형식으로 표현할 수 있다. 산란에 의한 빛에너지의 감소는 다음과 같다.

$$dI_\lambda \, da \, d\Omega \, dt \, d\lambda = -\delta_\lambda^{sca} I_\lambda \, ds \, da \, d\Omega \, dt \, d\lambda \tag{1.2.5a}$$

이것은 한편으로 미소 부피 내의 입자들에 의하여 산란된 빛에너지를 의미한다. 방향에 따른 산란 빛에너지는 나중에 설명할 산란 위상함수(scattering phase function)에 의하여 정의된다. 그리고 산란에 의한 복사강도의 감소는 다음으로 표현된다.

$$dI_\lambda = -\delta_\lambda^{sca} I_\lambda \, ds \tag{1.2.5b}$$

산란의 경우에는 주로 산란 단면(scattering cross section) σ_λ^{sca} [m^2]과 산란 입자의 수밀도 n_{sca} [m^{-3}]를 사용하여 부피 산란계수(volume scattering coefficient) δ_λ^{sca} [m^{-1}]를 정의한다.

$$\delta_\lambda^{sca} = \sigma_\lambda^{sca} n_{sca} \tag{1.2.6}$$

미소 부피의 공기에 빛을 흡수하는 기체와 산란하는 입자가 동시에 존재할 경우, 빛에너지의 감소는 다음과 같이 부피 소산계수(volume extinction coefficient) δ_λ^{ext} [m^{-1}]를 이용하여 표현한다.

$$dI_\lambda = -\delta_\lambda^{ext} I_\lambda \, ds \tag{1.2.7}$$

여기에서 부피 소산계수는 부피 흡수계수와 산란계수의 합으로 정의되었다.

$$\delta_\lambda^{ext} = \delta_\lambda^{abs} + \delta_\lambda^{sca} \tag{1.2.8}$$

그리고 일차산란 알베도(single scattering albedo, SSA)는 다음과 같이 부피 산란계수와 부피 소산계수의 비율로 정의된다.

$$\omega = \frac{\delta_\lambda^{sca}}{\delta_\lambda^{ext}} \tag{1.2.9}$$

SSA는 복사강도 혹은 빛에너지 감소에 흡수와 산란의 기여도를 비율로 나타낸 것이다. 예를 들어, $\omega = 1$인 경우 복사강도의 감소는 산란에 의한 것이며, $\omega = 0$인 경우 흡수에 의한 것이다. 식(1.2.8)의 양변을 δ_λ^{ext}로 나누어 정리하면 다음의 관계를 구할 수 있다.

$$\delta_\lambda^{abs} = \delta_\lambda^{ext}(1-\omega) \tag{1.2.10}$$

이제 식(1.2.7)의 양변을 단색 복사강도 I_λ로 나누어 미분 형태의 식으로 표현해 보자. 결과는 다음과 같이 Beer-Lambert 복사방정식이 된다.

$$\frac{dI_\lambda}{I_\lambda} = -\delta_\lambda^{ext}ds \tag{1.2.11}$$

이 방정식의 양변을 적분하면 그 해를 구할 수 있으며, 결과는 다음과 같이 Beer-Lambert 법칙으로 표현된다.

$$\begin{aligned} I_\lambda(S) &= I_\lambda(0)\exp\left(-\int_0^S \delta_\lambda^{ext}ds\right) \\ &= I_\lambda(0)\exp\left[-\int_0^S (\delta_\lambda^{sca}+\delta_\lambda^{abs})ds\right] \end{aligned} \tag{1.2.12}$$

여기서 $I_\lambda(0)$는 기준점에서 빛의 단색 복사강도이며[참조, 그림 1.2.2], 매질 내에서 거리 S를 전파하였을 때 빛의 단색 복사강도가 $I_\lambda(S)$이다. 그리고 이들 복사강도의 비율은 다음과 같이 빛의 전파 경로에 대한 부피 소산계수의 적분 값에 지수적으로 감소한다.

$$\begin{aligned} \frac{I_\lambda(S)}{I_\lambda(0)} &= \exp\left(-\int_0^S \delta_\lambda^{ext}ds\right) \\ &= T_\lambda(0,S) \end{aligned} \tag{1.2.13}$$

좌변과 우변은 모두 매질의 거리 S에 대한 투과함수(transmission function) $T_\lambda(0,S)$의 정의이다. 그리고 우변 지수함수의 인자를 광학두께(optical thickness 혹은 optical depth)라 하며, 다음과 같이 물리 과정에 따라 소산 광학두께, 산란 광학두께, 흡수 광학두께라 한다.

$$\tau_\lambda^{ext}(0,S) = \int_0^S \delta_\lambda^{ext}ds = \tau_\lambda^{sca}(0,S) + \tau_\lambda^{abs}(0,S) \tag{1.2.14a}$$

$$\tau_\lambda^{sca}(0,S) = \int_0^S \delta_\lambda^{sca}ds = \int_0^S \sigma_\lambda^{sca}n_{sca}ds \tag{1.2.14b}$$

$$\tau_\lambda^{abs}(0,S) = \int_0^S \delta_\lambda^{abs}ds = \int_0^S \sigma_\lambda^{abs}n_{abs}ds \tag{1.2.14c}$$

그리고 빛의 전파 경로에 포함된 흡수 기체의 양을 나타내기 위하여 광행로(optical path)를 다음과 같이 정의한다.

$$du = n_{abs}\,ds\ ,\ \ u(S) = \int_0^S n_{abs}\,ds \tag{1.2.15}$$

즉, 광행로 $u(S)$는 단위 면적당 매질 내에서의 거리 S에 대한 흡수 기체의 분자 수[particles m^{-2}]를 나타낸다. 매질에 의한 흡수만 고려할 경우, 투과함수를 흡수 광학두께와 광행로를 이용하여 표현하면 다음과 같다.

$$\begin{aligned} T_\lambda(0,S) &= \frac{I_\lambda(S)}{I_\lambda(0)} \\ &= \exp\left[-\int_0^S \sigma_\lambda^{abs} n_{abs}\,ds\right] = \exp\left[-\int_0^{u(S)} \sigma_\lambda^{abs}\,du\right] = \exp\left[-\tau_\lambda^{abs}(0,S)\right] \end{aligned} \tag{1.2.16}$$

이상 설명한 바와 같이 Beer-Lambert 법칙은 간단한 것이지만 대기복사에서는 매우 중요한 원리이다. 예를 들어, 기체의 흡수 단면을 구하는 방법을 보자. 그림 1.2.2와 같이 실험실에서는 흡수 기체의 수밀도를 균질한 값으로 조정할 수 있으며, 빛이 전파하는 매질의 거리를 조정하면서 분광계를 이용하여 $I_\lambda(0)$와 $I_\lambda(S)$를 측정할 수 있다. 투과함수 $T_\lambda(0,S) = I_\lambda(S)/I_\lambda(0)$가 측정되었으며 n_{abs}와 S는 알고 있는 값이다. 따라서 균질한 매질의 경우 투과함수는 $\exp[-\sigma_\lambda^{abs} n_{abs} S]$이므로 파장 λ에서의 흡수 단면을 결정할 수 있다.

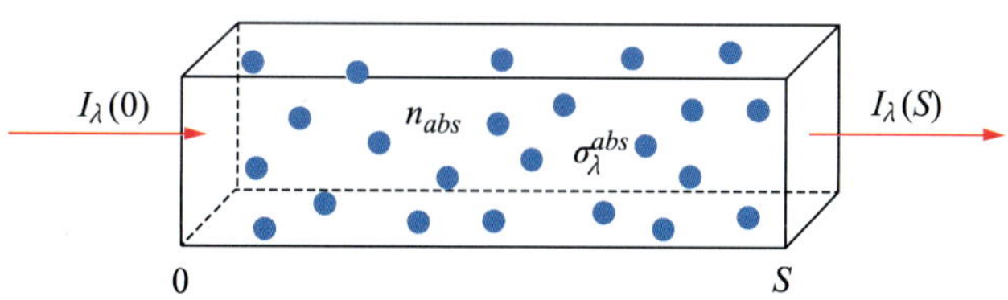

그림 1.2.2 **균질 광행로에서의 복사강도**
투과함수를 측정하고 이로부터 흡수 기체의 흡수 단면을 구할 수 있다.

다음은 매질에서 열역학적 평형상태(thermodynamic equilibrium)에 있는 성분이 방출하는 빛에 대하여 살펴보자. 예를 들어, 대기 중의 수증기, 이산화탄소 등 온실기체가 특정한 파장의 적외선을 방출하기 때문에 그 파장의 복사강도가 증가하게 된다. 결과적으로는 그림 1.2.1의 하단으로 유출되는 빛에너지 혹은 단색 복사강도가 증가하게 된다. 설명을 위하여 먼저 그림 1.2.1의 미소 부피에 대한 흡수도(absorptance)를 정의하자. 입사한 빛에너지는 $E_\lambda = I_\lambda \, da \, d\Omega \, dt \, d\lambda$이고 흡수된 빛에너지는 식(1.2.1)에서 $E_\lambda^{abs} = \delta_\lambda^{abs} I_\lambda ds \, da \, d\Omega \, dt \, d\lambda$로 표현되었다. 따라서 흡수도는 이들의 비율이므로 다음과 같다.

$$\xi_\lambda^{abs} = \frac{E_\lambda^{abs}}{E_\lambda} = \delta_\lambda^{abs} ds \tag{1.2.17}$$

한편, 물질의 방출도(emittance)의 정의는 다음과 같다.

$$\epsilon_\lambda^{emi} = \frac{I_\lambda^{emi}(T)}{B_\lambda(T)} \tag{1.2.18}$$

물질이 방출하는 빛의 복사강도와 물질과 같은 온도의 흑체가 방출하는 복사강도 비율이 방출도이다.

NOTE 대기 성분에 의한 빛의 방출

대기 중의 온실기체는 적외선 영역의 빛을 흡수하고 방출한다. 흡수하는 빛에너지는 식(1.2.4)에서 정의된 부피 흡수계수와 입사하는 빛의 복사강도에 비례한다. 반면 방출하는 빛에너지는 식(1.2.19)에서 의미하는 바와 같이 대기(온실기체)의 온도에 의하여 결정된다. 열역학적 평형상태인 대기에서 자외선과 가시광선 영역의 빛을 방출하는 과정은 없다. 극 지역에서 관측되는 오로라는 태양풍의 입자에 의하여 여기 된 산소 원자의 전자가 하위 준위로 전이할 때 방출되는 빛이다.

NOTE 열역학적 평형상태(thermodynamic equilibrium)

다원자로 구성된 기체의 내부에너지는 운동, 회전, 진동 및 전자 에너지로 구성되어 있다. 이들 중에서 회전, 진동, 전자 에너지는 양자화(quantization) 되어 있다. 각 내부에너지 유형별로 에너지에 따른 수 분포는 온도의 함수로 표현된다. 예를 들어, 운동에너지에 따른 수 분포는 Maxwell-Boltzmann 식으로 표현되며, 이는 기체의 질량과 온도의 함수이다. 이 온도를 운동 온도(kinetic temperature)라 한다. 회전에너지 혹은 진동에너지에 따른 수 분포 역시 온도의 함수로 표현되는데[참조, 4.3.2절 흡수선 강도], 그 온도를 각각 회전 온도(rotational temperature)와 진동 온도(vibrational temperature)라 한다. "기체가 열역학적 평형상태에 있다"는 것은 기체 간에 충돌이 매우 활발하여 운동에너지, 회전에너지, 진동에너지 간의 교환이 빨리 일어난다는 것을 의미하며, 그 결과 운동온도, 회전온도, 진동 온도가 같아지게 된다. 열권에서와 같이 기체 간의 충돌 빈도수가 작아지면 운동온도, 회전온도, 진동 온도가 다르게 되는데 이를 비평형상태(non thermodynamic equilibrium)라 한다. 열역학적 평형상태의 중요한 의미는 "기체가 방출하는 파장의 빛에너지는 같은 온도의 흑체가 방출하는 파장의 빛에너지와 같다"는 것이다. 즉, 복사 전이로 양자화 되어 있는 기체의 내부에너지가 ΔE 만큼 변하였다면 Planck 관계식 $\Delta E = h\nu$ [h는 플랑크 상수]로 정의된 진동수 ν의 빛을 방출하며, 이때 방출하는 빛에너지는 흑체가 진동수 ν에서 방출하는 에너지와 같다. 전자 에너지의 경우, 대류권-중간권 공기의 온도가 낮아서 기체 간 충돌로는 전자가 여기 되지 않는다.

그런데 키르히호프(Kirchhoff)의 법칙에 의하면 물체가 열역학적 평형상태에 있을 때, 그 방출도는 물질의 흡수도와 같다고 하였으므로 식(1.2.17)~(1.2.18)에서 매질이 방출하는 빛의 복사강도는 다음과 같이 표현할 수 있다.

$$I_\lambda^{emi}(T) = B_\lambda(T)\,\delta_\lambda^{abs}\,ds \tag{1.2.19}$$

이것은 매질 내의 온실기체가 방출한 빛으로 미소 부피에 입사한 빛 혹은 광자에 추가로 더해지는 양이다. 따라서 그림 1.2.1에서 미소 부피의 하단을 통과하는 복사강도의 증가는 다음과 같이 표현할 수 있다.

$$dI_\lambda^{emi} = \delta_\lambda^{abs} B_\lambda(T)\,ds \tag{1.2.20}$$

이제 미소 부피에서 빛의 산란에 의한 복사강도의 증가를 살펴보자. 위의 식(1.2.5a)가 의미하는 복사강도의 감소와 구별하여야 한다. 태양광이 대기에서 아래 방향으로 전파할 때 빛에너지가 산란으로 인하여 감소하는 것을 식(1.2.5a)가 나타낸다. 그런데 태양과는 다른 방향의 하늘을 볼 때 빛에너지가 관찰자 방향으로 전파하고 있다. 여기서 설명하려는 것이 이것이다.

그림 1.2.3을 보자. 여기에서 (A)는 단색 복사강도가 I_λ인 빛이 미소 부피 dv의 상단에 입사한 빛에너지를 의미한다. 입체각이 $d\Omega$이며 진행 방향의 천정각과 방위각이 $(\theta,\ \phi)$이다. 이제 다른 방향에서 미소 부피에 입사해오는 빛에너지를 고려해 보자. 그림에서 (C_1)은 입체각이 $d\Omega'$이고 진행 방향은 $(\theta',\ \phi')$이며 복사강도가 I_λ'인 빛에너지이다. 이러한 (C_1)의 빛에너지가 미소 부피에서 산란되었고, 그 일부가 왼쪽 그림의 (B)로 표시되었다. 이 산란된 빛의 입체각은 $d\Omega$이며 방향은 $(\theta,\ \phi)$이다. 미소 부피에 입사한 (C_1)의 빛에너지 중에 산란된 빛에너지는 식(1.2.5a)를 이용하면 다음과 같이 표현할 수 있다.

$$dE_\lambda^{sca} = \delta_\lambda^{sca} I_\lambda'(\theta',\phi')\,dv\,d\Omega'\,dt\,d\lambda \tag{1.2.21}$$

그리고 이 산란된 빛에너지 중에 (B)로 표시된 빛에너지를 표현하고자 한다. 이 개념을 수식으로 표현한 것이 산란 위상함수(scattering phase function)이다. 모든 방향으로 균일하게 산란되었다면, 즉 등방성으로 산란되었다면 그 에너지는 식(1.2.21)을 구의 입체각 4π로 나누면 된다. 실제로는 이와 달리 특정 방향으로 더 많은 에너지가 산란된다. 빛의 진행 방향이 $(\theta,\ \phi)$이고 입체각 $d\Omega$로 산란된 에너지는 다음과 같이 표현할 수 있다.

$$dE_\lambda^{sca}(\theta,\ \phi) = \delta_\lambda^{sca} I_\lambda{}'(\theta',\ \phi') d\nu\, d\Omega'\, dt\, d\lambda \times P(\theta,\ \phi\ ;\ \theta',\ \phi') \frac{d\Omega}{4\pi} \tag{1.2.22}$$

NOTE 산란 위상함수의 형식

Phase function $= P(\theta,\ \phi\ ;\ \theta',\ \phi')$
$\theta,\ \phi$: 산란광의 천정각과 방위각
$\theta',\ \phi'$: 입사광의 천정각과 방위각

여기에서 $P(\theta,\phi\ ;\ \theta',\phi')d\Omega/4\pi$는 산란된 빛에너지 중에 진행 방향이 $(\theta,\ \phi)$이고 입체각이 $d\Omega$인 방향으로 산란되어 가는 비율을 나타내며, $P(\theta,\phi\ ;\ \theta',\phi')$를 산란 위상함수라 한다. 따라서 산란 위상함수를 구의 입체각에 대하여 평균하면 1.0이 되어야 한다.

$$\int_0^{4\pi} P(\theta,\ \phi\ ;\ \theta',\phi') \frac{d\Omega}{4\pi} = \frac{1}{4\pi} \int_0^{2\pi} \int_0^{\pi} P(\theta,\ \phi\ ;\ \theta',\ \phi') \sin\theta'\, d\theta'\, d\phi' = 1 \tag{1.2.23}$$

이러한 위상함수를 표준화된 위상함수(normalized phase function)라 한다. 그런데, 식(1.2.22)가 의미하는 것은 빛의 진행 방향이 $(\theta,\ \phi)$이고 입체각이 $d\Omega$으로 제한된 방향으로 산란되어 가는 빛에너지이다. 반면 복사과정에 의해 미소 부피의 하단에서 복사강도의 증가를 언급할 때 빛에너지는 그림 1.2.3의 오른쪽 그림에서 (B)로 표시된 것이다. 이 빛은 진행 방향이 $(\theta,\ \phi)$이고 입체각이 $d\Omega$으로 제한된 방향으로부터 산란되어 오는 빛에너지이다. 만약 산란되어 가는 빛과 산란되어 오는 빛의 복사강도가 같다면, $d\Omega$로 제한된 방향으로 산란되어 가는 빛에너지와 $d\Omega$로 제한된 방향에서 산란되어 오는 빛에너지가 같다. 따라서 식(1.2.22)는 미소 부피에서 산란된 빛에 의해 하단에서의 빛에너지 증가를 의미한다.

$$\begin{aligned} dI_\lambda da\, d\Omega\, dt\, d\lambda &= dE_\lambda^{sca}(\theta,\phi) \\ &= \delta_\lambda^{sca} I_\lambda{}'(\theta',\phi') d\nu\, d\Omega'\, dt\, d\lambda \times P(\theta,\phi;\theta',\phi') \frac{d\Omega}{4\pi} \end{aligned} \tag{1.2.24}$$

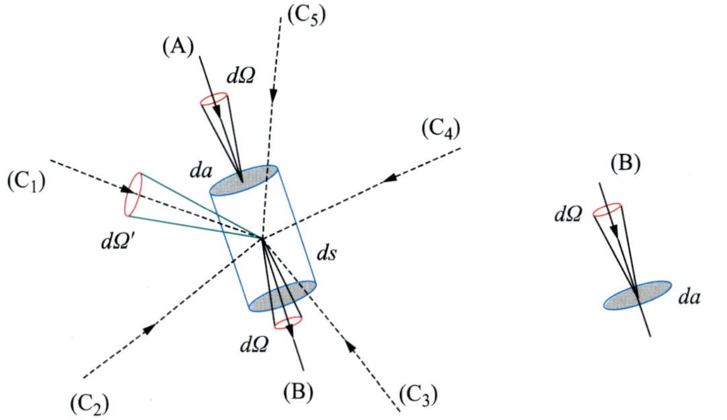

그림 1.2.3 **산란에 의한 복사강도의 증가**
복사방정식에서 빛의 진행 방향이 (B)이며, 왼쪽 그림 미소부피의 하단에서 빛에너지를 오른쪽 그림에 나타내었다.

이 빛에너지의 증가는 미소 부피의 하단에서 복사강도의 증가, $I_\lambda + dI_\lambda$를 의미한다. 같은 방법으로 다른 방향에서 미소 부피에 입사해오는 (C_2), (C_3), ⋯ , (C_n)의 기여를 표현할 수 있으며, 이들을 모두 적분하면 다음과 같이 표현된다.

$$dI_\lambda \, da \, d\Omega \, dt \, d\lambda \tag{1.2.25}$$

$$= \delta_\lambda^{sca} \frac{d\Omega}{4\pi} dv \, dt \, d\lambda \int_0^{2\pi} \int_0^{\pi} I_\lambda'(\theta', \phi') P(\theta, \phi \,;\, \theta', \phi') \ \sin\theta' \, d\theta' \, d\phi'$$

양변을 $da \, d\Omega \, dt \, d\lambda$로 나누어 단색 복사강도의 증가로 나타내면 다음과 같다.

$$dI_\lambda = \frac{\delta_\lambda^{sca}}{4\pi} ds \int_0^{2\pi} \int_0^{\pi} I_\lambda'(\theta', \phi') P(\theta, \phi ; \theta', \phi') \ \sin\theta' \, d\theta' \, d\phi' \tag{1.2.26}$$

주의할 점은 미소 부피에 입사해오는 $I_\lambda'(\theta', \phi')$은 몇 번 산란되어 오는 빛인지 알 수 없고, 단지 매질에서 여러 번 산란된 빛이라고 정의한다. 이런 이유로 식(1.2.26)은 다중산란(multiple scattering)의 결과, 혹은 다중산란 항이라 한다.

이제 미소 부피에서의 복사과정 영향을 모두 고려하여 보자. 입사한 빛의 소산에 의한 복사강도의 감소[참조, 식(1.2.7)], 미소 부피에서 방출된 빛에 의한 복사강도의 증가[참조, 식(1.2.20)], 그리고 산란에 의한 복사강도의 증가[참조, 식(1.2.26)]를 고려하면 다음과 같이 표현할 수 있다.

$$dI_\lambda(\theta,\phi) = -\delta_\lambda^{ext} I_\lambda(\theta,\phi)\,ds + \delta_\lambda^{abs} B_\lambda(T)\,ds + \frac{\delta_\lambda^{sca}}{4\pi} ds \int_0^{2\pi}\int_0^{\pi} I(\theta',\phi')\,P(\theta,\phi;\theta',\phi')\ \sin\theta'\,d\theta' d\phi' \tag{1.2.27}$$

양변을 부피 소산계수와 미소 거리로 나누면 다음과 같이 Schwarzschild 복사방정식이 된다.

$$\frac{dI_\lambda(\theta,\phi)}{\delta_\lambda^{ext} ds} = -I_\lambda(\theta,\phi) + (1-\omega_\lambda)B_\lambda(T) + \frac{\omega_\lambda}{4\pi}\int_0^{2\pi}\int_{-1}^{1} I(\mu',\phi')\,P(\mu,\phi;\mu',\phi')d\mu' d\phi' \tag{1.2.28}$$

이 식에서는 SSA의 정의와 식(1.2.10)이 이용되었으며, $\mu = \cos\theta$로 정의되었다. 주의할 것은 식(1.2.28)은 빛이 진행하는 방향을 기준으로 한 자연 좌표계에서의 식이라는 점이다.

실제 복사방정식의 계산은 평행대기(plane parallel atmosphere)에서 수행되므로, 이를 위하여 다음과 같이 수직 광학두께와 수직 방향의 고도를 이용하여 거리를 정의하자.

$$\tau_\lambda = \int_z^{\infty} \delta_\lambda^{ext} dz',\ d\tau_\lambda = -\delta_\lambda^{ext} dz \tag{1.2.29a}$$

$$ds = dz/\mu \tag{1.2.29b}$$

이 수직 광학두께는 고정된 대기 꼭대기에서 변수인 고도 z까지의 값을 의미하며, 고도 증가에 따른 변화, 즉 미분은 음의 값이다. 이들을 이용하면 Schwarzschild 복사방정식은 다음과 같이 표현할 수 있다.

$$\mu\frac{dI_\lambda(\tau;\theta,\phi)}{d\tau_\lambda} = I_\lambda(\tau;\theta,\phi) - J_\lambda(\tau;\theta,\phi) \tag{1.2.30a}$$

$$J_\lambda(\tau;\theta,\phi) = (1-\omega_\lambda)\,B_\lambda[T(\tau)] + \frac{\omega_\lambda}{4\pi}\int_0^{2\pi}\int_{-1}^{1} I_\lambda(\tau;\mu',\phi')\,P(\mu,\phi;\mu',\phi')d\mu' d\phi' \tag{1.2.30b}$$

식(1.2.30b)를 원천함수(source function)라 한다. 일반적으로 태양광의 일차산란 과정은 다음과 같이 원천함수의 두 번째 항에 포함하여 표현한다.

$$
\begin{aligned}
J_\lambda(\tau\ ;\ \theta,\phi) &= (1-\omega_\lambda)B_\lambda[T(\tau)] \\
&\quad + \frac{\omega_\lambda}{4\pi}\left[\int_0^{2\pi}\int_{-1}^{1} I_\lambda(\tau\ ;\ \mu',\phi')P(\mu,\phi\ ;\ \mu',\phi')d\mu' d\phi' \right. \\
&\quad \left. + F_s e^{-\tau_\lambda/\mu_0} P(\mu,\phi\ ;\ -\mu_0,\phi_0)\right]
\end{aligned}
\tag{1.2.31}
$$

태양광의 일차산란 항은 태양의 입체각에 대하여 복사강도를 적분한 에너지, 즉 태양 복사속(irradiance)이 광학두께가 τ_λ인 고도에 도달하여 이것이 복사방정식에서 고려하고 있는 방향 (μ,ϕ)로 산란된 것이다. 이것을 수식으로 표현하면 다음과 같다.

$$
\begin{aligned}
&\int_0^{2\pi}\int_{-1}^{1} I_s(\tau\ ;\ -\mu_0,\phi_0)P(\mu,\phi\ ;\ -\mu_0,\phi_0)d\mu' d\phi' \\
&= \int_0^{2\pi}\int_{-1}^{1} I_s(0\ ;\ -\mu_0,\phi_0)e^{-\tau/\mu_0}P(\mu,\phi\ ;\ -\mu_0,\phi_0)d\mu' d\phi' \\
&= F_s(0\ ;\ -\mu_0,\phi_0)e^{-\tau_\lambda/\mu_0}P(\mu,\phi\ ;\ -\mu_0,\phi_0)
\end{aligned}
\tag{1.2.32}
$$

대기 꼭대기에서[광학두께 $\tau=0$] 파장이 λ인 태양광의 복사속은 $F_s(0\ ;\ -\mu_0,\phi_0)$[태양의 천정각은 $\mu_0=\cos\theta_0$이고 태양광의 진행 방향은 $-\mu_0,\ \phi_0$임]로 표현되었다. 이 복사속이 광학두께 τ_λ인 고도까지 전파해 오는 동안 Beer-Lambert 법칙에 따라 감쇄되었고 그 태양광이 천정각과 방위각이 μ,ϕ인 방향으로 산란되는 것을 나타낸다.

식(1.2.30)의 복사방정식을 보면 원천함수에 적분이 포함되어 있으므로 해석학적 해를 구하기 어렵다. 다음 절에서는 복사방정식의 해를 구하기 위하여 복사강도와 산란 위상함수를 급수(series)로 전개한 식에 대하여 설명한다.

1.3 Spherical harmonics를 이용한 전개

1.3.1 산란 위상함수와 복사강도

산란 위상함수를 설명하기 위하여 먼저 국지계(local system)를 정의한다. 그림 1.3.1에서와 같이 빛을 산란하는 물질 혹은 입자를 기준으로 입사한 빛이 진행하는 방향을 Z로 표시하였고 특정 방향으로 빛이 산란한다고 할 때, Z와 산란 방향을 포함하는 면을 정의할 수 있다. 이 면을 산란면(scattering plane)이라 하며, 산란각(scattering angle) Θ는 입사광이 진행하는 방향과 산란광이 진행하는 방향의 사이 각으로 산란면에서 정의된다.

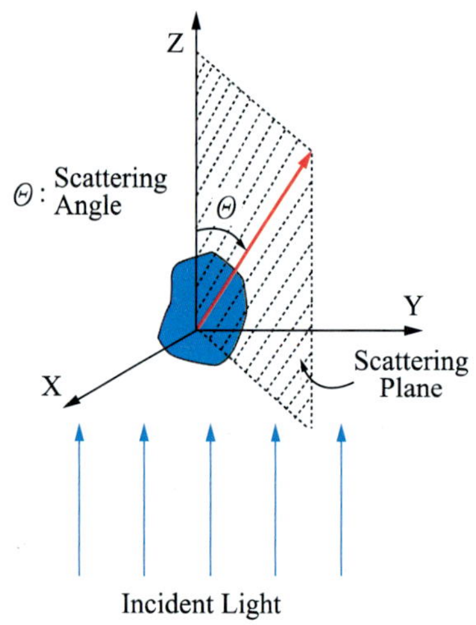

그림 1.3.1 **산란면**(scattering plane)**과 산란각**(scattering angle)

산란 위상함수는 4장에서 자세하게 설명하기로 한다. 여기에서는 복사방정식의 해를 구하는 관점에서 위상함수가 어떻게 전개되고 사용되는 지에 대하여 설명하였다.

산란의 특성을 나타내는 것으로, 비대칭도(asymmetry factor) g는 전방과 후방으로 산란되는 정도를 나타내는 인자이다. 그리고 후방산란 인자(backscattering parameter) b는 의미하는 바와 같이 후방으로 산란되는 정도를 나타내는 것으로 국지계에서의 정의는 다음과 같다.

$$g = \frac{1}{2}\int_{-1}^{1} P(\cos\Theta)\cos\Theta\, d\cos\Theta \tag{1.3.1}$$

$$b = \frac{1-g}{2} = \frac{1}{2}\int_{-1}^{1} P(\cos\Theta)\frac{1-\cos\Theta}{2}\, d\cos\Theta \tag{1.3.2}$$

위의 식에서 알 수 있는 바와 같이 비대칭도는 위상함수의 1차 모멘트이다. 그리고 산란 위상함수는 국지계에서 다음과 같이 Legendre polynomial을 이용하여 나타낼 수 있다.

$$P(\cos\Theta) = \sum_{l=0}^{N} \tilde{w}_l P_l(\cos\Theta) \tag{1.3.3}$$

$$\tilde{w}_l = \frac{2l+1}{2}\int_{-1}^{1} P(\cos\Theta) P_l(\cos\Theta)\, d\cos\Theta \quad (l = 0,\ 1\ \cdots\ N) \tag{1.3.4}$$

$P_l(\cos\Theta)$: Legendre polynomial in degree l

전개 상수 $\tilde{w}_l$은 식(1.3.3)의 양변에 P_l을 곱한 후, 산란각의 범위 0～180° [$\cos\Theta = -1,\ +1$]에 대하여 적분하고 Legendre polynomial의 직교성(orthogonality)을 이용하여 구한 것이다. 정의에 따라 전개하면 $\tilde{w}_1$은 다음과 같이 산란 비대칭도의 3배가 되는 것을 알 수 있다.

$$\tilde{w}_1 = \frac{3}{2}\int_{-1}^{1} P(\cos\Theta)\cos\Theta\, d\cos\Theta = 3g \tag{1.3.5}$$

그런데 복사방정식의 계산은 일반적으로 평행대기에서 수행되며, 입사광과 산란광의 진행 방향은 구면좌표계를 이용하여 표현한다. 예를 들어, 태양광이 특정 위치[위도, 경도, 고도로 정의됨]의 대기에서 산란되고 그 산란광을 위성에서 측정하는 경우, 태양광과 산란광의 진행 방향은 천정각과 방위각으로 정의할 수 있다. 산란각을 정의하는 국지계에 대비하여 구면좌표계로 정의된 계를 지구계(global system)라 한다. 이때 산란각은 입사광과 산란광의 천정각, 방위각을 이용하면 다음 식으로 표현된다.

$$\begin{aligned}\cos\Theta &= \cos\theta\cos\theta' + \sin\theta\sin\theta'\cos(\phi'-\phi) \\ &= \mu\mu' + (1-\mu^2)^{1/2}(1-\mu'^2)^{1/2}\cos(\phi'-\phi)\end{aligned} \tag{1.3.6}$$

여기에 사용된 변수들의 정의는 다음과 같다.

$\mu = \cos\theta$: 산란광의 천정각[천정각은 θ이지만 편의를 위해 μ를 천정각이라 함]

ϕ : 산란광의 방위각[빛이 진행하는 방향의 방위각인데, 북쪽을 기준으로 시계방향으로 측정]

$\mu' = \cos\theta'$: 입사광의 천정각

ϕ' : 입사광의 방위각

따라서 국지계의 산란각은 지구계에서 입사광과 산란광의 천정각과 방위각을 이용하여 계산할 수 있으며, 다음과 같이 Associated Legendre polynomial (spherical harmonics)을 이용하여 나타낼 수 있다(Liou, 2002).

$$P(\mu,\phi\ ;\ \mu',\phi') = \sum_{l=0}^{N} \widetilde{w}_l P_l[\mu\mu' + (1-\mu^2)^{1/2}(1-\mu'^2)^{1/2}\cos(\phi'-\phi)] \tag{1.3.7a}$$

$$P(\mu,\phi\ ;\ \mu',\phi') = \sum_{m=0}^{N}\sum_{l=m}^{N} \widetilde{w}_l^m P_l^m(\mu)P_l^m(\mu')\cos m(\phi'-\phi) \tag{1.3.7b}$$

이 전개의 장점은 천정각 함수와 방위각 함수가 분리되며, 입사광과 산란광의 천정각 함수 역시 서로 분리된다는 점이다. 그뿐만 아니라 전개 상수 $\widetilde{w}_l^m$은 다음과 같이 식(1.3.4)의 전개 상수 $\widetilde{w}_l$을 이용하여 편리하게 계산된다.

$$\widetilde{w}_l^m = (2-\delta_{0,m})\widetilde{w}_l \frac{(l-m)!}{(l+m)!} \quad (l = m,\ \cdots\ ,\ N\ ;\ 0 \le m \le N) \tag{1.3.8}$$

$$\delta_{0,m} = \begin{cases} 1, & m = 0 \\ 0, & m \ne 0 \end{cases} \quad \text{Kronecker delta}$$

위상함수의 천정각 의존성은 P_l^m에 의하여 결정되며 방위각 의존성은 $\cos m(\phi'-\phi)$에 의하여 결정된다. 따라서 $m=0$인 경우는 $\cos m(\phi'-\phi) = 1$이므로 위상함수는 다음과 같이 방위각에 독립적인 함수로 표현된다.

$$P(\mu,\phi\ ;\ \mu',\phi') = \sum_{l=0}^{N}\widetilde{w}_l^0 P_l^0(\mu)P_l^0(\mu') = \sum_{l=0}^{N}\widetilde{w}_l P_l(\mu)P_l(\mu') = P(\mu,\mu') \tag{1.3.9}$$

이것은 다음과 같이 위상함수를 방위각에 대하여 평균한 것과 같은 결과이다.

$$\overline{P}(\mu,\mu') = \frac{1}{2\pi}\int_0^{2\pi} P(\mu,\phi\ ;\ \mu',\phi')\,d\phi' \ : \text{방위각에 대한 평균 위상함수}$$

다음 장에서 설명하는 복사방정식의 근사적 계산은 방위각에 독립적인, 즉 $m=0$인 경우에 대한 방정식을 이용한 것이다. 이 경우 위상함수는 식(1.3.9)에서 보는 바와 같이 입사광과 산란광의 천정각 μ', μ의 함수로 표현된다. 그리고 위상함수를 나타낼 때 Legendre polynomial과 국지계에서 식(1.3.4)로 정의된 전개 상수를 식(1.3.9)에 바로 이용할 수 있다.

아래 그림 1.3.2는 구름 입자에 대한 위상함수를 나타낸 것이다. 세로축은 로그 축척으로 표시되어 있으며, 가로축은 산란각을 나타낸다. 중요한 특징은 산란각 0~5° 범위의 위상함수가 매우 크다는 점이며, 이를 전방산란 돌출부(peak)라고 한다. 산란각에 따라 위상함수의 변화가 상당히 큰 것을 알 수 있다.

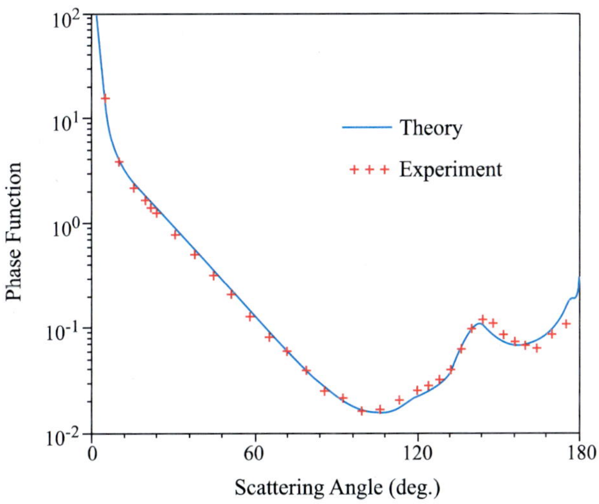

그림 1.3.2 **구름 입자의 산란 위상함수**

위상함수의 이론적 계산에 대하여는 다른 장에서 공부하기로 하고 여기에서는 복사방정식의 해를 구하는 관점에서 Legendre polynomial을 이용한 전개를 중심으로 설명한다.

먼저 레일리 산란(Rayleigh scattering)의 위상함수 전개를 살펴보기로 하자. 태양의 가시광이 대기 중의 기체 성분에 의하여 산란 되는 것이 레일리 산란의 대표적인 예이다. 편광이 없는 입사광에 대한 레일리 산란의 위상함수는 산란각으로 표현하면 다음과 같다[참조, 5.3절].

$$P_{Ray}(\cos\Theta) = \frac{3}{4}(1+\cos^2\Theta) \tag{1.3.10}$$

레일리 산란 위상함수를 구면좌표계의 변수로 나타내기 위하여 식(1.3.6)을 이용한다.

$$P_{Ray}(\mu,\phi;\mu',\phi') = \frac{3}{4}\left[1+\mu^2\mu'^2+(1-\mu^2)(1-\mu'^2)\cos^2(\phi'-\phi)\right. \\ \left. +2\mu\mu'(1-\mu^2)^{1/2}(1-\mu'^2)^{1/2}\cos(\phi'-\phi)\right] \tag{1.3.11}$$

그리고 방위각에 대한 평균 위상함수는 다음과 같이 입사광과 산란광의 천정각 함수로 표현된다.

$$P_{Ray}(\mu,\mu') = \frac{1}{2\pi}\int_0^{2\pi} P_{Ray}(\mu,\phi;\mu',\phi')\,d\phi' \\ = \frac{3}{4}\left[1+\mu^2\mu'^2+\frac{1}{2}(1-\mu^2)(1-\mu'^2)\right] \tag{1.3.12}$$

이것을 Legendre polynomial로 표현하면 다음과 같다.

$$P_{Ray}(\mu,\mu') = 1+\frac{1}{2}P_2(\mu)P_2(\mu') \tag{1.3.13}$$

레일리 산란의 비대칭도를 구해보자. 식(1.3.1)의 정의에 따라 전개하고 Legendre polynomial의 직교성을 이용하면, 비대칭도가 0이 되는 것을 알 수 있다.

$$g = \frac{1}{2}\int_{-1}^{1} P_{Ray}(\mu,\mu')\mu'\,d\mu' \\ = \frac{1}{2}\int_{-1}^{1}\left[1+\frac{1}{2}P_2(\mu)P_2(\mu')\right]P_1(\mu') = 0$$

산란 위상함수를 천정각 함수와 방위각 함수로 분리하여 전개한 것과 같은 방법으로 단색 복사강도를 다음과 같이 전개할 수 있다.

$$I_\lambda(\tau;\mu,\phi) = \sum_{m=0}^{N} I_\lambda^m(\tau,\mu)\cos m(\phi_0-\phi) \tag{1.3.14}$$

우변의 각 m에 대한 I_λ^m 값을 구한 후, 모두 더하면 최종 I_λ 값을 결정할 수 있다. 입사하는 태양광 혹은 기준 방위각이 ϕ_0이며, 방정식에서 계산하는 빛의 방위각은 ϕ이다.

1.3.2 복사방정식의 전개

앞 절에서 전개된 복사강도와 위상함수를 산란과정만 포함된 복사방정식[참조, 식(1.2.30)]에 대입하면 다음과 같다. 여기에서는 단색을 의미하는 첨자 λ는 생략하기로 한다.

$$\sum_{m=0}^{N}\mu\frac{dI^m(\tau,\mu)}{d\tau}\cos m(\phi_0-\phi) \tag{1.3.15}$$
$$=\sum_{m=0}^{N}I^m(\tau,\mu)\cos m(\phi_0-\phi)-\frac{\omega}{4\pi}\int_{-1}^{1}\int_0^{2\pi}\sum_{m=0}^{N}I^m(\tau,\mu')\cos m(\phi_0-\phi')$$
$$\times\left[\sum_{m=0}^{N}\sum_{l=m}^{N}\tilde{w}_l^m P_l^m(\mu)P_l^m(\mu')\cos m(\phi'-\phi)\right]d\mu' d\phi'$$
$$-\frac{\omega}{4\pi}F_s\left[\sum_{m=0}^{N}\sum_{l=m}^{N}\tilde{w}_l^m P_l^m(\mu)P_l^m(-\mu_0)\cos m(\phi_0-\phi)e^{-\tau/\mu_0}\right]$$

이 방정식을 각 m에 대하여 전개하고 $\cos m(\phi_0-\phi)$으로 양변을 나누면 다음과 같이 정리할 수 있다.

$$\mu\frac{dI^m(\tau,\mu)}{d\tau} \tag{1.3.16}$$
$$=I^m(\tau,\mu)-\frac{w}{4\pi}\frac{1}{\cos m(\phi_0-\phi)}\int_{-1}^{1}\int_0^{2\pi}I^m(\tau,\mu')\cos m(\phi_0-\phi')$$
$$\times\left[\sum_{l=m}^{N}\tilde{w}_l^m P_l^m(\mu)P_l^m(\mu')\cos m(\phi'-\phi)\right]d\mu' d\phi'$$
$$-\frac{w}{4\pi}F_s\left[\sum_{l=m}^{N}\tilde{w}_l^m P_l^m(\mu)P_l^m(-\mu_0)e^{-\tau/\mu_0}\right]$$

위의 식에서 우변 두 번째 항의 방위각 성분을 적분하면 결과는 다음과 같다.

$$\int_0^{2\pi}\cos m(\phi_0-\phi')\cos m(\phi'-\phi)\,d\phi'$$
$$=\int_0^{2\pi}(\cos m\phi_0\cos m\phi'+\sin m\phi_0\sin m\phi')(\cos m\phi'\cos m\phi+\sin m\phi'\sin m\phi)\,d\phi'$$
$$=\int_0^{2\pi}(\cos m\phi_0\cos m\phi'\cos m\phi'\cos m\phi+\cos m\phi_0\cos m\phi'\sin m\phi'\sin m\phi$$
$$+\sin m\phi_0\sin m\phi'\cos m\phi'\cos m\phi+\sin m\phi_0\sin m\phi'\sin m\phi'\sin m\phi)\,d\phi'$$

$$= \cos m\phi_0 \cos m\phi \int_0^{2\pi} \cos m\phi' \cos m\phi' d\phi' + \sin m\phi_0 \sin m\phi \int_0^{2\pi} \sin m\phi' \sin m\phi' d\phi'$$

$$= \begin{cases} 2\pi & m = 0 \\ \pi \cos m(\phi_0 - \phi) & m \neq 0 \end{cases}$$

NOTE 방위각 적분

① $m = 0$일 때

$$\int_0^{2\pi} \cos^2 m\phi' \, d\phi' = 2\pi, \quad \int_0^{2\pi} \sin^2 m\phi' \, d\phi' = 0$$

② $m \neq 0$일 때

$$\int_0^{2\pi} \cos^2 m\phi' \, d\phi' = \left[\frac{\phi'}{2} + \frac{1}{4m} \sin 2m\phi' \right]_0^{2\pi} = \left[\pi + \frac{1}{4m} \times 0 \right] - \left[\ 0 + 0 \ \right] = \pi$$

$$\int_0^{2\pi} \sin^2 m\phi' \, d\phi' = \left[\frac{\phi'}{2} - \frac{1}{4m} \sin 2m\phi' \right]_0^{2\pi} = \left[\pi - \frac{1}{4m} \times 0 \right] - \left[\ 0 + 0 \ \right] = \pi$$

따라서 위의 결과를 이용하면 복사방정식은 다음과 같이 $(N+1)$개의 미분 방정식이 된다. 여기에는 매질의 방출 항을 포함하였다.

$$\begin{aligned} \mu \frac{dI^m(\tau,\mu)}{d\tau} &= I^m(\tau,\mu) - (1+\delta_{0,m}) \frac{\omega}{4} \sum_{l=m}^{N} \tilde{w}_l^m P_l^m(\mu) \int_{-1}^{1} I^m(\tau,\mu') P_l^m(\mu') d\mu' \\ &\quad - \frac{\omega}{4\pi} \sum_{l=m}^{N} \tilde{w}_l^m P_l^m(\mu) P_l^m(-\mu_0) F_s e^{-\tau/\mu_0} - \delta_{0,m}(1-\omega) B(T) \end{aligned} \tag{1.3.17}$$

$(m = 0, \ 1, \ 2, \ \cdots, \ N)$

각각의 m에 대하여 전개해 보자.

① $m = 0$ (방위각에 독립적인 경우)

$$\begin{aligned} \mu \frac{dI^0(\tau,\mu)}{d\tau} &= I^0(\tau,\mu) - 2\frac{\omega}{4} \sum_{l=0}^{N} \tilde{w}_l^0 P_l^0(\mu) \int_{-1}^{1} I^0(\tau,\mu') P_l^0(\mu') d\mu' \\ &\quad - \frac{\omega}{4\pi} \sum_{l=0}^{N} \tilde{w}_l^0 P_l^0(\mu) P_l^0(-\mu_0) F_s e^{-\tau/\mu_0} - (1-\omega) B(T) \end{aligned} \tag{1.3.18a}$$

② $m=1$

$$\mu\frac{dI^1(\tau,\mu)}{d\tau}=I^1(\tau,\mu)-\frac{\omega}{4}\sum_{l=1}^{N}\tilde{w}_l^1P_l^1(\mu)\int_{-1}^{1}I^1(\tau,\mu')P_l^1(\mu')d\mu' \qquad (1.3.18b)$$
$$-\frac{\omega}{4\pi}\sum_{l=1}^{N}\tilde{w}_l^1P_l^1(\mu)P_l^1(-\mu_0)F_se^{-\tau/\mu_0}$$

③ $m=2$

$$\mu\frac{dI^2(\tau,\mu)}{d\tau}=I^2(\tau,\mu)-\frac{\omega}{4}\sum_{l=2}^{N}\tilde{w}_l^2P_l^2(\mu)\int_{-1}^{1}I^2(\tau,\mu')P_l^2(\mu')d\mu' \qquad (1.3.18c)$$
$$-\frac{\omega}{4\pi}\sum_{l=2}^{N}\tilde{w}_l^2P_l^2(\mu)P_l^2(-\mu_0)F_se^{-\tau/\mu_0}$$

다른 m에 대해서도 같은 방법으로 전개할 수 있다. 이들은 모두 동일 형식의 방정식인데, 매질에서 방출되는 빛은 등방성이므로 $m=0$의 방정식에 포함된 차이점이 있다. 이 복사방정식의 해를 구하는 방법으로 3장에서 "Discrete-ordinate method"가 설명되었다. 각 방정식은 동일 형식의 수식이므로 그 해를 구하는 방법도 같다.

복사방정식의 근사적 계산은 방위각 의존성이 없는 혹은 방위각 평균한 $m=0$의 방정식을 이용한다. 이 식을 간편하게 표현하기 위하여 위첨자를 삭제하고 다시 복사방정식을 정리하면 다음과 같다.

$$\mu\frac{dI(\tau,\mu)}{d\tau}=I(\tau,\mu)-\frac{\omega}{2}\sum_{l=0}^{N}\tilde{w}_lP_l(\mu)\int_{-1}^{1}I(\tau,\mu')P_l(\mu')d\mu' \qquad (1.3.19)$$
$$-\frac{\omega}{4\pi}\sum_{l=0}^{N}\tilde{w}_lP_l(\mu)P_l(-\mu_0)F_se^{-\tau/\mu_0}-(1-\omega)B(T)$$

우변의 위상함수 전개에서 N이 클수록 정확도는 증가하지만 실제 계산에서는 제한된 개수의 항을 이용한다.

1.3.3 Gaussian quadrature를 이용한 천정각 적분

위 식(1.3.19)에서 매질의 방출 항은 생략하고, 우변 두 번째 항의 천정각 적분을 수치적분 방법인 Gaussian quadrature (GQ)를 이용하여 표현하면 다음과 같다.

$$\mu_i \frac{dI(\tau,\mu_i)}{d\tau} = I(\tau,\mu_i) - \frac{\omega}{2}\sum_{l=0}^{N}\tilde{w}_l P_l(\mu_i) \sum_{j=-n}^{n} a_j I(\tau,\mu_j) P_l(\mu_j) \tag{1.3.20}$$
$$- \frac{\omega}{4\pi}\sum_{l=0}^{N}(-1)^l \tilde{w}_l P_l(\mu_i) P_l(\mu_0) F_s e^{-\tau/\mu_0}$$
$$[i = -n,\ -(n-1),\ \cdots,\ -1,\ +1,\ \cdots,\ (n-1),\ n]$$

여기서 $\mu_j\,[=\cos\theta_j]$는 GQ의 천정각 계산 격자(quadrature point)이고 a_j는 격자의 적분 가중치(weight)이다. GQ의 격자수가 짝수일 때는 $\mu = 0.0$이 계산 격자에 포함되지 않으며, 계산 격자와 가중치는 $\mu = 0.0$을 기준으로 대칭이다. 즉, $\mu_{-j} = -\mu_j$이고 $a_{-j} = a_j$이다. 홀수 개의 계산 격자도 물론 가능하다. 그러나 이 경우에는 계산 격자에 $\mu = 0.0$, 즉 천정각 90°가 포함되므로 평행대기에서는 비현실적이다. Discrete-ordinate method에서는 Chandrasekhar (1960)가 위상함수 전개에서 $(N+1) \le 2n$으로 제안한 이후 통상적으로 이 조건을 사용하고 있다.

식(1.3.20)은 총 $2n$개의 복사방정식이 되며, 각 천정각 격자 방향의 빛을 "radiation stream"이라 한다. 주의할 것은 태양광의 일차 산란항에 포함된 $P_l(\mu_0)$를 제외하고 모든 $I(\tau)$와 P_l은 천정각 계산 격자 μ_j에서 정의된다는 점이다.

NOTE Gaussian quadrature

$$\int_{-1}^{1} f(\mu)\,d\mu = \sum_{i=-n}^{n} a_i f(\mu_i) \tag{1.3N.1}$$

$i = -n,\ -(n-1),\ \cdots,\ -1,\ 1,\ \cdots,\ (n-1),\ n$

μ_i : 계산 격자(quadrature points)

a_i : 가중치(weights)

계산 격자는 Legendre polynomial $P_{2n}(\mu) = 0$의 해이다. 이들은 −1에서 +1 사이의 실수이며 0.0에 대하여 대칭적인 값이다. 그리고 가중치는 다음으로 계산된다.

$$a_i = \frac{1}{P_{2n}'(\mu_i)} \int_{-1}^{1} \frac{P_{2n}(\mu)}{\mu - \mu_i} d\mu \tag{1.3N.2}$$

계산 격자가 두 개인($n=1$) 경우를 보자. 계산 격자는 $P_2(\mu) = \frac{1}{2}(3\mu^2 - 1) = 0$의 해이다. 즉, $\mu = \pm\sqrt{1/3} = \pm 0.57735$이다. 가중치는 다음과 같이 계산한다.

$$a_1 = \frac{1}{3\mu_1}\int_{-1}^{1} \frac{\frac{1}{2}(3\mu^2-1)}{\mu-\mu_1} d\mu = \frac{1}{3\sqrt{1/3}}\frac{1}{2}\int_{-1}^{1}\frac{3(\mu^2-1/3)}{\mu-\sqrt{1/3}}d\mu \tag{1.3N.3}$$
$$= \frac{1}{\sqrt{1/3}}\frac{1}{2}\left[\frac{1}{2}\mu^2 + \sqrt{1/3}\,\mu\right]_{-1}^{+1} = 1$$

NOTE Legendre polynomials vs Associated Legendre polynomials

Legendre polynomial과 associated Legendre polynomial(degree = l, order = m)은 다음의 관계를 만족한다.

$$P_l^m(x) = (1-x^2)^{m/2}\frac{d^m}{dx^m}P_l(x) \tag{1.3N.4}$$

그러므로 $m=0$인 경우에는 아래의 식이 성립된다.

$$P_l^0(x) = P_l(x),\ \ P_l(-x) = (-1)^l P_l(x) \tag{1.3N.5}$$

– Legendre Polynomials

$$P_0(\mu) = 1 \qquad P_1(\mu) = \mu \tag{1.3N.6}$$

$$P_2(\mu) = \frac{1}{2}(3\mu^2-1) \qquad P_3(\mu) = \frac{1}{2}(5\mu^3-3\mu)$$

$$P_4(\mu) = \frac{1}{8}(35\mu^4-30\mu^2+3)$$

A recurrence relation of Legendre polynomials

$$(l+1)P_{l+1}(\mu) = (2l+1)\mu P_l(\mu) - l P_{l-1}(\mu),\ l=1,\ 2,\ 3,\ \cdots \tag{1.3N.7}$$

Orthogonality (직교성)

$$\frac{1}{2}\int_{-1}^{1} P_l(\mu)\, P_k(\mu)\, d\mu = \frac{1}{2l+1}\delta_{l,k} \tag{1.3N.8}$$

$$\int_{-1}^{1} P_l(\mu) P_k(\mu)\, dx = \begin{cases} 0 & l \neq k \\ \dfrac{2}{2l+1} & l = k \end{cases}$$

– Associated Legendre Polynomials

$$P_l^0(\mu) = P_l(\mu) \tag{1.3N.9}$$

$$P_0^0(\mu) = 1 \qquad P_1^0(\mu) = \mu$$

$$P_2^0(\mu) = \frac{1}{2}(3\mu^2-1) \qquad P_3^0(\mu) = \frac{1}{2}\mu(5\mu^2-3)$$

$$P_1^1(\mu) = -(1-\mu^2)^{1/2} \qquad P_2^1(\mu) = -3\mu(1-\mu^2)^{1/2}$$

$$P_3^1(\mu) = \frac{3}{2}(1-5\mu^2)(1-\mu^2)^{1/2} \qquad P_4^1(\mu) = \frac{5}{2}(3\mu-7\mu^3)(1-\mu^2)^{1/2}$$

$$P_2^2(\mu) = 3(1-\mu^2) \qquad P_3^2(\mu) = 15\mu(1-\mu^2)$$

$$P_4^2(\mu) = \frac{15}{2}(7\mu^2-1)(1-\mu^2)$$

$$P_3^3(\mu) = -15(1-\mu^2)^{3/2} \qquad P_4^3(\mu) = -105\mu(1-\mu^2)^{3/2}$$

A recurrence relation of associated Legendre polynomials

$$(2l+1)\mu P_l^m = (l+m)\, P_{l-1}^m + (l-m+1)\, P_{l+1}^m \tag{1.3N.10}$$

Orthogonality

$$\frac{1}{2}\int_{-1}^{1} P_l^m(\mu) P_k^m(\mu)\, d\mu = \frac{(l+m)!}{(2l+1)(l-m)!}\delta_{l,k} \tag{1.3N.11}$$

Negative and positive upper indices

$$P_l^{-m}(\mu) = (-1)^m \frac{(l-m)!}{(l+m)!} P_l^m \tag{1.3N.12}$$

Chapter 02

복사방정식의 근사적 계산

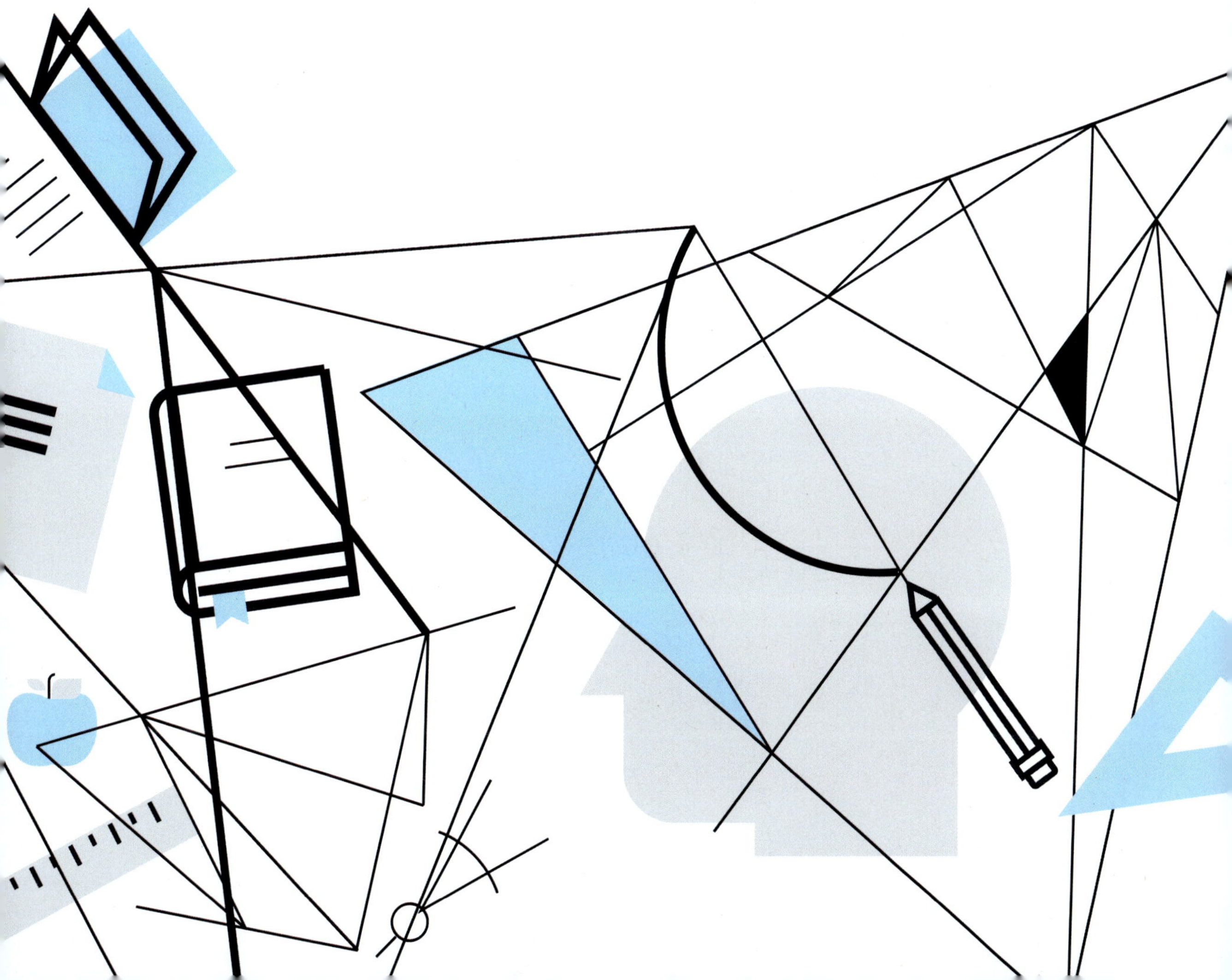

2.1 Two - stream method

2.1.1 Two – stream 방정식의 유도

Two-stream method는 컴퓨터의 성능이 향상된 근래에는 잘 이용하지 않지만, 다음 장에서 설명하는 Discrete-ordinate method의 유도와 해를 구하는 방법을 이해하는 데 많은 도움을 준다. Two-stream 방정식을 유도하는 방법은 여러 가지가 있지만, 여기에서는 식(1.3.20)을 이용하기로 한다. 천정각 적분에서 $n=1$인 경우이다. 천정각 격자(stream)의 수는 $2n$이며, 그 계산 격자와 가중치는 다음과 같다.

$$a_1 = a_{-1} = 1 \tag{2.1.1a}$$

$$\mu_1 = 1/\sqrt{3}\,,\ \ \mu_{-1} = -\mu_1 \tag{2.1.1b}$$

단색을 의미하는 첨자 λ를 생략하고, 상향 및 하향 복사강도를 다음과 같이 나타내기로 한다.

$$I^{\uparrow} = I(\tau, \mu_1)\ \ ;\ \ I^{\downarrow}(\tau, \mu_{-1}) \tag{2.1.2}$$

그리고 식(1.3.20)을 이용하여 $i=-1,\ +1$의 경우 방정식을 정리해 보자. 이때 $j=-1,\ +1$의 값을 가지며, $N=1$이다. 먼저 기본 방정식을 정리하면 다음과 같다.

① $i=+1$인 경우

$$\mu_1 \frac{dI^{\uparrow}}{d\tau} = I^{\uparrow} - \frac{\omega}{2}\sum_{l=0}^{1}\tilde{w}_l P_l(\mu_i)\sum_{j=-1}^{1} a_j I(\tau,\mu_j) P_l(\mu_j) - \frac{\omega}{4\pi}\sum_{l=0}^{1}(-1)^l\,\tilde{w}_l P_l(\mu_i) P_l(\mu_0)\, F_s e^{-\tau/\mu_0} \tag{2.1.3a}$$

② $i=-1$인 경우

$$-\mu_1 \frac{dI^{\downarrow}}{d\tau} = I^{\downarrow} - \frac{\omega}{2}\sum_{l=0}^{1}\tilde{w}_l P_l(\mu_i)\sum_{j=-1}^{1} a_j I(\tau,\mu_j) P_l(\mu_j) - \frac{\omega}{4\pi}\sum_{l=0}^{1}(-1)^l\,\tilde{w}_l P_l(\mu_i) P_l(\mu_0)\, F_s e^{-\tau/\mu_0} \tag{2.1.3b}$$

여기서 우변 2번째 항을 전개해 보자. 식(2.1.3a)에서는 $j=-1$, 1의 값을, 그리고 $l=0$, 1의 값을 갖는다.

$$
\begin{aligned}
& -\frac{\omega}{2}\sum_{l=0}^{1}\tilde{w}_l P_l(\mu_i)\sum_{j=-1}^{1} a_j I(\tau,\mu_j)P_l(\mu_j) \\
&= -\frac{\omega}{2}\sum_{l=0}^{1}\tilde{w}_l P_l(\mu_1)\left[a_{-1}I(\tau,\mu_{-1})P_l(\mu_{-1})+a_1 I(\tau,\mu_1)P_l(\mu_1)\right] \\
&= -\frac{\omega}{2}\left[\tilde{w}_0 P_0(\mu_1)\{a_{-1}I(\tau,\mu_{-1})P_0(\mu_{-1})+a_1 I(\tau,\mu_1)P_0(\mu_1)\}\right. \\
&\qquad \left.+\tilde{w}_1 P_1(\mu_1)\{a_{-1}I(\tau,\mu_{-1})P_1(\mu_{-1})+a_1 I(\tau,\mu_1)P_1(\mu_1)\}\right] \\
&= -\frac{\omega}{2}\left[1\times 1(1\times 1\,I^{\downarrow}+1\times 1\,I^{\uparrow})+\tilde{w}_1\frac{1}{\sqrt{3}}\left\{1\times\left(-\frac{1}{\sqrt{3}}\right)I^{\downarrow}+1\times\left(\frac{1}{\sqrt{3}}\right)I^{\uparrow}\right\}\right] \\
&= -\frac{\omega}{2}\left[(I^{\downarrow}+I^{\uparrow})-\frac{\tilde{w}_1}{3}(I^{\downarrow}-I^{\uparrow})\right] \\
&= -\frac{\omega}{2}\left[(I^{\downarrow}+I^{\uparrow})-g(I^{\downarrow}-I^{\uparrow})\right] \\
&= -\omega\left(1-\frac{1-g}{2}\right)I^{\uparrow}-\omega\left(\frac{1-g}{2}\right)I^{\downarrow} \\
&= \omega(1-b)I^{\uparrow}-\omega b I^{\downarrow}
\end{aligned}
$$

이 전개에서는 식(1.3.2)와 식(1.3.5)를 이용하였다. 다음은 식(2.1.3a)의 우변 3항을 전개해 보자.

$$
\begin{aligned}
& -\frac{\omega}{4\pi}\left[\sum_{l=0}^{1}(-1)^l\,\tilde{w}_l P_l(\mu_i)P_l(\mu_0)\right]F_s e^{-\tau/\mu_0} \\
&= -\frac{\omega}{4\pi}\left[(-1)^0\tilde{w}_0 P_0(\mu_1)P_0(\mu_0)+(-1)^1\tilde{w}_1 P_1(\mu_1)P_1(\mu_0)\right]F_s e^{-\tau/\mu_0} \\
&= -\frac{\omega}{4\pi}\left[1\times 1\times 1\times 1-1\times\tilde{w}_1\mu_1\mu_0\right]F_s e^{-\tau/\mu_0} \\
&= -\frac{\omega}{4\pi}(1-3g\,\mu_1\mu_0)F_s e^{-\tau/\mu_0} \\
&= -S^{-}e^{-\tau/\mu_0}
\end{aligned}
$$

식(2.1.3b)에서도 같은 방법으로 전개할 수 있다. 이들 결과를 종합하여 정리하면 다음과 같다.

$$\mu_1 \frac{dI^{\uparrow}}{d\tau} = I^{\uparrow} - \omega(1-b)I^{\uparrow} - \omega b I^{\downarrow} - S^{-} e^{-\tau/\mu_0} \qquad (2.1.4a)$$

$$-\mu_1 \frac{dI^{\downarrow}}{d\tau} = I^{\downarrow} - \omega(1-b)I^{\downarrow} - \omega b I^{\uparrow} - S^{+} e^{-\tau/\mu_0} \qquad (2.1.4b)$$

위의 식에서 직달 태양광의 일차산란 항은 다음으로 정의되었다.

$$S^{\pm} = \frac{\omega}{4\pi}(1 \pm 3g\,\mu_1\mu_0)\,F_s \qquad (2.1.5)$$

식(2.1.4)는 그림 2.1.1에서와 같이 w, $P(\cos\Theta)$가 일정한 균질 대기층에서 광학두께 τ에 따라 μ_1과 $-\mu_1$방향 산란광의 복사강도 크기를 결정할 수 있는 미분 방정식이다.

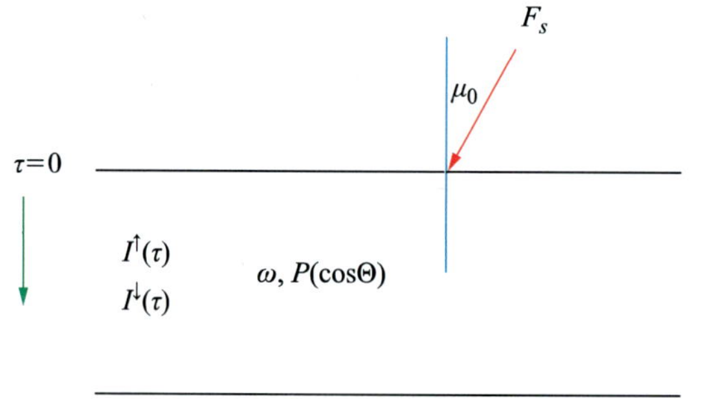

그림 2.1.1 **균질 대기층에서 산란광의 복사강도**

광학두께는 식(1.2.29)에서 정의한 바와 같이 대기층 꼭대기에서 아래로 가면서 증가한다는 점에 유의하여야 한다.

2.1.2 Two－stream 방정식의 해

식(2.1.4)의 복사방정식 해를 구하여 보자. 먼저 식(2.1.4)의 (a)－(b)와 (a)＋(b)를 정리하면 다음과 같다.

$$\mu_1 \frac{d}{d\tau}(I^{\uparrow} + I^{\downarrow}) = (I^{\uparrow} - I^{\downarrow}) - \omega(1-b)(I^{\uparrow} - I^{\downarrow}) + \omega b(I^{\uparrow} - I^{\downarrow}) - (S^{-} - S^{+})e^{-\tau/\mu_0}$$

$$\mu_1 \frac{d}{d\tau}(I^{\uparrow} - I^{\downarrow}) = (I^{\uparrow} + I^{\downarrow}) - \omega(1-b)(I^{\uparrow} + I^{\downarrow}) + \omega b(I^{\uparrow} + I^{\downarrow}) - (S^{-} + S^{+})e^{-\tau/\mu_0}$$

이 식에서 $M = I^{\uparrow} + I^{\downarrow}$로 그리고 $N = I^{\uparrow} - I^{\downarrow}$로 정의하고, 식(1.3.2)를 이용하면 다음과 같이 보다 간편한 방정식으로 표현된다.

$$\mu_1 \frac{dM}{d\tau} = (1-\omega g)N - (S^{-} - S^{+})e^{-\tau/\mu_0} \tag{2.1.6a}$$

$$\mu_1 \frac{dN}{d\tau} = (1-\omega)M - (S^{-} + S^{+})e^{-\tau/\mu_0} \tag{2.1.6b}$$

다시 식(2.1.6)을 광학두께 τ에 대하여 미분하였다.

$$\mu_1 \frac{d^2M}{d\tau^2} = (1-\omega g)\frac{dN}{d\tau} + \frac{(S^{-} - S^{+})}{\mu_0}e^{-\tau/\mu_0} \tag{2.1.7a}$$

$$\mu_1 \frac{d^2N}{d\tau^2} = (1-\omega)\frac{dM}{d\tau} + \frac{(S^{-} + S^{+})}{\mu_0}e^{-\tau/\mu_0} \tag{2.1.7b}$$

그리고 식(2.1.7a)의 우변 $dN/d\tau$에 식(2.1.6b)를 대입하고 정리하였다.

$$\mu_1 \frac{d^2M}{d\tau^2} = (1-\omega g)\left[\frac{(1-\omega)M - (S^{-} + S^{+})e^{-\tau/\mu_0}}{\mu_1}\right] + \frac{(S^{-} - S^{+})}{\mu_0}e^{-\tau/\mu_0}$$

$$\frac{d^2M}{d\tau^2} = \frac{(1-\omega)(1-\omega g)}{\mu_1^2}M + \left[-\frac{(1-\omega g)(S^{-} + S^{+})}{\mu_1^2} + \frac{(S^{-} - S^{+})}{\mu_1\mu_0}\right]e^{-\tau/\mu_0}$$

이 방정식은 다음과 같이 간단하게 나타낼 수 있다.

$$\frac{d^2M}{d\tau^2} = k^2M + Z_1 e^{-\tau/\mu_0} \tag{2.1.8a}$$

같은 방법으로 식(2.1.7b)의 우변 $dM/d\tau$ 에 식(2.1.6a)를 대입한다.

$$\mu_1 \frac{d^2N}{d\tau^2} = (1-\omega)\left[\frac{(1-\omega g)N - (S^- - S^+)e^{-\tau/\mu_0}}{\mu_1}\right] + \frac{(S^- + S^+)}{\mu_0} e^{-\tau/\mu_0}$$

그리고 정리한 결과를 다음과 같이 나타내었다.

$$\frac{d^2N}{d\tau^2} = k^2N + Z_2 e^{-\tau/\mu_0} \tag{2.1.8b}$$

위의 식(2.1.8)에 사용된 변수들의 정의는 다음과 같다.

$$k^2 = (1-\omega)(1-\omega g)/\mu_1^2 \tag{2.1.9a}$$

$$Z_1 = \frac{(1-\omega g)(S^- + S^+)}{\mu_1^2} + \frac{(S^- - S^+)}{\mu_1\mu_0} \tag{2.1.9b}$$

$$Z_2 = \frac{(1-\omega)(S^- - S^+)}{\mu_1^2} + \frac{(S^- + S^+)}{\mu_1\mu_0} \tag{2.1.9c}$$

다음 단계는 식(2.1.8)의 해를 구하는 것이다. 먼저 식(2.1.8a)의 해를 구해 보기로 한다. 이러한 미분 방정식의 해는 균질해(homogeneous solution) M_h 와 특수해(particular solution) M_p 의 합으로 표현된다.

$$M = M_h + M_p \tag{2.1.10}$$

(1) 균질해

균질해는 식(2.1.8a)에서 비균질 항이 0.0인 균질 방정식의 해이다.

$$\frac{d^2M}{d\tau^2} - k^2M = 0 \tag{2.1.11}$$

이러한 균질 2차 미분 방정식의 해는 $M = e^{m\tau}$ 의 형식으로 표현된다. 이 해의 1차 미분과 2

차 미분은 다음과 같다.

$$\frac{dM}{d\tau} = m\,e^{m\tau},\quad \frac{d^2M}{d\tau^2} = m^2\,e^{m\tau}$$

식(2.1.11)에 대입하면 다음과 같이 m을 특정할 수 있다.

$$m^2e^{m\tau} - k^2e^{m\tau} = 0,\ (m^2 - k^2)e^{m\tau} = 0,\ m = \pm k \tag{2.1.12}$$

따라서 식(2.1.11)의 균질해는 다음과 같이 표현할 수 있다.

$$M_h = A\,e^{k\tau} + B\,e^{-k\tau} \tag{2.1.13a}$$

같은 방법으로 식(2.1.8b)의 균질해는 다음과 같다.

$$N_h = C\,e^{k\tau} + D\,e^{-k\tau} \tag{2.1.13b}$$

여기서 A, B, C, D는 미정 적분상수이다. 이들은 대기층 상단과 하단에서의 경계조건을 이용하여 결정할 수 있다.

(2) 특수해

식(2.1.8a)의 우변에 비균질 항 $e^{-\tau/\mu_0}$이 포함되어 있으므로, 비균질 방정식의 해는 다음의 형식으로 표현된다.

$$M_p = c^*e^{-\tau/\mu_0} \tag{2.1.14}$$

이것을 식(2.1.8a)에 대입하고 정리하였다.

$$\frac{c^*}{\mu_0^2}e^{-\tau/\mu_0} = k^2c^*e^{-\tau/\mu_0} + Z_1e^{-\tau/\mu_0} = (k^2c^* + Z_1)e^{-\tau/\mu_0}$$

$$c^* = k^2\mu_0^2c^* + Z_1\mu_0^2$$

위 식에서 미정 상수 c^*은 다음으로 표현된다.

$$c^* = \frac{Z_1 \mu_0^2}{1 - k^2 \mu_0^2} \tag{2.1.15}$$

따라서 특수해는 다음과 같이 나타낼 수 있다.

$$M_p = \frac{Z_1 \mu_0^2}{1 - k^2 \mu_0^2} e^{-\tau/\mu_0} = \alpha e^{-\tau/\mu_0}, \quad \alpha = \frac{Z_1 \mu_0^2}{1 - k^2 \mu_0^2} \tag{2.1.16a}$$

같은 방법으로 식(2.1.8b)의 특수해를 구할 수 있다.

$$N_p = \frac{Z_2 \mu_0^2}{1 - k^2 \mu_0^2} e^{-\tau/\mu_0} = \beta e^{-\tau/\mu_0}, \quad \beta = \frac{Z_2 \mu_0^2}{1 - k^2 \mu_0^2} \tag{2.1.16b}$$

(3) 일반해

이제 균질해와 특수해를 더하여 일반해로 나타내 보자.

$$\begin{aligned} I^{\uparrow} + I^{\downarrow} &= M \\ &= M_h + M_p = A e^{k\tau} + B e^{-k\tau} + \alpha e^{-\tau/\mu_0} \end{aligned} \tag{2.1.17a}$$

$$\begin{aligned} I^{\uparrow} - I^{\downarrow} &= N \\ &= N_h + N_p = C e^{k\tau} + D e^{-k\tau} + \beta e^{-\tau/\mu_0} \end{aligned} \tag{2.1.17b}$$

우리가 구하고자 하는 것은 상향 및 하향 복사강도이다. 우선 미정 적분상수에 대한 정보를 구하기 위하여 식(2.1.17)을 미분하였다.

$$\frac{dM}{d\tau} = kAe^{k\tau} - kBe^{-k\tau} - \frac{\alpha}{\mu_0} e^{-\tau/\mu_0} \tag{2.1.18a}$$

$$\frac{dN}{d\tau} = kCe^{k\tau} - kDe^{-k\tau} - \frac{\beta}{\mu_0} e^{-\tau/\mu_0} \tag{2.1.18b}$$

식(2.1.17)~(2.1.18)을 식(2.1.6a)에 대입하였다.

$$kAe^{k\tau} - kBe^{-k\tau} - \frac{\alpha}{\mu_0} e^{-\tau/\mu_0}$$

$$= \frac{(1-wg)}{\mu_1}\left[Ce^{k\tau} + De^{-k\tau} + \beta e^{-\tau/\mu_0}\right] - \frac{(S^- - S^+)}{\mu_1}e^{-\tau/\mu_0}$$

그리고 전개한 결과를 다음과 같이 정리하였다.

$$kAe^{k\tau} - kBe^{-k\tau} - \frac{\alpha}{\mu_0}e^{-\tau/\mu_0}$$
$$= \frac{(1-wg)}{\mu_1}Ce^{k\tau} + \frac{(1-wg)}{\mu_1}De^{-k\tau} + \left[\frac{(1-wg)\beta}{\mu_1} - \frac{(S^- - S^+)}{\mu_1}\right]e^{-\tau/\mu_0}$$

이 식에서 좌변과 우변에 $e^{k\tau}$, $e^{-k\tau}$, $e^{-\tau/\mu_0}$를 포함한 항은 각각 서로 같아야 하므로 다음의 관계를 구할 수 있다.

$$kA = \frac{(1-wg)}{\mu_1}C,\quad A = \frac{(1-wg)}{k\mu_1}C \tag{2.1.19a}$$

$$-kB = \frac{(1-wg)}{\mu_1}D,\quad B = -\frac{(1-wg)}{k\mu_1}D \tag{2.1.19b}$$

$$-\frac{\alpha}{\mu_0} = \frac{(1-wg)\beta}{\mu_1} - \frac{(S^- - S^+)}{\mu_1} \tag{2.1.19c}$$

같은 방법으로, 식(2.1.17)~(2.1.18)을 식(2.1.6b)에 대입하여 그 결과를 정리하면 다음과 같다.

$$kC = \frac{(1-w)}{\mu_1}A,\quad C = \frac{(1-w)}{k\mu_1}A \tag{2.1.20a}$$

$$-kD = \frac{(1-w)}{\mu_1}B,\quad D = -\frac{(1-w)}{k\mu_1}B \tag{2.1.20b}$$

$$-\frac{\beta}{\mu_0} = \frac{(1-w)\alpha}{\mu_1} - \frac{(S^- + S^+)}{\mu_1} \tag{2.1.20c}$$

식(2.1.19a)에서 $k\mu_1 = (1-wg)C/A$를 (2.1.20a)에 대입하면 다음과 같이 C와 A의 관계를 구할 수 있다.

$$C^2 = \frac{(1-w)}{(1-wg)}A^2$$

$$C = aA, \quad a = \frac{(1-w)}{(1-wg)} \tag{2.1.21a}$$

식(2.1.20a)에 의하면 $C \propto +A[(1-w)>0, \ k>0]$이므로, 여기서는 양의 값을 택하였다. 같은 방법으로 식(2.1.19b)와 식(2.1.20b)에서 다음의 관계를 구할 수 있다.

$$D^2 = \frac{(1-w)}{(1-wg)} B^2$$

$$D = -aB \tag{2.1.21b}$$

식(2.1.20b)에 의하면 $D \propto -B$ 이므로 여기에서는 음의 값을 선택하였다.

궁극적으로 구하려고 하는 것은 광학두께 τ에 따른 복사강도($I^{\uparrow}$, $I^{\downarrow}$)이다. 식(2.1.17)의 (a)와 (b)를 더하고 빼면 다음과 같이 복사강도로 표현된다.

$$\begin{aligned} I^{\uparrow} &= \frac{A+C}{2} e^{k\tau} + \frac{B+D}{2} e^{-k\tau} + \frac{\alpha+\beta}{2} e^{-\tau/\mu_0} \\ &= \frac{A+C}{2} e^{k\tau} + \frac{B+D}{2} e^{-k\tau} + \epsilon e^{-\tau/\mu_0} \end{aligned} \tag{2.1.22a}$$

$$\begin{aligned} I^{\downarrow} &= \frac{A-C}{2} e^{k\tau} + \frac{B-D}{2} e^{-k\tau} + \frac{\alpha-\beta}{2} e^{-\tau/\mu_0} \\ &= \frac{A-C}{2} e^{k\tau} + \frac{B-D}{2} e^{-k\tau} + \gamma e^{-\tau/\mu_0} \end{aligned} \tag{2.1.22b}$$

이제 식(2.1.21)의 결과를 위의 복사강도 식에 대입하면 광학두께에 다른 상향 및 하향 복사강도를 계산하는 식이 된다.

$$\begin{aligned} I^{\uparrow} &= \frac{1+a}{2} Ae^{k\tau} + \frac{1-a}{2} Be^{-k\tau} + \epsilon e^{-\tau/\mu_0} \\ &= Kve^{k\tau} + Hue^{-k\tau} + \epsilon e^{-\tau/\mu_0} \end{aligned} \tag{2.1.23a}$$

$$\begin{aligned} I^{\downarrow} &= \frac{1-a}{2} Ae^{k\tau} + \frac{1+a}{2} Be^{-k\tau} + \gamma e^{-\tau/\mu_0} \\ &= Kue^{k\tau} + Hve^{-k\tau} + \gamma e^{-\tau/\mu_0} \end{aligned} \tag{2.1.23b}$$

여기서 사용된 변수는 다음과 같다.

$$\epsilon = \frac{\alpha + \beta}{2}, \ \gamma = \frac{\alpha - \beta}{2} \tag{2.1.24a}$$

$$K = A, \ H = B \tag{2.1.24b}$$

$$v = \frac{1 + a}{2}, \ u = \frac{1 - a}{2} \tag{2.1.24c}$$

그러나 아직 변수 K, H는 정의되지 않은 상태이다. 이들은 앞에서 언급한 바와 같이 대기층 상단과 하단에서의 경계조건을 이용하여 구한다.

그림 2.1.1을 참고하여 경계조건(boundary condition)을 적용해 보자. 여기에서는 다음과 같은 경계조건을 이용하였다.

① 대기층 하단[광학두께 = τ_1]에서 조건 : 상향 복사강도 = 0

$$I(\tau_1, \mu) = I^{\uparrow}(\tau_1) = 0 \tag{2.1.25}$$

$$I^{\uparrow} = Kve^{k\tau_1} + Hue^{-k\tau_1} + \epsilon e^{-\tau_1/\mu_0} = 0$$

② 대기층 상단[광학두께 = 0]에서 조건 : 하향 복사강도 = 0

$$I(0, -\mu) = I^{\downarrow}(0) = 0 \tag{2.1.26}$$

$$I^{\downarrow} = Ku + Hv + \gamma = 0$$

먼저 상단에서의 조건으로부터 다음의 관계식을 구할 수 있다.

$$H = -\frac{Ku}{v} - \frac{\gamma}{v}$$

이것을 식(2.1.25)에 대입한 후 K에 대하여 정리하였다.

$$Kve^{k\tau_1} - \left(\frac{Ku}{v} + \frac{\gamma}{v}\right)ue^{-k\tau_1} + \epsilon e^{-\tau_1/\mu_0} = 0$$

$$K = -\frac{\epsilon ve^{-\tau_1/\mu_0} - \gamma ue^{-k\tau_1}}{v^2 e^{k\tau_1} - u^2 e^{-k\tau_1}} \tag{2.1.27a}$$

같은 방법으로 상단 조건에서 다음의 관계를 구한다.

$$K = -\frac{Hv}{u} - \frac{\gamma}{u}$$

다시 식(2.1.25)에 대입한 후 H에 대하여 정리하였다.

$$-\left(\frac{Hv}{u} + \frac{\gamma}{u}\right) v e^{k\tau_1} + H u e^{-k\tau_1} + \epsilon e^{-\tau_1/\mu_0} = 0$$

$$H = +\frac{\epsilon u e^{-\tau_1/\mu_0} - \gamma v e^{-k\tau_1}}{v^2 e^{k\tau_1} - u^2 e^{-k\tau_1}} \tag{2.1.27b}$$

이상이 고전적 Two-stream 방법의 해를 구한 결과이다. 식(2.1.23)과 경계조건을 이용하여 구한 식(2.1.27)이 미정 상수의 값이다. 따라서 주어진 조건에서 식(2.1.1b)로 정의된 상향 방향[$\theta = 54.73°$] 및 하향 방향[$\theta = -54.73°$]의 복사강도를 광학두께의 함수로 계산할 수 있다. 앞에서 언급한 바와 같이 이들은 산란광의 복사강도를 계산하는 것이다. 직달 태양광(direct solar radiation)은 Beer-Lambert 법칙으로 계산한다. 미분 방정식의 관점에서 보면 식(2.1.12)에 도입된 $\pm k$는 미분 방정식의 고유치(eigenvalue)인 셈이다. 다음 3장에서 설명하는 Discrete-ordinate method에서는 고유치를 이용하여 해를 구하는 방법이 설명되어 있다.

Two-stream으로 계산되는 복사강도는 방위각에 의존하지 않으므로 산란광의 상향 및 하향 복사속은 다음으로 표현된다.

$$F^{\uparrow}(\tau) = 2\pi \mu_1 I^{\uparrow}, \quad F^{\downarrow}(\tau) = 2\pi \mu_1 I^{\downarrow} \tag{2.1.28}$$

2.2 에딩턴 근사 복사방정식

2.2.1 에딩턴 복사방정식의 유도

복사강도는 다음과 같이 Legendre polynomial 급수로 전개할 수 있으며, 이 경우에 복사강도는 광학두께 함수와 천정각 함수로 분리된다.

$$I(\tau,\mu)=\sum_{l=0}^{N} I_l(\tau)P_l(\mu)$$

에딩턴 근사(Eddington approximation)는 다음과 같이 복사강도를 두 개의 항으로 전개하며, 천정각에 따른 변화는 두 번째 항에서 선형으로 표현된다.

$$\begin{aligned} I(\tau,\mu) &= I_0(\tau)P_0(\mu)+I_1(\tau)P_1(\mu) \\ &= I_0(\tau)+\mu I_1(\tau) \end{aligned} \tag{2.2.1}$$

에딩턴 근사를 방위각에 독립적인 식(1.3.19)에 적용해 보자.

$$\begin{aligned} \mu\frac{d(I_0+\mu I_1)}{d\tau} &= (I_0+\mu I_1)-\frac{\omega}{2}\sum_{l=0}^{N}\widetilde{w}_l P_l(\mu)\int_{-1}^{1}(I_0+\mu' I_1)P_l(\mu')d\mu' \\ &\quad -\frac{\omega}{4\pi}\sum_{l=0}^{N}\widetilde{w}_l P_l(\mu)P_l(-\mu_0)F_s e^{-\tau/\mu_0}-(1-\omega)B(T) \end{aligned} \tag{2.2.2}$$

그리고 산란 위상함수를 2개 항으로 전개하였다. 이것은 식(1.3.9)에서 $N=1$인 경우이다.

$$\begin{aligned} P(\mu,\mu') &= \widetilde{w}_0 P_0(\mu)P_0(\mu')+\widetilde{w}_1 P_1(\mu)P(\mu') \\ &= 1+\widetilde{w}_1\mu\mu' = 1+3g\,\mu\mu' \end{aligned} \tag{2.2.3}$$

이 위상함수를 사용하면 에딩턴 근사 복사방정식, 즉 식(2.2.2)는 $N=1$인 경우 다음과 같이 표현할 수 있다.

$$\mu\frac{d(I_0+\mu I_1)}{d\tau} = (I_0+\mu I_1)-\frac{\omega}{2}\left[\widetilde{w}_0 P_0(\mu)\int_{-1}^{1}(I_0+\mu' I_1)P_0(\mu')d\mu'\right. \tag{2.2.4}$$

$$+\widetilde{w}_1 P_1(\mu)\int_{-1}^{1}(I_0+\mu' I_1)P_1(\mu')d\mu'\Big]$$

$$-\frac{\omega}{4\pi}\left[\widetilde{w}_0 P_0(\mu)P_0(-\mu_0)+\widetilde{w}_1 P_1(\mu)P_1(-\mu_0)\right]F_s e^{-\tau/\mu_0}+(1-\omega)B(T)$$

우변 2항을 전개하면 다음과 같다.

$$-\frac{\omega}{2}\left[\widetilde{w}_0 P_0(\mu)\int_{-1}^{1}(I_0+\mu' I_1)P_0(\mu')d\mu'+\widetilde{w}_1 P_1(\mu)\int_{-1}^{1}(I_0+\mu' I_1)P_1(\mu')d\mu'\right]$$

$$=-\frac{\omega}{2}\left[\widetilde{w}_0 P_0(\mu)\left\{I_0\int_{-1}^{1}P_0(\mu')d\mu'+I_1\int_{-1}^{1}\mu' P_0(\mu')d\mu'\right\}\right.$$
$$\left.+\widetilde{w}_1 P_1(\mu)\left\{I_0\int_{-1}^{1}P_1(\mu')d\mu'+I_1\int_{-1}^{1}\mu' P_1(\mu')d\mu'\right\}\right]$$

$$=-\frac{\omega}{2}\left[I_0\left\{\widetilde{w}_0 P_0(\mu)\int_{-1}^{1}P_0(\mu')d\mu'+\widetilde{w}_1 P_1(\mu)\int_{-1}^{1}P_1(\mu')d\mu'\right\}\right.$$
$$\left.+I_1\left\{\widetilde{w}_0 P_0(\mu)\int_{-1}^{1}\mu' P_0(\mu')d\mu'+\widetilde{w}_1 P_1(\mu)\int_{-1}^{1}\mu' P_1(\mu')d\mu'\right\}\right]$$

$$=-\frac{\omega}{2}\left[I_0\left\{\widetilde{w}_0 P_0(\mu)\times 2+0\right\}+I_1\left\{0+\widetilde{w}_1 P_1(\mu)\times\frac{2}{3}\right\}\right]$$

$$=-\frac{\omega}{2}\left[2I_0\widetilde{w}_0+\frac{2}{3}I_1\widetilde{w}_1\mu\right]$$

$$=-\omega\left[I_0+I_1 g\mu\right] \tag{2.2.5}$$

이 식의 정리에는 $\widetilde{w}_0=1$, $\widetilde{w}_1=3g$ [참조, 식(1.3.5)] 및 Legendre polynomial의 직교성을 이용하였다.

NOTE Legendre polynomials and integrations

$$P_0(\mu)=P_0(-\mu)=1 \tag{2.2N.1}$$
$$P_1(\mu)=\mu,\ P_1(-\mu_0)=-\mu_0$$

$$\int_{-1}^{1}P_0(\mu)\,d\mu=\int_{-1}^{1}d\mu=2 \tag{2.2N.2}$$

$$\int_{-1}^{1} P_0(\mu)\mu\, d\mu = \int_{-1}^{1} \mu\, d\mu = 0$$

$$\int_{-1}^{1} P_1(\mu)\, d\mu = \int_{-1}^{1} \mu\, d\mu = 0$$

$$\int_{-1}^{1} P_1(\mu)\mu\, d\mu = \int_{-1}^{1} \mu^2\, d\mu = \frac{2}{3}$$

NOTE Phase function and orthogonality

$$P(x) = \sum_{l=0}^{N} \tilde{w}_l P_l(x), \quad x = \cos\Theta \tag{2.2N.3}$$

양변에 x를 곱하여 적분해 보자. 직교성을 이용하면 결과는 다음과 같다.

$$\begin{aligned}\int_{-1}^{1} xP(x)dx &= \int_{-1}^{1} \sum_{l=0}^{1} x\, \tilde{w}_l P_l(x)\, dx \\ &= \sum_{l=0}^{1} \tilde{w}_l \int_{-1}^{1} x\, P_l(x)\, dx \\ &= \tilde{w}_0 \int_{-1}^{1} xP_0(x)dx + \tilde{w}_1 \int_{-1}^{1} xP_1(x)dx \\ &= \tilde{w}_0 \times 0 + \tilde{w}_1 \times \frac{2}{3}\end{aligned} \tag{2.2N.4}$$

다음은 식(2.2.4)의 우변 3항을 전개하여 정리한 것이다.

$$\begin{aligned}&-\frac{\omega}{4\pi} \sum_{l=0}^{1} \tilde{w}_l P_l(\mu) P_l(-\mu_0) F_s e^{-\tau/\mu_0} \\ &\quad = -\frac{\omega}{4\pi} F_s e^{-\tau/\mu_0} \left[\tilde{w}_0 P_0(\mu) P_0(-\mu_0) + \tilde{w}_1 P_1(\mu) P_1(-\mu_0)\right] \\ &\quad = -\frac{\omega}{4\pi} F_s e^{-\tau/\mu_0} \left[1 - 3g\mu\mu_0\right]\end{aligned} \tag{2.2.6}$$

이제 이들 결과를 이용하여 식(2.2.4)를 다시 정리하면 에딩턴 근사 방정식은 다음과 같다.

$$\mu \frac{d(I_0 + \mu I_1)}{d\tau} = (I_0 + \mu I_1) - \omega(I_0 + g\mu I_1) - \frac{\omega}{4\pi} F_s e^{-\tau/\mu_0} (1 - 3g\mu\mu_0) \tag{2.2.7}$$

여기에서는 매질에 의한 방출 항을 생략하였으며, 따라서 위의 식은 산란 대기에서 에딩턴 근사 복사방정식이 된다. 다음은 이 미분 복사방정식의 해를 구하는 것이다.

2.2.2 에딩턴 복사방정식의 해

여기에서도 그림 2.2.1과 같은 균질 대기층에 대하여 그 해를 구한다. Two-stream 경우와는 달리 식(2.2.7)의 해를 구하기 위하여 0차 및 1차 모멘트(moment)를 이용한다. 먼저 0차 모멘트(zero order moment)로 전개하였다.

$$\frac{1}{2}\int_{-1}^{1}\mu\frac{d(I_0+\mu I_1)}{d\tau}d\mu$$
$$=\frac{1}{2}\int_{-1}^{1}(I_0+\mu I_1)\,d\mu-\frac{\omega}{2}\int_{-1}^{1}(I_0+g\,\mu\,I_1)\,d\mu$$
$$-\frac{\omega}{8\pi}F_s e^{-\tau/\mu_0}\int_{-1}^{1}(1-3g\,\mu\,\mu_0)\,d\mu \tag{2.2.8}$$

NOTE 함수 $f(\mu)$의 0th, 1st, and 2nd order moments

$$0^{th}=\frac{1}{2}\int_{-1}^{1}f(\mu)\,P_0(\mu)\,d\mu=\frac{1}{2}\int_{-1}^{1}f(\mu)\,du \tag{2.2N.5a}$$

$$1^{st}=\frac{1}{2}\int_{-1}^{1}f(\mu)\,P_1(\mu)\,du=\frac{1}{2}\int_{-1}^{1}f(\mu)\,\mu\,du \tag{2.2N.5b}$$

$$2^{nd}=\frac{1}{2}\int_{-1}^{1}f(\mu)\,P_2(\mu)\,du=\frac{1}{2}\int_{-1}^{1}f(\mu)\left[\frac{1}{2}(3\mu^2-1)\right]du \tag{2.2N.5c}$$

식(2.2.8)의 좌변부터 정리해 보자.

$$\frac{1}{2}\int_{-1}^{1}\mu\frac{d(I_0+\mu I_1)}{d\tau}d\mu=\frac{1}{2}\frac{d}{d\tau}\int_{-1}^{1}\mu(I_0+\mu I_1)\,d\mu$$
$$=\frac{1}{2}\frac{d}{d\tau}\left[I_0\int_{-1}^{1}\mu\,d\mu+I_1\int_{-1}^{1}\mu^2\,d\mu\right]$$
$$=\frac{1}{2}\frac{d}{d\tau}\left[0+\frac{2}{3}I_1\right]=\frac{1}{3}\frac{dI_1}{d\tau} \tag{2.2.9}$$

그리고 식(2.2.8)의 우변 1항은 다음과 같다.

$$\frac{1}{2}\int_{-1}^{1}(I_0+\mu I_1)\,d\mu=I_0 \tag{2.2.10a}$$

우변의 2항을 정리하면 그 결과는 다음과 같다.

$$-\frac{\omega}{2}\int_{-1}^{1}(I_0+g\mu I_1)\,d\mu=-\omega I_0 \tag{2.2.10b}$$

계속하여 우변의 3항을 전개하여 정리하였다.

$$\begin{aligned}-\frac{\omega}{8\pi}F_s e^{-\tau/\mu_0}\int_{-1}^{1}(1-3g\mu\mu_0)\,d\mu &= -\frac{\omega}{8\pi}F_s e^{-\tau/\mu_0}[2-0] \\ &= -\frac{\omega}{4\pi}F_s e^{-\tau/\mu_0}\end{aligned} \tag{2.2.10c}$$

이들 결과를 모아서 정리하면 다음과 같다.

$$\frac{dI_1}{d\tau}=3(1-\omega)I_0-\frac{3\omega}{4\pi}F_s e^{-\tau/\mu_0} \tag{2.2.11}$$

다음으로 식(2.2.7)의 1차 모멘트를 구하여 보자.

$$\begin{aligned}&\frac{1}{2}\int_{-1}^{1}\mu\frac{d(I_0+\mu I_1)}{d\tau}\mu\,d\mu \\ &\quad=\frac{1}{2}\int_{-1}^{1}(I_0+\mu I_1)\mu\,d\mu-\frac{\omega}{2}\int_{-1}^{1}(I_0+g\mu I_1)\mu\,d\mu \\ &\qquad-\frac{\omega}{8\pi}F_s e^{-\tau/\mu_0}\int_{-1}^{1}(1-3g\mu\mu_0)\mu\,d\mu\end{aligned} \tag{2.2.12}$$

먼저 좌변을 정리하였다.

$$\frac{1}{2}\frac{d}{d\tau}\int_{-1}^{1}\mu^2(I_0+\mu I_1)\,d\mu=\frac{1}{2}\frac{d}{d\tau}\left[\frac{I_0}{3}\mu^3+\frac{I_1}{4}\mu^4\right]_{-1}^{1}=\frac{1}{3}\frac{dI_0}{d\tau} \tag{2.2.13}$$

그리고 우변 1항을 전개하여 정리하였다.

$$\frac{1}{2}\int_{-1}^{1}(I_0+\mu I_1)\mu\,d\mu=\frac{1}{2}\left[\frac{I_0}{2}\mu^2+\frac{I_1}{3}\mu^3\right]_{-1}^{1}=\frac{1}{3}I_1 \tag{2.2.14a}$$

계속하여 우변 2항을 정리한 결과이다.

$$-\frac{\omega}{2}\int_{-1}^{1}(I_0+g\,\mu\,I_1)\mu\,d\mu=-\frac{\omega}{2}\left[\frac{I_0}{2}\mu^2+\frac{I_1}{3}g\mu^3\right]_{-1}^{1}\tag{2.2.14b}$$

$$=-\frac{\omega}{3}g\,I_1$$

그리고 우변의 3항을 정리하면 다음과 같다.

$$-\frac{\omega}{8\pi}F_s e^{-\tau/\mu_0}\int_{-1}^{1}(1-3g\,\mu\,\mu_0)\mu\,d\mu=-\frac{\omega}{8\pi}F_s e^{-\tau/\mu_0}\left[\frac{1}{2}\mu^2-g\mu_0\,\mu^3\right]_{-1}^{1}\tag{2.2.14c}$$

$$=\frac{\omega}{4\pi}F_s e^{-\tau/\mu_0}g\,\mu_0$$

이들 결과를 함께 정리하면 1차 모멘트는 다음과 같이 표현된다.

$$\frac{dI_0}{d\tau}=(1-\omega g)I_1+\frac{3\omega}{4\pi}g\,\mu_0 F_s e^{-\tau/\mu_0}\tag{2.2.15}$$

다음 과정은 복사방정식의 0차, 1차 모멘트로 표현된 미분 방정식의 해를 구하는 것이다. 편리를 위하여 이들 복사방정식을 아래에 다시 정리하였는데, 이 방정식들은 Two-stream 방법에서 유도된 식(2.1.6)과 매우 유사하며 따라서 그 해를 구하는 절차도 비슷하다.

$$\frac{dI_1}{d\tau}=3(1-\omega)I_0-\frac{3\omega}{4\pi}F_s e^{-\tau/\mu_0}\tag{2.2.16}$$

$$\frac{dI_0}{d\tau}=(1-\omega g)I_1+\frac{3\omega}{4\pi}g\mu_0 F_s e^{-\tau/\mu_0}\tag{2.2.17}$$

위의 방정식을 한 번씩 광학두께에 대하여 미분하였다.

$$\frac{d^2I_1}{d\tau^2}=3(1-\omega)\frac{dI_0}{d\tau}+\frac{3\omega}{4\pi}\frac{1}{\mu_0}F_s e^{-\tau/\mu_0}\tag{2.2.18a}$$

$$\frac{d^2I_0}{d\tau^2}=(1-\omega g)\frac{dI_1}{d\tau}-\frac{3\omega}{4\pi}gF_s e^{-\tau/\mu_0}\tag{2.2.18b}$$

식(2.2.18)의 우변에 있는 미분 항에 식(2.2.11)과 식(2.2.15)를 대입하여 전개한 결과는 다음과 같다.

$$\frac{d^2 I_1}{d\tau^2} = 3(1-\omega)\left[(1-\omega g)I_1 + \frac{3\omega}{4\pi} g\mu_0 F_s e^{-\tau/\mu_0}\right] + \frac{3\omega}{4\pi}\frac{1}{\mu_0} F_s e^{-\tau/\mu_0}$$

$$= 3(1-\omega)(1-\omega g)I_1 + \left[3(1-\omega)\frac{3\omega}{4\pi} g\mu_0 + \frac{3\omega}{4\pi}\frac{1}{\mu_0}\right] F_s e^{-\tau/\mu_0}$$

$$\frac{d^2 I_0}{d\tau^2} = (1-\omega g)\left[3(1-\omega)I_0 - \frac{3\omega}{4\pi} F_s e^{-\tau/\mu_0}\right] - \frac{3\omega}{4\pi} g F_s e^{-\tau/\mu_0}$$

$$= 3(1-\omega g)(1-\omega)I_0 - \left[(1-\omega g)\frac{3\omega}{4\pi} + \frac{3\omega}{4\pi} g\right] F_s e^{-\tau/\mu_0}$$

그리고 이 방정식들을 다음과 같이 간단하게 표현하였다.

$$\frac{d^2 I_1}{d\tau^2} = k^2 I_1 + \alpha e^{-\tau/\mu_0} \tag{2.2.19a}$$

$$\frac{d^2 I_0}{d\tau^2} = k^2 I_0 - \beta e^{-\tau/\mu_0} \tag{2.2.19b}$$

여기에 사용된 변수들은 다음으로 정의되었다.

$$k^2 = 3(1-\omega g)(1-\omega) \tag{2.2.20a}$$

$$\alpha = \frac{3\omega}{4\pi}\left[3(1-\omega)g\mu_0 + \frac{1}{\mu_0}\right] F_s \tag{2.2.20b}$$

$$\beta = \frac{3\omega}{4\pi}\left[(1-\omega g) + g\right] F_s \tag{2.2.20c}$$

이 에딩턴 복사방정식은 앞에서 설명한 Two-stream 방법의 식(2.1.8)과 같은 형태이다. 따라서 복사강도의 각 성분에 대한 일반해는 다음과 같이 균질해와 특수해의 합으로 표현할 수 있다.

$$I_0 = I_{0,h} + I_{0,p} \ : \ 0\text{차 성분} \tag{2.2.21a}$$

$$I_1 = I_{1,h} + I_{1,p} \ : \ 1\text{차 성분} \tag{2.2.21b}$$

(1) 균질해

복사강도 0차 성분의 균질해는 다음 균질 방정식(homogeneous differential equation)에 대한 해이다.

$$\frac{d^2 I_0}{d\tau^2} - k^2 I_0 = 0 \tag{2.2.22}$$

이 방정식의 해는 $I_0 = e^{m\tau}$의 형식으로 표현되므로, 이것을 방정식에 대입하면 m의 값을 다음과 같이 특정할 수 있다.

$$(m^2 - k^2)e^{m\tau} = 0,\ m = \pm k$$

따라서 균질해는 다음과 같이 표현된다.

$$I_{0,h} = Ae^{k\tau} + Be^{-k\tau} \tag{2.2.23a}$$

같은 방법으로 진행하면 1차 성분의 균질해를 다음과 같이 표현할 수 있다.

$$I_{1,h} = Ce^{k\tau} + De^{-k\tau} \tag{2.2.23b}$$

여기에 사용된 A, B, C, D는 미정 적분상수로 대기층 상단과 하단에서의 경계조건을 이용하여 구할 수 있다.

(2) 특수해

식(2.2.19)의 우변은 비균질 항 $e^{-\tau/\mu_0}$을 포함하고 있으므로, 특수해는 다음의 형식으로 표현된다.

$$I_{0,p} = Ge^{-\tau/\mu_0} \tag{2.2.24a}$$

$$I_{1,p} = He^{-\tau/\mu_0} \tag{2.2.24b}$$

이들 특수해를 식(2.2.19)에 대입하여 G, H를 구하여 보자.

$$\frac{H}{\mu_0^2} e^{-\tau/\mu_0} = k^2 H e^{-\tau/\mu_0} + \alpha e^{-\tau/\mu_0} \tag{2.2.25a}$$

$$\frac{G}{\mu_0^2} e^{-\tau/\mu_0} = k^2 G e^{-\tau/\mu_0} - \beta e^{-\tau/\mu_0} \tag{2.2.25b}$$

이들 식을 정리하면 H와 G를 구할 수 있는데, 먼저 식(2.2.25a)를 정리하여 구한 결과는 다음과 같다.

$$\left(\frac{1}{\mu_0^2} e^{-\tau/\mu_0} - k^2 e^{-\tau/\mu_0} \right) H = +\alpha e^{-\tau/\mu_0}$$

$$\begin{aligned} H = \frac{\alpha}{1/\mu_0^2 - k^2} &= \frac{3\omega}{4\pi} \frac{[3(1-\omega) g \mu_0 + 1/\mu_0] F_s}{1/\mu_0^2 - k^2} \\ &= \frac{3\omega}{4\pi} \frac{F_s}{\mu_0} \frac{[1 + 3g(1-\omega)\mu_0^2]}{1/\mu_0^2 - k^2} \end{aligned} \tag{2.2.26}$$

수식의 간편한 표현을 위해 변수 ξ를 다음으로 정의하였다.

$$\xi = \frac{3\omega}{4\pi} \frac{F_s}{\mu_0} \frac{[1 + 3g(1-\omega)\mu_0^2]}{k^2 - 1/\mu_0^2} \equiv -H \tag{2.2.27a}$$

그리고 식(2.2.25b)를 정리한 결과는 다음과 같다.

$$\left(\frac{1}{\mu_0^2} e^{-\tau/\mu_0} - k^2 e^{-\tau/\mu_0} \right) G = -\beta e^{-\tau/\mu_0}$$

$$\begin{aligned} G = -\frac{\beta}{1/\mu_0^2 - k^2} &= -\frac{3\omega}{4\pi} \frac{[(1-\omega g) + g] F_s}{1/\mu_0^2 - k^2} \\ &= \frac{3\omega}{4\pi} \frac{[1 + g(1-\omega)] F_s}{k^2 - 1/\mu_0^2} \\ &\equiv \Psi \end{aligned} \tag{2.2.27b}$$

(3) 일반해

이제 에딩턴 복사방정식의 균질해와 특수해를 더하여 일반해로 나타내었다.

$$I_0 = A e^{k\tau} + B e^{-k\tau} + \Psi e^{-\tau/\mu_0} \tag{2.2.28a}$$

$$I_1 = C e^{k\tau} + D e^{-k\tau} - \xi e^{-\tau/\mu_0} \tag{2.2.28b}$$

이들 일반해를 식(2.2.16)에 대입하여 정리하면 결과는 다음과 같다.

$$kCe^{k\tau} - kDe^{-k\tau} + \frac{\xi}{\mu_0} e^{-\tau/\mu_0} = 3(1-\omega)[Ae^{k\tau} + Be^{-k\tau} + \Psi e^{-\tau/\mu_0}] - \frac{3\omega}{4\pi} F_s e^{-\tau/\mu_0}$$

$$[kC - 3(1-\omega)A]e^{k\tau} - [kD + 3(1-\omega)B]e^{-k\tau} + \left[\frac{\xi}{\mu_0} - 3(1-\omega)\Psi + \frac{3\omega}{4\pi} F_s\right] e^{-\tau/\mu_0} = 0$$

위의 두 번째 식이 성립되기 위하여 각각의 항이 0이 되어야 하므로 다음의 관계식을 구할 수 있다.

$$kC - 3(1-\omega)A = 0, \ \ C = \frac{3(1-\omega)}{k} A \tag{2.2.29a}$$

$$kD + 3(1-\omega)B = 0, \ \ D = -\frac{3(1-\omega)}{k} B \tag{2.2.29b}$$

여기에서 A와 C 그리고 B와 D의 관계를 구하였다. 그리고 식(2.2.28)의 일반해를 식(2.2.17)에 대입하여 정리하자.

$$\begin{aligned} &kAe^{k\tau} - kBe^{-k\tau} - \frac{\Psi}{\mu_0} e^{-\tau/\mu_0} \\ &\quad = (1-\omega g)[Ce^{k\tau} + De^{-k\tau} - \xi e^{-\tau/\mu_0}] + \frac{3\omega}{4\pi} g \mu_0 F_s e^{-\tau/\mu_0} \end{aligned}$$

$$\begin{aligned} &[kA - (1-\omega g)C]e^{k\tau} - [kB + (1-\omega g)D]e^{-k\tau} - \left[\frac{\Psi}{\mu_0} - (1-\omega g)\xi + \frac{3\omega}{4\pi} g\mu_0 F_s\right] e^{-\tau/\mu_0} \\ &\quad = 0 \end{aligned}$$

여기에서도 각각의 항이 0이 되어야 하므로 다음의 관계식을 구할 수 있다.

$$kA - (1-\omega g)C = 0, \ \ k = (1-\omega g)\frac{C}{A} \tag{2.2.30a}$$

$$kB + (1-\omega g)D = 0, \ \ k = -(1-\omega g)\frac{D}{B} \tag{2.2.30b}$$

식(2.2.30)을 식(2.2.29)에 대입하였다. 식(2.2.29a)에 의하면 $C \propto +A$이며, 식(2.2.29b)에 의하면 $D \propto -B$이므로 대입한 결과는 다음과 같다.

$$C = \frac{3(1-\omega)}{(1-\omega g)}\frac{A^2}{C}, \quad C^2 = P^2A^2, \quad C = PA \tag{2.2.31a}$$

$$D = \frac{3(1-\omega)}{(1-\omega g)}\frac{B^2}{D}, \quad D^2 = P^2B^2, \quad D = -PB \tag{2.2.31b}$$

여기에서 변수 P는 다음과 같이 정의되었다.

$$P = \left[\frac{3(1-\omega)}{(1-\omega g)}\right]^{1/2}$$

일반해의 최종 결과를 정리하면 다음과 같다.

$$I_0 = Ae^{k\tau} + Be^{-k\tau} + \Psi e^{-\tau/\mu_0} \tag{2.2.32a}$$

$$I_1 = P(Ae^{k\tau} - Be^{-k\tau}) - \xi e^{-\tau/\mu_0} \tag{2.2.32b}$$

여기에 사용된 변수를 아래에 다시 정리하였다.

$$k = [3(1-\omega g)(1-\omega)]^{1/2} \tag{2.2.33a}$$

$$\Psi = -\frac{3\omega}{4\pi}\frac{[(1-\omega g)+g]F_s}{1/\mu_0^2 - k^2} = \frac{3\omega}{4\pi}\frac{[1+g(1-\omega)]F_s}{k^2 - 1/\mu_0^2} \tag{2.2.33b}$$

$$\xi = \frac{3\omega}{4\pi}\frac{F_s}{\mu_0}\frac{[1+3g(1-\omega)\mu_0^2]}{k^2 - 1/\mu_0^2} \tag{2.2.33c}$$

$$P = \left[\frac{3(1-\omega)}{(1-\omega g)}\right]^{1/2} = \frac{k}{1-\omega g} \tag{2.2.33d}$$

$$g = \frac{1}{2}\int_{-1}^{1} P(x)x\,dx, \quad x = \cos\Theta \ : \text{비대칭 인자(비대칭도)} \tag{2.2.33e}$$

$$\omega = \frac{\sigma_{sca}}{\sigma_{ext}} \ : \text{일차 산란 알베도} \tag{2.2.33f}$$

F_s : 대기 꼭대기에서 태양 복사속 (2.2.33g)

$\mu_0 = \cos\theta_0$: 태양 천정각 (2.2.33h)

에딩턴 방정식의 일반해인 식(2.2.32)에서 A, B는 아직 결정되지 않은 상수이다. 이들은 대기층 상단과 하단에서의 경계조건을 이용하여 구한다. 실제 대기복사의 계산에서는 대기를 여러 개의 균질 대기층이 쌓여 있는 평행대기로 가정한다. 그리고 제일 위 대기층에서의 상단 경계조건과 제일 아래 대기층에서의 하단 경계조건 그리고 각 대기층의 경계에서 복사강도가 연속적인 조건을 이용하여 각층의 A, B를 구한다. 복사강도가 연속적이면 복사속 역시 연속적으로 된다. 일반적으로 사용되는 경계조건은 대기 꼭대기에서 산란광의 하향 복사속이 0, 그리고 대기 밑바닥인 지표에서 상향 복사속은 하향 복사속에 지표 반사도(α)를 곱한 것으로 나타낸다. 주의할 점은 이들 일반해가 산란광(diffuse radiation)의 복사강도를 나타낸다는 것이다. 정의된 광학두께에서 직달 성분은 다음과 같이 Beer-Lambert 법칙을 이용하면 쉽게 계산할 수 있다.

$$I_{dir}^{\downarrow}(\tau) = I_0\, e^{-\tau/\mu_0} \tag{2.2.34}$$

$$F_{dir}^{\downarrow}(\tau) = \mu_0 F_s\, e^{-\tau/\mu_0} \tag{2.2.35}$$

그리고 에딩턴 근사에서 복사속은 정의에 따라 전개하면 다음과 같다.

$$F^{\downarrow}(\tau) = 2\pi\int_0^{-1} \mu(I_0 + \mu I_1)\, d\mu = \pi\left[I_0(\tau) - \frac{2}{3}I_1(\tau)\right] \tag{2.2.36a}$$

$$F^{\uparrow}(\tau) = 2\pi\int_0^{1} \mu(I_0 + \mu I_1)\, d\mu = \pi\left[I_0(\tau) + \frac{2}{3}I_1(\tau)\right] \tag{2.2.36b}$$

따라서 광학두께 τ에서 직달 성분을 포함한 순 복사속은 다음과 같이 표현된다.

$$F(\tau) = -\mu_0 F_s e^{-\tau/\mu_0} + F^{\uparrow} - F^{\downarrow} = -\mu_0 F_s e^{-\tau/\mu_0} + \pi\frac{4}{3}I_1(\tau) \tag{2.2.37}$$

여기에서 상향 복사속은 양의 값으로, 그리고 하향 복사속은 음의 값으로 나타내었다.

2.3 델타함수를 이용한 산란 위상함수

그림 1.3.2에서 보는 바와 같이 구름 입자에 의한 가시광의 산란은 산란각 0~5° 사이의 위상함수가 다른 산란각의 위상함수에 비하여 수백 배나 크다. 따라서 식(1.3.3)을 이용하여 전개할 때 항의 수가 매우 많아야 실제 위상함수와 비슷하게 된다. 이러한 불편함을 완화하기 위하여 전방산란의 돌출부(peak)를 위상함수에서 잘라내고 돌출부를 델타함수(delta-function)로 나타내면, 남은 위상함수는 비교적 산란각에 따른 변화가 적은 함수로 표현할 수 있다.

만약 위상함수에서 전방 돌출부의 비율이 f 라고 한다면, 그 전방 돌출부를 잘라낸 위상함수의 산란 광학두께[혹은 부피 산란계수]는 같은 비율로 감소할 것이다. 산란변수의 특성이 이와 같이 변환되는 것을 척도변환(scaling transform)이라 한다. 설명을 위하여 척도변환 변수를 ( )′을 붙여서 나타내었다.

$$\tau_s' = (1-f)\tau_s \ : \text{산란 광학두께} \tag{2.3.1a}$$

$$\tau_a' = \tau_a \ : \text{흡수 광학두께} \tag{2.3.1b}$$

이러한 척도변환 광학두께를 이용하면 변환된 광학두께와 그 미분은 다음과 같이 표현된다.

$$\begin{aligned}\tau' &= \tau_s' + \tau_a' = (1-f)\tau_s + \tau_a \\ &= \tau_s + \tau_a - f\tau_s = \tau - \tau\frac{\tau_s}{\tau}f = \tau(1-\omega f)\end{aligned} \tag{2.3.2a}$$

$$d\tau' = (1-\omega f)d\tau \tag{2.3.2b}$$

여기에서 $\tau = \tau_a + \tau_s$ 이며 일차산란 알베도(SSA) $\omega = \tau_s/\tau$가 이용되었다. 반면에 척도 변환된 일차산란 알베도는 다음으로 정의된다.

$$\omega' = \frac{\tau_s'}{\tau'} = \frac{(1-f)\tau_s}{(1-\omega f)\tau} = \frac{(1-f)}{(1-\omega f)}\omega \tag{2.3.3}$$

예를 들어, 산란 위상함수를 다음과 같이 2개의 항으로 전개한 경우를 보자[참조, 식(2.3N.1a)].

$$P(\mu) = \tilde{w}_0 P_0(\mu) + \tilde{w}_1 P_1(\mu) = 1 + 3g\,\mu \tag{2.3.4}$$

여기에서는 산란각 Θ를 이용하여 $\mu = \cos\Theta$로 정의되었다. 이 산란 위상함수는 식(1.2.23)에서 설명된 바와 같이 구의 입체각에 대하여 평균하면 1이 되고 산란각에 대하여 적분한 후 2로 나누면 역시 1이 된다.

$$\frac{1}{4\pi}\int P(\mu)\,d\Omega = 1,\ \ \frac{1}{2}\int_{-1}^{1} P(\mu)\,d\mu = 1 \tag{2.3.5}$$

이제 위상함수를 델타함수와 전방 돌출부를 제외한 위상함수의 합으로 나타내자.

$$\begin{aligned} P(\mu) \cong P_\delta(\mu) &= 2f\,\delta(1-\mu) + (1-f)(1+3g'\mu) \\ &= 2f\,\delta(1-\mu) + (1-f)P_\delta{}'(\mu) \end{aligned} \tag{2.3.6}$$

이 식에서 우변 두 번째 항의 전방 돌출부를 제외한 위상함수는 $P_\delta{}'(\mu) = (1+3g'\mu)$인데, 그 비대칭도 g'를 이용하여 식(2.3.4)의 형식으로 나타내었다. 그리고 디랙 델타함수(Dirac delta-function)는 다음으로 정의되었다.

$$\delta(1-\mu) = \begin{cases} 1, & \mu = 1 \\ 0, & \mu \neq 1 \end{cases}$$

식(2.3.6)으로 표현된 델타－위상함수(delta-phase function)를 적분해 보면 다음과 같이 1이 됨을 알 수 있다.

$$\begin{aligned} \frac{1}{2}\int_{-1}^{1} P_\delta(\mu)\,d\mu &= \frac{1}{2}\int_{-1}^{1} [2f\delta(1-\mu) + (1-f)(1+3g'\mu)]\,d\mu \\ &= f + \frac{1}{2}(1-f)\left[\mu + \frac{3}{2}g'\mu^2\right]_{-1}^{1} \\ &= f + (1-f) = 1 \end{aligned} \tag{2.3.7}$$

한편 전방 돌출부를 델타함수로 나타낸 위상함수의 비대칭도[위상함수의 1차 모멘트]는 원래 위상함수의 비대칭도와 같아야 한다. 이 조건을 만족하는 관계식을 찾기 위하여 다음과 같이 정리하였다.

$$\begin{aligned} g &= \frac{1}{2}\int_{-1}^{1} P_\delta(\mu)\,\mu\,d\mu = \frac{1}{2}\int_{-1}^{1} [2f\delta(1-\mu)+(1-f)(1+3g'\mu)]\,\mu\,d\mu \\ &= \frac{1}{2}\int_{-1}^{1} 2f\mu\delta(1-\mu)\,d\mu + (1-f)\frac{1}{2}\int_{-1}^{1}(\mu+3g'\mu^2)\,d\mu \\ &= f+(1-f)\,g' \end{aligned} \tag{2.3.8}$$

즉, g'을 다음과 같이 원래 위상함수의 비대칭도 g와 전방산란 돌출부의 비율 f를 이용하여 정의하면 비대칭도 조건을 만족할 수 있다.

$$g' = \frac{g-f}{1-f} \tag{2.3.9}$$

이제 전방산란 비율 f에 대하여 살펴보자. Joseph et al. (1976)은 다음과 같이 원래 위상함수와 델타-위상함수 $P_\delta(\mu)$의 2차 모멘트가 같아야 하는 조건을 이용하였다.

$$\begin{aligned} &\frac{1}{2}\int_{-1}^{1} P_\delta(\mu)\,P_2(\mu)\,d\mu \\ &= \frac{1}{2}\int_{-1}^{1} [2f\delta(1-\mu)+(1-f)(1+3g'\mu)]\left[\frac{1}{2}(3\mu^2-1)\right]d\mu \\ &= \frac{1}{2}\int_{-1}^{1} 2f\delta(1-\mu)\left[\frac{1}{2}(3\mu^2-1)\right]d\mu + \frac{1-f}{2}\int_{-1}^{1}\frac{1}{2}(1+3g'\mu)(3\mu^2-1)\,d\mu \end{aligned} \tag{2.3.10}$$

각 항을 적분해 보자.

$$1항 = \frac{1}{2}\int_{-1}^{1} 3f\mu^2\delta(1-\mu)\,d\mu - \frac{1}{2}\int_{-1}^{1} f\delta(1-\mu)\,d\mu \;=\; \frac{1}{2}(3f-f)$$

$$2항 = \frac{1-f}{4}\int_{-1}^{1}[3\mu^2-1+9g'\mu^3-3g'\mu]\,d\mu \;=\; 0$$

$$1항 + 2항 = f$$

즉, $P_\delta(\mu)$의 2차 모멘트는 전방산란 비율 f이다. 만약 위상함수가 Henyey-Greenstein function으로 표현되었다면, 그 2차 모멘트는 $\tilde{\chi}_2 = g^2$이므로[참조, NOTE : 산란 위상함수의 전개, NOTE : Henyey-Greenstein 위상함수] 다음과 같은 관계를 구할 수 있다

$$f = g^2 \tag{2.3.11}$$

이것을 식(2.3.1)~(2.3.3)에 대입하면 척도변환 변수가 완성된다. 그리고 식(2.3.9)에 대입하면 $P_\delta(\mu)$의 비대칭도와 원래 위상함수의 비대칭도 간의 관계를 구할 수 있다.

$$g' = \frac{g - g^2}{1 - g^2} = \frac{g(1-g)}{(1-g)(1+g)} = \frac{g}{1+g} \tag{2.3.12}$$

더 일반화된 것이 $\delta - N$ 근사이다. Discrete-ordinate method에서는 천정각 격자(stream)를 $2N$개로 하였을 때, 위상함수를 최대 $(2N-1)$차 Legendre polynomial 항까지 전개한다. 그리고 전방산란 돌출부를 델타함수로 나타내고 이 돌출부가 제거된 위상함수와 돌출부의 합으로 산란 위상함수를 표현한다.

$$\begin{aligned} P(\mu) \cong P_{\delta-N}(\mu) &= 2f\delta(1-\mu) + (1-f)\,P'(\mu) \\ &= 2f\delta(1-\mu) + (1-f)\sum_{l=0}^{2N-1}(2l+1)\hat{\chi}_l P_l(\mu) \end{aligned} \tag{2.3.13}$$

여기서 $P'(\mu)$는 식(2.3.6)에서와 같이 전방 돌출부가 제거된 위상함수를 의미한다. 원래 위상함수 $P(\mu)$의 전개 상수와 $\delta - N$ 근사의 전개 상수 관계를 보자. 위상함수의 전개 상수 $\tilde{\chi}_l$과 $\hat{\chi}_l$은 다음과 같이 위상함수의 l차 Legendre polynomial 모멘트로 정의되었다[참고, 식(2.3N.2a) 형식].

$$\tilde{\chi}_l = \frac{1}{2}\int_{-1}^{1} P(\mu)\,P_l(\mu)\,d\mu \tag{2.3.14a}$$

$$\hat{\chi}_l = \frac{1}{2}\int_{-1}^{1} P_{\delta-N}(\mu)\,P_l(\mu)\,d\mu \tag{2.3.14b}$$

이제 식(2.3.14a)에서 $P(\mu)$ 대신에 $P_{\delta-N}(\mu)$를 이용하여 전개하면 다음과 같이 $\tilde{\chi}_l$과 $\hat{\chi}_l$의 관계식을 구할 수 있다.

$$\tilde{\chi}_l \cong f + (1-f)\frac{1}{2}\int_{-1}^{1} P'(\mu)P_l(\mu)\,d\mu = f + (1-f)\hat{\chi}_l$$

$$\hat{\chi}_l = \frac{\tilde{\chi}_l - f}{1-f}, \quad l = 0,\ 1,\ \cdots\ ,\ 2N-1 \tag{2.3.15}$$

즉, 원래 위상함수의 전개 상수 $\widetilde{\chi}_l$ 을 이용하여 $P'(\mu)$의 전개 상수 $\hat{\chi}_l$ 을 구할 수 있다는 것이다. 전방산란의 비율에 대하여 여러 가지 방법이 있지만, 그 비율은 다음과 같이 원래 위상함수의 $2N$차 모멘트와 같다는 조건을 사용한다[식(2.3.11)에서는 2차 모멘트와 같다는 조건을 이용].

$$f = \widetilde{\chi}_{2N} \tag{2.3.16}$$

이러한 $\delta-N$ 근사[식(2.3.13), (2.3.15), (2.3.16)]를 복사방정식에 적용하면 τ, ω, P 대신에 τ', ω', P'을 이용한 복사방정식이 된다. 그런데 Nakajima and Tanaka (1988)는 N이 작을 때[$N < 15$] $P_{\delta-N}(\mu)$이 원래 위상함수와 차이가 있으며, 따라서 이를 이용하여 계산한 복사강도에 오차가 있다는 것을 지적한 바 있다. 그리고 산란 광학두께가 크지 않을 경우, 태양광의 일차 산란항이 복사강도에 기여하는 비율이 높기 때문에 매질에 의한 빛의 방출이 무시되는 경우 식(1.2.31)에서 원천함수를 다음과 같이 근사하였다.

$$J_\lambda(\tau\,;\,\theta,\phi) \cong \frac{\omega_\lambda}{4\pi} F_s e^{-\tau_\lambda/\mu_0} P(\mu,\phi\,;\,-\mu_0,\phi_0)$$

이것을 일차산란 근사(single-scattering approximation)라 한다. 따라서 원래의 위상함수를 이용하여 일차산란 항의 기여를 정확하게 계산하고, $\delta-N$ 근사에서 일차산란 항 기여와의 차이를 보정하면 복사강도의 정확도는 개선될 수 있다. 이러한 보정은 복사방정식의 계산이 완료된 후에 추가할 수 있으며, 복사강도의 정확도 개선에 활용되고 있다. 이상 설명한 델타함수 근사와 일차산란 항의 보정은 산란과정이 포함된 대기복사의 계산에서 광범위하게 사용된다. 더 자세한 내용은 Wiscombe (1977), Liou (2002), Thomas and Stamnes (1999) 문헌에 설명되어 있으므로 이들 문헌을 참고하여 주기 바란다.

NOTE 산란 위상함수의 전개

식(1.3.3)에서는 다음과 같이 위상함수를 Legendre polynomial로 전개하였다.

$$P(\mu) = \sum_{l=0}^{N} \tilde{w}_l P_l(\mu) \tag{2.3N.1a}$$

$$\tilde{w}_l = \frac{2l+1}{2} \int_{-1}^{1} P(\mu) P_l(\mu) \, d\mu, \; l = 0, 1, \cdots, N \tag{2.3N.1b}$$

문헌에 따라 다른 형식의 전개식이 사용되기 때문에 관련된 수식을 이해할 때 주의가 요구된다. Discrete-ordinate method에서 사용하는 전개식은 아래와 같다.

$$P(\mu) = \sum_{l=0}^{N} (2l+1) \tilde{\chi}_l P_l(\mu) \tag{2.3N.2a}$$

$$\tilde{\chi}_l = \frac{1}{2} \int_{-1}^{1} P(\mu) P_l(\mu) \, d\mu, \; l = 0, 1, \cdots, N \tag{2.3N.2b}$$

두 개의 전개식 내용이 같은 것인데, 전개 상수에 $(2l+1)$이 포함되느냐 아니면 전개식에 포함되느냐 하는 차이이다. 그런데, 후자 형식의 장점은 $\tilde{\chi}_l$이 위상함수 $P(\mu)$의 l차 Legendre polynomial 모멘트라는 것이다[혹은 간단히 l차 모멘트라고 하며, 대기복사에서 자주 사용하는 정의임]. 아래 Henyey-Greenstein 위상함수의 경우 1차 모멘트를 정리하면 식(2.3N.3)에서 보는 바와 같이 $(2l+1) = 3$이고 $\tilde{\chi}_1 = g$이다. 그리고 2차 모멘트는 $\tilde{\chi}_2 = g^2$이다.

NOTE Henyey-Greenstein 위상함수

H-G 위상함수는 원래 위상함수의 비대칭도를 이용하여 다음과 같이 표현된 위상함수로 실제 위상함수를 근사적으로 나타낸다[참조, Thomas and Stamnes (1999) 6.7장]. 컴퓨터 성능이 좋지 않을 때, 실제 위상함수 대신에 자주 활용되었다.

$$P_{HG}(\mu) = \frac{1-g^2}{(1+g^2-2g\mu)^{3/2}} \tag{2.3N.3}$$

이 위상함수를 Legendre polynomial을 이용하여 전개하면 다음과 같다.

$$P_{HG}(\mu) = 1 + 3gP_1(\mu) + 5g^2P_2(\mu) + 7g^3P_3(\mu) + \cdots \tag{2.3N.4}$$

2.4 델타-에딩턴 복사방정식

여기에서는 델타-에딩턴 근사를 이용한 복사방정식의 해를 구하는 방법에 대하여 예제를 이용하여 설명하였다. 비록 근사적인 방법이기는 하지만 해를 구하는 기본적인 방법과 그 과정에 발생하는 부적합 조건(ill-condition) 문제를 해결하는 방법이 설명되어 있으므로 복잡한 복사모델을 이해하는 데 많은 도움이 될 것이다.

델타-에딩턴 문헌에서는 Schwarzschild 복사방정식을 다음과 같이 표현하였다(Shettle and Weinman, 1970).

$$\mu \frac{dI_\lambda(\tau\ ;\ \theta,\phi)}{d\tau_\lambda} = -I_\lambda(\tau\ ;\ \theta,\phi) + J_\lambda(\tau\ ;\ \theta,\phi) \tag{2.4.1}$$

이 방정식에서는 빛의 입사 방향을 θ, ϕ로 정의하며, 수직 방향 광학두께와 태양광의 일차산란 항을 다음과 같이 정의하였다[참조, 식(1.2.29)~(1.2.32)].

$$\tau_\lambda = \int_0^z \delta_\lambda^{ext}\, dz'\ ,\ \ d\tau_\lambda = \delta_\lambda^{ext}\, dz \tag{2.4.2}$$

$$\text{일차산란 항} = F_s e^{-\tau_\lambda/\mu_0} P(\mu,\ \phi\ ;\ \mu_0, \phi_0) \tag{2.4.3}$$

따라서 에딩턴 근사를 이용한 복사방정식은 식(2.2.7)과는 다르게 다음과 같이 표현된다.

$$\mu \frac{d(I_0 + \mu I_1)}{d\tau} = -(I_0 + \mu I_1) + \omega(I_0 + g\mu I_1) + \frac{\omega}{4\pi} F_s e^{-\tau/\mu_0}(1 + 3g\mu\mu_0) \tag{2.4.4}$$

그리고 각 모멘트에 해당하는 방정식은 다음과 같다[참조, 식(2.2.16)과 (2.2.17)].

$$\frac{dI_1}{d\tau} = -3(1-\omega)I_0 + \frac{3\omega}{4\pi} F_s e^{-\tau/\mu_0} \tag{2.4.5}$$

$$\frac{dI_0}{d\tau} = -(1-\omega g)I_1 + \frac{3\omega}{4\pi} g\mu_0 F_s e^{-\tau/\mu_0} \tag{2.4.6}$$

에딩턴 근사로 계산한 복사속은 오차가 크지 않은 것으로 알려져 있으며, 따라서 근사적으로 빠른 계산이 필요한 경우에 활용할 수 있다. 복사속을 간편하게 나타내기 위하여 다음의 변수를 정의하였다.

$$G = \pi I_0 , \ H = \frac{2}{3}\pi I_1 \tag{2.4.7}$$

이 정의를 이용하면 식(2.2.36)으로 정의된 복사속은 다음과 같이 표현된다.

$$F^{\downarrow}(\tau) = 2\pi \int_0^1 \mu(I_0 + \mu I_1)\,d\mu = \pi\left[I_0(\tau) + \frac{2}{3}I_1(\tau)\right] = G + H \tag{2.4.8a}$$

$$F^{\uparrow}(\tau) = 2\pi \int_0^{-1} \mu(I_0 + \mu I_1)\,d\mu = \pi\left[I_0(\tau) - \frac{2}{3}I_1(\tau)\right] = G - H \tag{2.4.8b}$$

그리고 식(2.4.5)에 $2\pi/3$를 곱하고 식(2.4.6)에 π를 곱하여 정리하면 다음과 같이 나타낼 수 있다.

$$\frac{dH}{d\tau} + 2(1-\omega)G = \frac{1}{2}\omega F_s e^{-\tau/\mu_0} \tag{2.4.9}$$

$$\frac{dG}{d\tau} + \frac{3}{2}(1-\omega g)H = \frac{3}{4}\omega g \mu_0 F_s e^{-\tau/\mu_0} \tag{2.4.10}$$

에딩턴 복사방정식에서 설명한 방법으로 위의 식에 대한 해를 구하면 다음과 같다[참조, 식(2.2.32)].

$$H = P(-C_1 e^{k\tau} + C_2 e^{-k\tau}) - \beta e^{-\tau/\mu_0} \tag{2.4.11}$$

$$G = C_1 e^{k\tau} + C_2 e^{-k\tau} - \alpha e^{-\tau/\mu_0} \tag{2.4.12}$$

여기서 사용된 변수는 다음으로 정의되었다.

$$k = [3(1-\omega g)(1-\omega)]^{1/2} \tag{2.4.13a}$$

$$P = \frac{2}{3}\frac{k}{1-\omega g} \tag{2.4.13b}$$

$$\alpha = \frac{3}{4}\omega \frac{[1+g(1-\omega)]}{1/\mu_0^2 - k^2} F_s \tag{2.4.13c}$$

$$\beta = \frac{1}{2}\omega\frac{[1/\mu_0 + 3g(1-\omega)\mu_0]}{1/\mu_0^2 - k^2}F_s \tag{2.4.13d}$$

그리고 식(2.4.11)~(2.4.12)의 산란 광학두께(τ)는 식(2.3.1a), 일차산란 알베도(ω)는 식(2.3.3), 그리고 비대칭도(g)는 식(2.3.9)를 이용하여 계산된 것이다. 이와 같이 에딩턴 복사방정식에 델타 위상함수를 사용한 것을 델타-에딩턴 방법(delta-Eddington method)이라 한다.

2.4.1 평행대기에서의 예제

일반적으로 대기 복사방정식은 평행대기(planc parallel atmosphere)에서 계산된다. 대기복사에서 사용하는 평행대기의 의미는 다음과 같다.

- 대기는 지표면에 평행한 여러 개의 대기층이 쌓여 있는 것으로 생각한다.

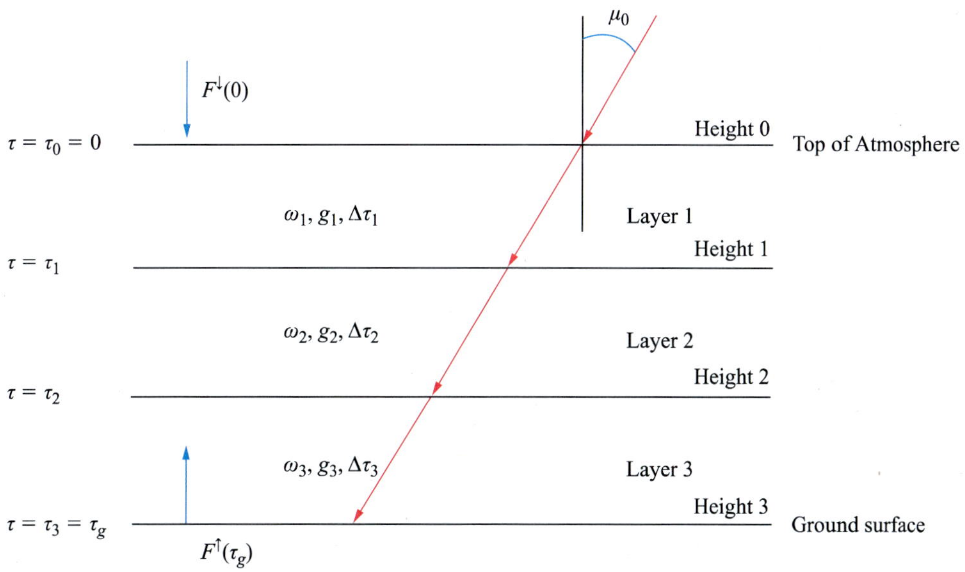

그림 2.4.1 **평행대기에서 복사변수**
입사하는 태양광은 붉은색으로 표시하였으며, 각 대기층의 광학 특성은 미리 계산된 값이다.

- 각 대기층은 균질하다. 산란의 관점에서는 각 대기층 내에서는 식(2.4.13)에서 정의된 ω, g, k, P, α, β가 일정하며, 이들은 대기 자료를 이용하여 계산된 알고 있는 값들이다.
- 빛의 진행 방향은 구면좌표계에서 정의되는 천정각과 방위각을 이용한다.

이제 그림 2.4.1과 같이 3개의 균질 대기층으로 구성된 평행대기에 델타-에딩턴 근사의 해를 적용해 보기로 하자. 각 대기층의 총 광학두께는 $\Delta\tau_1$, $\Delta\tau_2$, $\Delta\tau_3$로 정의되었다. 그리고 대기의 꼭대기[$\tau = \tau_0 = 0$]와 대기의 밑바닥[$\tau = \tau_3 = \tau_g$]에서 경계조건(boundary conditions)은 다음과 같다.

$$① \; F^{\downarrow}(0) = \pi\left[I_0(0) + \frac{2}{3}I_1(0)\right] = F^{\downarrow}(\tau_t) \tag{2.4.14a}$$

$$② \; F^{\uparrow}(\tau_g) = \pi\left[I_0(\tau_g) - \frac{2}{3}I_1(\tau_g)\right] \tag{2.4.14b}$$
$$= F^{\uparrow}(\tau_b) + a\pi\left[I_0(\tau_g) + \frac{2}{3}I_1(\tau_g) + \mu_0 F_s e^{-\tau_g/\mu_0}\right]$$

대기 꼭대기에서의 경계조건은 하향 복사속이 미리 정의된 $F^{\downarrow}(\tau_t)$과 같으며, 밑바닥에서의 경계조건은 미리 정의된 $F^{\uparrow}(\tau_b)$와 밑바닥 경계에 입사하는 총 복사속[산란 복사속과 직달 복사속의 합]에 반사도 a를 곱한 것의 합이 상향 복사속과 같아야 한다는 조건이다. 또 다른 조건으로는 각 대기층 경계에서 복사강도 I_0, I_1의 연속성이다. 이것은 복사속의 연속성을 의미하기도 한다.

③ Height 1 [광학두께 τ_1으로 정의]에서 연속성 (2.4.15a)

$$I_{0,1}(\tau_1) = I_{0,2}(\tau_1),\; I_{1,1}(\tau_1) = I_{1,2}(\tau_1)$$

④ Height 2 [광학두께 τ_2로 정의]에서 연속성 (2.4.15b)

$$I_{0,2}(\tau_2) = I_{0,3}(\tau_2),\; I_{1,2}(\tau_2) = I_{1,3}(\tau_2)$$

복사강도 $I_{0,i}$와 $I_{1,i}$에서 사용한 첨자 $i = 1, 2, 3$이며, 이들은 대기층의 번호를 의미한다. 이상의 조건들을 차례로 적용해 보자. 먼저, 대기 꼭대기에서의 하향 복사속은 다음으로 표현된다.

$$G_1(\tau_0) + H_1(\tau_0) = F^{\downarrow}(\tau_t) \tag{2.4.16}$$

변수 G_i, H_i에서 사용한 아래첨자 역시 대기층 번호를 의미한다. 그리고 각 대기층 경계에서 복사속의 연속은 다음과 같이 G와 H가 각각 연속적인 조건으로 표현하였다.

$$G_1(\tau_1) = G_2(\tau_1) \tag{2.4.17a}$$

$$H_1(\tau_1) = H_2(\tau_1) \tag{2.4.17b}$$

$$G_2(\tau_2) = G_3(\tau_2) \tag{2.4.18a}$$

$$H_2(\tau_2) = H_3(\tau_2) \tag{2.4.18b}$$

대기 밑바닥에서의 복사속에 대한 경계조건은 다음으로 표현된다.

$$G_3(\tau_3) - H_3(\tau_3) = F^{\uparrow}(\tau_b) + a[G_3(\tau_3) + H_3(\tau_3) + \mu_0 F_s e^{-\tau_3/\mu_0}]$$

그리고 같은 변수항을 모아서 정리하면 다음과 같다.

$$[1-a]G_3(\tau_3) - [1+a]H_3(\tau_3) = F^{\uparrow}(\tau_b) + a\mu_0 F_s e^{-\tau_3/\mu_0} \tag{2.4.19}$$

대기 전체에 대한 계산이라면 대기 꼭대기에서 $F^{\downarrow}(\tau_t) = 0$이고 밑바닥 경계인 지표에서 $F^{\uparrow}(\tau_b) = 0$이다. 즉, 가시광에 대한 계산이라면 대기 꼭대기에서 산란 하향 복사속이 0이며 지표에서 방출하는 복사속 역시 0이다. 그러나 구름 아래의 대기에 대하여 계산할 경우, 꼭대기 경계를 구름의 밑바닥으로 하고 $F^{\downarrow}(\tau_t)$ 값을 미리 지정할 수 있다. 그리고 구름 위의 대기에 대한 계산이라면 밑바닥 경계를 구름 꼭대기로 하고 $F^{\uparrow}(\tau_b)$ 값을 미리 지정할 수 있다.

이제 위의 식(2.4.16)~(2.4.19)에 델타-에딩턴 복사방정식의 해인 식(2.4.11)~(2.4.12)를 대입하여 정리하면 다음과 같다.

$$C_1^1 e^{k_1\tau_0} + C_2^1 e^{-k_1\tau_0} - \alpha_1 e^{-\tau_0/\mu_0} - P_1 C_1^1 e^{k_1\tau_0} + P_1 C_2^1 e^{-k_1\tau_0} - \beta_1 e^{-\tau_0/\mu_0} = F^{\downarrow}(\tau_t)$$

$$C_1^1 e^{k_1\tau_1} + C_2^1 e^{-k_1\tau_1} - \alpha_1 e^{-\tau_1/\mu_0} - [C_1^2 e^{k_2\tau_1} + C_2^2 e^{-k_2\tau_1} - \alpha_2 e^{-\tau_1/\mu_0}] = 0$$
$$-P_1 C_1^1 e^{k_1\tau_1} + P_1 C_2^1 e^{-k_1\tau_1} - \beta_1 e^{-\tau_1/\mu_0} - [-P_2 C_1^2 e^{k_2\tau_1} + P_2 C_2^2 e^{-k_2\tau_1} - \beta_2 e^{-\tau_1/\mu_0}] = 0$$

$$C_1^2 e^{k_2\tau_2} + C_2^2 e^{-k_2\tau_2} - \alpha_2 e^{-\tau_2/\mu_0} - [C_1^3 e^{k_3\tau_2} + C_2^3 e^{-k_3\tau_2} - \alpha_3 e^{-\tau_2/\mu_0}] = 0$$
$$-P_2 C_1^2 e^{k_2\tau_2} + P_2 C_2^2 e^{-k_2\tau_2} - \beta_2 e^{-\tau_2/\mu_0} - [-P_3 C_1^3 e^{k_3\tau_2} + P_3 C_2^3 e^{-k_3\tau_2} - \beta_3 e^{-\tau_2/\mu_0}] = 0$$

$$[1-a][C_1^3 e^{k_3\tau_3} + C_2^3 e^{-k_3\tau_3} - \alpha_3 e^{-\tau_3/\mu_0}] - [1+a][-P_3 C_1^3 e^{k_3\tau_3} + P_3 C_2^3 e^{-k_3\tau_3} - \beta_3 e^{-\tau_3/\mu_0}]$$
$$= F^{\uparrow}(\tau_b) + a\mu_0 F_s e^{-\tau_3/\mu_0}$$

변수 C_1^i, C_2^i, α_i, P_i, β_i와 k_i, τ_i에서 $i=1, 2, 3$이며, 이들은 대기층 번호를 의미한다. 편리를 위하여 이들 변수를 다음과 같이 정의하자.

$$x_1 = C_1^1,\ x_2 = C_2^1$$

$$x_3 = C_1^2,\ x_4 = C_2^2$$

$$x_5 = C_1^3,\ x_6 = C_2^3$$

정의된 변수를 이용하여 위의 식들을 다시 정리하였다.

$$(1-P_1)e^{k_1\tau_0}x_1 + (1+P_1)e^{-k_1\tau_0}x_2 = F^{\downarrow}(\tau_t) + \alpha_1 + \beta_1 \tag{2.4.20a}$$

$$e^{k_1\tau_1}x_1 + e^{-k_1\tau_1}x_2 - e^{k_2\tau_1}x_3 - e^{-k_2\tau_1}x_4 = (\alpha_1 - \alpha_2)e^{-\tau_1/\mu_0} \tag{2.4.20b}$$

$$-P_1 e^{k_1\tau_1}x_1 + P_1 e^{-k_1\tau_1}x_2 + P_2 e^{k_2\tau_1}x_3 - P_2 e^{-k_2\tau_1}x_4 = (\beta_1 - \beta_2)e^{-\tau_1/\mu_0} \tag{2.4.20c}$$

$$e^{k_2\tau_2}x_3 + e^{-k_2\tau_2}x_4 - e^{k_3\tau_2}x_5 - e^{-k_3\tau_2}x_6 = (\alpha_2 - \alpha_3)e^{-\tau_2/\mu_0} \tag{2.4.20d}$$

$$-P_2 e^{k_2\tau_2}x_3 + P_2 e^{-k_2\tau_2}x_4 + P_3 e^{k_3\tau_2}x_5 - P_3 e^{-k_3\tau_2}x_6 = (\beta_2 - \beta_3)e^{-\tau_2/\mu_0} \tag{2.4.20e}$$

$$\begin{aligned}&[(1-a)+(1+a)P_3]\,e^{k_3\tau_3}\,x_5 + [(1-a)-(1+a)P_3]\,e^{-k_3\tau_3}\,x_6 \\ &\quad = F^{\uparrow}(\tau_b) + a\mu_0 F_s e^{-\tau_3/\mu_0} + [(1-a)\alpha_3 - (1+a)\beta_3]\,e^{-\tau_3/\mu_0}\end{aligned} \tag{2.4.20f}$$

이러한 연립방정식은 매트릭스 형태로 나타낼 수 있으며, 수치계산 알고리듬을 이용하여 해를 구할 수 있다.

그런데 식(2.4.20)은 해를 구하기에 부적합한 조건(ill-condition system)을 가진 방정식이다. 문제의 원인은 $e^{k_i\tau_i}$, $e^{-k_i\tau_i}$ 항에 기인하는데, 만약 $k_i\,\tau_i$의 크기가 큰 경우 이들 지수함수는 매우 큰 값이 되거나 매우 작은 값이 된다. 이러한 문제를 해결하는 방법으로 다음과 같이 변수의 크기를 조정하는 방법이 사용된다.

$$\hat{x}_1 = e^{k_1\tau_1}x_1,\ \hat{x}_2 = e^{-k_1\tau_1}x_2 \tag{2.4.21a}$$

$$\hat{x}_3 = e^{k_2\tau_2}x_3, \ \hat{x}_4 = e^{-k_2\tau_2}x_4 \tag{2.4.21b}$$

$$\hat{x}_5 = e^{k_3\tau_3}x_5, \ \hat{x}_6 = e^{-k_3\tau_3}x_6 \tag{2.4.21c}$$

이러한 조정을 변수의 규모 변환(scaling transformation)이라 하는데, 복사모델의 계산에서는 매우 중요하게 활용된다. 이 변환을 이용하여 다른 항들을 표현하면 다음과 같다.

$$e^{k_1\tau_0}x_1 = \frac{e^{k_1\tau_0}}{e^{k_1\tau_1}}e^{k_1\tau_1}x_1 = \frac{1}{e^{k_1\Delta\tau_1}}\hat{x}_1 = \frac{1}{e_1^*}\hat{x}_1$$

$$e^{-k_1\tau_0}x_2 = \frac{e^{k_1\tau_1}}{e^{k_1\tau_0}}e^{-k_1\tau_1}x_2 = e^{k_1\Delta\tau_1}\hat{x}_2 = e_1^*\hat{x}_2$$

$$e^{k_2\tau_1}x_3 = \frac{e^{k_2\tau_1}}{e^{k_2\tau_2}}e^{k_2\tau_2}x_3 = \frac{1}{e^{k_2\Delta\tau_2}}\hat{x}_3 = \frac{1}{e_2^*}\hat{x}_3$$

$$e^{-k_2\tau_1}x_4 = \frac{e^{k_2\tau_3}}{e^{k_2\tau_1}}e^{-k_2\tau_2}x_4 = e^{k_2\Delta\tau_2}\hat{x}_4 = e_2^*\hat{x}_4$$

$$e^{k_3\tau_2}x_5 = \frac{e^{k_3\tau_2}}{e^{k_3\tau_3}}e^{k_3\tau_3}x_5 = \frac{1}{e^{k_3\Delta\tau_3}}\hat{x}_5 = \frac{1}{e_3^*}\hat{x}_5$$

$$e^{-k_3\tau_2}x_6 = \frac{e^{k_3\tau_3}}{e^{k_3\tau_2}}e^{-k_3\tau_3}x_6 = e^{k_3\Delta\tau_3}\hat{x}_6 = e_3^*\hat{x}_6$$

여기에서 $e_i^* = e^{k_i\Delta\tau_i}$이며, 이것은 식(2.2.20)의 $e^{k_i\tau_i}$과 비교하면 상당히 작은 값이므로 부적합 조건 문제가 완화되었다. 만약 $e_i^* = e^{k_i\Delta\tau_i}$가 큰 대기층이 있는 경우에는 그 대기층을 여러 개의 부 대기층(sublayer)으로 나누어 부적합 조건 문제를 해결할 수 있다. 위의 규모 변환을 이용하면 식(2.4.20)의 방정식은 다음과 같이 나타낼 수 있다.

$$\frac{1-P_1}{e_1^*}\hat{x}_1 + (1+P_1)e_1^*\hat{x}_2 = F^{\downarrow}(\tau_t) + \alpha_1 + \beta_1 \tag{2.4.22a}$$

$$\hat{x}_1 + \hat{x}_2 - \frac{1}{e_2^*}\hat{x}_3 - e_2^*\hat{x}_4 = (\alpha_1 - \alpha_2)e^{-\tau_1/\mu_0} \tag{2.4.22b}$$

$$-P_1\hat{x}_1 + P_1\hat{x}_2 + \frac{P_2}{e_2^*}\hat{x}_3 - P_2 e_2^* \hat{x}_4 = (\beta_1 - \beta_2)e^{-\tau_1/\mu_0} \tag{2.4.22c}$$

$$\hat{x}_3 + \hat{x}_4 - \frac{1}{e_3^*}\hat{x}_5 - e_3^* \hat{x}_6 = (\alpha_2 - \alpha_3)e^{-\tau_2/\mu_0} \tag{2.4.22d}$$

$$-P_2\hat{x}_3 + P_2\hat{x}_4 + P_3\frac{1}{e_3^*}\hat{x}_5 - P_3 e_3^* \hat{x}_6 = (\beta_2 - \beta_3)e^{-\tau_2/\mu_0} \tag{2.4.22e}$$

$$\begin{aligned}&[(1-a)+(1+a)P_3]\,\hat{x}_5 + [(1-a)-(1+a)P_3]\,\hat{x}_6 \\ &\quad = F^{\uparrow}(\tau_b) + a\mu_0 F_s e^{-\tau_3/\mu_0} + [(1-a)\alpha_3 - (1+a)\beta_3]\,e^{-\tau_3/\mu_0}\end{aligned} \tag{2.4.22f}$$

이 연립방정식은 다음과 같이 매트릭스로 표현할 수 있다.

$$\begin{vmatrix} a_{11} & a_{12} & 0 & 0 & 0 & 0 \\ a_{21} & a_{22} & a_{23} & a_{24} & 0 & 0 \\ a_{31} & a_{32} & a_{33} & a_{34} & 0 & 0 \\ 0 & 0 & a_{43} & a_{44} & a_{45} & a_{46} \\ 0 & 0 & a_{53} & a_{54} & a_{55} & a_{56} \\ 0 & 0 & 0 & 0 & a_{65} & a_{66} \end{vmatrix} \begin{vmatrix} \hat{x}_1 \\ \hat{x}_2 \\ \hat{x}_3 \\ \hat{x}_4 \\ \hat{x}_5 \\ \hat{x}_6 \end{vmatrix} = \begin{vmatrix} b_1 \\ b_2 \\ b_3 \\ b_4 \\ b_5 \\ b_6 \end{vmatrix} \tag{2.4.23}$$

여기서 $a_{11} = (1-P)/e_1^*$, $a_{12} = (1+P)e_1^*$이고 $b_1 = F^{\downarrow}(\tau_t) + \alpha_1 + \beta_1$이며, 다른 매트릭스 성분도 식(2.4.22)에서 쉽게 찾을 수 있다. 이러한 매트릭스 방정식은 잘 알려진 matrix-solver를 이용하여 해를 구할 수 있다. 규모 변환된 변수가 계산되면, 식(2.4.21)을 이용하여 x_i 값을 구하고 다시 식(2.4.11)~(2.4.12)를 이용하여 각 대기층의 G, H를 계산한다. 최종적으로 식(2.4.7)과 식(2.4.8)을 이용하면 복사강도 성분과 복사속을 구할 수 있다.

2.5 델타-에딩턴 프로그램 실습

델타-에딩턴 방법으로 복사속을 계산하는 실습 프로그램(Wiscombe, 1977)을 간단히 소개한다. 델타-에딩턴 프로그램과 DISORT 프로그램은 다음의 website에서 구할 수 있다.

- ftp://climate1.gsfc.nasa.gov/wiscombe/Multiple_Scatt/: Two-stream과 델타-에딩턴 프로그램 및 DISORT 초기 프로그램인 DISORT1.X, DISORT2.X의 website이다.

실습 프로그램은 디렉터리 /DeltaEddington/ 에 있으며, 10개의 균질 대기층으로 구성된 대기에 대하여 계산한다. 각 대기층의 산란 광학두께 $\Delta\tau_i^{sca}$ 와 흡수 광학두께 $\Delta\tau_i^{abs}$ 를 일정한 값으로 설정하였다. 비대칭도는 $g=0.85$ 이고 지표의 알베도(a)는 0.0 혹은 1.0이다. 태양의 천정각 ($\mu_0=\cos\theta_0$)은 0.2 혹은 1.0이며, 대기 꼭대기에서 태양광 복사속 $F_s(\lambda)$을 1.0으로 하였다. 따라서 계산된 복사속은 $F_s(\lambda)$에 대한 비율을 의미한다. 실제 대기에 적용할 경우, 파장에 따라 각 대기층의 광학 특성을 계산하여야 한다.

- **주 프로그램** : DeltaEdd.f. Fortran 컴파일러를 이용하면 된다. Single precision으로 작성되어 있으나 컴파일할 때는 다음과 같이 double precision으로 해야 한다.
  - 컴파일 : pgf90 －r8 DeltaEdd.f －o DeltaEdd.exe

- **결과물** : 프로그램을 수행하면 DeltaEdd.out 파일이 생성된다.
  - 각 대기층의 경계(광학두께로 표시)에서 하향 직달 복사속, 하향 산란 복사속, 상향 산란 복사속으로 구분하여 나타내었다.
  - 그림 2.5.1은 결과물 중의 하나를 그린 것이다. 계산에 사용된 조건은 다음과 같다: $\Delta\tau_i^{sca}=0.004$, $\Delta\tau_i^{abs}=0.006$, $\omega=0.4$, $g=0.85$, $\mu_0=\cos\theta_0=0.2$, $a=1.0$, $F_s(\lambda)=1.0$. 대기 꼭대기에서의 총 광학두께는 0.0이며 지표에서의 총 광학두께는 0.1이다.

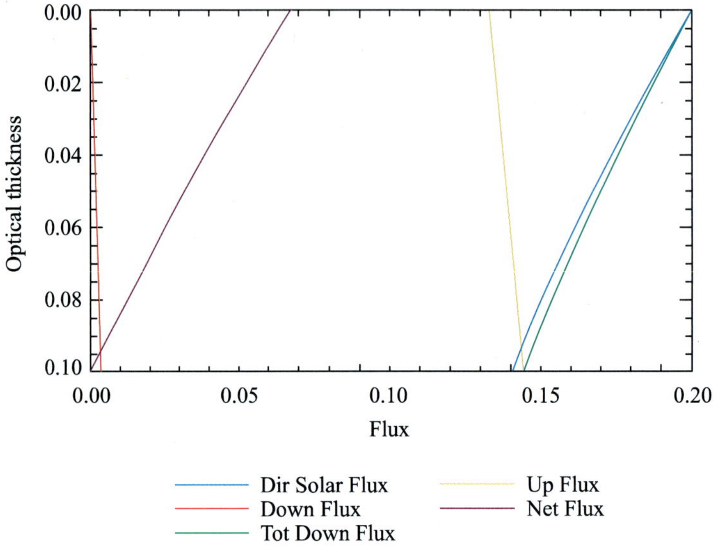

그림 2.5.1 **델타-에딩턴 모델로 계산한 복사속**

하향 직달 복사속(Dir Solar F), 하향 산란 복사속(Down F), 총 하향 복사속(Tot Down F), 상향 복사속(Up F), 그리고 순 복사속(Net F)을 광학두께의 함수로 나타내었다.

Chapter
03

Discrete-ordinate method

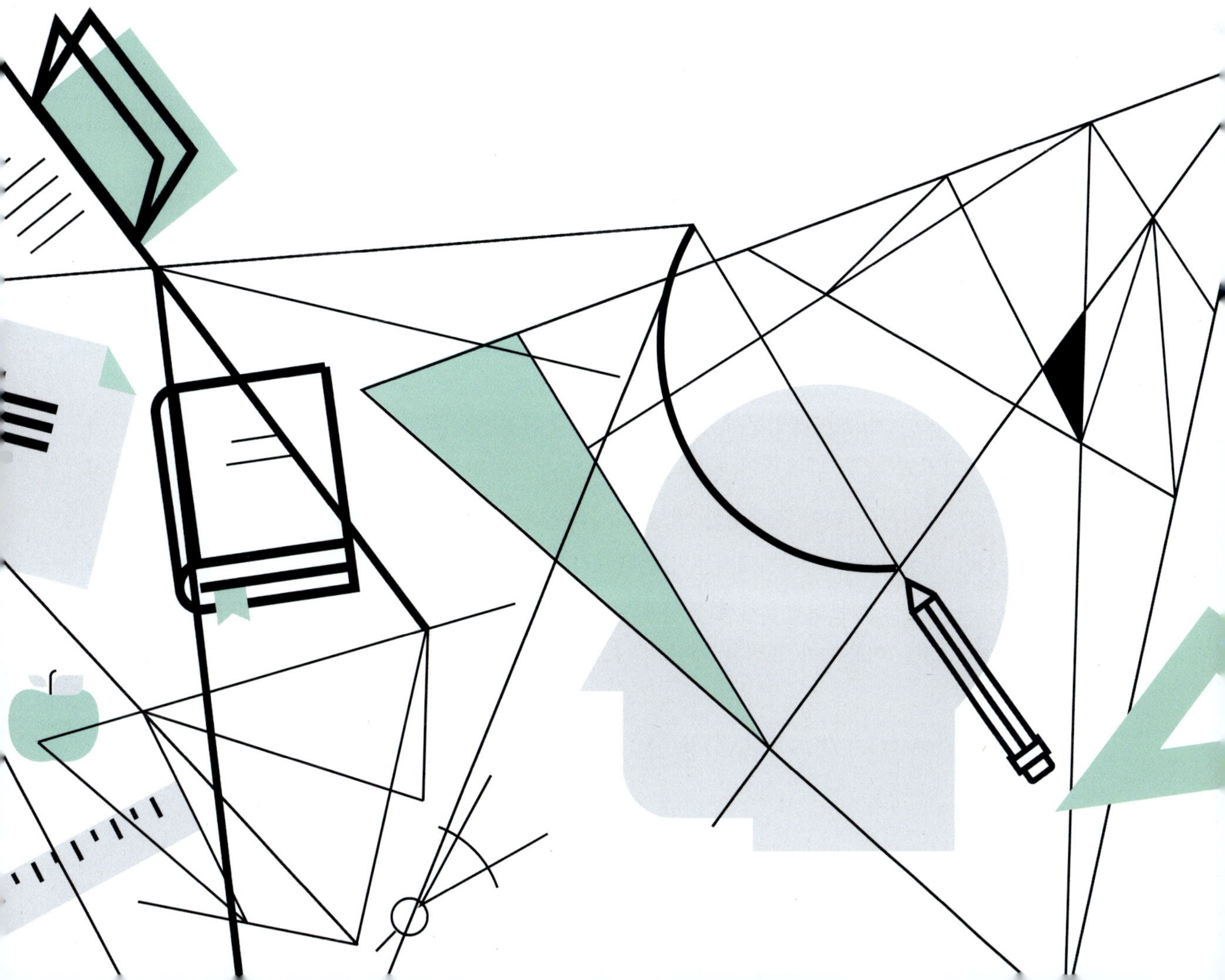

3.1 복사방정식의 전개

앞의 2장에서 설명한 Two-stream method와 에딩턴 근사는 복사방정식의 근사적인 해를 구하는 방법이지만, 이 장에서 설명하는 Discrete-ordinate method (DOM)는 정확한 해를 구하는 방법이다. 여기에서는 Thomas and Stamnes (1999)와 Stamnes et al. (2000)의 문헌을 참고하여 설명하기로 한다. 먼저 기초가 되는 복사방정식을 다음과 같이 표현하였다. 식 (1.3.17)과 같은 식인데 표기 방법이 다른 점에 주의하여야 한다.

$$\mu \frac{dI^m(\tau,\mu)}{d\tau} = I^m(\tau,\mu) - \frac{\omega}{2}\int_{-1}^{1} I^m(\tau,\mu')\,P^m(\mu,\mu')\,d\mu' - X_0^m(\tau,\mu)\,e^{-\tau/\mu_0} - \delta_{0,m}(1-\omega)B(\tau)$$

$$(m = 0,\ 1,\ 2,\ \cdots\ ,\ 2N-1) \tag{3.1.1}$$

혼란을 방지하기 위하여 아래에 다시 각 변수의 정의를 요약하였다. 그리고 변수들은 파장의 함수이지만 표기의 간편성을 위하여 생략하였다.

복사강도는 변수 분리를 위하여 구면 좌표계에서의 천정각과 방위각의 함수로 다음과 같이 푸리에 급수(Fourier series)로 전개한다.

$$I(\tau;\mu,\phi) = \sum_{m=0}^{2N-1} I^m(\tau,\mu)\cos m(\phi_0 - \phi) \tag{3.1.2}$$

여기에서 $I^m(\tau,\mu)$은 광학두께와 천정각의 함수이며 방위각 의존성은 $\cos(\phi_0 - \phi)$에 포함되었다. 그리고 ϕ_0는 태양광의 방위각이며 ϕ는 복사방정식에서 계산하는 빛의 방위각이다. 천정각과 방위각은 빛이 진행하는 방향을 나타낸다는 점에 유의하여야 한다.

산란 위상함수는 국지계에서는 산란각 Θ의 함수로 표현되는데, 구면 좌표로 나타낸 지구계에서는 입사광과 산란광의 천정각과 방위각으로 나타낼 수 있다[참조, 식(1.3.6)]. Spherical harmonics를 이용하여 표현한 것이 식(1.3.7b)이며 여기에서는 다음과 같이 나타내었다.

$$P(\cos\Theta) = P(\mu,\phi;\mu',\phi') = \sum_{m=0}^{2N-1} P^m(\mu,\mu')\cos m(\phi' - \phi) \tag{3.1.3}$$

이 식에서 사용된 변수의 정의는 다음과 같다.

$$P^m(\mu,\mu') = (2-\delta_{0,m})\sum_{l=m}^{2N-1}(2l+1)\tilde{\chi}_l \Lambda_l^m(\mu)\Lambda_l^m(\mu') \tag{3.1.4a}$$

$$\tilde{\chi}_l = \frac{1}{2}\int_{-1}^{1} P(\cos\Theta)\,P_l(\cos\Theta)\,d(\cos\Theta) \tag{3.1.4b}$$

$$\Lambda_l^m(\mu) = \sqrt{\frac{(l-m)!}{(l+m)!}}\,P_l^m(\mu) \ : \text{normalized associated Legendre polynomial} \tag{3.1.4c}$$

$$P_l^m(\mu) \ : \text{associated Legendre polynomial} \tag{3.1.4d}$$

태양광의 1차 산란항은 다음으로 표현되었다.

$$X_0^m(\tau,\mu) = \frac{\omega}{4\pi}F_s(2-\delta_{0,m})\sum_{l=m}^{2N-1}(-1)^{l+m}(2l+1)\tilde{\chi}_l\Lambda_l^m(\mu)\Lambda_l^m(\mu_0) \tag{3.1.5}$$

이 식의 전개에서는 다음의 관계를 이용하였다.

$$\Lambda_l^m(-\mu_0) = (-1)^{l+m}\Lambda_l^m(\mu_0)$$

식(1.3.17)에서 태양광의 1차 산란항을 정리해 보면 $X_0^m(\tau,\mu)e^{-\tau/\mu_0}$와 같은 것임을 알 수 있다[참조, 식(1.3.4), 식(1.3.8), 식(3.1.4)].

$$\begin{aligned}
&\frac{\omega}{4\pi}F_s e^{-\tau/\mu_0}\sum_{l=m}^{2N-1}\tilde{w}_l^m P_l^m(\mu)P_l^m(-\mu_0) \\
&= \frac{\omega}{4\pi}F_s e^{-\tau/\mu_0}\sum_{l=m}^{2N-1}(2-\delta_{0,m})\frac{(l-m)!}{(l+m)!}\tilde{w}_l P_l^m(\mu)P_l^m(-\mu_0) \\
&= \frac{\omega}{4\pi}F_s e^{-\tau/\mu_0}(2-\delta_{0,m})\sum_{l=m}^{2N-1}(2l+1)\tilde{\chi}_l\Lambda_l^m(\mu)\Lambda_l^m(-\mu_0)
\end{aligned}$$

중요한 점은 앞에서도 언급하였지만 식(3.1.1)은 방위각 ϕ에 독립적이라는 것이다. 방위각에 따른 변화는 먼저 식(3.1.1)에서 각각의 I^m을 구한 후, 식(3.1.2)를 이용하여 최종 복사강도를 계산할 때 $\cos m(\phi_0-\phi)$에 포함된다. 식(3.1.1)은 $2N$개의 연립방정식이다. 각 m에 대한 방정식은 동일 형식으로 표현되기 때문에 그 해를 구하는 방법이 같다. 차이점은 $m=0$일 때 매질에 의한 방출항이 포함된 것이다.

이제 식(3.1.1)에서 우변 2항의 천정각 적분을 Gaussian quadrature (QG)를 이용하여 표현하자. GQ의 계산 격자(μ_i)와 가중치(a_i)의 수는 짝수($2N$) 개로 그림 3.1.1에서와 같이 $\mu=0$에 대하여 대칭이다. 이러한 전개는 복사강도와 산란 위상함수가 GQ의 격자 방향(μ_i)에서 정의되어야 함을 의미한다. 전개된 복사방정식은 다음과 같이 표현된다.

$$\mu_i \frac{dI^m(\tau,\mu_i)}{d\tau} = I^m(\tau,\mu_i) - \frac{\omega}{2}\sum_{\substack{j=-N \\ j\neq 0}}^{N} a_j P^m(\mu_i,\mu_j) I^m(\tau,\mu_j) - X_0^m(\tau,\mu_i)e^{-\tau/\mu_0} - \delta_{0,m}(1-\omega)B(\tau)$$

$$(i=\pm 1,\ \pm 2,\ \cdots,\ \pm N) \tag{3.1.6}$$

이들 방정식 역시 총 $2N$개의 방정식 시스템이다. 실제 복사모델[예 : DISORT (Stamnes et al., 2000)]에서는 식(3.1.1)에서 우변의 천정각 적분을 상반구와 하반구로 나누어 다음의 “Double Gaussian quadrature” (DGQ)를 이용한다.

$$\text{GQ}: \int_{-1}^{1} f(\mu)d\mu \cong \sum_{\substack{j=-N \\ j\neq 0}}^{N} a_j f(\mu_j) \tag{3.1.7a}$$

$$\text{DGQ}: \int_{-1}^{1} f(\mu)d\mu = \int_{0}^{1} f(\mu)d\mu + \int_{-1}^{0} f(\mu)d\mu \cong \sum_{j=1}^{N} a_j f(\mu_j) + \sum_{j=1}^{N} a_{-j} f(\mu_{-j}) \tag{3.1.7b}$$

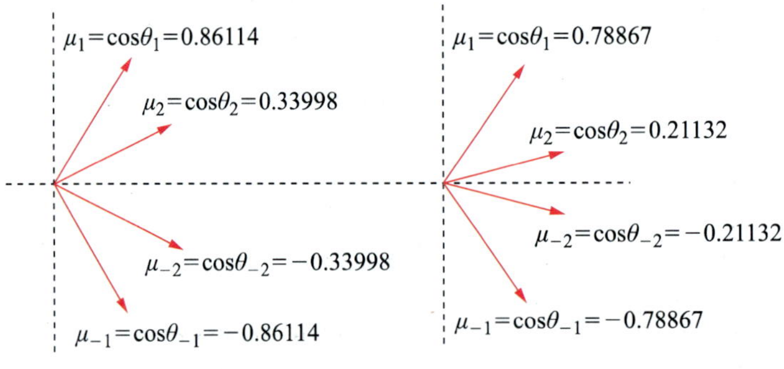

그림 3.1.1 $N=2$일 때 천정각에 대한 (좌) Gaussian quadrature (GQ)의 계산 격자, (우) Double Gaussian quadrature (DGQ)의 계산 격자

상반구에서는 $\mu = 0.5(\theta = 60°)$를 기준으로, 그리고 하반구에서는 $\mu = -0.5$를 기준으로 계산 격자가 대칭이다. 그리고 이들은 다시 $\mu = 0(\theta = 90°)$을 중심으로 계산 격자와 가중치가 서로 대칭이다. 즉, $a_{-j} = a_j$와 $\mu_{-j} = -\mu_j$의 관계를 만족한다. 이러한 DGQ를 사용하는 이유는 천정각 90° 근방에서 복사강도의 변화가 크기 때문이다. 그 변화를 더 정확하게 계산하기 위해서는 90° 근방에 계산 격자가 많아야 하는데, DGQ는 이러한 조건을 잘 만족한다. 그러나 수식의 전개에는 차이가 없다.

이제 $m = 0$인 경우, 즉 방위각에 독립적인 혹은 방위각 평균한 복사방정식을 정리해 보자.

$$\mu_i \frac{dI^+(\tau,\mu_i)}{d\tau} = I^+(\tau,\mu_i) - \frac{\omega}{2}\sum_{j=1}^{N} a_j P(\mu_i,\mu_j) I^+(\tau,\mu_j) - \frac{\omega}{2}\sum_{j=1}^{N} a_j P(\mu_i,-\mu_j) I^-(\tau,\mu_j) - X_{0,i}^+ e^{-\tau/\mu_0} \tag{3.1.8a}$$

$$-\mu_i \frac{dI^-(\tau,\mu_i)}{d\tau} = I^-(\tau,\mu_i) - \frac{\omega}{2}\sum_{j=1}^{N} a_j P(-\mu_i,\mu_j) I^+(\tau,\mu_j) - \frac{\omega}{2}\sum_{j=1}^{N} a_j P(-\mu_i,-\mu_j) I^-(\tau,\mu_j) - X_{0,i}^- e^{-\tau/\mu_0} \tag{3.1.8b}$$

$(i = 1,\ 2,\ \cdots\ ,\ N)$

매질의 방출 항은 생략하였는데 나중에 쉽게 추가할 수 있다. 여기에 사용된 변수들의 정의는 다음과 같다.

$$I^{\pm}(\tau,\mu_j) = I(\tau,\pm\mu_j) \tag{3.1.9a}$$

$$P(\mu_i,\mu_j) = \sum_{l=0}^{2N-1} (2l+1)\tilde{\chi}_l P_l(\mu_i) P_l(\mu_j) \tag{3.1.9b}$$

$$X_{0,i}^{\pm} = X_0(\pm\mu_i) = \frac{\omega}{4\pi} F_s P(\pm\mu_i,-\mu_0) \tag{3.1.9c}$$

경계조건으로 상부 경계인 대기 꼭대기와 하부 경계인 밑바닥에서의 복사강도는 다음으로 표현된다.

$$I(\tau_0;-\mu,\phi) = I_t(-\mu,\phi) \tag{3.1.10a}$$

$$I(\tau_g;+\mu,\phi) = I_g(+\mu,\phi) \tag{3.1.10b}$$

여기에서 I_t, I_g는 미리 정의된 값으로, 이들 경계조건은 복사방정식의 해에서 미정의 적분상수를 결정하는 데 사용된다. 다른 m에 대한 수식도 식(3.1.8)과 같은 형식으로 표현할 수 있다[참고, 식(1.3.18)].

3.2 Two-stream DOM

3.2.1 방정식

이제 식(3.1.8)에서 가장 간단한 $N=1$인 경우에 대하여 살펴보자. 실제 계산에서는 잘 이용하지 않지만, DOM의 유도와 이해에 편리한 점이 있다. 복사방정식은 다음과 같다.

$$\mu_1 \frac{dI^+(\tau)}{d\tau} = I^+(\tau) - \frac{\omega}{2}P(\mu_1,\mu_1)I^+(\tau) - \frac{\omega}{2}P(\mu_1,-\mu_1)I^-(\tau) - \hat{Q}^+(\tau) \tag{3.2.1a}$$

$$-\mu_1 \frac{dI^-(\tau)}{d\tau} = I^-(\tau) - \frac{\omega}{2}P(-\mu_1,\mu_1)I^+(\tau) - \frac{\omega}{2}P(-\mu_1,-\mu_1)I^-(\tau) - \hat{Q}^-(\tau) \tag{3.2.1b}$$

여기에 사용된 변수들은 다음으로 정의되었다.

$$I^{\pm}(\tau) = I^{\pm}(\tau,\mu_1) = I(\tau,\pm\mu_1) \tag{3.2.2a}$$

$$\hat{Q}^{\pm}(\tau) = \hat{Q}^{\pm}(\tau,\mu_1) = \hat{Q}(\tau,\pm\mu_1) = X_0(\pm\mu_1)e^{-\tau/\mu_0} = \frac{\omega}{4\pi}F_s P(\pm\mu_1,-\mu_0)e^{-\tau/\mu_0} \tag{3.2.2b}$$

여기서 $I^+(\tau)$는 상향 복사강도이며 $I^-(\tau)$는 하향 복사강도이다. DGQ를 사용한다면 계산 격자는 $\mu_1 = 1/2$이고 가중치는 $a_1 = 1.0$이며, GQ를 사용한다면 $\mu_1 = \sqrt{1/3}$이고 $a_1 = 1.0$이다. 먼저 식(3.2.1a)의 우변에 있는 산란 위상함수를 전개해 보자.

$$\frac{\omega}{2}P(\mu_1,\mu_1) = \frac{\omega}{2}P(-\mu_1,-\mu_1) \tag{3.2.3a}$$
$$= \frac{\omega}{2}\sum_{l=0}^{1}(2l+1)\tilde{\chi}_l P_l(\mu_1)P_l(\mu_1)$$
$$= \frac{\omega}{2}[1\times\tilde{\chi}_0 P_0(\mu_1)P_0(\mu_1) + 3\times\tilde{\chi}_1 P_1(\mu_1)P_1(\mu_1)]$$
$$= \frac{\omega}{2}(1+3g\mu_1^2) \equiv \omega(1-b)$$

$$\frac{\omega}{2}P(\mu_1,-\mu_1) = \frac{\omega}{2}P(-\mu_1,\mu_1) = \frac{\omega}{2}(1-3g\mu_1^2) \equiv \omega b \tag{3.2.3b}$$

주의할 점은 산란 위상함수가 2개 항으로 전개되었다는 것이며, 그 전개 상수는 다음과 같이 정의되었다.

$$\tilde{\chi}_0 = \frac{1}{2}\int_{-1}^{1} P(\cos\Theta)\, d(\cos\Theta) = 1 \tag{3.2.4a}$$

$$\tilde{\chi}_1 = \frac{1}{2}\int_{-1}^{1} P(\cos\Theta)\cos\Theta\, d(\cos\Theta) = g \ : \text{ asymmetry factor} \tag{3.2.4b}$$

$$b = \frac{1}{2}(1-3g\mu_1^2) \tag{3.2.4c}$$

같은 방법으로 식(3.2.1b)를 전개할 수 있다. 따라서 식(3.2.1)을 정리하면 다음과 같이 두 개의 연립 미분 방정식이 된다.

$$\frac{dI^+}{d\tau} = -\alpha I^+ - \beta I^- - Q^+ \tag{3.2.5a}$$

$$\frac{dI^-}{d\tau} = \beta I^+ + \alpha I^- - Q^- \tag{3.2.5b}$$

이들은 간단하게 다음과 같이 매트릭스 식으로 나타낼 수 있다.

$$\frac{d}{d\tau}\begin{bmatrix} I^+ \\ I^- \end{bmatrix} = \begin{bmatrix} -\alpha & -\beta \\ \beta & \alpha \end{bmatrix}\begin{bmatrix} I^+ \\ I^- \end{bmatrix} - \begin{bmatrix} Q^+ \\ Q^- \end{bmatrix} \tag{3.2.6}$$

그리고 여기에 사용된 변수들은 다음으로 정의되었다.

$$Q^{\pm} \equiv \frac{1}{\pm\mu_1}\hat{Q}^{\pm}(\tau) \tag{3.2.7a}$$

$$\alpha = \left[\frac{\omega}{2}P(\mu_1,\mu_1) - 1\right] \Big/ \mu_1 = [\omega(1-b)-1]/\mu_1 \tag{3.2.7b}$$

$$\beta = \frac{\omega}{2}P(\mu_1, -\mu_1)/\mu_1 = \omega b/\mu_1 \tag{3.2.7c}$$

이들 방정식은 2.1절에서 설명한 Two-stream method의 식(2.1.4)와 거의 같은 형태이다.

3.2.2 방정식의 해

앞의 절에서 유도한 식(3.2.5)는 선형 연립방정식으로 2.1절에서 설명한 바와 같이 그 일반해는 균질해와 특수해의 합으로 표현된다. 이들 해의 특징과 조건을 요약하면 다음과 같다.

- 균질해 : 원천항(source term)이 없는 미분 방정식을 만족, 임의 상수가 동반됨.
- 특수해 : 원천항이 있는 미분 방정식을 만족, 임의 상수가 없음.
- 일반해 : 균질해와 특수해의 합으로 경계조건(boundary condition, BC)을 만족해야 함.

식(3.2.5)에서 $Q^{\pm}=0$일 때의 해가 균질해인데, 다음의 일반식으로 나타낼 수 있다.

$$I^{\pm} = I(\pm\mu_1) = g^{\pm}e^{-k\tau}, \quad g^{\pm} \equiv g(\pm\mu_1) \tag{3.2.8}$$

여기서 $g^{\pm}$, k는 미정 상수이다. 이들을 결정하기 위하여 이 해를 식(3.2.5)에 대입하였다.

$$-g^{+}ke^{-k\tau} = -\alpha g^{+}e^{-k\tau} - \beta g^{-}e^{-k\tau}$$

$$-g^{-}ke^{-k\tau} = \beta g^{+}e^{-k\tau} + \alpha g^{-}e^{-k\tau}$$

그리고 다시 양변을 $e^{-k\tau}$로 나누고 결과를 정리하였다.

$$\alpha g^{+} + \beta g^{-} = kg^{+} \tag{3.2.9a}$$

$$-\beta g^{+} - \alpha g^{-} = kg^{-} \tag{3.2.9b}$$

이것을 매트릭스로 표현하면 다음과 같은 고유값 문제(eigenvalue problem)로 표현된다[참고, 3.4절 고유값과 고유벡터].

$$\begin{bmatrix} \alpha & \beta \\ -\beta & -\alpha \end{bmatrix} \begin{bmatrix} g^+ \\ g^- \end{bmatrix} = k \begin{bmatrix} g^+ \\ g^- \end{bmatrix} \tag{3.2.10}$$

여기서 k는 고유값(eigenvalue)이고 $\vec{g} = [g^+,\ g^-]^T$는 고유벡터(eigenvector)이다. 이 결과를 보면 식(3.2.5)의 미분 방정식이 고유값 문제로 변화된 것을 알 수 있다. 고유값과 고유벡터를 구하기 위하여 먼저 식(3.2.9)의 (a)와 (b)를 서로 더하기 및 빼기를 하여 다음과 같이 정리하였다.

$$(\alpha - \beta)(g^+ - g^-) = k(g^+ + g^-) \tag{3.2.11a}$$

$$(\alpha + \beta)(g^+ + g^-) = k(g^+ - g^-) \tag{3.2.11b}$$

그리고 식(3.2.11b)를 $(g^+ - g^-)$에 대하여 정리한 후 식(3.2.11a)에 대입하였다.

$$(\alpha^2 - \beta^2)(g^+ + g^-) = k^2(g^+ + g^-) \tag{3.2.12}$$

이 식의 우변에 있는 고유벡터 성분의 합을 임의 상수로 다음과 같이 나타내자.

$$g^+ + g^- = \gamma \tag{3.2.13}$$

균질 대기층의 w, b를 이용하면 식(3.2.7)의 α, β는 계산할 수 있다. 따라서 식(3.2.12)를 만족하는 고유값을 구하면 양과 음의 k가 결정된다. 이들을 구별하기 위하여 양의 값을 다음으로 정의하였다.

$$k^* = \sqrt{\alpha^2 - \beta^2} = \frac{1}{\mu_1}\sqrt{(1-\omega)(1-\omega+2\omega b)} > 0,\ (\omega < 1) \tag{3.2.14}$$

그리고 여기에서 정의된 k^*를 이용하여 양과 음의 고유값을 다음과 같이 표현하였다.

$$k_1 = +k^*,\ \ k_{-1} = -k^* \tag{3.2.15}$$

크기가 같고 부호가 반대인 이 결과는 DOM 고유값의 중요한 특징이다. 다음은 고유벡터를 구하여 보자. 고유값이 k_1의 경우[$k^* \neq 0$, $\omega \neq 1$], 식(3.2.13)을 식(3.2.11b)에 대입하여 정리하면 다음과 같다.

$$g_1^+ - g_1^- = (\alpha + \beta)\frac{\gamma}{k^*} \tag{3.2.16}$$

위의 식에서 고유벡터 성분에 사용된 첨자의 의미는 다음과 같다 : g_1^+은 고유값이 k_1일 때의 성분으로 $+\mu_1$ [g의 위첨자 +로 표시] 방향에 해당하는 벡터 성분이다; 그리고 g_1^-는 고유값이 k_1일 때의 성분으로 $-\mu_1$ [g의 위첨자 −로 표시] 방향에 해당하는 벡터 성분이다. 고유값과 고유벡터가 구해진다면 식(3.2.8)을 이용한 균질해는 $I(+\mu_1) = g(+\mu_1)e^{-k_1\tau}$와 $I(-\mu_1) = g(-\mu_1)e^{-k_1\tau}$로 표현된다.

다시 식(3.2.13)과 식(3.2.16)을 서로 더하고 빼면 다음과 같이 k_1에 해당하는 고유벡터를 규정 할 수 있다.

$$g_1^+ = \frac{1}{2}\left[1 + \frac{\alpha + \beta}{k}\right]\gamma \tag{3.2.17a}$$

$$g_1^- = \frac{1}{2}\left[1 - \frac{\alpha + \beta}{k}\right]\gamma \tag{3.2.17b}$$

이들의 비율을 다음과 같이 정의하자.

$$\frac{g_1^+}{g_1^-} = \frac{k + (\alpha + \beta)}{k - (\alpha + \beta)} \equiv R \tag{3.2.18}$$

그리고 g_1^+, g_1^- 중에 $g_1^- = 1$로 하고 $g_1^+ = R$로 하면 식(3.2.18)의 비율이 만족된다. 즉, 고유값 k_1에 대응하는 고유벡터는 다음으로 표현된다.

$$\begin{bmatrix} g_1^+ \\ g_1^- \end{bmatrix} = \begin{bmatrix} R \\ 1 \end{bmatrix} \tag{3.2.19}$$

같은 방법으로 고유값 $k_{-1} = -k^*$에 대하여 전개하면, 이에 대응하는 고유벡터를 구할 수 있으며 결과는 다음과 같다.

$$\begin{bmatrix} g_{-1}^+ \\ g_{-1}^- \end{bmatrix} = \begin{bmatrix} 1 \\ R \end{bmatrix} \tag{3.2.20}$$

고유벡터 성분의 의미를 보면, g^{+}_{-1}은 고유값이 k_{-1}일 때의 성분으로 $+\mu_1$ [g의 위첨자 +로 표시] 방향에 해당하는 벡터 성분이다. 그리고 g^{-}_{-1}는 고유값이 k_{-1}일 때의 성분으로 $-\mu_1$ [g의 위첨자 −로 표시] 방향에 해당하는 벡터 성분이다.

따라서 상향 복사강도 I^+의 균질해는 고유값 $k_1 = k^*$와 $k_{-1} = -k^*$에 해당하는 고유벡터 g^+_1, g^+_{-1}를 이용하여 다음과 같이 선형 합으로 나타낼 수 있다.

$$\begin{aligned} I^+(\tau) &\equiv I(\tau,+\mu_1) = C_{-1}g^+_{-1}e^{-k_{-1}\tau} + C_1 g^+_1 e^{-k_1\tau} \\ &= C_{-1}g_{-1}(+\mu_1)e^{+k_1\tau} + C_1 g_1(+\mu_1)e^{-k_1\tau} \\ &= C_{-1}g_{-1}(+\mu_1)e^{+k^*\tau} + C_1 g_1(+\mu_1)e^{-k^*\tau} \\ &= C_{-1}g_{-1}(+\mu_1)e^{+k^*\tau} + RC_1 g_1(-\mu_1)e^{-k^*\tau} \end{aligned} \tag{3.2.21a}$$

같은 방법으로 하향 복사강도 I^-는 고유벡터 g^-_1, g^-_{-1}를 이용하여 다음과 같이 다양한 수식으로 표현할 수 있다.

$$\begin{aligned} I^-(\tau) &\equiv I(\tau,-\mu_1) = C_{-1}g^-_{-1}e^{-k_{-1}\tau} + C_1 g^-_1 e^{-k_1\tau} \\ &= C_{-1}g_{-1}(-\mu_1)e^{+k_1\tau} + C_1 g_1(-\mu_1)e^{-k_1\tau} \\ &= C_{-1}g_{-1}(-\mu_1)e^{+k^*\tau} + C_1 g_1(-\mu_1)e^{-k^*\tau} \\ &= RC_{-1}g_{-1}(+\mu_1)e^{+k^*\tau} + C_1 g_1(-\mu_1)e^{-k^*\tau} \end{aligned} \tag{3.2.21b}$$

이들을 간단히 표현하면 다음과 같다.

$$I^{\pm}(\tau,\mu_i) = I(\tau,\pm\mu_i) = \sum_{j=1}^{1}[C_{-j}\,g_{-j}(\pm\mu_i)\,e^{k_j\tau} + C_j\,g_j(\pm\mu_i)\,e^{-k_j\tau}] \tag{3.2.21c}$$

$(i = 1,\ 1)$

식(3.2.21)에서 C_1, C_{-1}은 적분상수이며, 고유벡터 기호는 다음으로 정의된 것이다.

$$g^+_{-1} = g_{-1}(\mu_{+1}) = g_{-1}(+\mu_1),\quad g^+_1 = g_1(\mu_{+1}) = g_1(+\mu_1)$$

$$g^-_{-1} = g_{-1}(\mu_{-1}) = g_{-1}(-\mu_1),\quad g^-_1 = g_1(\mu_{-1}) = g_1(-\mu_1)$$

이제 특수해를 구해 보자. 태양광의 1차 산란항이 포함된 경우, 식(3.2.1)의 원천항은 다음과 같다.

$$\hat{Q}^{\pm}(\tau) = \frac{\omega}{4\pi} F_s P(\pm\mu_1, -\mu_0) e^{-\tau/\mu_0} = X_0(\pm\mu_1) e^{-\tau/\mu_0}$$

따라서 특수해는 다음의 형식으로 나타낼 수 있다.

$$I(\tau, \mu_i) = Z_0(\mu_i) e^{-\tau/\mu_0} \tag{3.2.22}$$

여기에서 Z_0는 미정 상수이지만 그 값은 다음 절차를 거쳐 결정할 수 있다. 이 특수해를 식(3.2.1)에 대입하고 전개하면 2개의 선형 방정식이 된다.

$$\mu_1 \left[-\frac{1}{\mu_0} Z_0(\mu_1) e^{-\tau/\mu_0} \right] = Z_0(\mu_1) e^{-\tau/\mu_0} - \frac{\omega}{2} P(\mu_1, \mu_1) Z_0(\mu_1) e^{-\tau/\mu_0} \\ - \frac{\omega}{2} P(\mu_1, \mu_{-1}) Z_0(\mu_{-1}) e^{-\tau/\mu_0} - X_0(\mu_1) e^{-\tau/\mu_0}$$

$$\mu_{-1} \left[-\frac{1}{\mu_0} Z_0(\mu_{-1}) e^{-\tau/\mu_0} \right] = Z_0(\mu_{-1}) e^{-\tau/\mu_0} - \frac{\omega}{2} P(\mu_{-1}, \mu_1) Z_0(\mu_1) e^{-\tau/\mu_0} \\ - \frac{\omega}{2} P(\mu_{-1}, \mu_{-1}) Z_0(\mu_{-1}) e^{-\tau/\mu_0} - X_0(\mu_{-1}) e^{-\tau/\mu_0}$$

이 식에서 사용된 미정 상수의 기호는 다음으로 정의된 것이다 : $Z_0(\mu_1) = Z_0(+\mu_1)$, $Z_0(\mu_{-1}) = Z_0(-\mu_1)$. 다시 $e^{-\tau/\mu_0}$로 나누고 같은 항들을 모아서 정리하면 다음과 같다.

$$\left[1 + \frac{\mu_1}{\mu_0} \right] Z_0(\mu_1) - \frac{\omega}{2} P(\mu_1, \mu_1) Z_0(\mu_1) - \frac{\omega}{2} P(\mu_1, \mu_{-1}) Z_0(\mu_{-1}) \\ = X_0(\mu_1) \tag{3.2.23a}$$

$$\left[1 + \frac{\mu_{-1}}{\mu_0} \right] Z_0(\mu_{-1}) - \frac{\omega}{2} P(\mu_{-1}, \mu_1) Z_0(\mu_1) - \frac{\omega}{2} P(\mu_{-1}, \mu_{-1}) Z_0(\mu_{-1}) \\ = X_0(\mu_{-1}) \tag{3.2.23b}$$

이 방정식들은 간단하게 다음과 같이 나타낼 수 있다.

$$\sum_{\substack{j=-1 \\ j \neq 0}}^{1} \left\{ \left[1 + \frac{\mu_j}{\mu_0} \right] \delta_{i,j} - \frac{w}{2} P(\mu_i, \mu_j) \right\} Z_0(\mu_j) = X_0(\mu_i) \\ (i = -1,\ 1) \tag{3.2.23c}$$

방정식과 미지수가 각각 2개이므로 $Z_0(\mu_1)$, $Z_0(\mu_{-1})$을 결정할 수 있으며, 식(3.2.22)에 대입하면 특수해가 완성된다.

일반해는 균질해와 특수해의 합으로 다음과 같이 표현된다.

$$I^{\pm}(\tau, \mu_i) = I(\tau, \pm\mu_i) \tag{3.2.24}$$

$$= \sum_{j=1}^{1} [C_{-j} g_{-j}(\pm\mu_i) e^{k_j \tau} + C_j g_j(\pm\mu_i) e^{-k_j \tau}] + Z_0(\pm\mu_i) e^{-\tau/\mu_0}$$

$(i = 1,\ 1)$

여기서 k_j는 고유값이고 $g_j(\pm\mu_i)$는 고유벡터이며, $\pm\mu_i$는 천정각의 격자이다. 그리고 $C_{\pm j}$는 아직 결정되지 않은 적분상수인데, 대기 꼭대기와 밑바닥에서의 경계조건과 각 대기층 경계에서의 연속조건을 이용하여 결정한다.

3.2.3 지표의 반사도

대기의 밑바닥에서 경계조건을 규정하기 위하여 하부 경계인 지표에서 상향 복사강도를 정의하여야 한다. 이를 위하여 지표의 반사도(reflectance) 혹은 알베도(albedo)가 정의되어야 한다. 지표의 단색 반사도는 단색 복사속을 이용하여 다음으로 정의한다.

$$\alpha_\lambda = \frac{F_\lambda^{\uparrow}}{F_\lambda^{\downarrow}} \tag{3.2.25}$$

이 식에서 상향 및 하향의 단색 복사속은 다음으로 정의된 것이다.

$$F_\lambda^{\uparrow} = \int_0^{2\pi} \int_0^{\pi/2} I_\lambda^{\uparrow}(\theta, \phi) \cos\theta \sin\theta \, d\theta \, d\phi \tag{3.2.26a}$$

$$F_\lambda^{\downarrow} = \int_0^{2\pi} \int_{\pi/2}^{\pi} I_\lambda^{\downarrow}(\theta, \phi) \cos\theta \sin\theta \, d\theta \, d\phi \tag{3.2.26b}$$

가장 간단하게 정의되는 반사도는 복사강도 $I_\lambda^{\uparrow}(\theta, \phi)$가 상향의 모든 방향으로 일정한 등방성(isotropic)의 특징을 갖는 것이다. 이러한 반사를 Lambert 반사라 하며 그 지표면을 Lambert surface라 한다. 반사된 복사강도가 등방성인 경우, 식(3.2.26a)에 의하면 $F_\lambda^{\uparrow} =$

$\pi I_\lambda^\uparrow$ 이므로 식(3.2.25)에 대입하면 상향 복사강도는 다음으로 표현된다.

$$I_\lambda^\uparrow = \frac{\alpha_\lambda F_\lambda^\downarrow}{\pi} \tag{3.2.27}$$

반사도를 더 구체적으로 표현하는 방법으로는 양방향 반사도 함수(BRDF, bidirectional reflectance distribution function)가 있다. 문헌에 따라 BRDF가 다음과 같이 다르게 정의되므로 주의하여야 한다.

$$\rho_\lambda(\theta_r,\phi_r\,;\theta_i,\phi_i) = \frac{I_\lambda^\uparrow(\theta_r,\phi_r)}{F_\lambda^\downarrow(\theta_i,\phi_i)} = \frac{I_\lambda^\uparrow(\theta_r,\phi_r)}{I_\lambda^\downarrow(\theta_i,\phi_i)\cos\theta_i d\Omega_i} \tag{3.2.28a}$$

$$\rho_\lambda^*(\theta_r,\phi_r;\theta_i,\phi_i) = \frac{\pi I_\lambda^\uparrow(\theta_r,\phi_r)}{F_\lambda^\downarrow(\theta_i,\phi_i)} = \frac{\pi I_\lambda^\uparrow(\theta_r,\phi_r)}{I_\lambda^\downarrow(\theta_i,\phi_i)\cos\theta_i d\Omega_i} \tag{3.2.28b}$$

여기에서 $F_\lambda^\downarrow(\theta_i,\phi_i)$는 복사강도가 $I_\lambda^\downarrow(\theta_i,\phi_i)$이고 θ_i, ϕ_i를 중심으로 입체각 $d\Omega_i$에서 입사하는 복사속이다. 반사된 빛은 θ_r, ϕ_r 방향으로 진행하며 복사강도가 $I_\lambda^\uparrow(\theta_r,\phi_r)$이다. 따라서 식(3.2.28)로 정의된 BRDF의 단위는 sr^{-1}이다. BRDF는 다음과 같이 입사와 반사 방향이 반대로 되어도 성립한다.

$$\rho_\lambda(\theta_r,\phi_r\,;\,\theta_i,\phi_i) = \rho_\lambda(\theta_i,\phi_i\,;\,\theta_r,\phi_r)$$

실제 지표에 도달하는 빛은 반사면 상반구의 모든 방향에서 입사하므로 θ_r, ϕ_r 방향으로 반사되는 복사강도는 다음과 같이 표현된다.

$$I_\lambda^\uparrow(\theta_r,\phi_r) = \int_0^{2\pi}\int_{\pi/2}^{\pi} \rho_\lambda(\theta_r,\phi_r;\theta_i,\phi_i) I_\lambda^\downarrow(\theta_i,\phi_i)\cos\theta_i \sin\theta_i\, d\theta_i d\phi_i \tag{3.2.29}$$

Lambert surface인 경우를 보자. 그 BRDF를 $\rho_\lambda(\theta_r,\phi_r;\theta_i,\phi_i) = \rho_\lambda^L$로 일정한 상수라 한다면, 이것을 식(3.2.29)에 대입하여 정리하면 다음과 같다.

$$\begin{aligned} I_\lambda^\uparrow(\theta_r,\phi_r) &= \rho_\lambda^L \int_0^{2\pi}\int_{\pi/2}^{\pi} I_\lambda^\downarrow(\theta_i,\phi_i)\cos\theta_i \sin\theta_i d\theta_i\, d\phi_i \\ &= \rho_\lambda^L F_\lambda^\downarrow \end{aligned}$$

이 복사강도는 식(3.2.27)과 같아야 하므로 Lambert 표면의 알베도와 ρ_λ^L과의 관계를 구할 수 있다.

$$\alpha_\lambda = \pi \rho_\lambda^L \tag{3.2.30}$$

BRDF는 식(3.2.28)에서 정의한 바와 같이 입사광과 반사광의 천정각과 방위각의 함수이다. 그러나 DOM에서는 확산(diffuse) BRDF를 다음과 같이 천정각 함수와 방위각 함수로 분리하여 Fourier cosine 급수로 표현한다.

$$\begin{aligned} \rho_d(\mu,\phi;-\mu',\phi') &= \rho_d(\mu,-\mu';\phi-\phi') \\ &= \sum_{m=0}^{2N-1} \rho_d^m(\mu,-\mu')\cos m(\phi-\phi') \end{aligned} \tag{3.2.31a}$$

여기서 μ', ϕ'는 입사광의 천정각과 방위각이다. 그리고 ρ_d는 파장의 함수이지만 생략하였으며, 그 전개 상수는 다음으로 계산된다.

$$\rho_d^m(\mu,-\mu') = \frac{1}{\pi}\frac{2-\delta_{0,m}}{2}\int_{-\pi}^{\pi} \rho_d(\mu,-\mu';\phi-\phi')\cos m(\phi-\phi')\,d(\phi-\phi') \tag{3.2.31b}$$

이러한 BRDF의 일반식은 복사강도 및 위상함수의 전개[참조, 식(3.1.2)~(3.1.3)]에서와 같이 방위각 성분이 분리된 것으로 전개 상수 $\rho_d^m(\mu,-\mu')$는 방위각에 독립적인 등방위각 성분이다. 따라서 평행대기에서 최하층의 하부 경계면, 즉 지표에서 m차의 상향 복사강도 I^m는 $\rho_d^m(\mu,-\mu')$을 이용하여 다음과 같이 표현할 수 있다.

$$\begin{aligned} I^m(\tau_g,\mu) &= \delta_{0,m}\,\epsilon(\mu)B(T_g) + (1+\delta_{0,m})\int_0^1 \rho_d^m(\mu,-\mu')I^m(\tau_g,-\mu')\mu'\,d\mu' \\ &\quad + \frac{1}{\pi}\mu_0 F_s e^{-\tau_g/\mu_0}\rho_d^m(\mu,-\mu_0) \\ &\equiv I_g^m(\mu) \end{aligned} \tag{3.2.32}$$

여기서 우변의 1항은 지표에서 방출되는 빛으로 등방성이며 $m=0$일 때 적용된다. 그리고 2항은 $-\mu'$ 방향으로 지표에 입사하여 μ 방향으로 반사되는 빛의 적분을 나타내며, 3항은 지표에 입사한 직달 성분이 μ 방향으로 반사되는 빛을 의미한다. 주의할 점은 2항과 3항에서 지표에 입사하는 성분은 지표에 수직성분 $I^m(\tau_g,-\mu')\mu'$, $F_s e^{-\tau_g/\mu_0}\mu_0$으로 표현된 점이다.

GQ를 이용하여 우변 2항을 전개하면 다음과 같다.

$$I_g^m(\mu_i) = \delta_{0,m}\,\epsilon(\mu_i)B(T_g) + (1+\delta_{0,m})\sum_{j=1}^{N} a_j \rho_d^m(\mu_i, -\mu_j) I^m(\tau_g, -\mu_j)\mu_j + \frac{1}{\pi}\mu_0 F_s e^{-\tau_g/\mu_0}\rho_d^m(\mu_i, -\mu_0) \quad (3.2.33)$$

한편, 지표의 반사도는 방출도 $\epsilon(\mu)$와 다음의 관계를 만족한다.

$$\epsilon(\mu) + \frac{1}{\pi}\int_0^{2\pi}\int_0^1 \rho_d(\mu,\phi;-\mu',\phi')\,\mu'\,d\mu'\,d\phi' = 1 \quad (3.2.34)$$

에너지 보존 법칙에 의하면 불투명 지표에 입사하는 빛에너지는 흡수되거나 반사되는데, Kirchhoff 법칙에 따라서 흡수도와 방출도가 같으므로 위의 식으로 정리된 것이다.

3.2.4 경계조건과 연속조건

델타-에딩턴 방정식의 해에 대하여 2.4절에서 설명한 바와 같이 적분상수는 경계조건을 이용하여 결정할 수 있다. 여기에서도 같은 방법으로 미정 적분상수를 결정한다. 여러 개의 대기층으로 구성된 평행대기의 경우 상부 경계조건으로 대기 꼭대기[최상층의 상부 경계, 광학두께=0]에서 하향 복사강도를 규정하고 하부 경계조건으로 대기의 밑바닥인 지표[최하층의 하부 경계, 광학두께 = τ_g]에서 상향 복사강도를 규정한다. 대기층이 1개인 경우에는 대기층의 상부와 하부 경계에서의 값으로 정의한다. DOM에서는 다음과 같이 복사강도 성분을 정의하여야 한다.

$$I^m(0, -\mu_i) = I_t^m(-\mu_i),\ i = 1, 2, \cdots, N \quad (3.2.35a)$$

$$I^m(\tau_g, +\mu_i) = I_g^m(+\mu_i),\ i = 1, 2, \cdots, N \quad (3.2.35b)$$

실제 계산에서는 대기 꼭대기가 아닌 임의 고도에 상부 경계조건을 지정할 수 있다. 예를 들면, 구름 아래의 대기에서 복사를 계산할 때 구름 밑바닥을 상부 경계로 하여 하향 산란광 I_t^m을 정의할 수 있다.

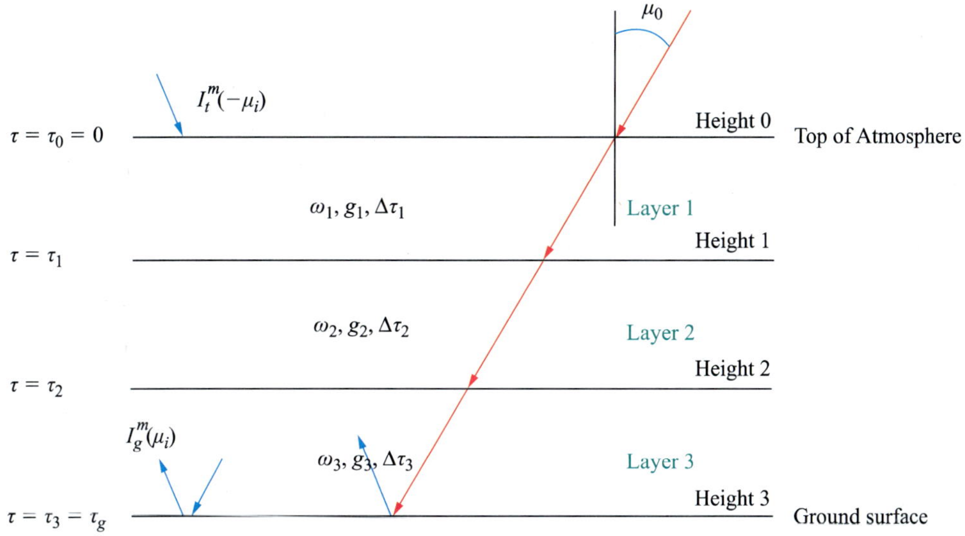

그림 3.2.1 **평행대기의 구조**
대기층 번호(layer index)와 경계 고도의 번호(height index)는 위쪽에서 시작한다. 지표의 광학두께는 각 대기층의 광학두께를 더한 $\tau_g = \tau_3 = \Delta\tau_1 + \Delta\tau_2 + \Delta\tau_3$ 이다.

그림 3.2.1에서와 같이 여러 개의 대기층으로 구성된 평행대기에서 DOM의 해를 계산할 경우, 대기의 상부와 하부 경계조건과 아울러 각 대기층의 경계에서는 복사강도가 연속적이어야 한다는 추가조건을 사용한다. 이들 경계조건과 연속조건을 정리해 보자.

① 대기의 상부 경계조건

$$I_1^m(\tau_0, -\mu_i) = I_t^m(-\mu_i) \tag{3.2.36a}$$

$(i = 1,\ 2,\ \cdots\ ,\ N)$

② 대기층 경계에서 복사강도의 연속조건

$$I_L^m(\tau_L, \mu_i) = I_{L+1}^m(\tau_L, \mu_i) \tag{3.2.36b}$$

$(L = 1,\ 2,\ \cdots\ ,\ L^* - 1\ ;\ i = \pm 1,\ \pm 2,\ \cdots\ ,\ \pm N)$

③ 대기의 하부 경계조건

$$I_{L^*}^m(\tau_{L^*}, \mu_i) = I_g^m(\mu_i) \tag{3.2.36c}$$

$(i = 1,\ 2,\ \cdots\ ,\ N)$

복사강도 I_L^m 에서 첨자 L은 대기층 번호(layer index)를 의미하며, L^*는 가장 아래 대기층 번호이다. 그리고 광학두께 τ_L 에서의 첨자 L은 대기층 경계를 나타내는 고도 번호(height index)를 의미한다.

식(3.2.24)를 일반화하여 대기층 L에 적용하면 다음과 같이 표현된다. 상향 혹은 하향 복사강도에 해당하는 N개의 고유값과 고유벡터 성분을 이용하였다.

$$I_L(\tau, \pm\mu_i) = \sum_{j=1}^{N} \left[C_j^L g_j^L(\pm\mu_i) e^{-k_j^L \tau} + C_{-j}^L g_{-j}^L(\pm\mu_i) e^{+k_j^L \tau} \right] + U^L(\tau, \pm\mu_i) \tag{3.2.37}$$

$$(L = 1,\ 2,\ \cdots\ ,\ L^*)$$

여기에서 $U^L(\tau, \pm\mu_i) = Z_0^L(\pm\mu_i) e^{-\tau/\mu_0}$로 정의되었다. 그리고 C, g, k, U의 위첨자 L은 대기층의 번호를 의미한다. 이제 일반해를 경계조건과 연속조건을 나타내는 식(3.2.36)에 적용해 보자. 수식의 간편함을 위하여 위첨자 m은 생략하기로 한다. 먼저 대기층 번호 $L=1$인 최상 대기층의 상부 경계에서 경계조건을 적용하였다.

$$\begin{aligned} &\sum_{j=1}^{N} \left[C_j^1 g_j^1(-\mu_i) e^{-k_j^1 \tau_0} + C_{-j}^1 g_{-j}^1(-\mu_i) e^{-k_j^1 \tau_0} \right] \\ &\quad = \sum_{j=1}^{N} \left[C_j^1 g_j^1(-\mu_i) + C_{-j}^1 g_{-j}^1(-\mu_i) \right] = I_t(-\mu_i) - U^1(\tau_0, -\mu_i) \end{aligned} \tag{3.2.38a}$$

$$(i = 1,\ 2,\ \cdots\ ,\ N)$$

여기에서는 $\tau_0 = 0$이 사용되었다. 그리고 대기층의 경계에서 복사강도의 연속조건을 적용하면 다음과 같다.

$$\begin{aligned} &\sum_{j=1}^{N} \Big\{ \left[C_j^L g_j^L(\mu_i) e^{-k_j^L \tau_L} + C_{-j}^L g_{-j}^L(\mu_i) e^{+k_j^L \tau_L} \right] \\ &\qquad - \left[C_j^{L+1} g_j^{L+1}(\mu_i) e^{-k_j^{L+1} \tau_L} + C_{-j}^{L+1} g_{-j}^{L+1}(\mu_i) e^{+k_j^{L+1} \tau_L} \right] \Big\} \\ &\quad = U^{L+1}(\tau_L, \mu_i) - U^L(\tau_L, \mu_i) \end{aligned} \tag{3.2.38b}$$

$$(L = 1,\ 2,\ \cdots\ ,\ L^* - 1\ ;\ i = \pm 1,\ \pm 2,\ \cdots\ \pm N)$$

이 식에서 광학두께는 대기 꼭대기로부터 아래첨자로 표시된 대기층 L의 하부 경계까지의 값으로 $\tau_L = \Delta\tau_1 + \Delta\tau_2 + \cdots + \Delta\tau_L$을 나타낸다. 끝으로 대기층 번호 $L = L^*$인 최하 대기층의 하부 경계에 경계조건을 적용하면 다음과 같다.

$$\sum_{j=1}^{N}\left[C_j^{L*}\xi_j^{L*}(\mu_i)g_j^{L*}(\mu_i)e^{-k_j^{L*}\tau_g}+C_{-j}^{L*}\xi_{-j}^{L*}(\mu_i)g_{-j}^{L*}(\mu_i)e^{+k_j^{L*}\tau_g}\right]=\Gamma(\tau_g,\mu_i) \qquad (3.2.38c)$$

$(i=1,\ 2,\ \cdots\ ,\ N)$

여기에서 새로 사용된 변수 ξ와 Γ의 정의는 다음과 같다.

$$\xi_j^{L*}(\mu_i)=1-(1+\delta_{0,m})\sum_{n=1}^{N}a_n\rho_d(\mu_i,-\mu_n)\mu_n g_j^{L*}(-\mu_n)/g_j^{L*}(\mu_i) \qquad (3.2.39a)$$

$$\begin{aligned}\Gamma(\tau_g,\mu_i)&=\delta_{0,m}\epsilon(\mu_i)B(T_g)-U^{L*}(\tau_g,\mu_i)\\&+(1+\delta_{0,m})\sum_{j=1}^{N}a_j\rho_d(\mu_i,-\mu_j)\mu_jU^{L*}(\tau_g,-\mu_j)\\&+\frac{1}{\pi}\mu_0F_se^{-\tau_g/\mu_0}\rho_d(\mu_i,-\mu_0)\end{aligned} \qquad (3.2.39b)$$

식(3.2.38c)는 다음의 과정을 거쳐서 정리한 것이다. 먼저 식(3.2.37)을 이용하여 지표에서 [대기층 번호 $=L^*$, 광학두께 $=\tau_g=\tau_{L^*}$] 상향 및 하향 복사강도를 표현한다.

$$I_{L^*}(\tau_g,+\mu_i)=\sum_{j=1}^{N}\left[C_j^{L*}g_j^{L*}(+\mu_i)e^{-k_j^{L*}\tau_g}+C_{-j}^{L*}g_{-j}^{L*}(+\mu_i)e^{+k_j^{L*}\tau_g}\right]+U^{L*}(\tau_g,+\mu_i) \qquad (3.2.40a)$$

$$I_{L^*}(\tau_g,-\mu_i)=\sum_{j=1}^{N}\left[C_j^{L*}g_j^{L*}(-\mu_i)e^{-k_j^{L*}\tau_g}+C_{-j}^{L*}g_{-j}^{L*}(-\mu_i)e^{+k_j^{L*}\tau_g}\right]+U^{L*}(\tau_g,-\mu_i) \qquad (3.2.40b)$$

대기의 하부 경계조건인 식(3.2.36c)에 의하면 식(3.2.40a)와 식(3.2.33)이 같아야 한다.

$$\begin{aligned}&\sum_{j=1}^{N}\left[C_j^{L*}g_j^{L*}(+\mu_i)e^{-k_j^{L*}\tau_g}+C_{-j}^{L*}g_{-j}^{L*}(+\mu_i)e^{+k_j^{L*}\tau_g}\right]+U^{L*}(\tau_g,+\mu_i)\\&=\delta_{0,m}\epsilon(\mu_i)B(T_g)+(1+\delta_{0,m})\int_0^1\rho_d(\mu_i,-\mu')I_{L^*}(\tau_g,-\mu')\mu'd\mu'\\&+\frac{1}{\pi}\mu_0F_se^{-\tau_g/\mu_0}\rho_d(\mu_i,-\mu_0)\end{aligned} \qquad (3.2.41)$$

이제 우변 2항의 $I_{L^*}(\tau_g,-\mu_j)$에 식(3.2.40b)를 대입하여 정리하면 식(3.2.38c)의 결과를 구할 수 있다.

NOTE 식(3.2.41) 우변 항의 전개

우변 2항에서 $I_{L^*}(\tau_g,-\mu')$에 식(3.2.40b)를 대입하면 우변은 다음과 같다.

$$우변=\delta_{0,m}\epsilon(\mu_i)B(T_g)+(1+\delta_{0,m})\int_0^1\rho_d(\mu_i,-\mu')\mu' \times\left[\sum_{j=1}^{N}\left\{C_j^{L^*}g_j^{L^*}(-\mu')e^{-k_j^{L^*}\tau_g}+C_{-j}^{L^*}g_{-j}^{L^*}(-\mu')e^{+k_j^{L^*}\tau_g}\right\}+U^{L^*}(\tau_g,-\mu')\right]d\mu' \tag{3.2N.1}$$

식(3.2N.1)의 우변에서 적분은 GQ를 이용하여 표현하면 다음과 같다.

$$\int_0^1 f(\mu)\,d\mu=\sum_{j=1}^{N}a_jf(\mu_j)$$

우변 3번째 항을 먼저 정리하였다.

$$3항=(1+\delta_{0,m})\sum_{j=1}^{N}a_j\rho_d(\mu_i,-\mu_j)\mu_j\left\{U^{L^*}(\tau_g,-\mu_j)\right\}$$

이 3항과 식(3.2.41)의 좌변 3항은 식(3.2.38c)의 $\Gamma(\tau_g,\mu_i)$에 포함되었다. 그리고 식(3.2N.1)의 우변 적분에서 1항과 2항을 정리하면 다음과 같다.

$$\begin{aligned}1항+2항&=(1+\delta_{0,m})\sum_{n=1}^{N}a_n\rho_d(\mu_i,-\mu_n)\mu_n\left[\sum_{j=1}^{N}\left\{C_j^{L^*}g_j^{L^*}(-\mu_n)e^{-k_j^{L^*}\tau_g}+C_{-j}^{L^*}g_{-j}^{L^*}(-\mu_n)e^{+k_j^{L^*}\tau_g}\right\}\right]\\&=(1+\delta_{0,m})\left[\sum_{j=1}^{N}C_j^{L^*}e^{-k_j^{L^*}\tau_g}\left\{\sum_{n=1}^{N}a_n\rho_d(\mu_i,-\mu_n)\mu_n\,g_j^{L^*}(-\mu_n)\right\}\right.\\&\qquad\left.+\sum_{j=1}^{N}C_{-j}^{L^*}e^{+k_j^{L^*}\tau_g}\left\{\sum_{n=1}^{N}a_n\rho_d(\mu_i,-\mu_n)\mu_n\,g_{-j}^{L^*}(-\mu_n)\right\}\right]\end{aligned}$$

이상 결과를 식(3.2.41)의 좌변으로 이동하여 정리하면 식(3.2.38c)의 좌변과 같아진다.

$$\begin{aligned}좌변&=\sum_{j=1}^{N}\left\{C_j^{L^*}g_j^{L^*}(+\mu_i)e^{-k_j^{L^*}\tau_g}+C_{-j}^{L^*}g_{-j}^{L^*}(+\mu_i)e^{+k_j^{L^*}\tau_g}\right\}\\&\quad-(1+\delta_{0,m})\left[\sum_{j=1}^{N}C_j^{L^*}e^{-k_j^{L^*}\tau_g}\left\{\sum_{n=1}^{N}a_n\rho_d(\mu_i,-\mu_n)\mu_ng_j^{L^*}(-\mu_n)\right\}\right.\\&\qquad\left.+\sum_{j=1}^{N}C_{-j}^{L^*}e^{+k_j^{L^*}\tau_g}\left\{\sum_{n=1}^{N}a_n\rho_d(\mu_i,-\mu_n)\mu_ng_{-j}^{L^*}(-\mu_n)\right\}\right]\\&=\sum_{j=1}^{N}\left[C_j^{L^*}g_j^{L^*}(\mu_i)e^{-k_j^{L^*}\tau_g}-(1+\delta_{0,m})C_j^{L^*}g_j^{L^*}(\mu_i)e^{-k_j^{L^*}\tau_g}\sum_{n=1}^{N}a_n\rho_d(\mu_i,-\mu_n)\mu_n\frac{g_j^{L^*}(-\mu_n)}{g_j^{L^*}(\mu_i)}\right]\\&\quad+\sum_{j=1}^{N}\left[C_{-j}^{L^*}g_{-j}^{L^*}(\mu_i)e^{+k_j^{L^*}\tau_g}-(1+\delta_{0,m})C_{-j}^{L^*}g_{-j}^{L^*}(\mu_i)e^{+k_j^{L^*}\tau_g}\sum_{n=1}^{N}a_n\rho_d(\mu_i,-\mu_n)\mu_n\frac{g_{-j}^{L^*}(-\mu_n)}{g_{-j}^{L^*}(\mu_i)}\right]\end{aligned} \tag{3.2N.2}$$

식(3.2.38)은 $(2N\times L^*)\times(2N\times L^*)$ 개의 선형 연립방정식이며, 이 방정식의 해를 구하면 $(2N\times L^*)$ 개의 C_j^L $(j=\pm1, \cdots, \pm N\ ;\ L=1, \cdots, L^*)$을 결정할 수 있다. 각 대기층의 적분상수 C_j^L이 결정되면, 이제 식(3.2.37)을 이용하여 각 대기층에서 광학두께에 따른 복사강도를 계산할 수 있다.

3.2.5 부적합 조건의 제거

그런데 식(3.2.38)의 선형 연립방정식을 수치계산법(numerical method)을 이용하여 해를 구할 때, 부적합 조건(ill-condition) 문제가 발생한다. 어떤 항은 매우 작고 또 다른 어떤 항은 매우 커서 발생하는 부적합 조건 문제는 근본적으로 지수함수 $e^{-k_j\tau}$, $e^{+k_j\tau}$에 기인한다. 이 문제를 해결하기 위하여 다음과 같이 변수의 규모 변환(scaling transformation) 방법이 사용되었다[참조, 2.4절의 식(2.4.21)].

$$C_j^L=\hat{C}_j^L e^{k_j^L\tau_{L-1}},\quad C_{-j}^L=\hat{C}_{-j}^L e^{-k_j^L\tau_L} \tag{3.2.42}$$

예를 들어, 각 대기층의 $C_{\pm j}^L$ 를 포함한 항을 규모 변환하면 다음과 같다.

$$\begin{aligned} C_j^L g_j^L(\mu_i)e^{-k_j^L\tau_L} &= \hat{C}_j^L g_j^L(\mu_i)e^{-k_j^L\tau_L}e^{k_j^L\tau_{L-1}} \\ &= \hat{C}_j^L g_j^L(\mu_i)e^{-k_j^L(\tau_L-\tau_{L-1})}=\hat{C}_j^L g_j^L(\mu_i)e^{-k_j^L\Delta\tau_L} \end{aligned} \tag{3.2.43a}$$

$$\begin{aligned} C_{-j}^L g_{-j}^L(\mu_i)e^{k_j^L\tau_L} &= \hat{C}_{-j}^L g_{-j}^L(\mu_i)e^{+k_j^L\tau_L}e^{-k_j^L\tau_L} \\ &= \hat{C}_{-j}^L g_{-j}^L(\mu_i)e^{-k_j^L(\tau_L-\tau_L)}=\hat{C}_{-j}^L g_{-j}^L(\mu_i) \end{aligned} \tag{3.2.43b}$$

한 예로서 $N=1$인 경우, 그림 2.1.1과 같이 한 개의 대기층에 적용해 보자. 상부 경계조건과 하부 경계조건으로 식(3.2.38)의 (a)와 (c)를 이용하면 결과는 다음과 같다.

$$C_1 g_1(-\mu_1)e^{-k_1\tau_0}+C_{-1}g_{-1}(-\mu_1)e^{+k_1\tau_0}=I_t(-\mu_1)-U(0,-\mu_1) \tag{3.2.44a}$$

$$C_1\xi_1(\mu_1)g_1(\mu_1)e^{-k_1\tau_1}+C_{-1}\xi_{-1}(\mu_1)g_{-1}(\mu_1)e^{+k_1\tau_1}=\Gamma(\tau_1,\mu_1) \tag{3.2.44b}$$

이 식에서는 대기층 번호를 나타내는 위첨자를 생략하였으며, $\tau_t = \tau_0 = 0$이고 $\tau_g = \tau_1$ 이다. 다음은 좌변을 매트릭스 형태로 나타낸 것이다.

$$\begin{bmatrix} g_1(-\mu_1)e^{-k_1\tau_0} & g_{-1}(-\mu_1)e^{+k_1\tau_0} \\ \xi_1(\mu_1)g_1(\mu_1)e^{-k_1\tau_1} & \xi_{-1}(\mu_1)g_{-1}(\mu_1)e^{+k_1\tau_1} \end{bmatrix} \begin{bmatrix} C_1 \\ C_{-1} \end{bmatrix} \tag{3.2.45}$$

대기층의 광학두께가 매우 큰 경우, 매트릭스 성분 중에 $e^{-k_1\tau_1}$을 포함한 항은 매우 작아지고 $e^{+k_1\tau_1}$을 포함한 항은 매우 크다. 식(3.2.42)를 이용하여 표현하면 다음과 같다.

$$\hat{C}_1 g_1(-\mu_1)e^{-k_1\tau_0}e^{k_1\tau_0} + \hat{C}_{-1}g_{-1}(-\mu_1)e^{+k_1\tau_0}e^{-k_1\tau_1} = I_t(-\mu_1) - U(0,-\mu_1) \tag{3.2.46a}$$

$$\hat{C}_1 \xi_1(\mu_1)g_1(\mu_1)e^{-k_1\tau_1}e^{k_1\tau_0} + \hat{C}_{-1}\xi_{-1}(\mu_1)g_{-1}(\mu_1)e^{+k_1\tau_1}e^{-k_1\tau_1} = \Gamma(\tau_1,\mu_1) \tag{3.2.46b}$$

그리고 이 식의 좌변을 다시 매트릭스 형태로 표현하였다.

$$\begin{bmatrix} g_1(-\mu_1) & g_{-1}(-\mu_1)e^{-k_1\Delta\tau_1} \\ \xi_1(\mu_1)g_1(\mu_1)e^{-k_1\Delta\tau_1} & \xi_{-1}(\mu_1)g_{-1}(\mu_1) \end{bmatrix} \begin{bmatrix} \hat{C}_{1_1} \\ \hat{C}_{-1} \end{bmatrix} \tag{3.2.47}$$

식(3.2.45)와 비교해 보면 $e^{+k_1\tau_1}$ 항은 소거되었고 $e^{-k_1\tau_1}$ 항에서 지수는 $-k_1\Delta\tau_1 = -k_1(\tau_1 - \tau_0)$로 대기층의 광학두께 $\Delta\tau_1$로 표현되었다. 그리고 대기층 1에 대하여 식(3.2.19)~(3.2.20)으로 정의된 고유벡터를 이용하면 다음과 같다.

$$\begin{bmatrix} 1 & R_1\, e^{-k_1\Delta\tau_1} \\ \xi_1(\mu_1)R_1\, e^{-k_1\Delta\tau_1} & \xi_{-1}(\mu_1) \end{bmatrix} \begin{bmatrix} \hat{C}_{1_1} \\ \hat{C}_{-1} \end{bmatrix} \tag{3.2.48}$$

이와 같이 규모 변환된 식은 부적합 조건이 완화되었으므로 수치계산 방법으로 $\hat{C}$ 매트릭스를 구할 수 있으며, 다시 식(3.2.42)를 이용하면 C 매트릭스를 계산할 수 있다.

이상은 $N=1$인 간단한 경우에 DOM 복사방정식의 전개와 그 해를 구하기 위하여 고유값 및 고유벡터를 구하는 방법, 그리고 규모 변환을 이용하여 부적합 조건을 해결하는 방법에 대하여 설명하였다.

3.3 Four-stream DOM

3.3.1 방정식

이제 천정각 적분에서 계산 격자(stream)의 수가 증가하였을 때의 수식 전개에 대하여 살펴보자. 여기에서는 Four-stream의 DOM을 설명한다. 이는 천정각 격자수의 증가에 따른 DOM 수식을 이해하는 데 도움이 될 것이다. 기본이 되는 식(3.1.6)에서 $N=2$이고 $i=\pm 1,\ \pm 2$인 경우이다[참조, 그림 3.1.1]. 여기에서는 $m=0$식을 이용하여 설명하였는데, 다른 차수 m에 대하여도 같은 방법으로 해를 구할 수 있다. 우선 각각의 천정각 격자 μ_i에 대한 방정식을 다음과 같이 정리하였다.

$$\begin{aligned}\mu_1\frac{dI^+(\tau,\mu_1)}{d\tau} &= I^+(\tau,\mu_1)-\frac{\omega}{2}\left[a_1P(\mu_1,\mu_1)I^+(\tau,\mu_1)+a_2P(\mu_1,\mu_2)I^+(\tau,\mu_2)\right]\\ &\quad-\frac{\omega}{2}\left[a_1P(\mu_1,-\mu_1)I^-(\tau,\mu_1)+a_2P(\mu_1,-\mu_2)I^-(\tau,\mu_2)\right]\\ &\quad-X_{0,1}^+e^{-\tau/\mu_0}\end{aligned}\tag{3.3.1a}$$

$$\begin{aligned}\mu_2\frac{dI^+(\tau,\mu_2)}{d\tau} &= I^+(\tau,\mu_2)-\frac{\omega}{2}\left[a_1P(\mu_2,\mu_1)I^+(\tau,\mu_1)+a_2P(\mu_2,\mu_2)I^+(\tau,\mu_2)\right]\\ &\quad-\frac{\omega}{2}\left[a_1P(\mu_2,-\mu_1)I^-(\tau,\mu_1)+a_2P(\mu_2,-\mu_2)I^-(\tau,\mu_2)\right]\\ &\quad-X_{0,2}^+e^{-\tau/\mu_0}\end{aligned}\tag{3.3.1b}$$

$$\begin{aligned}-\mu_1\frac{dI^-(\tau,\mu_1)}{d\tau} &= I^-(\tau,\mu_1)-\frac{\omega}{2}\left[a_1P(-\mu_1,\mu_1)I^+(\tau,\mu_1)+a_2P(-\mu_1,\mu_2)I^+(\tau,\mu_2)\right]\\ &\quad-\frac{\omega}{2}\left[a_1P(-\mu_1,-\mu_1)I^-(\tau,\mu_1)+a_2P(-\mu_1,-\mu_2)I^-(\tau,\mu_2)\right]\\ &\quad-X_{0,1}^-e^{-\tau/\mu_0}\end{aligned}\tag{3.3.1c}$$

$$\begin{aligned}-\mu_2\frac{dI^-(\tau,\mu_2)}{d\tau} &= I^-(\tau,\mu_2)-\frac{\omega}{2}\left[a_1P(-\mu_2,\mu_1)I^+(\tau,\mu_1)+a_2P(-\mu_2,\mu_2)I^+(\tau,\mu_2)\right]\\ &\quad-\frac{\omega}{2}\left[a_1P(-\mu_2,-\mu_1)I^-(\tau,\mu_1)+a_2P(-\mu_2,-\mu_2)I^-(\tau,\mu_2)\right]\\ &\quad-X_{0,2}^-e^{-\tau/\mu_0}\end{aligned}\tag{3.3.1d}$$

여기에서 각 변수의 정의를 아래에 다시 정리하였다.

$$I^{\pm}(\tau,\mu_i) = I(\tau, \pm\mu_i)$$

$$P(\mu_i,\mu_j) = \sum_{l=0}^{2N-1} (2l+1)\tilde{\chi}_l P_l(\mu_i) P_l(\mu_j)$$

$$X_{0,i}^{\pm} = X_0(\pm\mu_i) = \frac{w}{4\pi} F_s P(\pm\mu_i, -\mu_0)$$

이 방정식들을 매트릭스 형태로 나타내면 다음과 같다.

$$\frac{d}{d\tau}\begin{bmatrix} I^+(\tau,\mu_1) \\ I^+(\tau,\mu_2) \\ I^-(\tau,\mu_1) \\ I^-(\tau,\mu_2) \end{bmatrix} = \begin{bmatrix} -\alpha_{11} & -\alpha_{12} & -\beta_{11} & -\beta_{12} \\ -\alpha_{21} & -\alpha_{22} & -\beta_{21} & -\beta_{22} \\ \beta_{11} & \beta_{12} & \alpha_{11} & \alpha_{12} \\ \beta_{21} & \beta_{22} & \alpha_{21} & \alpha_{22} \end{bmatrix} \begin{bmatrix} I^+(\tau,\mu_1) \\ I^+(\tau,\mu_2) \\ I^-(\tau,\mu_1) \\ I^-(\tau,\mu_2) \end{bmatrix} - \begin{bmatrix} Q^+(\tau,\mu_1) \\ Q^+(\tau,\mu_2) \\ Q^-(\tau,\mu_1) \\ Q^-(\tau,\mu_2) \end{bmatrix} \quad (3.3.2)$$

여기에 사용된 변수들은 다음과 같이 정의되었다.

$$\alpha_{11} = \frac{1}{\mu_1}\left[\frac{\omega}{2} a_1 P(\mu_1,\mu_1) - 1\right] = \frac{1}{\mu_1}\left[\frac{\omega}{2} a_1 P(-\mu_1,-\mu_1) - 1\right]$$

$$\alpha_{12} = \frac{1}{\mu_1}\frac{\omega}{2} a_2 P(\mu_1,\mu_2) = \frac{1}{\mu_1}\frac{\omega}{2} a_2 P(-\mu_1,-\mu_2)$$

$$\alpha_{21} = \frac{1}{\mu_2}\frac{\omega}{2} a_1 P(\mu_2,\mu_1) = \frac{1}{\mu_2}\frac{\omega}{2} a_1 P(-\mu_2,-\mu_1)$$

$$\alpha_{22} = \frac{1}{\mu_2}\left[\frac{\omega}{2} a_2 P(\mu_2,\mu_2) - 1\right] = \frac{1}{\mu_2}\left[\frac{\omega}{2} a_2 P(-\mu_2,-\mu_2) - 1\right]$$

$$\beta_{11} = \frac{1}{\mu_1}\frac{\omega}{2} a_1 P(\mu_1,-\mu_1) = \frac{1}{\mu_1}\frac{\omega}{2} a_1 P(-\mu_1,\mu_1)$$

$$\beta_{12} = \frac{1}{\mu_1}\frac{\omega}{2} a_2 P(\mu_1,-\mu_2) = \frac{1}{\mu_1}\frac{\omega}{2} a_2 P(-\mu_1,\mu_2)$$

$$\beta_{21} = \frac{1}{\mu_2}\frac{\omega}{2} a_1 P(\mu_2,-\mu_1) = \frac{1}{\mu_2}\frac{\omega}{2} a_1 P(-\mu_2,\mu_1)$$

$$\beta_{22} = \frac{1}{\mu_2}\frac{\omega}{2} a_2 P(\mu_2,-\mu_2) = \frac{1}{\mu_2}\frac{\omega}{2} a_2 P(-\mu_2,\mu_2)$$

$$Q^{\pm}(\tau,\mu_i) = \pm\frac{1}{\mu_i}X^{\pm}_{0,i}\,e^{-\tau/\mu_0} = \pm\frac{1}{\mu_i}X_0(\pm\mu_i)\,e^{-\tau/\mu_0}$$

$$= \pm\frac{1}{\mu_i}\frac{w}{4\pi}F_sP(\pm\mu_i,-\mu_0)\,e^{-\tau/\mu_0}$$

식(3.3.2)는 다음으로 정의된 벡터를 이용하면 보다 간단한 형태로 표현할 수 있다.

$$\vec{I}^{\pm} = \{I(\tau,\pm\mu_i)\},\quad \vec{Q}^{\pm} = \{Q(\tau,\pm\mu_i)\};\ i=1,2$$

즉, 벡터로 표현한 방정식은 Two-stream DOM에 대한 식(3.2.6)의 형태로 다음과 같이 표현할 수 있다.

$$\frac{d}{d\tau}\begin{bmatrix}\vec{I}^{+}\\ \vec{I}^{-}\end{bmatrix} = \begin{bmatrix}-\tilde{\alpha} & -\tilde{\beta}\\ \tilde{\beta} & \tilde{\alpha}\end{bmatrix}\begin{bmatrix}\vec{I}^{+}\\ \vec{I}^{-}\end{bmatrix} - \begin{bmatrix}\vec{Q}^{+}\\ \vec{Q}^{-}\end{bmatrix} \tag{3.3.3}$$

여기서 매트릭스 성분은 다음과 같다.

$$\tilde{\alpha} = \begin{bmatrix}\alpha_{11} & \alpha_{12}\\ \alpha_{21} & \alpha_{22}\end{bmatrix},\quad \tilde{\beta} = \begin{bmatrix}\beta_{11} & \beta_{12}\\ \beta_{21} & \beta_{22}\end{bmatrix} \tag{3.3.4}$$

3.3.2 방정식의 해

식(3.3.3)의 해도 앞의 Two-stream DOM 방정식에서 진행한 절차를 거쳐 구할 수 있다. 균질해, 특수해 그리고 일반해 순서로 설명하기로 한다.

(1) 균질해

식(3.3.3)에서 $\vec{Q}^{\pm} = 0$인 다음 방정식의 해가 균질해이다.

$$\frac{d\vec{I}^{+}}{d\tau} = -\tilde{\alpha}\vec{I}^{+} - \tilde{\beta}\vec{I}^{-} \tag{3.3.5a}$$

$$\frac{d\vec{I}^{-}}{d\tau} = \tilde{\beta}\vec{I}^{+} + \tilde{\alpha}\vec{I}^{-} \tag{3.3.5b}$$

이러한 방정식의 해는 다음과 같은 형식으로 표현할 수 있다.

$$\vec{I}^{\pm} = \vec{g}^{\pm}e^{-k\tau},\ \vec{g}^{\pm} = \begin{bmatrix} g(\pm\mu_1) \\ g(\pm\mu_2) \end{bmatrix} \tag{3.3.6}$$

이 해를 균질 방정식에 대입하고 전개하면 다음과 같다.

$$-\vec{g}^{+}ke^{-k\tau} = -\tilde{\alpha}\vec{g}^{+}e^{-k\tau} - \tilde{\beta}\vec{g}^{-}e^{-k\tau} \tag{3.3.7a}$$

$$-\vec{g}^{-}ke^{-k\tau} = \tilde{\beta}\vec{g}^{+}e^{-k\tau} + \tilde{\alpha}\vec{g}^{-}e^{-k\tau} \tag{3.3.7b}$$

그리고 양변을 $e^{-k\tau}$로 나눈 후 정리하였다.

$$\tilde{\alpha}\vec{g}^{+} + \tilde{\beta}\vec{g}^{-} = k\vec{g}^{+} \tag{3.3.8a}$$

$$-\tilde{\beta}\vec{g}^{+} - \tilde{\alpha}\vec{g}^{-} = k\vec{g}^{-} \tag{3.3.8b}$$

이 방정식을 매트릭스로 표현하면 다음과 같이 고유값 문제의 형식으로 된다.

$$\begin{bmatrix} \tilde{\alpha} & \tilde{\beta} \\ -\tilde{\beta} & -\tilde{\alpha} \end{bmatrix}\begin{bmatrix} \vec{g}^{+} \\ \vec{g}^{-} \end{bmatrix} = k\begin{bmatrix} \vec{g}^{+} \\ \vec{g}^{-} \end{bmatrix} \tag{3.3.9}$$

앞의 Two-stream DOM에서 진행한 바와 같이 식(3.3.8)의 (a)와 (b)를 더하고 빼면 다음의 두 개 식으로 된다.

$$(\tilde{\alpha}-\tilde{\beta})(\vec{g}^{+} - \vec{g}^{-}) = k(\vec{g}^{+} + \vec{g}^{-}) \tag{3.3.10a}$$

$$(\tilde{\alpha}+\tilde{\beta})(\vec{g}^{+} + \vec{g}^{-}) = k(\vec{g}^{+} - \vec{g}^{-}) \tag{3.3.10b}$$

식(3.3.10b)를 $(\vec{g}^{+} - \vec{g}^{-})$에 대하여 전개하고 결과를 식(3.3.10a)에 대입한다.

$$\begin{aligned}(\tilde{\alpha}-\tilde{\beta})(\tilde{\alpha}+\tilde{\beta})(\vec{g}^{+} + \vec{g}^{-}) &= (\tilde{\alpha}^2 - \tilde{\beta}^2)(\vec{g}^{+} + \vec{g}^{-}) \\ &= k^2(\vec{g}^{+} + \vec{g}^{-})\end{aligned} \tag{3.3.11}$$

여기서 $(\vec{g}^{+} + \vec{g}^{-})$는 0이 아닌 상수 벡터이며, 이것을 다음과 같이 정의하였다.

$$(\vec{g}^{+} + \vec{g}^{-}) = \vec{\gamma} \tag{3.3.12}$$

그러면 식(3.3.11)을 다음과 같이 고유값 문제의 형식으로 표현할 수 있다.

$$\widetilde{A}\,\vec{\gamma} = \lambda\vec{\gamma} \tag{3.3.13}$$

고유값 문제를 풀기 전에 먼저 식(3.3.11)의 항들을 살펴보자. 먼저 $\tilde{\alpha}^2$와 $\tilde{\beta}^2$의 성분을 정리하였다.

$$\tilde{\alpha}^2 = \begin{bmatrix} \alpha_{11}\ \alpha_{12} \\ \alpha_{21}\ \alpha_{22} \end{bmatrix} \begin{bmatrix} \alpha_{11}\ \alpha_{12} \\ \alpha_{21}\ \alpha_{22} \end{bmatrix} = \begin{bmatrix} \alpha_{11}\alpha_{11} + \alpha_{12}\alpha_{21} & \alpha_{11}\alpha_{12} + \alpha_{12}\alpha_{22} \\ \alpha_{21}\alpha_{11} + \alpha_{22}\alpha_{21} & \alpha_{21}\alpha_{12} + \alpha_{22}\alpha_{22} \end{bmatrix}$$

$$\tilde{\beta}^2 = \begin{bmatrix} \beta_{11}\ \beta_{12} \\ \beta_{21}\ \beta_{22} \end{bmatrix} \begin{bmatrix} \beta_{11}\ \beta_{12} \\ \beta_{21}\ \beta_{22} \end{bmatrix} = \begin{bmatrix} \beta_{11}\beta_{11} + \beta_{12}\beta_{21} & \beta_{11}\beta_{12} + \beta_{12}\beta_{22} \\ \beta_{21}\beta_{11} + \beta_{22}\beta_{21} & \beta_{21}\beta_{12} + \beta_{22}\beta_{22} \end{bmatrix}$$

그리고 이들 벡터의 차이를 $\widetilde{A}$로 정의하고 그 성분을 정리하면 다음과 같다.

$$\begin{aligned} \widetilde{A} &= \tilde{\alpha}^2 - \tilde{\beta}^2 \\ &= \begin{bmatrix} (\alpha_{11}\alpha_{11} + \alpha_{12}\alpha_{21} - \beta_{11}\beta_{11} - \beta_{12}\beta_{21}) & (\alpha_{11}\alpha_{12} + \alpha_{12}\alpha_{22} - \beta_{11}\beta_{12} - \beta_{12}\beta_{22}) \\ (\alpha_{21}\alpha_{11} + \alpha_{22}\alpha_{21} - \beta_{21}\beta_{11} - \beta_{22}\beta_{21}) & (\alpha_{21}\alpha_{12} + \alpha_{22}\alpha_{22} - \beta_{21}\beta_{12} - \beta_{22}\beta_{22}) \end{bmatrix} \\ &= \begin{bmatrix} A_{11}\ A_{12} \\ A_{21}\ A_{22} \end{bmatrix} \end{aligned} \tag{3.3.14a}$$

아울러 식(3.3.13)의 $\vec{\gamma}$ 성분을 정리하였다.

$$\vec{\gamma} = \vec{g}^{+} + \vec{g}^{-} = \begin{bmatrix} g(+\mu_1) + g(-\mu_1) \\ g(+\mu_2) + g(-\mu_2) \end{bmatrix} = \begin{bmatrix} \gamma_1 \\ \gamma_2 \end{bmatrix} \tag{3.3.14b}$$

그리고 λ를 다음과 같이 정의하였다.

$$\lambda = k^2 \tag{3.3.14c}$$

NOTE 매트릭스의 곱

$$\tilde{\alpha}-\tilde{\beta}=\begin{bmatrix}\alpha_{11}-\beta_{11} & \alpha_{12}-\beta_{12}\\ \alpha_{21}-\beta_{21} & \alpha_{22}-\beta_{22}\end{bmatrix},\quad \tilde{\alpha}+\tilde{\beta}=\begin{bmatrix}\alpha_{11}+\beta_{11} & \alpha_{12}+\beta_{12}\\ \alpha_{21}+\beta_{21} & \alpha_{22}+\beta_{22}\end{bmatrix} \tag{3.3N.1}$$

$$\begin{aligned}&(\tilde{\alpha}-\tilde{\beta})(\tilde{\alpha}+\tilde{\beta})\\ &=\begin{bmatrix}(\alpha_{11}-\beta_{11})(\alpha_{11}+\beta_{11})+(\alpha_{12}-\beta_{12})(\alpha_{21}+\beta_{21}) & (\alpha_{11}-\beta_{11})(\alpha_{12}+\beta_{12})+(\alpha_{12}-\beta_{12})(\alpha_{22}+\beta_{22})\\ (\alpha_{21}-\beta_{21})(\alpha_{11}+\beta_{11})+(\alpha_{22}-\beta_{22})(\alpha_{21}+\beta_{21}) & (\alpha_{21}-\beta_{21})(\alpha_{12}+\beta_{12})+(\alpha_{22}-\beta_{22})(\alpha_{22}+\beta_{22})\end{bmatrix}\end{aligned} \tag{3.3N.2}$$

여기에서 식(3.3.14a)의 A_{11} 에 해당하는 성분을 전개해 보자.

$$\begin{aligned}&(\alpha_{11}-\beta_{11})(\alpha_{11}+\beta_{11})+(\alpha_{12}-\beta_{12})(\alpha_{21}+\beta_{21})\\ &=\alpha_{11}\alpha_{11}-\beta_{11}\beta_{11}+\alpha_{12}\alpha_{21}+\alpha_{12}\beta_{21}-\beta_{12}\alpha_{21}-\beta_{12}\beta_{21}\\ &=\alpha_{11}\alpha_{11}-\beta_{11}\beta_{11}+\alpha_{12}\alpha_{21}-\beta_{12}\beta_{21}\equiv A_{11}\end{aligned} \tag{3.3N.3}$$

위 식(3.3N.3)의 두 번째 전개에서 4, 5항은 식(3.3.2) 아래에 정리된 정의에 따라 전개하고, 위상함수 $P(\mu_1,-\mu_2)=P(-\mu_2,\mu_1)$의 관계를 이용하면 이들 두 항은 서로 상쇄된다.

$$+\alpha_{12}\beta_{21}=+\left[\frac{1}{\mu_1}\frac{w}{2}a_2P(\mu_1,\mu_2)\times\frac{1}{\mu_2}\frac{w}{2}a_1P(-\mu_2,\mu_1)\right]$$

$$-\beta_{12}\alpha_{21}=-\left[\frac{1}{\mu_1}\frac{w}{2}a_2P(\mu_1,-\mu_2)\times\frac{1}{\mu_2}\frac{w}{2}a_1P(\mu_2,\mu_1)\right]$$

DOM에서는 식(3.3.11) 혹은 식(3.3.13)의 해를 정확하게 구하는 것이 모델의 성공 여부를 결정하는 중요한 요소이다. Two-stream DOM의 경우는 간단하게 해를 구할 수 있었지만 천정각 격자(stream)의 수가 많아지면 그리 간단한 문제가 아니다. 식(3.3.13)의 고유값 문제는 λ에 대한 특성 다항식(characteristic polynomial)의 근을 구하는 것이기도 하다. 그러나 다항식의 근을 구하는 방법은 차수가 높아지면 고유값을 구하기 어려워지는 문제가 있다. Stamnes and Swanson (1981)은 다항식의 근을 구하는 대신에 IMSL Library의 EIGRF subroutine을 이용하여 실수 매트릭스의 고유값과 고유벡터를 구하였다[참고, 3.4 고유값과 고유벡터]. 고차의 다항식 근을 수치계산법으로 구하는 것보다 매트릭스의 고유값을 구하는 것이 더 편리하고 정확도가 높았다.

식(3.3.13)의 $\tilde{A}$는 2×2 매트릭스이므로, 두 개의 λ가 가능하다. 이들을 λ_a, λ_b라 한다면 $\vec{\gamma}$는 각각의 고유값에 해당하는 고유벡터로 2개[λ_a에 대응하는 $\vec{\gamma}_a$ 그리고 λ_b에 대응하는 $\vec{\gamma}_b$]가 정의된다. 이들 고유벡터는 수치계산 알고리듬을 이용하여 고유값과 함께 구해지는 값이다. 그런데, $\lambda=k^2$이므로 총 4개의 고유값[$\lambda_a\to\pm k_a$, $\lambda_b\to\pm k_b$]이 정의된다. 따라서

고유값이 $\pm k_a$ 일 때 고유벡터는 같은 값의 $\vec{\gamma}_a$가 된다. 이와 같이 고유값은 크기는 같고 부호가 반대인 쌍으로 구성되어 있는데, 이들을 다음과 같이 나타내자.

$$k_1 = +k_a,\ \ k_{-1} = -k_a\ \ (k_a > 0) \tag{3.3.15a}$$

$$k_2 = +k_b,\ \ k_{-2} = -k_b\ \ (k_b > 0) \tag{3.3.15b}$$

균질해를 구하기 위해 궁극적으로 필요한 것은 $\vec{g}^{\pm}$와 $k_{\pm 1}$, $k_{\pm 2}$에 대한 정보이다. 우선 양의 고유값[$+k_a$ 혹은 $+k_b$]에 대응하는 고유벡터 $\vec{\gamma}$ [$=\vec{\gamma}_a$ 혹은 $\vec{\gamma}_b$]이 식(3.3.13)으로부터 계산되었다고 하자[참조, 식(3.3.14) 그리고 3.4절 고유값과 고유벡터].

다음은 알고 있는 $\vec{\gamma}$에서 $\vec{g}^{\pm}$를 결정하는 방법에 대한 설명이다. 식(3.3.10b)를 $(\tilde{\alpha}+\tilde{\beta})\vec{\gamma} = k(\vec{g}^{+} - \vec{g}^{-})$로 표현하면, 두 벡터 $\vec{g}^{+}$, $\vec{g}^{-}$의 차이를 다음과 같이 나타낼 수 있다.

$$(\vec{g}^{+} - \vec{g}^{-}) = (\tilde{\alpha}+\tilde{\beta})\frac{\vec{\gamma}}{k} \tag{3.3.16}$$

이제 식(3.3.12)와 식(3.3.16)을 더하고 빼면 $\vec{g}^{+}$, $\vec{g}^{-}$를 알고 있는 벡터 $\vec{\gamma}$의 함수로 표시할 수 있다.

$$\vec{g}^{+} = \frac{1}{2}\left[\vec{\gamma} + (\tilde{\alpha}+\tilde{\beta})\frac{\vec{\gamma}}{k}\right] \tag{3.3.17a}$$

$$\vec{g}^{-} = \frac{1}{2}\left[\vec{\gamma} - (\tilde{\alpha}+\tilde{\beta})\frac{\vec{\gamma}}{k}\right] \tag{3.3.17b}$$

여기서 $\vec{g}^{+}$, $\vec{g}^{-}$는 식(3.3.6)에서 정의된 바와 같이 각각 2개의 성분으로 구성되어 있다. 이 결과는 고유값이 $+k_a$와 $+k_b$일 때 모두 적용되므로 $\vec{g}^{+}$, $\vec{g}^{-}$의 각 성분을 구체적으로 정리하면 다음과 같다.

$$\vec{g}_1^{+} = \begin{bmatrix} g_1(+\mu_1) \\ g_1(+\mu_2) \end{bmatrix} = \frac{1}{2}\left\{\begin{bmatrix} \gamma_1 \\ \gamma_2 \end{bmatrix}_{k_1} + (\tilde{\alpha}+\tilde{\beta})\frac{1}{k_1}\begin{bmatrix} \gamma_1 \\ \gamma_2 \end{bmatrix}_{k_1}\right\},\ \ k_1 = +k_a \tag{3.3.18a}$$

$$\vec{g}_1^{-} = \begin{bmatrix} g_1(-\mu_1) \\ g_1(-\mu_2) \end{bmatrix} = \frac{1}{2}\left\{\begin{bmatrix} \gamma_1 \\ \gamma_2 \end{bmatrix}_{k_1} - (\tilde{\alpha}+\tilde{\beta})\frac{1}{k_1}\begin{bmatrix} \gamma_1 \\ \gamma_2 \end{bmatrix}_{k_1}\right\},\ \ k_1 = +k_a \tag{3.3.18b}$$

$$\vec{g}_2^{+} = \begin{bmatrix} g_2(+\mu_1) \\ g_2(+\mu_2) \end{bmatrix} = \frac{1}{2}\left\{ \begin{bmatrix} \gamma_1 \\ \gamma_2 \end{bmatrix}_{k_2} + (\tilde{\alpha}+\tilde{\beta})\frac{1}{k_2}\begin{bmatrix} \gamma_1 \\ \gamma_2 \end{bmatrix}_{k_2} \right\},\ k_2 = +k_b \tag{3.3.18c}$$

$$\vec{g}_2^{-} = \begin{bmatrix} g_2(-\mu_1) \\ g_2(-\mu_2) \end{bmatrix} = \frac{1}{2}\left\{ \begin{bmatrix} \gamma_1 \\ \gamma_2 \end{bmatrix}_{k_2} - (\tilde{\alpha}+\tilde{\beta})\frac{1}{k_2}\begin{bmatrix} \gamma_1 \\ \gamma_2 \end{bmatrix}_{k_2} \right\},\ k_2 = +k_b \tag{3.3.18d}$$

여기에서 $[\gamma_1, \gamma_2]_{k_1}^T$은 k_1에 대응하는 고유벡터이며, $[g_1(\pm\mu_1), g_1(\pm\mu_2)]^T$ 역시 k_1에 대응하는 성분이다. 다음은 음의 고유값인 $-k_a$와 $-k_b$에 대하여 정리해 보자. 이들은 양의 고유값과 크기가 같고 부호만 다르다. 따라서 식(3.3.17)의 k에 $-k$를 대입하면 다음과 같다.

$$\vec{g}^{+} = \frac{1}{2}\left[\vec{\gamma} - (\tilde{\alpha}+\tilde{\beta})\frac{\vec{\gamma}}{k}\right] \tag{3.3.19a}$$

$$\vec{g}^{-} = \frac{1}{2}\left[\vec{\gamma} + (\tilde{\alpha}+\tilde{\beta})\frac{\vec{\gamma}}{k}\right] \tag{3.3.19b}$$

이것도 고유값이 $-k_a$와 $-k_b$일 때 적용되며 양의 고유값일 때와 같이 각각 2개의 성분이 있다.

$$\vec{g}_{-1}^{+} = \begin{bmatrix} g_{-1}(+\mu_1) \\ g_{-1}(+\mu_2) \end{bmatrix} = \frac{1}{2}\left\{ \begin{bmatrix} \gamma_1 \\ \gamma_2 \end{bmatrix}_{k_{-1}} - (\tilde{\alpha}+\tilde{\beta})\frac{1}{k_1}\begin{bmatrix} \gamma_1 \\ \gamma_2 \end{bmatrix}_{k_{-1}} \right\},\ k_{-1} = -k_a \tag{3.3.20a}$$

$$\vec{g}_{-1}^{-} = \begin{bmatrix} g_{-1}(-\mu_1) \\ g_{-1}(-\mu_2) \end{bmatrix} = \frac{1}{2}\left\{ \begin{bmatrix} \gamma_1 \\ \gamma_2 \end{bmatrix}_{k_{-1}} + (\tilde{\alpha}+\tilde{\beta})\frac{1}{k_1}\begin{bmatrix} \gamma_1 \\ \gamma_2 \end{bmatrix}_{k_{-1}} \right\},\ k_{-1} = -k_a \tag{3.3.20b}$$

$$\vec{g}_{-2}^{+} = \begin{bmatrix} g_{-2}(+\mu_1) \\ g_{-2}(+\mu_2) \end{bmatrix} = \frac{1}{2}\left\{ \begin{bmatrix} \gamma_1 \\ \gamma_2 \end{bmatrix}_{k_{-2}} - (\tilde{\alpha}+\tilde{\beta})\frac{1}{k_2}\begin{bmatrix} \gamma_1 \\ \gamma_2 \end{bmatrix}_{k_{-2}} \right\},\ k_{-2} = -k_b \tag{3.3.20c}$$

$$\vec{g}_{-2}^{-} = \begin{bmatrix} g_{-2}(-\mu_1) \\ g_{-2}(-\mu_2) \end{bmatrix} = \frac{1}{2}\left\{ \begin{bmatrix} \gamma_1 \\ \gamma_2 \end{bmatrix}_{k_{-2}} + (\tilde{\alpha}+\tilde{\beta})\frac{1}{k_2}\begin{bmatrix} \gamma_1 \\ \gamma_2 \end{bmatrix}_{k_{-2}} \right\},\ k_{-2} = -k_b \tag{3.3.20d}$$

여기에서 $[\gamma_1, \gamma_2]_{k_{-1}}^T$은 k_{-1}에 대응하는 고유벡터이며, $[g_{-1}(\pm\mu_1), g_{-1}(\pm\mu_2)]^T$ 역시 k_{-1}에 대응하는 성분이다. 위의 결과에서 알 수 있는 바와 같이 g의 수는 총 16개이다. 이제 고유값과 그에 대응하는 고유벡터 성분 g가 구해졌으므로 균질해(homogeneous solution)를 다음과 같이 각 균질해 성분의 선형 합으로 나타낼 수 있다.

$$I(\tau, \pm\mu_i) = \sum_{j=1}^{2} [C_{-j} g_{-j}(\pm\mu_i) e^{k_j \tau} + C_j g_j(\pm\mu_i) e^{-k_j \tau}] \tag{3.3.21}$$
$$(i = 1,2)$$

여기서 $C_{\pm j}$는 미정의 적분상수이다.

(2) 특수해

이제 다음 방정식의 해를 구해보자.

$$\frac{d\vec{I}^+}{d\tau} = -\vec{Q}^+ \tag{3.3.22a}$$

$$\frac{d\vec{I}^-}{d\tau} = -\vec{Q}^- \tag{3.3.22b}$$

특수해도 Two-stream DOM에서와 같이 다음의 형식으로 표현할 수 있다.

$$I(\tau, \mu_i) = Z_0(\mu_i) e^{-\tau/\mu_0} \tag{3.3.23}$$

이것을 식(3.3.1)에 대입하면 다음과 같이 4개의 선형 대수방정식이 되며, 4개의 미지수가 있다.

$$\sum_{\substack{j=-2 \\ j \neq 0}}^{2} \left\{ [1 + \frac{\mu_j}{\mu_0}] \delta_{i,j} - \frac{\omega}{2} a_j P(\mu_i, \mu_j) \right\} Z_0(\mu_j) = X_0(\mu_i) \tag{3.3.24}$$
$$(i = -2,\ -1,\ +1,\ +2)$$

이 방정식의 해도 수치계산 방법을 이용하여 구할 수 있다. 비록 4개의 방정식이지만 미지수 Z_0는 정확도가 높은 수치계산 알고리듬을 이용하여 계산하여야 한다.

(3) 일반해

일반해는 균질해와 특수해의 선형합으로 표현된다. 식(3.3.21)의 균질해와 식(3.3.23)의 특수해[$Z_0(\mu_j)$는 식(3.3.24)에서 구함]를 선형 합으로 표현하면 다음과 같다.

$$I(\tau, \pm\mu_i) = \sum_{j=1}^{2} [C_{-j} g_{-j}(\pm\mu_i) e^{k_j \tau} + C_j g_j(\pm\mu_i) e^{-k_j \tau}] + Z_0(\pm\mu_i) e^{-\tau/\mu_0} \tag{3.3.25}$$

$(i = 1, 2)$

이상의 내용이 $N=2$일 때의 수식 전개에 대한 설명이다. 천정각 격자(stream)의 수가 증가하여도 기본적 절차는 대동소이 하다.

다음은 DOM의 설명에서 미진하였거나 강조하여야 할 몇 가지 내용을 요약 정리하였다.

- 복사강도 $I(\tau;\mu,\phi)$의 계산
  DOM의 기본인 식(3.1.6)에서 각각의 m에 대한 일반해를 구하여야 하며, 계산하는 방법은 $m=0$일 때와 같다. 그 이후 식(3.1.2)를 이용하여 정의된 천정각과 방위각에 대한 최종 복사강도 $I(\tau;\mu,\phi)$을 계산한다.
- 산란 위상함수의 Legendre polynomial 전개
  전개 항은 식(3.1.9b)에서 보는 바와 같이 $l=0\sim 2N-1$까지이다[$2N$은 천정각 적분에 사용되는 격자의 수]. 따라서 $2N$이 작은 경우 위상함수를 정확하게 나타낼 수 없으므로 DOM에서는 2.3절에서 설명한 $\delta-N$ 척도변환을 거의 필수적으로 사용한다. 그리고 Nakajima-Tanaka 보정을 이용하여 계산의 정확도를 높이게 된다. 이 보정에서는 원래의 위상함수를 사용하며, 따라서 위상함수를 Legendre polynomial로 전개할 때 유의미한 항까지 전개하여야 한다.
- 임의 천정각에 대한 계산
  임의의 천정각에 대한 복사강도는 천정각 격자에 대한 값으로부터 내삽법을 이용하여 계산할 수 있지만, 실제로는 보다 정교한 방법이 사용된다[참조, Thomas and Stamnes (1999)].
- 매질의 방출
  근적외선의 경우 태양에서 근원한 빛과 대기 중의 온실기체에서 방출되는 빛이 있으며, 에어로졸[예 : 미세먼지, 황사]에 의한 다중산란이 있다. 또한 중적외선의 경우 온실기체가 방출하는 빛과 에어로졸에 의한 다중산란이 있다. 이 같은 경우에는 매질의 방출항을 포함하여 계산하여야 한다. DOM의 대표적인 DISORT 모델에서 온실기체에 의한 복사를 Line-by-line 모델을 이용하여 계산하는 것이 4장에서 설명한 LBL-DISORT 모델이다.

3.4 고유값과 고유벡터

3.4.1 실수 고유값

다음과 같이 $n \times n$ 행렬 $\widetilde{A}$에 벡터 $\overrightarrow{X}$를 곱한 결과가 상수 λ 곱하기 $\overrightarrow{X}$와 같아지는 방정식이 고유값 문제이다.

$$\widetilde{A}\overrightarrow{X} = \lambda\overrightarrow{X} \tag{3.4.1}$$

여기서 λ를 고유값(eigenvalue)이라 하고 $\overrightarrow{X}$를 고유벡터(eigenvector)라 한다. 이 방정식에서는 고유값과 고유벡터를 찾는 것이 주요 과제이다. 우선 양변의 형식을 맞추기 위하여 우변에 단위행렬 $\widetilde{I}$ 을 곱하여 다음과 같이 표현한다.

$$\widetilde{A}\overrightarrow{X} = \lambda\widetilde{I}\overrightarrow{X} \tag{3.4.2a}$$

$$(\widetilde{A} - \lambda\widetilde{I})\overrightarrow{X} = 0 \tag{3.4.2b}$$

$\overrightarrow{X} = 0$도 이 방정식의 해가 되지만 이것을 구하는 문제가 아니므로 결국 다음의 행렬식(determinant)이 0이 되는 조건을 만족하여야 한다.

$$\det(\widetilde{A} - \lambda\widetilde{I}) = 0 \tag{3.4.3}$$

위의 식을 특성 방정식(characteristic equation)이라 하며, λ에 대한 n차 다항식이 된다.

$$\det(\widetilde{A} - \lambda\widetilde{I}) = \begin{bmatrix} a_{11} & a_{12} & a_{13} & \\ a_{21} & a_{22} & a_{23} & \\ \vdots & \vdots & \vdots & \\ a_{n1} & a_{n2} & a_{n3} & \cdots & a_{nn} \end{bmatrix} - \begin{bmatrix} \lambda & 0 & 0 & \\ 0 & \lambda & 0 & \\ \vdots & \vdots & \vdots & \\ 0 & 0 & 0 & \cdots & \lambda \end{bmatrix} \tag{3.4.4}$$

$$= \begin{vmatrix} a_{11}-\lambda & a_{12} & a_{13} & \\ a_{21} & a_{22}-\lambda & a_{23} & \\ \vdots & \vdots & \vdots & \\ a_{n1} & a_{n2} & a_{n3} & \cdots & a_{nn}-\lambda \end{vmatrix}$$

$$= (a_{11}-\lambda)(a_{22}-\lambda) \ \cdots \ (a_{nn}-\lambda) - (a_{12} \cdots) + (a_{13} \cdots)$$

$$= C_1\lambda^n + C_2\lambda^{n-1} + \ \cdots \ + C_n = 0$$

이 다항식을 만족하는 λ가 고유값이다. 고유값은 실수 혹은 허수가 될 수 있다. 다항식이 2차인 경우에는 근의 공식으로 해를 쉽게 찾을 수 있지만 3차 이상이 되면 수치계산법을 이용하여야 한다.

예를 들어, 다음의 행렬에 대한 고유값과 고유벡터를 구하여 보자.

$$\tilde{A} = \begin{bmatrix} -5 & 2 \\ 2 & -2 \end{bmatrix} \tag{3.4.5}$$

이 행렬의 특성 방정식은 다음과 같다.

$$\begin{vmatrix} -5-\lambda & 2 \\ 2 & -2-\lambda \end{vmatrix} = 0 \tag{3.4.6}$$

즉, 고유값에 대한 특성 다항식은 다음과 같다.

$$\lambda^2 + 7\lambda + 6 = 0 \tag{3.4.7}$$

이 식의 해는 $\lambda = -1,\ -6$이며, 이들은 $\tilde{A}$의 고유값이다. 이제 이들 고유값에 대한 고유벡터를 찾아보자.

(1) $\lambda = -1$일 때

이 경우 다음 식이 성립한다.

$$(\tilde{A} - \lambda\tilde{I})\vec{X} = \begin{bmatrix} -4 & 2 \\ 2 & -1 \end{bmatrix} \begin{bmatrix} x_1 \\ x_2 \end{bmatrix} = 0 \tag{3.4.8}$$

혹은 식(3.4.1) 형식으로 다음과 같이 표현할 수 있다.

$$\begin{bmatrix} -5 & 2 \\ 2 & -2 \end{bmatrix} \begin{bmatrix} x_1 \\ x_2 \end{bmatrix} = -1 \begin{bmatrix} x_1 \\ x_2 \end{bmatrix} \tag{3.4.9}$$

이것을 전개하면 다음과 같다.

$$\begin{aligned} -5x_1 + 2x_2 &= -x_1 \\ 2x_1 - 2x_2 &= -x_2 \end{aligned} \tag{3.4.10}$$

결과는 $x_2 = 2x_1$인데, 고유벡터의 성분은 보통 이것과 같이 관계식으로 표현된다. 이 관계를 만족하는 x_1, x_2는 많다. 일반적으로 이들 중에 작은 것을 1로 택한다. 즉, 고유값 $\lambda = -1$에 대응하는 고유벡터는 다음과 같다.

$$\vec{X} = \begin{bmatrix} 1 \\ 2 \end{bmatrix} \tag{3.4.11a}$$

그리고 표준화된 고유벡터(normalized eigenvector)는 다음과 같다.

$$\vec{X}^* = \frac{1}{\sqrt{5}} \begin{bmatrix} 1 \\ 2 \end{bmatrix} \tag{3.4.11b}$$

이 경우 $|\vec{X}^*| = 1/\sqrt{5}\,(1^2 + 2^2)^{1/2} = 1$이 된다.

(2) $\lambda = -6$일 때

앞에서와 같은 방법으로 전개해 보자. 고유벡터를 구하기 위한 식은 다음과 같다.

$$\begin{bmatrix} -5 & 2 \\ 2 & -2 \end{bmatrix} \begin{bmatrix} x_1 \\ x_2 \end{bmatrix} = -6 \begin{bmatrix} x_1 \\ x_2 \end{bmatrix} \tag{3.4.12}$$

그리고 식을 전개하자.

$$\begin{aligned} -5x_1 + 2x_2 &= -6x_1 \\ 2x_1 - 2x_2 &= -6x_2 \end{aligned} \tag{3.4.13}$$

결과는 $x_2 = -\frac{1}{2}x_1$의 관계이다. 여기서도 x_1, x_2 중 하나를 크기가 1인 값으로 정하면 다음과 같은 고유벡터를 구할 수 있다.

$$\vec{X} = \begin{bmatrix} -2 \\ 1 \end{bmatrix} \text{ 혹은 } \begin{bmatrix} 2 \\ -1 \end{bmatrix} \tag{3.4.14a}$$

이들의 표준 고유벡터는 다음과 같다.

$$\vec{X}^* = \frac{1}{\sqrt{5}} \begin{bmatrix} -2 \\ 1 \end{bmatrix} \text{ 혹은 } \frac{1}{\sqrt{5}} \begin{bmatrix} 2 \\ -1 \end{bmatrix} \tag{3.4.14b}$$

3.4.2 선형 미분 방정식과 고유값

고유값 문제는 미분 방정식의 해를 구하는 과정에서 쉽게 볼 수 있다. 우선 다음과 같은 간단한 선형 미분 방정식의 해를 구하는 방법을 보자.

$$y_1' = 4y_1 \qquad (3.4.15)$$
$$y_2' = -y_2$$

위의 식에서 $y_1' = dy_1/dx$, $y_2' = dy_2/dx$를 의미한다. 여기에서는 고유값 문제로 다루기 위하여 위의 미분 방정식을 행렬로 표현하였다.

$$\begin{bmatrix} y_1' \\ y_2' \end{bmatrix} = \begin{bmatrix} 4 & 0 \\ 0 & -1 \end{bmatrix} \begin{bmatrix} y_1 \\ y_2 \end{bmatrix} \qquad (3.4.16a)$$

$$\vec{y}' = \widetilde{D}\,\vec{y},\ \ \widetilde{D} = \begin{bmatrix} 4 & 0 \\ 0 & -1 \end{bmatrix} \qquad (3.4.16b)$$

이 방정식들은 $y' = ay$ 형태이므로 해는 다음과 같은 형식으로 표현된다.

$$y_1 = \alpha_1 e^{\lambda x} \qquad (3.4.17)$$
$$y_2 = \alpha_2 e^{\lambda x}$$

따라서 α_1, α_2, λ를 구하는 것이 목적이 된다. 이들 해를 식(3.4.16a)의 방정식에 대입하였다.

$$\alpha_1 \lambda e^{\lambda x} = 4\alpha_1 e^{\lambda x} \qquad (3.4.18)$$
$$\alpha_2 \lambda e^{\lambda x} = -\alpha_2 e^{\lambda x}$$

그리고 $e^{\lambda x}$로 나누고 행렬로 나타내면 식(3.4.1) 형식의 고유값 문제로 표현된다.

$$\begin{bmatrix} 4 & 0 \\ 0 & -1 \end{bmatrix} \begin{bmatrix} \alpha_1 \\ \alpha_2 \end{bmatrix} = \lambda \begin{bmatrix} \alpha_1 \\ \alpha_2 \end{bmatrix} \qquad (3.4.19)$$

여기에서 λ는 고유값이며 $\vec{\alpha} = [\alpha_1, \alpha_2]^T$는 고유벡터이다. 이 행렬식의 특성 방정식은 $(4-\lambda)(1+\lambda) = 0$이며, 고유값은 $\lambda_1 = 4$, $\lambda_2 = -1$이다. 이 경우 $\widetilde{D}$는 고유값으로 구성된 행렬이다. 그리고 각 고유값에 대응하는 고유벡터는 다음과 같다.

$$\begin{bmatrix} 4 & 0 \\ 0 & -1 \end{bmatrix} \begin{bmatrix} \alpha_1 \\ \alpha_2 \end{bmatrix}_{\lambda_1} = 4 \begin{bmatrix} \alpha_1 \\ \alpha_2 \end{bmatrix}_{\lambda_1}, \ \vec{\alpha}_{\lambda_1} = \begin{bmatrix} 1 \\ 0 \end{bmatrix} \tag{3.4.20a}$$

$$\begin{bmatrix} 4 & 0 \\ 0 & -1 \end{bmatrix} \begin{bmatrix} \alpha_1 \\ \alpha_2 \end{bmatrix}_{\lambda_2} = -1 \begin{bmatrix} \alpha_1 \\ \alpha_2 \end{bmatrix}_{\lambda_2}, \ \vec{\alpha}_{\lambda_2} = \begin{bmatrix} 0 \\ 1 \end{bmatrix} \tag{3.4.20b}$$

따라서 미분 방정식의 해는 다음과 같이 각 해의 선형 합으로 표현할 수 있다.

$$\begin{aligned} y_1 &= C_{\lambda_1}[(\alpha_1)_{\lambda_1} e^{4x}] + C_{\lambda_2}[(\alpha_1)_{\lambda_2} e^{-x}] \\ &= C_{\lambda_1}(1 \times e^{4x}) + C_{\lambda_2}(0 \times e^{-x}) \\ &= C_{\lambda_1} e^{4x} \end{aligned} \tag{3.4.21a}$$

$$\begin{aligned} y_2 &= C_{\lambda_1}[(\alpha_2)_{\lambda_1} e^{4x}] + C_{\lambda_2}[(\alpha_2)_{\lambda_2} e^{-x}] \\ &= C_{\lambda_1}(0 \times e^{4x}) + C_{\lambda_2}(1 \times e^{-x}) \\ &= C_{\lambda_2} e^{-x} \end{aligned} \tag{3.4.21b}$$

여기에서 C_{λ_1}, C_{λ_2}는 상수이다. 그리고 y_1에는 λ_1과 λ_2에 해당하는 α_1이 사용되었고 y_2에는 λ_1과 λ_2에 해당하는 α_2가 사용되었다. 이 방법에서 중요한 것은 식(3.4.16)의 $\widetilde{D}$가 diagonal matrix일 때 미분 방정식들의 해를 편리하게 구할 수 있다는 점이다. 이제 일반적인 다음의 선형 미분 방정식 시스템을 보자.

$$\begin{aligned} y_1{}' &= 3y_1 + 2y_2 \\ y_2{}' &= 6y_1 - y_2 \end{aligned} \tag{3.4.22}$$

이 방정식은 DOM에서 균질 방정식으로 표현된 식(3.3.5)와 같은 형식이다. 이들을 행렬로 나타내면 다음과 같다.

$$\begin{bmatrix} y_1{}' \\ y_2{}' \end{bmatrix} = \begin{bmatrix} 3 & 2 \\ 6 & -1 \end{bmatrix} \begin{bmatrix} y_1 \\ y_2 \end{bmatrix} \tag{3.4.23a}$$

$$\vec{y}' = \widetilde{A}\,\vec{y}, \ \widetilde{A} = \begin{bmatrix} 3 & 2 \\ 6 & -1 \end{bmatrix} \tag{3.4.23b}$$

미분 방정식의 해를 다음의 형식으로 표현하였다.

$$y_1 = \alpha_1 e^{\lambda x} \tag{3.4.24}$$
$$y_2 = \alpha_2 e^{\lambda x}$$

이들을 식(3.4.23)에 대입하고 정리하면 다음과 같이 고유값 문제가 된다.

$$\begin{bmatrix} 3 & 2 \\ 6 & -1 \end{bmatrix}\begin{bmatrix} \alpha_1 \\ \alpha_2 \end{bmatrix} = \lambda \begin{bmatrix} \alpha_1 \\ \alpha_2 \end{bmatrix} \tag{3.4.25}$$

위의 $\widetilde{A}$ 행렬의 고유값과 각각의 고유값에 대응하는 고유벡터는 다음과 같다.

$$\lambda_1 = -3,\ \vec{\alpha}_{\lambda_1} = \begin{bmatrix} \alpha_1 \\ \alpha_2 \end{bmatrix}_{\lambda_1} = \begin{bmatrix} 1 \\ -3 \end{bmatrix} \tag{3.4.26a}$$

$$\lambda_2 = 5,\ \vec{\alpha}_{\lambda_2} = \begin{bmatrix} \alpha_1 \\ \alpha_2 \end{bmatrix}_{\lambda_2} = \begin{bmatrix} 1 \\ 1 \end{bmatrix} \tag{3.4.26b}$$

따라서 미분 방정식의 해는 식(3.4.21)과 같은 방법으로 전개하면 다음과 같다.

$$y_1 = C_{\lambda_1}(1 \times e^{-3x}) + C_{\lambda_2}(1 \times e^{5x}) = C_{\lambda_1} e^{-3x} + C_{\lambda_2} e^{5x} \tag{3.4.27a}$$

$$y_2 = C_{\lambda_1}(-3 \times e^{-3x}) + C_{\lambda_2}(1 \times e^{5x}) = -3\, C_{\lambda_1} e^{-3x} + C_{\lambda_2} e^{5x} \tag{3.4.27b}$$

여기에 사용된 미정 상수 C_{λ_1}, C_{λ_2}은 경계조건을 이용하여 결정한다. 식(3.4.26)의 고유벡터를 표준화하면 다음과 같다.

$$\vec{\alpha}^{*}_{\lambda_1} = \frac{1}{\sqrt{10}}\begin{bmatrix} 1 \\ -3 \end{bmatrix},\ \vec{\alpha}^{*}_{\lambda_2} = \frac{1}{\sqrt{2}}\begin{bmatrix} 1 \\ 1 \end{bmatrix} \tag{3.4.28}$$

이들 표준 고유벡터로 해를 표현한 경우, 경계조건을 이용하여 계산한 미정 상수 $C^{*}_{\lambda_1}$, $C^{*}_{\lambda_2}$의 값은 C_{λ_1}, C_{λ_2}와 다르다. 그러나 $C^{*}_{\lambda_1}/\sqrt{10} = C_{\lambda_1}$, $C^{*}_{\lambda_2}/\sqrt{2} = C_{\lambda_2}$이므로 해를 구성하는 고유벡터 성분 간의 관계 혹은 비율이 중요하다.

식(3.3.23)의 미분 방정식은 $\widetilde{A}$를 diagonal matrix로 변환하면 앞에서 설명한 식(3.4.16)의 경우와 같이 편리하게 해를 구할 수 있다. 이를 위하여 먼저 다음과 같이 변환 변수를 정의하자.

$$\vec{y} = \widetilde{P}\,\vec{w} \tag{3.4.29a}$$

$$\vec{y}' = \widetilde{P}\,\vec{w'} \tag{3.4.29b}$$

이 변수변환을 이용하면 식(3.4.23)은 다음과 같다.

$$\begin{aligned}\vec{y}' &= \widetilde{P}\,\vec{w}' = \widetilde{A}\,\vec{y} \\ &= \widetilde{A}\,\widetilde{P}\,\vec{w}\end{aligned} \tag{3.4.30}$$

그리고 위 식을 $\vec{w}'$에 대하여 풀면 다음과 같다.

$$\vec{w}' = \widetilde{P}^{-1}\widetilde{A}\,\widetilde{P}\,\vec{w} \tag{3.4.31}$$

여기서 $\widetilde{P}^{-1}\widetilde{A}\,\widetilde{P}$가 diagonal matrix일 경우에는 $\vec{w}$의 해를 쉽게 구할 수 있으며, 다시 식(3.4.29a)를 이용하면 원래 구하고자 하였던 방정식의 해를 찾을 수 있다.

이제 식(3.4.26)에서 정의한 고유벡터를 열(column)로 하는 행렬을 $\widetilde{P}$로 정의하자. 이 행렬을 $\widetilde{A}$의 modal matrix라 한다. 어떤 행렬의 역행렬을 구하는 방법은 관련된 문헌을 참고하여 주기 바란다. 식(3.4.23b)에서 정의한 $\widetilde{A}$의 modal matrix $\widetilde{P}$와 그 역행열(inverse matrix) $\widetilde{P}^{-1}$는 다음과 같다.

$$\widetilde{P} = \begin{bmatrix} 1 & 1 \\ -3 & 1 \end{bmatrix},\ \widetilde{P}^{-1} = \begin{bmatrix} 1/4 & -1/4 \\ 3/4 & 1/4 \end{bmatrix} \tag{3.4.32}$$

그런데 $\widetilde{P}^{-1}\widetilde{A}\,\widetilde{P}$를 전개해 보면 다음과 같이 고유값으로 구성된 diagonal matrix가 되는 것을 알 수 있다.

$$\widetilde{P}^{-1}\widetilde{A}\,\widetilde{P} = \begin{bmatrix} -3 & 0 \\ 0 & 5 \end{bmatrix} \tag{3.4.33}$$

따라서 $\vec{w}' = \widetilde{P}^{-1}\widetilde{A}\,\widetilde{P}\,\vec{w}$를 전개하면 결과는 다음과 같다.

$$\begin{bmatrix} w_1' \\ w_2' \end{bmatrix} = \begin{bmatrix} -3 & 0 \\ 0 & 5 \end{bmatrix}\begin{bmatrix} w_1 \\ w_2 \end{bmatrix} \tag{3.4.34a}$$

$$\begin{aligned} w_1' &= -3w_1 \\ w_2' &= 5w_2 \end{aligned} \tag{3.4.34b}$$

이것은 앞에서 설명한 식(3.4.16)과 같은 형식이다. 따라서 그 해는 다음과 같이 나타낼 수 있다.

$$w_1 = C_{\lambda_1} e^{-3x} \qquad (3.4.35)$$
$$w_2 = C_{\lambda_2} e^{5x}$$

다시 $\vec{y} = \widetilde{P}\,\vec{w}$를 이용하여 전개하였다.

$$\begin{bmatrix} y_1 \\ y_2 \end{bmatrix} = \begin{bmatrix} 1 & 1 \\ -3 & 1 \end{bmatrix} \begin{bmatrix} w_1 \\ w_2 \end{bmatrix} \qquad (3.4.36)$$

즉, 식(3.4.23)으로 표현된 원래 미분 방정식의 해는 다음과 같다.

$$y_1 = w_1 + w_2 = C_{\lambda_1} e^{-3x} + C_{\lambda_2} e^{5x} \qquad (3.4.37)$$
$$y_2 = -3w_1 + w_2 = -3C_{\lambda_1} e^{-3x} + C_{\lambda_2} e^{5x}$$

이것은 앞에서 구한 식(3.4.27)과 같다.

이상으로 간단하게 선형 미분 방정식의 해를 구하는 방법을 설명하였다. 중요한 것은 $\widetilde{A}$ 행렬의 고유값과 고유벡터를 구하는 것임을 알 수 있다. 설명에서는 특성 방정식이 2차 다항식이므로 쉽게 고유값을 찾을 수 있었으나 고차의 다항식인 경우, 근을 찾는 것은 쉬운 문제가 아니다. 고차 행렬의 고유값과 고유벡터를 찾기 위하여 일반적으로 이용되는 수치계산법은 QR 알고리듬인데, 이 알고리듬에 대한 자세한 내용은 관련 문헌을 참고하여 주기 바란다.

3.5 DOM 프로그램 실습

3.5.1 고유값과 고유벡터 계산 프로그램 실습

DOM에서 균질 방정식의 고유값과 고유벡터는 모두 실수이기 때문에 여기에서는 DISORT에 사용된 부프로그램 “ASYMTX.f”를 이용하여 고유값과 고유벡터를 계산해 본다.

실습 프로그램은 디렉터리 /Eigenvalue/ 에 있다. 허수의 고유값이 있는 경우는 다른 프로그램을 이용하여야 한다. 예제로 계산한 매트릭스는 다음과 같다.

$$\widetilde{A}_1 = \begin{bmatrix} -5 & 2 \\ 2 & -2 \end{bmatrix}$$

$$\widetilde{A}_2 = \begin{bmatrix} -2 & -4 & 2 \\ -2 & 1 & 2 \\ 4 & 2 & 5 \end{bmatrix}$$

예제의 $\widetilde{A}_1$은 식(3.4.5)와 같은 것이므로 결과는 식(3.4.8)~(3.4.14)를 참조하면 된다. 프로그램은 $\widetilde{A}_2$ 매트릭스로 설정되어 있는데[프로그램을 조금 수정하면 $\widetilde{A}_1$으로 됨], 고유값과 그에 대응하는 고유벡터 및 표준화된(normalized) 고유벡터는 다음과 같다.

$$\lambda_1 = 3,\ \overrightarrow{\alpha}_{\lambda_1} = \begin{bmatrix} -2 \\ 3 \\ -1 \end{bmatrix},\ \overrightarrow{\alpha}^*_{\lambda_1} = \frac{1}{\sqrt{14}} \begin{bmatrix} -2 \\ 3 \\ -1 \end{bmatrix}$$

$$\lambda_2 = -5,\ \overrightarrow{\alpha_{\lambda_2}} = \begin{bmatrix} 2 \\ -1 \\ 1 \end{bmatrix},\ \overrightarrow{\alpha}_{\lambda_2^*} = \frac{1}{\sqrt{6}} \begin{bmatrix} 2 \\ -1 \\ 1 \end{bmatrix}$$

$$\lambda_3 = 6,\ \overrightarrow{\alpha}_{\lambda_3} = \begin{bmatrix} 1 \\ 6 \\ 16 \end{bmatrix},\ \overrightarrow{\alpha}_{\lambda_3} = \frac{1}{\sqrt{293}} \begin{bmatrix} 1 \\ 6 \\ 16 \end{bmatrix}$$

- **주프로그램** : Test_asymtx.f. Fortran 컴파일러를 이용하여 다음 형식으로 컴파일한다.
  - 컴파일 : pgf90 Test_asymtx.f −o Test_asymtx.exe

- **사용된 부프로그램** : DISORT에 사용된 것으로 $n \times n$ 매트릭스 $\widetilde{A}$의 실수 고유값과 고유벡터를 계산한다.

- **계산 결과** : 고유값과 고유벡터를 화면에 출력한다. 계산된 고유벡터는 표준화된 값이다.

3.5.2 DISORT 프로그램 실습

(1) 기초 프로그램

DISORT 프로그램은 다음 두 곳의 website에서 구할 수 있다. Version 2 이상 프로그램은 실행 파일을 만들기 위해 FORTRAN-90 컴파일러를 이용하여야 한다.

- https://rtatmocn.com/disort/ : 최신 Version인 DISORT3.X, DISORT4.X의 website이다. 개발한 사람은 Snorre Stamnes, Knut Stamnes, Zhonghai Jin, Zhenyi Lin, Nan Chen, Yongzhen Fan이다.
- ftp://climate1.gsfc.nasa.gov/wiscombe/Multiple_Scatt/ : 초기 프로그램인 DISORT1.X, DISORT2.X의 website이다. 개발한 사람은 Warren Wiscombe, Si-Chee Tsay, Istvan Laszlo, Knut Stamnes이다.

프로그램 실습에 사용된 것은 DISORT2.0이다. 위의 website에는 DISORT 프로그램 외에 다른 유용한 자료들이 많이 있으므로 한 번 방문하기를 권장한다.

먼저 기초 프로그램에 대한 설명이다. 디렉터리 /DISORT_Basic/에 있는 DISOTEST.f가 DISORT의 구동 프로그램인데, 평행대기에서 다양한 대기의 조건에 대한 계산이 수행되며 결과 파일은 DISOTEST.OUT이다. 사용자의 컴퓨터로 계산한 결과가 DISORTEST.OUT과 같지 않으면 다른 컴파일러를 사용하여야 한다. 구동 프로그램은 13개의 대표적인 문제에 대한 계산이 수행된다. 각 문제에는 다시 여러 개의 다른 사례들이 포함되어 있다. 예를 들어, 문제 9의 사례 3 [Test Problem 9, ICAS = 3]은 매질에 의한 빛의 흡수, 산란 및 방출이 포함된 가장 복잡한 계산이다. 그 계산조건의 설정과 방법은 다음과 같다.

- 복사모델의 계산조건 설정[좌변은 프로그램 변수]
  - NSTR = 8 : 천정각 범위[−1.0～1.0]에 대한 적분 격자(stream)의 수
  - NLYR = 6 : 대기층의 수
  - NMOM = NSTR : Legendre 전개 상수의 수. 산란 위상함수의 전개에서 Legendre coefficient의 배열은 PMOM (0 : NMOM, NLYR)이며, NMOM ≥ NSTR이어야 한다. NMOM = NSTR일 경우 Legendre coefficient의 수는 0～8까지 9개이다.
  - ONLYFL = .FALSE. : 복사강도와 복사속을 계산하는 설정

- 복사속과 복사강도를 계산하는 고도 및 천정각과 방위각의 설정
  - USRTAU = .TRUE. : 복사강도(복사속)를 계산하는 고도를 설정할 수 있게 한다.
  - NTAU = 5 : 복사강도(복사속)를 계산하는 고도의 수
  - UTAU(LU) = 0.0, 1.05, 2.1, 6.0, 21.0 [LU = 1, ⋯ , NTAU] : 복사강도(복사속)를 계산하는 고도의 광학두께로 대기 꼭대기로부터 측정한 값이다.
  - USRANG = .TRUE. : 계산하고자 하는 복사강도의 천정각과 방위각을 설정할 수 있게 한다.
  - NUMU = 4 : 사용자가 설정하는 천정각의 수
  - UMU(IU) = −1.0, −0.2, +0.2, +1.0 [IU = 1, ⋯ , NUMU] : 계산하고자 하는 복사강도의 천정각[UMU= $\cos\theta$, θ는 빛이 진행하는 방향의 천정각]이다. 주의할 점은 UMU(1) < UMU(2) < ⋯ < UMU(4) 이어야 한다.
  - NPHI = 3 : 사용자가 설정하는 방위각의 수
  - PHI(J) = 60.0, 120.0, 180.0 [J = 1, 2, NPHI] : 계산하고자 하는 복사강도의 방위각 [빛이 진행하는 방향의 방위각, 단위는 degree]이다.
- 대기의 상부 경계와 하부 경계에서 경계조건 및 태양광의 천정각, 방위각 그리고 지표의 반사도 설정
  - IBCND : 경계조건을 설정하는 방법으로 0과 1이 있다.
    - = 0 : FBEAM, FISOT, TEMIS, TTEMP, BTEMP, TEMPER, LAMBER, ALBEDO, BRDF, UMU0, PHI0를 지정할 수 있다.
    - = 1 : 대기에서의 열적 방출이 무시되는 설정이다. 대기의 상부 경계와 하부 경계에서 방출하는 빛이 등방성임을 의미한다. 이 경우에도 지표 알베도(ALBEDO)를 지정할 수 있다.
  - FBEAM = 3.14 : 정의된 파수에서 상부 경계인 대기 꼭대기에 입사하는 태양광의 복사속
  - UMU0 = 0.5 : 태양의 천정각[$\cos\theta_0$ = 0.5, θ_0 = 태양의 천정각]
  - PHI0 = 0.0 : 태양광이 진행하는 방향의 방위각[단위는 degree]
  - FISOT = 1.0 : 상부 경계에서 등방성으로 입사하는 복사속
  - LAMBER : 지표의 반사도 형태를 설정하는 방법이다.
    - = .TRUE. : Lambertian albedo (ALBEDO) 값을 지정한다.
    - = .FALSE. : BRDF 값을 지정한다.

- ALBEDO = 0.5 : 정의된 파수에서의 반사도

- 매질과 대기의 상부 경계 및 하부 경계에서 열적 방출 그리고 대기의 온도분포와 계산하려는 파수 범위 및 방출도 설정
  - PLANK : 대기에서 열적 방출의 포함 여부를 설정하는 방법으로 TRUE와 FALSE가 있다.
    = .TRUE. : 열적 방출이 있는 경우. 파수 범위(WVNMLO ~ WVNMHI), 지표의 온도(BTEMP), 대기의 온도(TEMPER), 상부 경계에서 빛을 발하는 물질의 온도(TTEMP) 및 그 방출도(TEMIS)를 정의해야 한다. 지표의 방출도는 ALBEDO (혹은 BRDF)를 이용하여 내부에서 계산한다[참조, 식(3.2.34)].
    = .FALSE. : 열적 방출이 없는 경우
  - TEMPER (LEV) = 600.0, 610.0, 620.0, 630.0, 640.0, 650.0, 660.0 [LEV = 0, ⋯ , NLYR] : 대기층 경계 고도에서의 온도이다[참조, 그림 3.5.1].
  - WVNMLO, WVNMHI = 999.0, 1000.0 : 계산하는 파수의 범위이다[단위는 cm^{-1}]. 앞에서 정의된 FBEAM과 FISOT는 이 범위의 평균 복사속이다.
  - BTEMP = 700.0 : 대기의 하부 경계인 지표의 온도
  - TTEMP = 550.0 : 대기의 상부 경계에서 빛을 방출하는 물질의 온도. 대기 상부 경계의 물질은 대기 하부 경계의 지표와 같은 역할을 한다.
  - TEMIS = 1.0 : 상부 경계에서 빛을 방출하는 물질의 방출도
- 보정(correction)은 프로그램에서 내부적으로 모두 자동 수행하는 것(default)으로 설정되어 있다.
  - DELTAM = .TRUE. : Delta-M scaling을 사용한다[참조, 식(2.3.13) ~ (2.3.16)].
  - CORINT = .TRUE. : 복사강도의 계산에서 TMS/IMS (Nakajima-Tanaka algorithm, 1988) 방법을 사용한다. 단, 다음의 경우에는 적용하지 않는다. : ONLYFL = .TRUE., FBEAM = 0.0, DELTAM = .FALSE., YESSCT = 0.0.
  - LYRCUT = .TRUE. : 흡수 광학두께가 10보다 큰 경우, 복사강도 = 0으로 지정한다.

아울러 각 대기층에서 대기 성분의 광학 특성을 정의하여야 한다. 실제 대기의 경우, 이들은 빛의 흡수와 산란에 대한 이론을 통하여 계산하여야 한다. 기초 실습 프로그램에서는 다음과 같이 이상적인 값으로 설정되어 있다.

- 각 대기층의 광학 특성
  - DTAUC (LYR) = 1, 2, 3, 4, 5, 6 [LYR = 1, ⋯ , NLYR] : 각 대기층의 광학두께 $\Delta\tau$이다.
  - SSALB (LYR) = 0.65, 0.70, 0.75, 0.80, 0.85, 0.90 : 각 대기층의 일차산란 알베도(single scattering albedo)이다.
  - GETMOM : 대기층 LYR에서 위상함수의 전개에 필요한 NMOM + 1개의 Legendre coefficient [= PMOM (0 : NMOM, LYR)]를 가져온다.

프로그램에서 FBEAM은 대기의 상부 경계, 즉 대기 꼭대기에서 태양광 진행 방향에 수직인 면에 입사하는 복사속(irradiance)으로 식(3.1.9c)의 F_s에 해당한다. FISOT는 대기 상부 경계에서 등방성의 하향 복사속을 의미한다. 예를 들어, 구름 아래 대기에서의 복사를 계산할 때 구름 밑바닥에서 하향 복사속이 FISOT로 정의된다. 다른 예를 들면, 상부 경계의 고도를 50 km로 하였을 때 그 위의 공기에 의한 레일리 산란의 하향 복사속을 FISOT로 정의할 수 있다. PLANCK = .FALSE.인 경우, FBEAM과 FISOT 중 하나는 0.0이 아니어야 한다. DISORT의 활용에서는 그림 3.5.1에 보인 바와 같이 대기층의 번호와 고도 번호에 주의하여야 한다. 고도 번호는 0부터 시작하고 층의 번호는 1부터 시작한다. 아울러 앞에서 언급한 바와 같이 위상함수의 전개에서 Legendre coefficient [= PMOM]는 식(3.1.4b)로 정의되었기 때문에 전개 상수 $\tilde{\chi}_1 = g$이 된다[참조, 식(3.2.4b)].

사례 3의 계산에 사용된 PMOM은 비대칭도를 $g = L/7$ [$L =$ 대기층 번호]로 정의하고 전개 상수는 $\tilde{\chi}_k = g^k$ [k = 1, ⋯ , NMOM]로 계산한 것이다. 각 대기층의 광학두께는 척도 변환(scaling transformation)된 값이다. 예를 들어, 2번째 대기층의 광학두께는 2인데, 식(2.3.2b)로 척도 변환하면 $d\tau' = (1 - wf)\,d\tau = (1 - 0.7 \times 0.0004) \times 2 = 1.9999$이다. 이 계산에서는 식(2.3.16) $f = \tilde{\chi}_8 = 0.0004$를 이용하였다. DISOTEST.OUT 파일에는 입력변수, 각 대기층의 광학 특성이 정리되어 있고, UTAU로 지정된 고도(광학두께)에서 999.0 ~ 1000.0 cm^{-1} 범위의 평균 직달 및 산란 복사속[$= \dfrac{1}{\Delta w}\displaystyle\int_{\Delta w} F_w\,dw$]이 포함되어 있다. 계산 결과인 복사강도 UU (IU, LU, J)는 광학두께 UTAU (LU)에서 천정각 UMU (IU), 방위각 PHI (J)로 정의된 방향의 값[단위는 $\mathrm{Wm^{-2}sr^{-1}/cm^{-1}}$]이다.

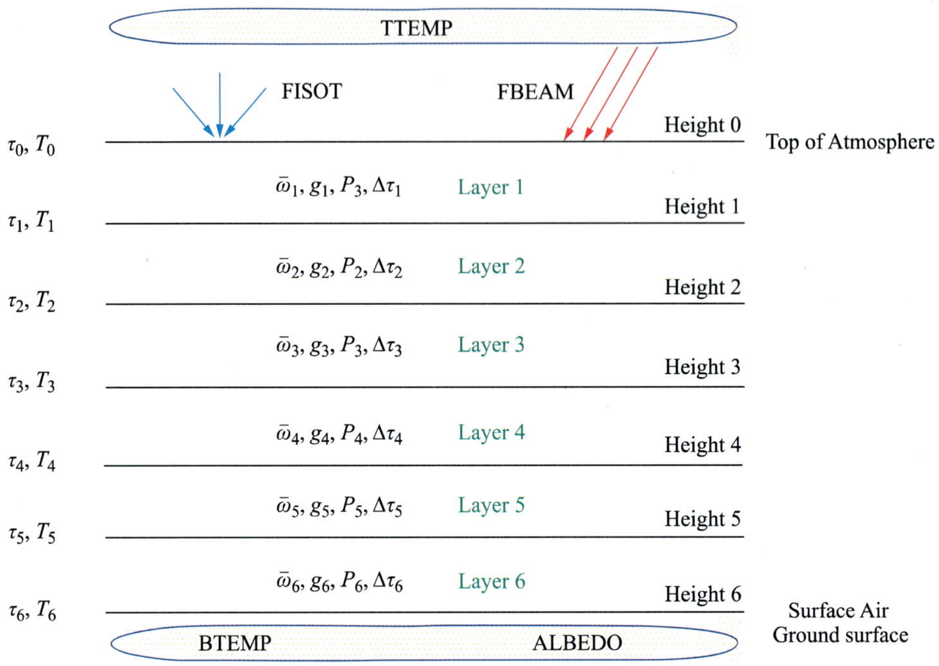

그림 3.5.1 DISORT에서 대기층 번호와 고도 번호
온도(T)와 광학두께(τ)는 대기층의 경계 고도에서 정의되지만 ω, g, P, $\Delta\tau$ (일차산란 알베도, 비대칭도, 산란 위상함수, 층의 광학두께)는 대기층에 대하여 정의된다.

- **주프로그램** : 주프로그램의 파일 이름은 DISOTEST.f이다. 위에서 언급한 다양한 계산 조건을 제시하고 각 조건에 대한 복사강도(복사속)의 계산은 부프로그램 DISORT에서 수행된다. Fortran으로 작성한 프로그램으로, Fortran 컴파일러를 이용하면 된다.
  - 컴파일 : pgf90 DISOTEST.f DISORT.f RDI1MACH.f ErrPack.f LINPAK.f −o DISOTEST.exe

- **사용된 부프로그램** : DISORT에 동반된 많은 부프로그램이 있으며, 기본적으로 Delta-M 방법과 TMS/IMS 방법을 사용한다.

- **계산 결과** : DISORT.OUT에는 다음의 결과가 포함되어 있다.
  - Delta-M으로 계산된 광학두께, 일차산란 알베도
  - 산란 위상함수의 Legendre coefficients

- 광학두께에 따른 복사속(직달 하향 복사속, 산란 하향 복사속, 산란 상향 복사속)
- 광학두께에 따른 복사강도 : 정의된 천정각과 방위각에 대한 복사강도

(2) 위성 관측 스펙트럼 모의

환경 위성 OMI (Ozone Monitoring Instrument)와 GEMS (Geostationary Environment Monitoring Spectrometer)는 지구－대기에서 산란 혹은 반사된 자외선－가시광선 영역의 복사강도 스펙트럼을 측정하며, 이 스펙트럼 자료는 대기 성분에 대한 다양한 정보를 산출하는 데 활용된다. GEMS의 장비와 산출물 및 활용에 대한 자세한 내용은 Kim et al. (2020)에 소개되어 있으며, OMI 스펙트럼 모의 결과는 Lee et al. (2020)에 소개되었다. 자외선－가시광선 영역의 빛은 대기의 기체 성분에 의한 흡수와 산란 그리고 에어로졸과 구름에 의한 산란과 흡수 및 지표에서의 반사에 따라 그 에너지 크기가 다르다. 따라서 위성이 측정한 스펙트럼을 복사모델 DISORT를 이용하여 모의하기 위해서는 이들에 대한 정보가 필요하다. 특히 에어로졸과 구름 입자의 광학 특성[흡수와 산란 광학두께, 위상함수 등]을 이용하기 때문에, 5장에서 설명한 빛의 산란 그리고 6장에서 설명한 에어로졸의 광학 특성에 대한 계산 방법을 먼저 공부하고 이 스펙트럼 모의를 보면 이해하는 데 도움이 된다.

여기에서는 2009년 3월 14일 중국 북경지역 부근을 측정한 OMI 스펙트럼의 모의에 대하여 설명하였다. 프로그램의 주 디렉터리는 /SCA_LecNotes/DISORT_GEMS/이다. 계산에 사용되는 대기 자료, 에어로졸 자료, 구름 자료는 /ObsDat/에 있으며, 흡수 기체의 흡수 단면 자료는 /OptDat/에 있다. 태양광의 복사속 자료는 /SolDat/에 있고, OMI의 복사강도 측정자료는 /OmiDat/에 있다. 먼저 스펙트럼 모의 계산에 사용된 자료에 대한 설명이다.

1) 대기 자료

고도에 따른 기압, 온도, 수증기의 혼합비, 상대습도 및 흡수 기체[예 : O_3, NO_2, SO_2, HCHO]의 수밀도 분포이다. 계산에 사용된 대기 자료는 /DISORT_GEMS/ObsDat/ 디렉터리의 ECMWF_OMIO3_090314_PXL1.dat71L이다. 이 자료는 OMI가 측정한 화소의 ECMWF 자료[예 : /ATM_Profiles/ECMWF/에 있는 ECMWF_20090314_PXL1.dat]를 이용하여 준비한 대기 자료이다. 평행대기는 균질 대기층이 쌓여 있는 것으로 대기층의 두께가 크면[예 : 광학두께가 2.0 이상] 균질 대기층이라 하기 어렵다. 따라서 기압이 높은 대류권 하부에서는 대기층의 고도 두께[$= \Delta z$]가 얇고 성층권 및 중간권에

서는 대기층의 고도 두께가 두꺼워진다. 기체 성분의 혼합비 분포에 대한 기본 자료는 /ATM_Profiles/ModelAtms/에 있는 GAS08-28.dat이다. 내삽법을 이용하여 기압 격자에서의 흡수 기체 혼합비를 구하지만, O_3 수직 분포는 OMI 산출물[예 : /ATM_Profiles/OMI/에 있는 O3_Profile.XiangHe.20090314.dat]를 이용하였다. OMI가 측정한 화소 부근의 XiangHe AERONET 관측소 산출물 중에 단위 면적당 NO_2의 양[예 : 0.798 DU]이 있다. 이 정보는 NO_2 수직 분포의 보정에 활용되었다.

- **프로그램** : 주 디렉터리는 /ATM_Profiles/Profiles_ECMWF/이다. 여기에 있는 프로그램 MODELATM_ECMWF_OMI_AERONET.f을 컴파일하여 수행하면 몇 개의 문답이 있다. DISORT 계산에 사용한 대기 모델 ECMWF_OMIO3_090314_PXL1.dat71L을 준비할 때의 입력 자료는 아래와 같다. 이 프로그램에서는 지표 기압과 대기 꼭대기 기압을 포함하여 총 71개의 기압 격자를 정의한다. 그리고 디렉터리 /ATM_Profiles/ECMWF/의 자료를 이용하여 각 기압 격자에서 온도와 습도가 내삽법으로 계산된다. O_3 분포는 디렉터리 /ATM_Profiles/OMI/의 자료를 이용하여 내삽법으로 결정한 후, 총 오존량이 OMI의 값과 같도록 조정한다. 흡수 기체 NO_2, SO_2, CH_2O의 경우, 먼저 /ATM_Profiles/ModelAtms/Gas08-28.dat 자료에서 기압 격자의 혼합비를 구하고, 다시 수밀도로 계산한다. NO_2 분포는 다시 단위 면적당 총량이 XiangHe AERONET 산출 값인 0.798 DU가 되도록 조정한다[참고, 하부 디렉터리 /For_GEMS/에 있는 SampleRUN_MODELATM_*_090314.txt 파일].

  - 입력 대기의 자료 : ECMWF_20090314_PXL1.dat [/ATM_Profiles/ECMWF/에 있음]
  - 기압, 온도 등을 정의할 고도의 개수 : 4 [=71개 고도]
  - 대기 모델의 꼭대기 기압 : 0.01 hPa [0.1 hPa과 같이 다른 값을 사용하여도 됨]
  - OMI 자료 : O3_Profile.XiangHe.20090314.dat [/ATM_Profiles/OMI/에 있음]
  - AERONET NO_2 양 : 0.798 DU [XiangHe의 website에서 구한 정보]

  프로그램의 수행과정에서 기압 격자를 수정할 수 있다. 예를 들어, 구름 밑바닥의 기압을 알고 있다면 고도 번호(index)와 기압을 이용하여 수정한다[참고, 하부 디렉터리 /For_GEMS/에 있는 SampleRUN_MODELATM_*_090314_Modified.txt 파일].

- **결과물** : MODELATM_ECMWF_OMI_AERONET.out
  - 파일 이름을 ECMWF_OMIO3_090314_PXL1.dat71L로 변경하고 이것을 복사모델이 사용할 수 있도록 /DISORT_GEMS/ObsDat/에 복사한다.

2) 에어로졸 자료

에어로졸의 성분, 수밀도, 크기분포 인자의 고도에 따른 분포를 의미한다. 다음 6장에서 설명한 바와 같이 에어로졸의 성분(굴절률)과 크기분포를 알면 에어로졸의 광학 특성[예 : 소산, 산란 및 흡수계수, 산란 위상함수, 일차산란 알베도]을 계산할 수 있다. 하지만 위성이 관측한 화소의 에어로졸 자료는 거의 구하기 어렵기 때문에 계산에서는 관측 화소와 가까운 XiangHe의 AERONET 자료를 활용하였다. 이 자료는 파장 340, 380, 440, 500, 675, 870, 1019 nm의 AOD 자료와 440, 675, 870, 1019 nm의 SSA이다. 에어로졸의 성분과 크기분포 인자 그리고 단위 면적당 수밀도(column density, particles cm^{-2})가 어떠한 조건일 때 AERONET의 AOD, SSA와 가장 잘 일치하는가? 이 질문에 대한 답을 구하는 것은 또 다른 과제인데, 결과는 OPAC (Hess et al., 1998; Koepke et al., 2015)에 정의된 WASO (water soluble; 크기분포 인자 $\mu_g = 0.03\,\mu\text{m}$, $\sigma_g = 1.83$)과 INSO (insoluble; 크기분포 인자 $\mu_g = 0.10\,\mu\text{m}$, $\sigma_g = 2.25$) 성분으로 구성된 에어로졸이 수밀도 비율 INSO/WASO = 0.0213일 때 AERONET의 자료와 가장 잘 일치하였다. /Profiles_ECMWF/에 있는 USER_AERPROF.f는 사용자가 에어로졸의 성분, 수밀도, Lognormal distribution의 크기분포 인자를 설정할 수 있는 프로그램이다. 여기에서는 고도에 따라 수밀도, 크기분포가 일정한 에어로졸 대기층을 가정하였다. 에어로졸의 정보(모드의 수, 각 모드의 성분, 수밀도, 크기분포 인자 및 입자의 최소, 최대 반경 등)는 대기 모델의 기압 격자에서 정의된다. 그러나 대기층의 광학 특성을 계산할 때 에어로졸 정보는 대기층 위쪽과 아래쪽 경계의 기압 격자에서 정의된 값들의 평균으로 정의된다.

- **프로그램** : 주 디렉터리는 /ATM_Profiles/Profiles_ECMWF/이다. USER_AERPROF.f을 컴파일하여 수행하면 여러 개의 선택 문답이 있다. 다음은 ECMWF_OMIO3_090314_PXL1.dat71L_WASO0500+INSO00을 생산할 때 사용한 자료와 선택 사항을 요약한 것이다. 고도(기압)에 따라 수밀도와 크기분포의 인자(median radius μ_g, geometric standard deviation σ_g)를 다르게 할 수 있지만[약간의 프로그램 수정이

필요] 현 프로그램은 수 밀도만 고도에 따라 다르게 설정할 수 있도록 하였다. 크기 분포 입자의 최소, 최대 반경(cut off radii : r_{min}, r_{max})에 대한 정보가 있으면 그 값을 입력하고, 없으면 0.0, 0.0을 입력한다. 후자의 경우, 내부적으로 계산된 최소, 최대 반경이 사용된다[참조, 식(6.6.1)]. 프로그램은 AERONET 파장에서 AOD, SSA를 계산하여 화면에 출력하고, 500 nm의 AOD를 수정할 수 있는 기회를 제공한다[참고, 하부 디렉터리 /For_GEMS/에 있는 SampleRUN_USER_ AERPROF_*_090314.txt 파일].

이 프로그램에서 선택할 수 있는 에어로졸 성분은 다음과 같다. 성분 1～10은 OPAC에 정의된 에어로졸 성분이다[usr1～usr3은 사용자가 추가할 수 있음]. 각 성분에 대한 설명은 Hess et al. (1998)을 참고하여 주기 바란다. 그리고 성분 11～25는 광물이다[xtra는 사용자가 추가할 수 있음]. OPAC의 정의에 의하면 성분 2, 4, 5는 상대습도에 따라 그 굴절률이 다르므로 이들 성분은 상대습도를 지정하여야 한다. 각 성분의 굴절률은 /ATM_Profiles/OptDat/rindx/에 있다. 예를 들어, inso_rindx.dat 파일은 0.25～40μm 범위에 대한 굴절률의 실수부와 허수부 자료이다.

- OPAC 혹은 사용자 설정 성분

1 = INSO(insoluble)	2 = WASO(water soluble)	3 = SOOT
4 = SSAM(sea salt am)	5 = SSCM(sea salt cm)	6 = MITR(mineral tr)
7 = USR1	8 = USR2	9 = USR3
10 = SULF(sulfate)		

- 광물 성분

11 = Quar(quartz)	12 = KFel(K-feldspar)	13 = Plag(plagioclase)
14 = Horn(hornblende)	15 = Kaol(kaolinite)	16 = Illi(illite)
17 = Mont(montmorillonite)	18 = Calc(calcite)	19 = Gyps(gypsum)
20 = Chlo(chlorite)	21 = Dolo(dolomite)	22 = Hema(hematite)
23 = Xtra	24 = Sand	25 = Adst(Asian dust)

여기에서는 자외선－가시광선에 대한 복사강도의 계산이므로, 광물 성분의 굴절률은 이 범위에 대한 것이다. 이 범위에 대한 광물의 굴절률에 대한 자료는 상당히 제한적이며, 따라서 자료가 확보되지 않은 광물도 있다.

- 대기 모델 자료 : ECMWF_OMIO3_090314_PXL1.dat71L
- 에어로졸 성분(모드)의 수 : 2
- 에어로졸 1번 성분 선택 : 2 [=WASO]. WASO는 상대습도에 따라 굴절률이 다르므로 상대습도를 RH = 2 [=50%]로 정의한다.
- 에어로졸 2번 성분 선택 : 1 [=INSO]
- 에어로졸 대기층을 구성하는 것으로 선택 : 1 = Make Aerosol Layer
- 에어로졸 1번 성분[=WASO]의 대기층 범위를 고도 번호(index)를 이용하여 설정 : 65, 61 [대기층 번호로는 62, 63, 64, 65번 층이 에어로졸을 포함]
- 고도 번호 61에 수밀도, 크기분포 인자를 설정 : 10000 (수밀도, particles cm^{-3}), 0.0305(μ_g, μm), 1.834(σ_g), 0.0,0.0 (rmin, rmix; μm)
- 그 이하 다른 고도에서는 수밀도만 설정 : 10000, 10000, … , 10000
- 에어로졸 2번 성분[=INSO]의 대기층 범위를 고도 번호를 이용하여 설정 : 65, 61
- 에어로졸의 대기층의 위 고도부터 수밀도, 크기분포 인자를 설정 : 213[2번과 1번 성분의 수밀도 비율 = 213/10000 =0.0213이 됨], 0.1003, 2.246, 0.0,0.0
- 그 이하 다른 고도에서는 수밀도만 지정 : 213, 213, … , 213
- 파장 0.5 micron에서 AOD 수정을 선택 : 1
- 파장 0.5 micron의 AOD 입력 : 0.4001. AERONET 자료에서 구한 정보인데, Mie 이론으로 계산한 총 AOD가 0.4001이 되도록 프로그램에서 각 성분의 수밀도를 수정한다.

● **결과물** : ECMWF_OMIO3_090314_PXL1.dat71L_AER_USER
  - 파일 이름을 ECMWF_OMIO3_090314_PXL1.dat71L_WASO0500+INSO00로 변경하고 이것을 복사모델이 사용할 수 있도록 /DISORT_GEMS/ObsDat/에 복사한다.
  - 추가 결과물로 ECMWF_OMIO3_090314_PXL1.dat71L_AER_USER_Info이 있다. 이 파일은 각 대기층에서 성분에 따른 AOD, SSA와 총 AOD와 SSA가 요약되어 있다.

3) 굴절률 자료

복사모델이 사용하는 굴절률 자료는 /DISORT_GEMS/OptDat/rindx/에 있다. 다양한 에어로졸 성분, 광물 성분, 황사, 물, 얼음의 파장에 따른 굴절률 자료이다. OPAC

(Hess et al., 1998; Koepke et al., 2015) 자료와 다양한 문헌에서 구한 자료를 정리한 것으로 Lee at al. (2020)에 원자료에 대한 자세한 정보가 있다.

4) 흡수 단면 자료

자외선-가시광선 영역의 빛을 흡수하는 기체의 흡수 단면(absorption cross section) 자료는 /DISORT_GEMS/OptDat/xsc/에 있다. 다양한 흡수 기체의 파장에 따른 흡수 단면을 정리한 자료이다. HITRAN (Rothman et al., 2012) 자료와 문헌에 발표된 자료를 정리한 것으로, 그림 3.5.2는 주요 흡수 기체의 흡수 단면 자료이다.

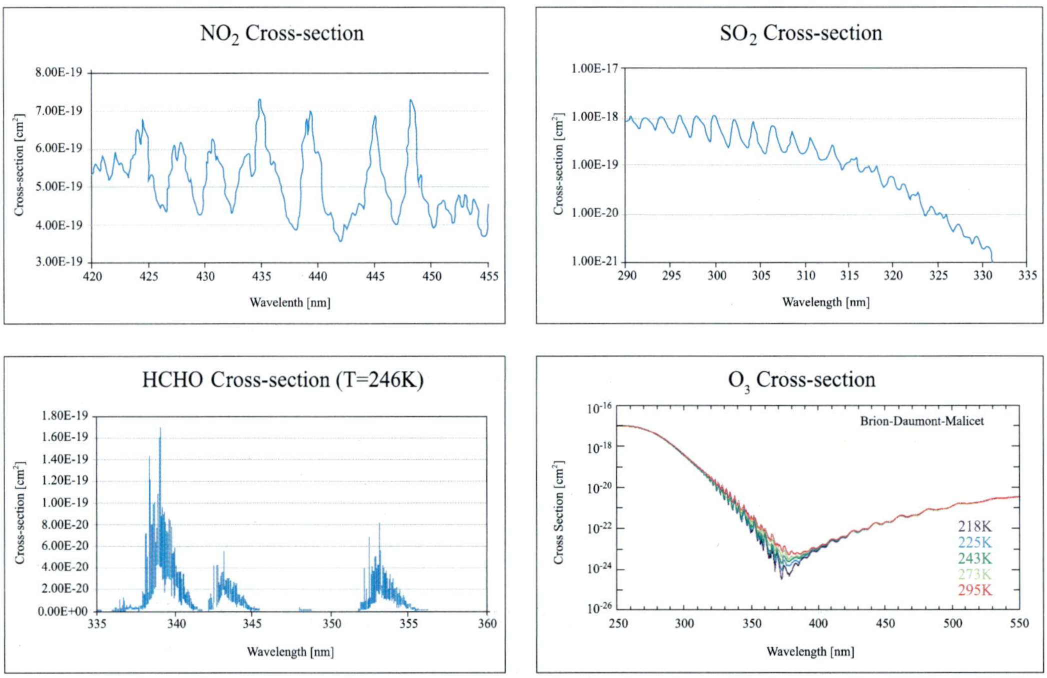

그림 3.5.2 자외선-가시광선 영역의 빛을 흡수하는 주요 기체의 흡수 단면

5) 지표 반사도 자료

계산에 사용한 지표 반사도는 OMI가 XiangHe 인근의 화소에 대하여 산출한 Lambert 알베도이다. 흙의 알베도와 유사한데, 최소 제곱법을 이용하여 파장 λ(micron)의 함수

로 나타내면 다음과 같다.

$$\text{ALBEDO} = 0.001519 + 0.126583\lambda + 0.075358\lambda^2$$

6) 태양 복사속 자료

대기 꼭대기에서의 태양 복사속(solar irradiance) 정보는 Chance and Kurucz (2010)의 자료이다. /DISORT_GEMS/SolDat/에 있다.

7) 구름 자료

구름의 형태(type)와 구름 입자의 상(물, 얼음), 크기분포 인자(수정 감마분포의 인자)에 대한 고도 분포를 정의한다. 모의 계산하려는 날 OMI 관측 화소에 구름은 없었지만 구름이 있을 때의 스펙트럼을 모의하기 위하여 구름 자료를 만들었다.

- **프로그램** : 주 디렉터리는 /ATM_Profiles/Profiles_ECMWF/이다. 여기에서 프로그램 USER_CLDPROF.f을 컴파일하여 수행하면 여러 개의 선택 문답이 있다. 다음은 ECMWF_OMIO3_090314_PXL1.dat71L_STCO+ICE을 만들 때 사용한 자료와 선택 사항이다. 이 구름은 에어로졸 대기층과 겹치도록 하였으며 일부 층[63번 대기층]은 물과 얼음으로 구성되어 있다. 구름의 형태에 따른 Modified-Gamma 크기분포 인자는 OPAC에 정의된 값으로 프로그램에서 설정한다[참고, 하부 디렉터리 /For_GEMS/에 있는 SampleRUN_USER_CLDPROF_*_090314.txt 파일].

  - 대기 모델 자료 : ECMWF_OMIO3_090314_PXL1.dat71L
  - 총 구름 형태의 수 : 2
  - 1번 구름의 형태 : 1 [=STCO]
  - 1번 구름의 상 : 1 [=water]
  - 2번 구름의 형태 : 1 [=STCO]
  - 2번 구름의 상 : 2 [=ice]
  - 1번 구름의 고도 범위 : 64, 62
  - 2번 구름의 고도 범위 : 63, 62
  - 구름의 광학두께(COD)를 수정 : 1
  - COD의 크기 : 3.5

- **결과물** : ECMWF_OMIO3_090314_PXL1.dat71L_CLD_USER
  - 파일 이름을 ECMWF_OMIO3_090314_PXL1.dat71L_STCO+ICE로 변경하고 이것을 복사모델이 사용할 수 있도록 /DISORT_GEMS/ObsDat/에 복사한다.
  - 추가 결과물로 ECMWF_OMIO3_090314_PXL1.dat71L_CLD_USER_Info이 있다. 이 파일은 각 구름층에서 성분에 따른 COD, SSA 및 구름 전체의 COD와 SSA가 요약되어 있다.
  - 구름층이 정의된 고도에 구름 형태의 수, 각 형태의 성분, 수밀도, 크기분포 인자 및 입자의 최소, 최대 반경 등이 정의된다.

이상이 OMI 위성이 측정한 복사강도 스펙트럼을 모의할 때 사용되는 기초자료에 대한 설명이다.

다음은 복사모델 DISORT를 이용하여 OMI 스펙트럼의 모의 계산에 대한 설명이다. 복사모델은 /DISORT_GEMS/에서 수행하는데, 주 프로그램은 DISORT_Aero_Cloud.f이며 다양한 부프로그램이 사용된다. 이들 프로그램은 /Sources/에 있고, 계산 결과는 /ResultS/에 저장된다.

8) OMI 측정 스펙트럼 모의

계산에 사용한 프로그램은 /DISORT_GEMS/SourceS/에 있다. 주 프로그램과 여러 개의 부프로그램 그리고 DISORT에 필요한 부프로그램이 있다. DISORT를 기반으로 한 주 프로그램은 에어로졸 혹은 구름이 있을 때 정의된 파수 범위[BWAV = 0.298, EWAV = 0.502μm]에 대하여 일정한 간격[DWAV = 0.2/1000μm]으로 사용자가 설정한 천정각 및 방위각 방향의 단색 복사강도 스펙트럼을 계산한다. 앞에서 언급한 바와 같이 DISORT의 Legendre 전개 상수는 식(2.3N.2b)로 정의된 점의 유의하여야 한다.

- **주 프로그램** : DISORT_Aero_Cloud.f이다. FORTRAN-90 컴파일러를 사용하여야 한다.
  - 컴파일 : 컴파일하기 위한 스크립트 "make"가 있다. 이 스크립트를 사용하기 위하여 /mod/, /obj/ 디렉터리가 있어야 한다. "make clean"하여 기존 부산물들을 지우고 다시 "make" 하면 실행 파일 DISORT_Aero_Cloud.exe가 생성된다. 디버그(debug)하기 위해서는 "make DEBUG=t"로 해야 한다.

주 프로그램에서 DISORT를 수행하기 위한 기본 설정은 다음과 같다. 앞에서 설명한 "(1) 기초 프로그램"의 설정과 비슷하다[좌변은 프로그램 변수].

- NSTR = 16 : 천정각 적분에 사용하는 계산 격자의 수
- NLYR = 70 : 대기층의 수. 부프로그램 ATMO_DAT을 통하여 OMI 관측 화소에 대한 대기 모델의 자료를 읽어 들이는데, 이 자료의 대기층 수는 70개이다 [NLYR ≤ MAXCLY].
- NMOM = 16 : Legendre 전개 상수. 기본적으로 NSTR과 같게 설정되었지만 계산 수행과정에서 부프로그램 MIE_SCA_Aero, MIE_SCA_Cloud에서 구한 값으로 다시 설정된다. 최댓값은 MAXMOM = 1621로 설정되었다[NMOM ≤ MAXMOM].
- ONLYFL = .FALSE. : 복사속과 복사강도를 계산하기 위한 설정
- USRTAU = .TRUE. : 복사강도를 계산하는 고도(광학두께)를 지정할 수 있게 한다.
- NTAU = 3 : 복사강도를 계산하는 고도의 수[NTAU ≤ MAXULV]. 이들 고도는 광학두께 UTAU로 정의한다.
- UTAU(1), UTAU(2), UTAU(3) : 복사강도를 계산하는 고도의 광학두께. 대기 꼭대기, 대기의 중간, 대기 밑바닥에 해당하는 고도로 설정하였으며, 고도 번호는 0 [=LVtoa], NLYR/2 [=LVmid], NLYR [=LVboa]이다. 프로그램에서는 각 파수에서 이들 고도의 수직 광학두께를 계산한다.
- USRANG = .TRUE. : 계산하려는 복사강도의 천정각과 방위각을 설정할 수 있게 한다.
- NUMU = 1 : 계산하려는 복사강도의 천정각 수[NUMU ≤ MAXUMU]. 천정각은 UMU로 정의한다.
- UMU(1) : 복사강도의 천정각 θ. 지표의 화소에서 위성을 바라보는 천정각이다. 계산에서는 $\mu = \cos\theta$를 사용한다.
- NPHI = 1 : 계산하려는 복사강도의 방위각 수[NPHI ≤ MAXPHI]. 방위각은 PHI로 정의한다.
- PHI(1) : 복사강도의 방위각 ϕ. 지표의 화소에서 바라본 위성의 방위각이다. 북쪽을 기준으로 시계방향으로 측정된 양의 값으로 환산하여 사용한다.
- IBCND = 0 : FBEAM, LAMBER, ALBEDO 등의 설정을 사용하는 선택이다.
- FBEAM = 각 파수(파장)에서 WVNMLO ~ WVNMHI 범위[파장으로는 0.2 nm]에 대한 태양광의 평균 복사속. 부프로그램 SOLAR_IRRAD에서 계산한다. 단위

는 $\mathrm{Wm^{-2}/\mu m}$이다.

- UMU0 : 태양의 천정각 θ_0. 계산에서는 $\mu_0 = \cos\theta_0$를 사용한다.
- PHI0 : 태양의 방위각 ϕ_0. 태양광이 진행하는 방향의 방위각으로 계산하여 사용한다.
- FISOT = 0 : 대기 꼭대기에서 등방성의 복사속
- LAMBER = .TRUE. : 계산에서는 Lambert albedo를 이용한다.
- ALBEDO = $0.001519 + 0.126583\lambda + 0.075358\lambda^2$: 계산하려는 화소의 지표 알베도. 파장[단위 μm]의 함수로 표현하였다.
- PLANK = .FALSE. : 자외선－가시광선 범위에서는 대기와 지표에서 열적 방출이 무시된다.
- TEMPER(LEV) : 각 고도에서의 온도. 고도 번호의 범위 LEV = 0, ⋯ , NLYR 이다. 열적 방출이 무시되므로 그 계산에는 사용되지 않지만, 오존의 흡수 단면이 온도에 따라 다르므로 이 계산에 사용된다.
- WVNMLO, WVNMHI : 스펙트럼 계산은 298～502 nm 범위에 대하여 0.2 nm 간격으로 수행한다. 파장 $\lambda = 298$ nm일 때의 FBEAM은 파장으로는 $\lambda - \Delta\lambda/2$[= 298－0.1 nm]부터 $\lambda + \Delta\lambda/2$ [= 298＋0.1 nm]까지의 범위에 대한 평균값이다. 계산된 복사강도 역시 이 범위에 대한 평균값이다. 따라서 $\lambda + \Delta\lambda/2$를 파수[단위 $\mathrm{cm^{-1}}$]로 변환한 것이 WVNMLO이고 $\lambda - \Delta\lambda/2$을 파수로 변환한 것이 WVNMHI이다.
- BTEMP : 지표의 온도. 제일 아래 대기층의 하부 경계 온도와 같도록 설정하였다. 그러나 열적 방출이 무시되는 경우이므로 사용되지 않는다.
- TTEMP : 대기 꼭대기의 상부 경계에서의 빛을 방출하는 물질의 온도. 사용되지 않는다.
- TEMIS : 대기의 상부 경계에서 빛을 방출하는 물질의 방출도. 사용되지 않는다.

● **계산 절차 및 내용** : 각 대기층의 광학 특성은 레일리 산란, 기체에 의한 빛의 흡수 그리고 에어로졸과 구름에 의한 산란과 흡수를 통합하여 주 프로그램에서 계산한다. 이 계산에서는 부프로그램 GAS_ABS, RAY_SCA, MIE_SCA_Aero, MIE_SCA_Cloud의 결과를 이용한다. 프로그램의 진행 순서와 내용에 따라 사용되는 부프로그램을 설명하였다.

① 스펙트럼 계산 범위와 계산 간격 설정 : OMI 위성이 측정하는 파장 범위 300～500 nm에 대한 단색 복사강도 스펙트럼을 모의한다. 지구－대기에서 반사 및 산란되어 상향으로 전파하는 빛을 계산하는 것이므로 주 프로그램 수행 중, 문답 "%% Select upward at TOA"에서 "U"를 입력하여야 한다. 계산 범위와 계산의 간격은 다음으로 설정되어 있다.

- BWAV = 0.298 : 모의 스펙트럼이 시작되는 파장[μm]
- EWAV = 0.502 : 모의 스펙트럼이 끝나는 파장[μm]
- DWAV = 0.2/1000 : 스펙트럼의 계산 간격[μm]

② 대기 자료의 입력 : 부프로그램 ATMO_DAT을 이용하여 고도에 따른 기압, 온도, 수증기 및 흡수 기체의 수밀도 자료를 읽어 들인다. 계산에 사용하는 자료는 앞에서 설명한 MODELATM_ECMWF_OMI_AERONET.f 프로그램의 결과물로, 대기 자료 /ObsDat/ECMWF_OMIO3_090314_PXL1.dat71L이다. 사례 자료의 경우 고도 번호(index)는 0～70이며 대기층 번호(index)는 1～70이다. 이 번호는 위에서 아래쪽으로 내려가면서 번호가 증가한다. 대기의 자료는 COMMON/ATMO/를 통하여 주 프로그램 및 다른 부프로그램에 전달된다.

③ 레일리 산란의 계산 : 부프로그램 RAY_SCA는 레일리 산란 단면[참조, 식 (5.3.1)]과 산란 위상함수의 Legendre 전개 상수 RayPmm를 파장마다 계산한다. 중간결과 쓰기가 설정된 경우[OptWrite = .TRUE.], RAY_SCA.phase 파일이 생성된다[ECMWF_090314_PXL1.phase_Ray로 복사되어 있음]. 이 파일에는 선택한 파장[wlenSELECT = 0.5μm]의 위상함수에 대한 정보가 있고, 이 위상함수를 그림으로 나타내는 IDL 프로그램이 Plot_Phase.pro이다. 그림 3.5.3에는 파장 0.5μm에서의 레일리 산란 위상함수가 그려져 있다. 계산한 자료는 COMMON/RayX/를 통하여 다른 프로그램에 전달된다.

④ 에어로졸 자료 입력 : 주 프로그램 수행 중에 "%% Include Aerosols?"의 문답에서 "Y"로 답한 경우, 에어로졸의 광학 특성을 계산한다. 먼저 부프로그램 AERO_DAT에서 에어로졸이 존재하는 고도격자에서 에어로졸 성분[＝모드]의 수와 각 성분의 수밀도, 크기분포 인자 및 최소, 최대 반경을 읽어 들인다. 자료는 위의 "에어로졸 자료"에서 설명한 USER_AERPROF.f 프로그램으로 생산한 /ObsDat/ECMWF_OMIO3_090314_PXL1.WASO50+INSO00 파일이다. 입력된 에어로졸 자료는 COMMON/AERO/를 통하여 다른 프로그램에 전달된다.

⑤ 에어로졸에 대한 미 산란 계산 : 부프로그램 MIE_SCA_Aero는 에어로졸이 포함된 대기층에 대하여 모든 에어로졸 성분의 광학 특성을 통합한 광학두께, 일차산란 알베도, 비대칭도, 그리고 Legendre 전개 상수를 계산한다[참조, 식 (6.4.7)~(6.4.10)]. 각 에어로졸 성분에 대한 광학 특성의 계산은 프로그램 실습 6.6.1 중에 "(1) dN/dR 형식의 크기분포"에서 자세하게 설명되어 있다. 에어로졸과 구름의 광학 특성 계산에서는 계산 간격[= DELW]을 스펙트럼 계산 간격 [=DWAV]의 5배로 하여 계산하고, 그 결과를 이용하여 내삽법으로 스펙트럼 간격의 광학 특성을 계산한다. 이렇게 하는 이유는 에어로졸(혹은 구름)의 광학 특성이 파장에 따라 완만하게 변하기 때문에 계산시간을 단축하기 위한 것이다. 부프로그램의 주요 산출물은 에어로졸 대기층에서 모든 에어로졸 성분의 통합된 광학 특성이다. DWAV 간격으로 계산된 다음 변수들은 COMMON/AerX/를 통하여 주 프로그램 및 다른 부프로그램에 전달된다.

- AerTau (iwav, idxaerlyr) : 파장과 대기층에 따른 광학두께
  [iwav = 파장 번호, idxaerlyr = 에어로졸 대기층 번호]
- AerOmg (iwav, idxaerlyr) : 파장과 대기층에 따른 일차산란 알베도
- AerAsy (iwav, idxaerlyr) : 파장과 대기층에 따른 비대칭도
- AerPmm (iwav, idxaerlyr, lm) : 파장과 대기층에 따른 Legendre 전개 상수
  [lm = Legendre 전개 상수의 차수]

중간결과 쓰기를 설정한 경우[OptWrite = .TRUE.], MIE_SCA_Aero.phase 파일이 생성된다[ECMWF_090314_PXL1.phase_Mie_INSO+WASO 파일로 복사되어 있음]. 이 파일에는 선택한 파장[wlenSELECT = 0.5μm]에서 각 에어로졸 성분에 대한 Legendre 전개 상수 및 단위 수밀도일 때의 부피 소산계수[bextcmp, cm^{-1}], 부피 산란계수[bscacmp, cm^{-1}], 비대칭도[asymcmp], 일차산란 알베도, 그리고 산란각 0~180° 사이에 1° 간격으로 계산한 위상함수가 있다. 아울러 Legendre 전개식[참조, 식(2.3N.2a)]으로 복원한 위상함수와 원래 위상함수의 차이가 포함되어 있다. 파장 0.5μm에서 WASO와 INSO 각각에 대한 위상함수와 이들의 통합 위상함수가 그림 3.5.3에 있다.

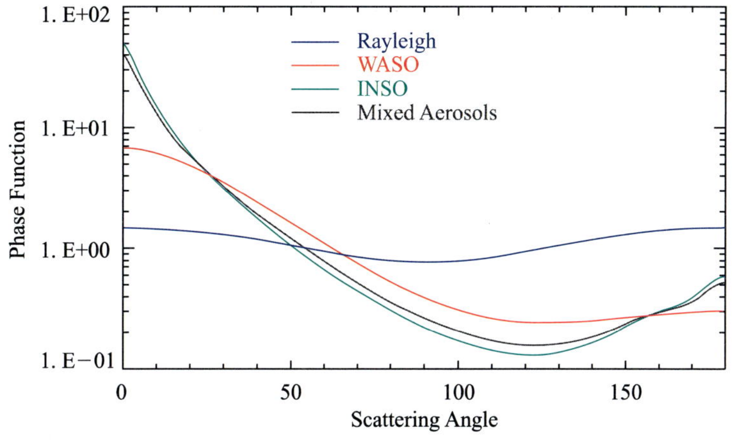

그림 3.5.3 **레일리 산란의 위상함수와 에어로졸의 미 산란 위상함수**
WSAO와 INSO의 위상함수 그리고 수밀도 비율 INSO/WASO = 0.0213일 때의 통합 위상함수이다.

부프로그램 MIE_SCA_Aero는 다른 부프로그램을 이용하는데, 수행 순서에 따라 다음의 Ⓐ~Ⓔ로 구분하여 설명하였다.

Ⓐ 부프로그램 Rindex_Aero : 각 에어로졸 성분의 파장에 따른 굴절률 자료를 읽어서 저장한다. 굴절률 자료는 /OptDat/rindx/에 있다. WASO 성분의 굴절률은 상대습도에 따라 다른데, 계산에 사용한 자료는 상대습도가 50%일 때의 자료인 WASO50_rindx.dat 파일이다[참조, 그림 6.2.2].

Ⓑ 부프로그램 SizeDist_LogN_dR : 각 에어로졸 성분의 크기분포는 로그-정규분포 함수인 식(6.3.17a)로 표현되었다. 크기분포를 나타내는 인자는 6.3절에서 설명된 바와 같이 median radius [=rad]와 geometric standard deviation [=sig]이다. 계산에서는 크기분포 입자의 최소, 최대 반경[=rmin, rmax]이 정의되어야 하는데, 절차 ④의 부프로그램 AERO_DAT에서 읽어들인 자료를 사용한다. 대기층에 대한 크기분포 인자는 대기층 위쪽과 아래쪽 경계에서 설정된 값들의 평균으로 정의한다. 중간결과 쓰기를 설정한 경우[IOPT = 1], "SizeDist_LogN_dR.out_성분" 파일이 생성된다. 계산은 단위 수밀도[denorm = 1.0 cm^{-3}, 참조, 식(6.5.1)]에 대한 것이다. 부프로그램의 주요 결과물은 다음과 같으며, COMMON/SizeX/를 통하여 다른 프로그

램에 전달된다.

- ndiv : rmin ~ rmax 범위에서 크기분포 적분에 사용되는 반경 격자의 총 수
- sized : 반경 격자에서 Lognormal 함수로 계산한 수밀도[particles/cm^3 per μm]
- radr : 크기분포 적분에 사용되는 GQ 격자의 반경[μm]. GQ를 이용하므로 rmin과 rmax는 격자에 포함되지 않는다.
- wght : 크기분포의 적분에 사용되는 GQ 격자의 가중치

Ⓒ 부프로그램 MIE_SCA : 정의된 파장(파수)에서 에어로졸 성분에 대한 미 산란을 계산하는 프로그램이다. 각 에어로졸 성분에 대한 광학 특성의 계산 절차와 내용은 프로그램 실습 6.6.1의 "로그-정규분포의 에어로졸에 대한 계산"에서 자세하게 설명되어 있으므로 여기에서는 간단하게 설명하기로 한다. 에어로졸의 굴절률과 SizeDist_LogN_dR 부프로그램의 결과를 이용하여 부피 소산계수, 부피 흡수계수, 부피 산란계수, 비대칭도, 일차산란 알베도 및 1° 간격의 산란 위상함수 그리고 Legendre 전개 상수를 계산한다. 계산 결과는 COMMON/PmomX/를 통하여 다른 프로그램에 전달된다. 주요 계산 결과는 다음과 같다.

- PhaseAmu (MX2Nmu) : 정의된 성분의 크기분포에 대한 산란 위상함수. 산란각 0 ~ 180° 범위에 대한 1° 간격의 위상함수이다[MX2Nmu = 361].
- bext, babs, bsca : 단위 수밀도일 때 에어로졸 성분의 부피 소산계수, 흡수계수, 산란계수
- back : 후방산란 인자
- asym : 비대칭도
- omga : 일차산란 알베도
- NLMAXcmp : 정의된 에어로졸 성분의 입자반경이 크기분포의 최대치, 즉 rmax일 때 Legendre 전개 상수의 항수[=Legendre 전개 항수의 최대치]
- LEGENcmp (0:MXLEGcmp) : 정의된 성분의 크기분포에 대한 Legendre 전개 상수[MXLEGcmp ≥ NLMAXcmp, MXLEGcmp = 1801로 설정되어 있음]

MIE_SCA에서는 다양한 부프로그램이 사용된다. 정의된 파장과 입자반경, 즉 크기 인자(size parameter, $2\pi r/\lambda$)에 대한 미 산란은 부프로그램 BHMIE를 이용하며, 그 결과는 위상함수 PhaseAmu와 또 다른 위상함수 PHASE_XMU를 계산하는 데 사용된다. 전자는 1° 간격의 위상함수이고, 후자는 Legendre 전개 상수를 구하기 위하여 GQ의 산란각 격자에서 계산된다. 미 산란은 식(5.4.1)~(5.4.2)를 이용하는데, 산란 입자의 반경이 크면 계산 정확도를 유지하기 위하여 많은 수의 항이 요구된다. BHMIE의 산출물 중의 하나인 NSTOP이 요구되는 항의 수이다. 그런데 식(5.4.1)~(5.4.2)에서 보는 바와 같이 spherical harmonics (associated Legendre polynomial)의 차수가 증가하면 그 함수는 산란각에 따른 변화가 커지게 된다. 아울러 식(5.4.12)를 이용하여 계산한 위상함수 역시 산란각에 따른 변화가 크다. 따라서 식(2.3N.2b)를 이용하여 전개 상수를 구할 때, 산란각에 따른 변화가 큰 위상함수를 적분하기 위해서는 많은 수의 적분 격자가 요구된다.

㉠ 부프로그램 BHMIE : 정의된 크기 인자, 굴절률, 산란각에 대하여 미 산란을 계산하는 프로그램(Bohren and Hoffman, 1983)이다. 계산되는 것은 소산 및 산란에 대한 효율 인자(efficiency factor)[참조, 식(5.4.10)~(5.4.11)]와 산란각 방향의 진폭 매트릭스[참조, 식(5.4.1)~(5.4.2)], 그리고 계산에 사용된 spherical harmonics의 전개 상수 An, Bn 및 항수[=차수, NSTOP]이다.

㉡ 정의된 크기 인자에 대한 Legendre 항의 수와 산란각 격사의 수 : BHMIE의 결과물인 NSTOP를 이용하여 위상함수 전개에 필요한 Legendre 항의 수[=NLEG, 식(2.3N.2a)의 N]와 위상함수의 산란각 적분에 필요한 격자수[=NQUAD, 식(2.3N.2b)의 GQ 적분 격자수]를 구한다. 산란 입자의 반경이 크면 Legendre 전개 상수를 계산하는데 필요한 산란각 격자수[=NQUAD]가 증가한다.

㉢ 부프로그램 GAULEG : 산란각 적분에 필요한 NQUAD개의 산란각 격자와 적분 가중치를 계산하는 프로그램이다[GAULEG는 다른 적분, 예를 들어, 크기분포 적분에서도 계산 격자와 가중치를 구하기 위하여 사용됨].

㉣ 부프로그램 MIE_PHS : Legendre 전개 상수를 구하기 위해 GAULEG에서 구한 NQUAD개의 산란각 격자에 대하여 위상함수를 계산하여야 한다. 이 위상함수를 계산하기 위해 사용되는 프로그램이다. 산란 위상함수는 식(5.4.12)로 계산하는데, MIE_PHS는 정의된 산란각에 대하여 $(i_1+i_2)/2$를 계산하는 프로그램이다.

㉤ 부프로그램 LPNI : 입력변수 x에 대하여 Legendre polynomial $P_n(x)$를 계산하는 프로그램이다.

㉥ 에어로졸 성분에 대한 Legendre 전개 상수와 항의 수 : 크기분포가 정의된 에어로졸 성분에 대한 위상함수를 Legendre polynomial로 전개할 때, 그 전개 상수[=LEGENcmp]를 정의한다[참조, 식(6.4.4c)]. 그리고 전개 상수의 값이 $\tilde{\chi}_l > 10^{-10}$인 항의 최대 l 값을 NLMAXcmp로 정의하였다.

Ⓓ 에어로졸의 통합된 광학 특성 계산 : 각각의 에어로졸 성분(모드)에 대한 광학 특성을 구한 후, 식(6.4.6)~(6.4.10)을 이용하여 모든 에어로졸 성분에 대한 통합된 광학 특성을 계산한다.

Ⓔ 부프로그램 YINT : 미 산란의 계산은 스펙트럼 계산 간격의 5배로 설정[DELW = 5 DWAV]하였다. 에어로졸의 통합된 광학 특성을 부프로그램 YINT를 이용하여 내삽법으로 스펙트럼 계산 간격으로 구한다.

⑥ 구름 자료 입력 : 주 프로그램 수행 중에 “%% Include Clouds?”의 문답에서 “Y”로 답한 경우, 구름에 대한 광학 특성을 계산한다. 우선 부프로그램 CLOUD_DAT를 이용하여 구름이 포함된 고도격자에서 구름 형태(type)의 수, 구름 입자의 상(물, 얼음), 크기분포 인자(수정 감마분포의 인자)를 읽어서 저장한다. 자료는 앞에서 설명한 USER_CLDPROF.f의 결과물로 /ObsDat/ECMWF_OMIO3_090314_PXL1.dat71L_STCO+ICE 파일이다. 입력된 자료는 COMMON/CLDS/를 통하여 주 프로그램 및 다른 부프로그램에 전달된다.

⑦ 구름에 대한 미 산란 계산 : 부프로그램 MIE_SCA_Cloud을 이용하여 전체 구름에 대한 광학두께, 일차산란 알베도, 비대칭도, 그리고 Legendre 전개 상수를 계산한다. 에어로졸에 대한 미 산란 계산과 같은 절차를 거친다. 다른 점은 크기분포와 산란 입자의 굴절률이다. 주요 산출변수는 각 구름 대기층에서 모든 구름에 대하여 DWAV 간격으로 계산한 다음 변수이다. 이들은 COMMON

/CldX/를 통하여 주 프로그램 및 다른 부프로그램에 전달된다.

- CldTau (iwav, idxcldlyr) : 파장과 구름 대기층에 따른 광학두께[iwav = 파장 번호, idxcldlyr = 구름 대기층 번호]
- CldOmg (iwav, idxcldlyr) : 파장과 구름 대기층에 따른 일차산란 알베도
- CldAsy (iwav, idxcldlyr) : 파장과 구름 대기층에 따른 비대칭도
- CldPmm (iwav, idxcldlyr, lm) : Legendre 전개 상수[lm = Legendre 전개 상수의 차수]

중간결과 쓰기를 설정한 경우[OptWrite = .TRUE.], MIE_SCA_Cloud.phase 파일이 생성된다[ECMWF_090314_PXL1.phase_Mie_STCO+ICE로 복사되어 있음]. 여기에는 선택한 파장[wlenSELECT = 0.5μm]에서 각 성분에 대한 Legendre 전개 상수 및 단위 수밀도의 부피 소산계수[bextcmp, cm^{-1}], 부피 산란계수[bscacmp, cm^{-1}], 비대칭도[asymcmp], 일차산란 알베도, 정의된 구름 입자의 수밀도[denbar], 그리고 산란각 0～180° 사이에 1° 간격의 산란 위상함수와 Legendre 전개식으로 계산한 위상함수 및 이들의 차이를 보여준다. 구름 입자의 굴절률은 물 혹은 얼음의 굴절률을 사용한다. 크기분포는 수정-감마분포함수를 이용하여 부프로그램 SizeDist_MGam에서 계산되는데, 여기서 중간결과 쓰기를 설정한 경우[IOPT = 1], "SizeDist_MGam.out_성분" 파일이 생성된다.

⑧ 기체에 의한 흡수 : 부프로그램 GAS_ABS를 이용하여 OMI 스펙트럼 범위의 빛을 흡수하는 기체, 즉 O_3, NO_2, SO_2, H_2CO, O_4, CHOCHO, BrO의 흡수 단면을 구한다. 계산의 범위는 BWAV～EWAV이며 계산 간격은 DWAV이다. 오존의 경우 온도에 따라 흡수 단면이 다르므로 대기의 온도자료가 필요하다. 흡수 단면의 기초자료는 /OptDat/xsc/에 있다. 산출된 흡수 단면은 COMMON/GasX/를 통하여 다른 프로그램에 전달된다.

⑨ 태양 복사속 : 대기 꼭대기에서 태양광에 수직인 면에 입사하는 태양 복사속은 부프로그램 SOLAR_IRRAD를 이용하여 구한다. 여기에서는 DWAV[$=\Delta\lambda$] 간격으로 계산한다. 정의된 파장 λ에 대한 계산은 $\lambda-\Delta\lambda/2 \sim \lambda+\Delta\lambda/2$ 범위의 평균 태양 복사속이며, 단위는 $Wm^{-2}\mu m^{-1}$이다.

⑩ 각 대기층의 광학 특성 계산 : 파장별 각 대기층에서 레일리 산란, 기체에 의한 흡수, 에어로졸의 광학 특성, 구름의 광학 특성을 이용하여 대기층의 통합된 광학 특성을 정의한다. 사용된 변수의 정의는 다음과 같다.

- RayTau (iwav,il) : 레일리 산란에 의한 광학두께[iwav = 파장 번호, il = 대기층 번호]
- GasTau (iwav,il) : 기체에 의한 흡수 광학두께
- RaySca = RayTau (iwav,il). 레일리 산란의 광학두께
- AerSca = AerTau (iwav,idxaer) × AerOmg (iwav,idxaer) : 에어로졸이 있는 대기층의 에어로졸에 의한 산란 광학두께[idxaer = 에어로졸 대기층 번호]
- AOD : 에어로졸의 수직 방향 총 광학두께
- CldSca = CldTau (iwav,idxcld) × CldOmg (iwav,idxcld) : 구름이 있는 대기층의 구름에 의한 산란 광학두께[idxcld = 구름 대기층 번호]
- COD : 구름의 수직 방향 총 광학두께
- TotSca = RaySca + AerSca + CldSca : 대기층의 총 산란 광학두께
- TotExt = RayTau (iwav,il) + GasTau (iwav,il) + AerTau (iwav,idxaer) + CldTau (iwav,idxcld) : 대기층의 총 소산 광학두께

이상 각 대기층의 광학 특성은 DISORT에 입력되는 다음의 변수를 정의하는 데 사용되었다.

- SSALB (il) = TotSca/TotExt : 대기층의 총 일차산란 알베도
- DATU (il) = TotExt : 대기층의 총 소산 광학두께
- PMOM (lm,il) = [RayPmm (iwav,lm) × RaySca + AerPmm (iwav,idxaer,lm) × AerSca + CldPmm (iwav,idxcld,lm)]/TotSca : 레일리 산란, 에어로졸 산란, 구름의 산란을 통합한 Legendre 전개 상수[참조, 식(6.4.10)].

⑪ DISORT 계산 : 모든 대기층의 광학 특성이 정의되면 DISORT 부프로그램을 이용하여 산란 복사강도를 계산한다. 이 계산은 파장별로 수행된다.

⑫ 계산 결과 파일 : 대기 꼭대기, 대기의 중간, 그리고 지표에서 UMU, PHI 방향의 복사강도 파일이 생성된다. 파일 이름은 DISORT_Aero_Cloud.out_Name1_Name2이다. Name1은 대기의 상태를 구별하기 위한 것으로 청정 대기일 경우 Ray, 에어로졸이 포함된 경우는 Aer, 구름이 있을 경우는 Cld, 그리고 에어로졸

과 구름이 있을 경우는 Bth로 정의되었다. Name2는 고도를 구별하기 위한 것으로 대기 꼭대기의 결과는 Toa, 대기 중간 고도의 결과는 Mid, 그리고 지표의 결과는 Boa로 정의되었다. 파일은 파장에 따른 복사강도, 태양 복사속, 복사강도/태양 복사속, AOD, COD, 수직 광학두께의 순서로 쓰여 있다.

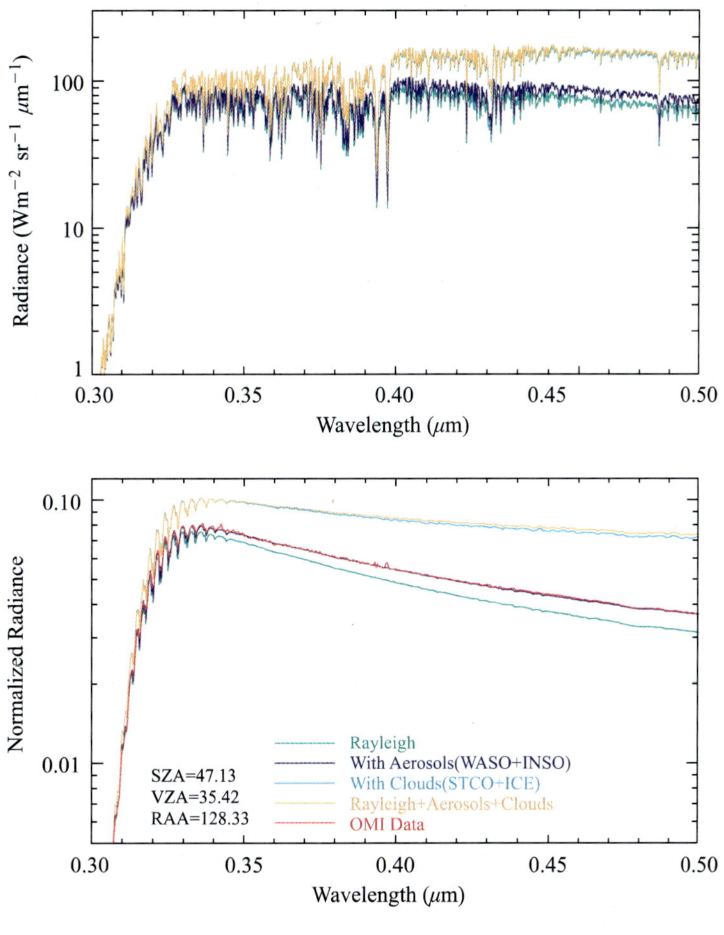

그림 3.5.4 DISORT로 모의한 2009년 3월 14일 OMI 스펙트럼 모의
(상) 복사강도 스펙트럼, (하) 복사강도/태양 복사속 비율의 스펙트럼

● **부수 프로그램** : 결과 파일을 그림으로 그리는 IDL 프로그램이 Plot_Radiance.pro이다. 그림 3.5.4는 2009년 3월 14일 OMI 위성이 북경지역 부근의 화소를 측정하였을 때, 단색 복사강도 스펙트럼을 모의한 것이다. 관측 당시, 태양의 천정각(zenith angle)은 47.13°, 태양의 방위각(azimuth angle)은 −147.39°이다. 그리고 화소에서 바라본 위성의 천정각은 35.42°이고 방위각은 −95.72°이다. 그림은 복사강도 그리고 "복사강도/태양 복사속"의 비율(normalized radiance)을 나타낸 것이다. 대기가 청정(구름, 에어로졸이 없음)일 때의 결과와 에어로졸이 있을 때의 결과를 비교해 보면 그 차이가 에어로졸의 영향이라 할 수 있다. OMI 위성이 측정한 자료는(붉은색) WASO와 INSO (총 AOD = 0.4001)의 에어로졸이 있을 때 모의한 결과(푸른색)와 매우 유사한 것을 알 수 있다. 실제 OMI 위성의 관측 당시 구름은 없었지만, 구름의 영향을 살펴보기 위하여 STCO (물, 얼음으로 구성; 총 COD = 3.5)의 구름이 있는 것으로 가정하고 계산하였다. 결과는 에어로졸이 있을 때보다 모든 파장에서 상당히 증가하였다. 일반적으로 에어로졸 혹은 구름의 광학두께가 증가하면 위성이 측정하는 복사강도는 증가한다. 그리고 에어로졸과 구름이 동시에 있을 때의 결과(고동색)는 구름이 있을 때보다 약간 증가하였다.

Chapter 04

LBL - DISORT

4.1 내부 방출원이 있을 때의 DISORT

대기에서 적외선 영역의 복사과정으로는 온실기체에 의한 흡수와 방출이 있으며, 아울러 에어로졸과 구름에 의한 흡수와 방출 및 산란이 있다. 근적외선 영역에서는 여기에 대기 성분에 의한 태양광의 흡수와 산란을 추가하여야 한다. 따라서 근적외선 파장 영역에서의 복사 과정은 상당히 복잡하다. 빛의 산란 복사강도를 계산하는 DISORT 모델에 온실기체에 의한 빛의 흡수계수를 계산하는 흡수선 누적(Line-by-Line, LBL) 모델을 결합한 것이 LBL－DISORT 모델이다. 대기에 에어로졸, 구름 혹은 안개가 있을 때 위성에서 관측하는 근적외선－적외선 영역의 상향 복사강도 스펙트럼 혹은 지상에서 측정하는 하향 복사강도 스펙트럼을 모의할 때 사용할 수 있다. 이 장에서는 먼저 매질 내부의 열적 방출원을 DISORT 모델에서 어떻게 표현하는지 살펴보고, 흡수선 누적 모델이 DISORT에 어떻게 적용되는지 설명하고자 한다.

복사방정식은 앞에서 설명한 식(3.1.6)인데, 설명을 위하여 빛의 방출원을 나타내는 항을 다시 정리하였다.

$$Q^m(\tau) = X_0^m(\tau, \mu)\, e^{-\tau/\mu_0} - \delta_{0,m}(1-\omega) B(\tau) \tag{4.1.1}$$

우변의 일차산란 항 $Q^{beam} = X_0^m(\tau, \mu)\, e^{-\tau/\mu_0}$이 있을 때의 특수해는 Two-stream DOM의 경우 식(3.2.22)로 표현되었다. 그리고 우변 2항으로 표현된 온실기체의 방출 $Q^{thermal}$은 등방성의 특성이 있으므로 식(3.1.6)에서 $m=0$일 때 적용된다.

$$Q^{thermal} = \begin{cases} (1-w) B[T(\tau)] & m=0 \\ 0 & m>0 \end{cases} \tag{4.1.2}$$

이 식에서 흑체 함수는 온도의 비선형 함수이지만, 다음과 같이 온도 변화 ΔT가 작은 경우 미분을 이용하여 ΔT의 1차 선형함수로 근사할 수 있다.

$$B(T + \Delta T) \cong B(T) + (\partial B / \partial T) \Delta T \tag{4.1.3}$$

그림 4.1.1에서 보는 바와 같이 두께가 작은 대기층 내에서 온도는 광학두께(혹은 고도)의 함수 $T = f(\tau)$로 표현할 수 있다. 따라서 고도에 따라 온도가 변하는 대기층에서 흑체 함수

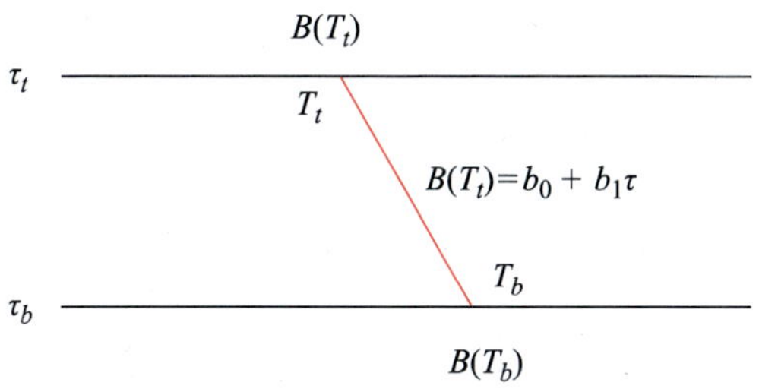

그림 4.1.1 **대기층에서 흑체 함수의 선형근사**
온도가 광학두께(고도)에 따라 선형으로 변하는 대기층이다.

는 다음과 같이 광학두께의 선형함수로 표현할 수 있다.

$$B[T(\tau)] = b_0 + b_1\tau \tag{4.1.4a}$$

이 식을 이용하면 대기층의 상부와 하부 경계의 광학두께가 τ_t, τ_b일 때, 흑체 함수는 다음으로 표현된다.

$$B_t = B[T(\tau_t)] = b_0 + b_1\tau_t$$

$$B_b = B[T(\tau_b)] = b_0 + b_1\tau_b$$

그리고 이 식을 정리하면 상수는 다음과 같다.

$$b_1 = \frac{B_t - B_b}{\tau_t - \tau_b} = \frac{\Delta B}{\Delta\tau} \tag{4.1.4b}$$

$$b_0 = B_t - b_1\tau_t \quad \text{혹은} \quad b_0 = B_b - b_1\tau_b \tag{4.1.4c}$$

이러한 선형함수 표현은 다음 절에서 설명하는 것과 같이 흑체 함수의 고도(광학두께) 적분을 편리하게 하므로 적외선 복사의 계산에서 많이 사용하는 방법이다. 조건은 ΔT가 작아서 흑체 함수에 대한 선형근사의 오차가 무시되는 경우이다. 만약 대기층 상하부 경계의 온도 차이가 크다면, 대기층을 더 얇게 나누어야 한다.

내부 방출원 $Q^{thermal}$을 식(4.1.4a)로 표현하였을 때, 식(3.2.22)의 특수해는 다음 형식으로 나타낼 수 있다.

$$I(\tau,\mu_i)=Y_0(\mu_i)+Y_1(\mu_i)\tau \tag{4.1.5}$$

Two-stream DOM 방정식을 이용하여 자세하게 설명하기로 하자. 앞에서 설명한 식(3.2.1)의 Two-stream DOM 방정식을 $Q^{thermal}$이 있을 때의 식으로 표현하면 다음과 같다.

$$\mu_1\frac{dI(\tau,\mu_1)}{d\tau}=I(\tau,\mu_1)-\frac{\omega}{2}\sum_{\substack{j=-1\\j\neq 0}}^{1}a_jP(\mu_1,\mu_j)I(\tau,\mu_j)-(1-\omega)(b_0+b_1\tau) \tag{4.1.6a}$$

$$\mu_{-1}\frac{dI(\tau,\mu_{-1})}{d\tau}=I(\tau,\mu_{-1})-\frac{\omega}{2}\sum_{\substack{j=-1\\j\neq 0}}^{1}a_jP(\mu_{-1},\mu_j)I(\tau,\mu_j)-(1-\omega)(b_0+b_1\tau) \tag{4.1.6b}$$

식(4.1.5)로 표현된 특수해를 위의 식(4.1.6a)에 대입하면, 좌변은 다음과 같다.

$$\text{좌변}=\mu_1\frac{d\{Y_0(\mu_1)+Y_1(\mu_1)\tau\}}{d\tau}=\mu_1 Y_1(\mu_1)$$

그리고 식(4.1.6a)의 우변은 다음과 같다.

$$\begin{aligned}\text{우변}=&[Y_0(\mu_1)+Y_1(\mu_1)\tau]-\frac{\omega}{2}\{a_{-1}P(\mu_1,\mu_{-1})[Y_0(\mu_{-1})+Y_1(\mu_{-1})\tau]\\&+a_1P(\mu_1,\mu_1)[Y_0(\mu_1)+Y_1(\mu_1)\tau]\}-(1-\omega)(b_0+b_1\tau)\end{aligned}$$

이제 좌변과 우변을 광학두께 τ의 차수에 따라 정리하였을 때, τ의 차수에 따른 좌변과 우변의 상수는 서로 같아야 하므로 그 결과를 정리하면 다음과 같다.

$$\begin{aligned}\mu_1Y_1(\mu_1)=&\,Y_0(\mu_1)-\frac{\omega}{2}\{a_{-1}P(\mu_1,\mu_{-1})Y_0(\mu_{-1})+a_1P(\mu_1,\mu_1)Y_0(\mu_1)\}\\&-(1-\omega)b_0\end{aligned} \tag{4.1.7a}$$

$$0=Y_1(\mu_1)-\frac{\omega}{2}\{a_{-1}P(\mu_1,\mu_{-1})Y_1(\mu_{-1})+a_1P(\mu_1,\mu_1)Y_1(\mu_1)\}-(1-\omega)b_1 \tag{4.1.7b}$$

같은 방법으로 식(4.1.6b)에 대하여 정리하였다.

$$\begin{aligned}\mu_{-1}Y_1(\mu_{-1})=&\,Y_0(\mu_{-1})-\frac{\omega}{2}\{a_{-1}P(\mu_{-1},\mu_{-1})Y_0(\mu_{-1})\\&+a_1P(\mu_{-1},\mu_1)Y_0(\mu_1)\}-(1-\omega)b_0\end{aligned} \tag{4.1.8a}$$

$$0 = Y_1(\mu_{-1}) - \frac{\omega}{2}\{a_{-1}P(\mu_{-1},\mu_{-1})Y_1(\mu_{-1}) + a_1P(\mu_{-1},\mu_1)Y_1(\mu_1)\} - (1-\omega)b_1 \tag{4.1.8b}$$

대기층에 대한 b_0, b_1과 일차산란 알베도 ω는 알고 있으며, 아울러 적분 가중치 a_1, a_{-1} 그리고 정의된 μ_1, μ_{-1}에 대한 산란 위상함수를 모두 알고 있으므로, 식(4.1.7)~(4.1.8)의 선형 방정식을 풀면 4개의 미지수 $Y_0(\mu_1)$, $Y_1(\mu_1)$, $Y_0(\mu_{-1})$, $Y_1(\mu_{-1})$을 결정할 수 있다. 따라서 Two-stream DOM 방정식의 일반해는 식(3.2.24)에 식(4.1.5)를 더하면 Q^{beam}과 $Q^{thermal}$이 있을 때의 해가 된다[이 해는 파장의 함수이지만 수식의 간편성을 위하여 파장 표시가 생략되었음].

$$I(\tau,\mu_i) = C_{-1}g_{-1}(\mu_i)e^{-k_{-1}\tau} + C_1g_1(\mu_i)e^{-k_1\tau} + Z_0(\mu_i)e^{-\tau/\mu_0} + \delta_{0,m}[Y_0(\mu_i) + Y_1(\mu_i)\tau] \quad (i=-1,1) \tag{4.1.9}$$

이 해를 이용하면 정의된 천정각 μ_i 방향의 복사강도를 계산할 수 있다. 중요한 점은 여기의 τ는 소산(extinction) 광학두께로 에어로졸에 의한 산란과 흡수 그리고 기체에 의한 흡수 광학두께를 더한 것이다. 그리고 정의된 파장에서 온실기체에 의한 흡수 광학두께는 흡수선 누적 모델을 이용하여 계산한다.

4.1.1 임의 천정각에 대한 계산

그런데, 실제 DISORT 프로그램의 활용에서는 μ_i와는 다른 천정각에 대한 계산이 요구되기도 한다. 이 경우, 복사방정식의 해인 식(4.1.9) 혹은 N-stream의 해를 이용하여 내외삽 방법으로 사용자가 요구하는 천정각 μ에 대한 계산을 할 수 있다. 하지만 DISORT에서는 복사방정식의 해인 식(4.1.9)를 다음에 설명한 바와 같이 원천함수의 계산에 적용하여 정확도가 더 높은 계산을 할 수 있다. 예를 들어, 하나의 대기층에 대한 계산을 살펴보자. 대기층의 광학두께가 τ^*이면[위쪽 경계 $\tau=0$에서 아래로 가면서 증가하여 아래쪽 경계에서 $\tau=\tau^*$], 임의 광학두께 τ에서 천정각 μ 방향의 상향 복사강도와 천정각 $-\mu$ 방향의 하향 복사강도는 다음과 같이 표현된다.

$$I^{+}(\tau,\mu)=I^{+}(\tau^{*},\mu)e^{-(\tau^{*}-\tau)/\mu}+\int_{\tau}^{\tau^{*}}S^{+}(t,\mu)e^{-(t-\tau)/\mu}\frac{dt}{\mu} \tag{4.1.10a}$$

$$I^{-}(\tau,\mu)=I^{-}(0,\mu)e^{-\tau/\mu}+\int_{0}^{\tau}S^{-}(t,\mu)e^{-(\tau-t)/\mu}\frac{dt}{\mu} \tag{4.1.10b}$$

여기서 $I^{+}(\tau^{*},\mu)$, $I^{-}(0,\mu)$는 각각 하부 경계에서 상향 복사강도와 상부 경계에서 하향 복사강도를 의미한다. 그리고 원천함수 $S^{\pm}(t,\mu)$는 식(4.1.1)에서 언급한 일차 산란항과 내부 방출원을 포함한 것이다. 거슬러 가서 보면, 원천함수는 식(3.1.6)의 우변 2~4항이다. 편리를 위하여 아래에 다시 정리하였다.

$$S(\tau,\mu)=\frac{\omega}{2}\int_{-1}^{1}I(\tau,\mu')P(\mu,\mu')d\mu'+X_0(\mu)e^{-\tau/\mu_0}+\delta_{0,m}(1-\omega)B(\tau) \tag{4.1.11}$$

$$X_0(\mu)e^{-\tau/\mu_0}=\frac{\omega}{4\pi}F_sP(\mu,-\mu_0)e^{-\tau/\mu_0}$$

다시 Two-stream DOM 방정식을 이용해서 설명하자. 식(4.1.11)에서 우변의 적분을 식(3.2.1)에서와 같이 Two-stream DOM 형식으로 표현하면 다음과 같다.

$$\begin{aligned}S^{+}(\tau,\mu)&=\frac{\omega}{2}P(\mu,\mu_1)I^{+}(\tau)+\frac{\omega}{2}P(\mu,-\mu_1)I^{-}(\tau)\\&\quad+X_0(\mu)e^{-\tau/\mu_0}+\delta_{0,m}(1-\omega)(b_0+b_1\tau)\end{aligned} \tag{4.1.12a}$$

$$\begin{aligned}S^{-}(\tau,\mu)&=\frac{\omega}{2}P(-\mu,\mu_1)I^{+}(\tau)+\frac{\omega}{2}P(-\mu,-\mu_1)I^{-}(\tau)\\&\quad+X_0(\mu)e^{-\tau/\mu_0}+\delta_{0,m}(1-\omega)(b_0+b_1\tau)\end{aligned} \tag{4.1.12b}$$

이제 Two-stream DOM의 해, 즉 식(4.1.9)를 식(4.1.12)의 $I^{+}[=I(\tau,\mu_1)]$, $I^{-}[=I(\tau,\mu_{-1})]$에 대입하자. 그리고 식(4.1.10)을 이용하면 임의 천정각 μ에 대한 복사강도를 계산할 수 있다. 이 식에서 중요한 것은 상향 S^{+}의 경우, 식(3.2.1a)의 위상함수 $P(\mu_1,\mu_1)$, $P(\mu_1,-\mu_1)$는 식(4.1.12a)에서 $P(\mu,\mu_1)$, $P(\mu,-\mu_1)$로 변경되어 천정각 μ 방향으로 산란되는 것을 나타낸다는 점이다. 따라서 식(4.1.12)를 식(4.1.10)에 대입하여 적분을 전개해 보자.

$$\int_{\tau}^{\tau^*} S^+(t,\mu)\,e^{-(t-\tau)/\mu}\frac{dt}{\mu} \tag{4.1.13}$$
$$=\frac{\omega}{2}\int_{\tau}^{\tau^*}\left[P(\mu,\mu_1)I^+(t)+P(\mu,-\mu_1)I^-(t)\right]e^{-(t-\tau)/\mu}\frac{dt}{\mu}$$
$$+\int_{\tau}^{\tau^*}X_0(\mu)\,e^{-\tau/\mu_0}e^{-(t-\tau)/\mu}\frac{dt}{\mu}+\delta_{0,m}(1-\omega)\int_{\tau}^{\tau^*}(b_0+b_1t)e^{-(t-\tau)/\mu}\frac{dt}{\mu}$$

먼저 식(4.1.13)의 우변 1항, 즉 다중산란 항의 $I^+(t)$, $I^-(t)$에 식(4.1.9)를 대입하여 정리하면 다음과 같다.

$$P(\mu,\mu_1)I^+(t)+P(\mu,-\mu_1)I^-(t) \tag{4.1.14}$$
$$=P(\mu,\mu_1)\Big\{C_{-1}g_{-1}(\mu_1)e^{-k_{-1}t}+C_1g_1(\mu_1)e^{-k_1t}$$
$$+Z_0(\mu_1)e^{-t/\mu_0}+\delta_{0,m}\left[Y_0(\mu_1)+Y_1(\mu_1)t\right]\Big\}$$
$$+P(\mu,-\mu_1)\Big\{C_{-1}g_{-1}(\mu_{-1})e^{-k_{-1}t}+C_1g_1(\mu_{-1})e^{-k_1t}$$
$$+Z_0(\mu_{-1})e^{-t/\mu_0}+\delta_{0,m}\left[Y_0(\mu_{-1})+Y_1(\mu_{-1})t\right]\Big\}$$

이 다중산란 항을 식(4.1.13)에 대입하여 정리한 결과는 아래의 NOTE에 있다.

! NOTE 식(4.1.13)에서 다중산란 항의 계산

식(4.1.14)를 식(4.1.13)의 우변 첫째 항에 대입하여 각각 항별로 적분을 수행하였다.

$$①항=\frac{1}{\mu}\int_{\tau}^{\tau^*}P(\mu,\mu_1)\,C_{-1}g_{-1}(\mu_1)\,e^{-k_{-1}t}e^{-(t-\tau)/\mu}dt$$
$$=P(\mu,\mu_1)\,C_{-1}g_{-1}(\mu_1)\frac{1}{\mu}e^{\tau/\mu}\int_{\tau}^{\tau^*}e^{-(k_{-1}+1/\mu)t}dt$$
$$=P(\mu,\mu_1)\,C_{-1}g_{-1}(\mu_1)\frac{1}{\mu}e^{\tau/\mu}\frac{-1}{k_{-1}+1/\mu}[e^{-(k_{-1}+1/\mu)t}]_{\tau}^{\tau^*}$$
$$=P(\mu,\mu_1)\,C_{-1}g_{-1}(\mu_1)\frac{1}{1+k_{-1}\mu}\{e^{-k_{-1}\tau}-e^{-[k_{-1}\tau^*+(\tau^*-\tau)/\mu]}\} \tag{4.1N.1}$$

$$②항=\frac{1}{\mu}\int_{\tau}^{\tau^*}P(\mu,\mu_1)\,C_1g_1(\mu_1)\,e^{-k_1t}e^{-(t-\tau)/\mu}dt$$
$$=P(\mu,\mu_1)\,C_1g_1(\mu_1)\frac{1}{1+k_1\mu}\{e^{-k_1\tau}-e^{-[k_1\tau^*+(\tau^*-\tau)/\mu]}\} \tag{4.1N.2}$$

$$⑤항 = \frac{1}{\mu}\int_{\tau}^{\tau^*} P(\mu,-\mu_1)\, C_{-1} g_{-1}(\mu_{-1})\, e^{-k_{-1}t} e^{-(t-\tau)/\mu} dt$$

$$= P(\mu,-\mu_1)\, C_{-1} g_{-1}(\mu_{-1}) \frac{1}{1+k_{-1}\mu} \{e^{-k_{-1}\tau} - e^{-[k_{-1}\tau^* + (\tau^*-\tau)/\mu]}\} \quad (4.1N.3)$$

$$⑥항 = \frac{1}{\mu}\int_{\tau}^{\tau^*} P(\mu,-\mu_1)\, C_1 g_1(\mu_{-1})\, e^{-k_1 t} e^{-(t-\tau)/\mu} dt$$

$$= P(\mu,-\mu_1)\, C_1 g_1(\mu_{-1}) \frac{1}{1+k_1\mu} \{e^{-k_1\tau} - e^{-[k_1\tau^* + (\tau^*-\tau)/\mu]}\} \quad (4.1N.4)$$

$$③항 = \frac{1}{\mu}\int_{\tau}^{\tau^*} P(\mu,\mu_1)\, Z_0(\mu_1)\, e^{-t/\mu_0} e^{-(t-\tau)/\mu} dt$$

$$= \frac{1}{\mu} P(\mu,\mu_1)\, Z_0(\mu_1) e^{\tau/\mu} \int_{\tau}^{\tau^*} e^{-(1/\mu_0+1/\mu)t} dt$$

$$= \frac{1}{\mu} P(\mu,\mu_1)\, Z_0(\mu_1) e^{\tau/\mu} \frac{-1}{1/\mu_0+1/\mu} [e^{-(1/\mu_0+1/\mu)t}]_{\tau}^{\tau^*}$$

$$= P(\mu,\mu_1)\, Z_0(\mu_1) \frac{1}{1+\mu/\mu_0} \{e^{-\tau/\mu_0} - e^{-[\tau^*/\mu_0 + (\tau^*-\tau)/\mu]}\} \quad (4.1N.5)$$

$$⑦항 = \frac{1}{\mu}\int_{\tau}^{\tau^*} P(\mu,-\mu_1)\, Z_0(\mu_{-1})\, e^{-t/\mu_0} e^{-(t-\tau)/\mu} dt$$

$$= P(\mu,-\mu_1)\, Z_0(\mu_{-1}) \frac{1}{1+\mu/\mu_0} \{e^{-\tau/\mu_0} - e^{-[\tau^*/\mu_0 + (\tau^*-\tau)/\mu]}\} \quad (4.1N.6)$$

$$④항 = \frac{1}{\mu}\int_{\tau}^{\tau^*} P(\mu,\mu_1)[Y_0(\mu_1) + Y_1(\mu_1)t] e^{-(t-\tau)/\mu} dt$$

$$= \frac{1}{\mu} P(\mu,\mu_1)[Y_0(\mu_1)\, e^{\tau/\mu} \int_{\tau}^{\tau^*} e^{-t/\mu} dt + Y_1(\mu_1)\, e^{\tau/\mu} \int_{\tau}^{\tau^*} t e^{-t/\mu} dt]$$

$$= \frac{1}{\mu} P(\mu,\mu_1) \left\{ Y_0(\mu_1)\, e^{\tau/\mu} \frac{-1}{1/\mu} [e^{-t/\mu}]_{\tau}^{\tau^*} + Y_1(\mu_1)\, e^{\tau/\mu} \frac{1}{(-1/\mu)^2} [e^{-t/\mu}(-t/\mu-1)]_{\tau}^{\tau^*} \right\}$$

$$= P(\mu,\mu_1) \{ Y_0(\mu_1)[1-e^{-(\tau^*-\tau)/\mu}] + Y_1(\mu_1)[(\tau+\mu) - (\tau^*+\mu)\, e^{-(\tau^*-\tau)/\mu}] \} \quad (4.1N.7)$$

$$⑧항 = \frac{1}{\mu}\int_{\tau}^{\tau^*} P(\mu,-\mu_1)[Y_0(\mu_{-1}) + Y_1(\mu_{-1})t] e^{-(t-\tau)/\mu} dt$$

$$= P(\mu,-\mu_1) \{ Y_0(\mu_{-1})[1-e^{-(\tau^*-\tau)/\mu}] + Y_1(\mu_{-1})[(\tau+\mu) - (\tau^*+\mu)\, e^{-(\tau^*-\tau)/\mu}] \} \quad (4.1N.8)$$

다음은 식(4.1.13) 우변 두 번째 항, 즉 일차산란 항을 전개한 결과는 다음과 같다.

$$\begin{aligned}
&\int_{\tau}^{\tau^*} X_0(\mu)\, e^{-t/\mu_0} e^{-(t-\tau)/\mu} \frac{dt}{\mu} \\
&\quad = \frac{1}{\mu} X_0(\mu)\, e^{\tau/\mu} \int_{\tau}^{\tau^*} e^{-t/\mu_0} e^{-t/\mu} dt \\
&\quad = \frac{1}{\mu} X_0(\mu)\, e^{\tau/\mu} \int_{\tau}^{\tau^*} e^{-(1/\mu_0 + 1/\mu)t} dt \\
&\quad = X_0(\mu) \frac{1}{1+\mu/\mu_0} \left\{ e^{-\tau/\mu_0} - e^{-[\tau^*/\mu_0 + (\tau^* - \tau)/\mu]} \right\}
\end{aligned} \tag{4.1.15}$$

끝으로 식(4.1.13) 우변 세 번째 항의 내부 발원 항을 전개하였다.

$$\begin{aligned}
&\delta_{0,m}(1-\omega) \int_{\tau}^{\tau^*} (b_0 + b_1 t)\, e^{-(t-\tau)/\mu} \frac{dt}{\mu} \\
&\quad = \frac{1}{\mu} \delta_{0,m}(1-\omega)\, e^{\tau/\mu} \int_{\tau}^{\tau^*} (b_0 + b_1 t)\, e^{-t/\mu} dt \\
&\quad = \delta_{0,m}(1-\omega) \left\{ b_0 [1 - e^{-(\tau^* - \tau)/\mu}] + b_1 [(\tau + \mu) - (\tau^* + \mu) e^{-(\tau^* - \tau)/\mu}] \right\}
\end{aligned} \tag{4.1.16}$$

이상 정리된 결과를 이용하면 광학두께 τ에서 임의 천정각 μ 방향의 상향 복사강도와 하향 복사강도를 계산할 수 있는 식으로 나타낼 수 있다.

$$\begin{aligned}
I^+(\tau,\mu) &= I^+(\tau^*,\mu)\, e^{-(\tau^* - \tau)/\mu} \\
&+ P(\mu,\mu_1) C_{-1} \frac{g_{-1}(\mu_1)}{1 + k_{-1}\mu} \left\{ e^{-k_{-1}\tau} - e^{-[k_{-1}\tau^* + (\tau^* - \tau)/\mu]} \right\} \\
&+ P(\mu,\mu_1) C_1 \frac{g_1(\mu_1)}{1 + k_1\mu} \left\{ e^{-k_1\tau} - e^{-[k_1\tau^* + (\tau^* - \tau)/\mu]} \right\} \\
&+ P(\mu,-\mu_1) C_{-1} \frac{g_{-1}(\mu_{-1})}{1 + k_{-1}\mu} \left\{ e^{-k_{-1}\tau} - e^{-[k_{-1}\tau^* + (\tau^* - \tau)/\mu]} \right\} \\
&+ P(\mu,-\mu_1) C_1 \frac{g_1(\mu_{-1})}{1 + k_1\mu} \left\{ e^{-k_1\tau} - e^{-[k_1\tau^* + (\tau^* - \tau)/\mu]} \right\} \\
&+ P(\mu,\mu_1) \frac{Z_0(\mu_1)}{1 + \mu/\mu_0} \left\{ e^{-\tau/\mu_0} - e^{-[\tau^*/\mu_0 + (\tau^* - \tau)/\mu]} \right\} \\
&+ P(\mu,-\mu_1) \frac{Z_0(\mu_{-1})}{1 + \mu/\mu_0} \left\{ e^{-\tau/\mu_0} - e^{-[\tau^*/\mu_0 + (\tau^* - \tau)/\mu]} \right\}
\end{aligned} \tag{4.1.17}$$

$$
\begin{aligned}
&+P(\mu,\mu_1)\Big\{Y_0(\mu_1)[1-e^{-(\tau^*-\tau)/\mu}]\\
&\qquad\qquad +Y_1(\mu_1)[(\tau+\mu)-(\tau^*+\mu)e^{-(\tau^*-\tau)/\mu}]\Big\}\\
&+P(\mu,-\mu_1)\Big\{Y_0(\mu_{-1})[1-e^{-(\tau^*-\tau)/\mu}]\\
&\qquad\qquad +Y_1(\mu_{-1})[(\tau+\mu)-(\tau^*+\mu)e^{-(\tau^*-\tau)/\mu}]\Big\}\\
&+\frac{X_0(\mu)}{1+\mu/\mu_0}\Big\{e^{-\tau/\mu_0}-e^{-[\tau^*/\mu_0+(\tau^*-\tau)/\mu]}\Big\}\\
&+\delta_{0,m}(1-\omega)\Big\{b_0[1-e^{-(\tau^*-\tau)/\mu}]+b_1[(\tau+\mu)-(\tau^*+\mu)e^{-(\tau^*-\tau)/\mu}]\Big\}
\end{aligned}
$$

하향 복사강도 역시 같은 방법으로 정리할 수 있으며, N-stream의 경우 일반적인 수식은 다음과 같다.

$$
\begin{aligned}
I^{+}(\tau,\mu)&=I^{+}(\tau^*,\mu)e^{-(\tau^*-\tau)/\mu}+\sum_{\substack{j=-N\\ j\neq 0}}^{j=N}C_j\frac{\tilde{g}_j(+\mu)}{1+k_j\mu}\Big\{e^{-k_j\tau}-e^{-[k_j\tau^*+(\tau^*-\tau)/\mu]}\Big\} \qquad (4.1.18)\\
&+\tilde{Z}_0(+\mu)\frac{1}{1+\mu/\mu_0}\Big\{e^{-\tau/\mu_0}-e^{-[\tau^*/\mu_0+(\tau^*-\tau)/\mu]}\Big\}\\
&+\delta_{0,m}\Big\{\tilde{Y}_0(+\mu)\big[1-e^{-(\tau^*-\tau)/\mu}\big]+\tilde{Y}_1(+\mu)\big[(\tau+\mu)-(\tau^*+\mu)e^{-(\tau^*-\tau)/\mu}\big]\Big\}
\end{aligned}
$$

$$
\begin{aligned}
I^{-}(\tau,\mu)&=I^{-}(0,\mu)e^{-\tau/\mu}+\sum_{\substack{j=-N\\ j\neq 0}}^{j=N}C_j\frac{\tilde{g}_j(-\mu)}{1-k_j\mu}\Big\{e^{-k_j\tau}-e^{-\tau/\mu}\Big\} \qquad (4.1.19)\\
&+\tilde{Z}_0(-\mu)\frac{1}{1-\mu/\mu_0}\Big\{e^{-\tau/\mu_0}-e^{-\tau/\mu}\Big\}\\
&+\delta_{0,m}\Big\{\tilde{Y}_0(-\mu)\big[1-e^{-\tau/\mu}\big]+\tilde{Y}_1(-\mu)\big[(\tau-\mu)+\mu e^{-\tau/\mu}\big]\Big\}
\end{aligned}
$$

여기에 사용된 변수는 다음과 같이 정의되었다.

$$
\tilde{g}_j(\pm\mu)=\frac{\omega}{2}\sum_{\substack{i=-N\\ i\neq 0}}^{i=N}a_iP(\pm\mu,\mu_i)g_j(\mu_i) \qquad (4.1.20a)
$$

$$
\tilde{Z}_0(\pm\mu)=\frac{\omega}{2}\sum_{\substack{i=-N\\ i\neq 0}}^{i=N}a_iP(\pm\mu,\mu_i)Z_0(\mu_i)+X_0(\pm\mu) \qquad (4.1.20b)
$$

$$
\tilde{Y}_l(\pm\mu)=\frac{\omega}{2}\sum_{\substack{i=-N\\ i\neq 0}}^{i=N}a_iP(\pm\mu,\mu_i)Y_l(\mu_i)+(1-\omega)b_l,\quad (l=0,1) \qquad (4.1.20c)
$$

DISORT에서 임의 천정각 μ 방향의 복사강도 계산은 식(4.1.18)~(4.1.19)를 이용한다. 여러 개의 대기층으로 구성된 평행대기에서 계산은 대기의 상부 경계와 하부 경계에서의 경계조건, 대기층 경계에서 복사속의 연속조건을 만족하는 해를 이용하여야 한다.

앞에서 언급한 바와 같이, 근적외선 영역에서는 태양복사와 지구복사가 동시에 대기복사에 영향을 미치기 때문에 계산이 매우 복잡하다. 에어로졸은 태양복사뿐만 아니라 지구복사도 흡수하고 산란하며, 대기 중의 온실기체 특히 H_2O와 CO_2 역시 근적외선 빛을 흡수하고 방출한다. 따라서 광학두께 τ는 에어로졸에 의한 소산 광학두께와 기체의 흡수 광학두께를 모두 고려한 총 광학두께를 이용하여야 하며, 일차산란 알베도는 총 산란 광학두께와 총 소산 광학두께의 비율로 정의하여야 한다.

주의할 것은 명시적으로 표현하지는 않았지만 DISORT는 단색 복사강도를 계산한다는 점이다. 산란계수, 소산계수, 일차산란 알베도, 산란 위상함수 등 광학 변수 모두 단색 파장에 대한 값들이다. 따라서 기체의 흡수계수 역시 단색 흡수계수를 이용하여야 하며, 이런 관점에서 단색 흡수계수를 계산할 수 있는 흡수선 누적 모델이 쉽게 DISORT에 접목될 수 있다. 아래의 "4.3 흡수계수의 Line-by-line 계산"에서는 온실기체에 대한 단색 흡수계수를 계산하는 방법에 대하여 설명하였다.

4.2 열적 원천함수의 고도 적분

매질 내에서 열적 방출원의 고도 적분은 식(4.1.16)으로 표현되었다. 이것은 고도 τ에서 천정각 μ 방향의 복사강도에 내부 방출원이 기여하는 양이다. 하나의 대기층$[\tau^* \geq \tau \geq 0]$에 적용하면 $\tau = 0$인 상부 경계에서 상향 복사강도에 기여하는 양은 다음과 같다.

$$
\begin{aligned}
\Gamma^+(\mu) &= \delta_{0,m}(1-\omega)\int_0^{\tau^*}(b_0+b_1 t)e^{-t/\mu}\frac{dt}{\mu} \\
&= \delta_{0,m}(1-\omega)\left\{b_0[1-e^{-\tau^*/\mu}]+b_1[\mu-(\tau^*+\mu)e^{-\tau^*/\mu}]\right\} \\
&= \delta_{0,m}(1-\omega)\left\{B_t(1-\gamma)+(B_t-B_b)\gamma-\mu\frac{B_t-B_b}{\tau^*}(1-\gamma)\right\} \qquad (4.2.1)
\end{aligned}
$$

위 식의 정리에는 식(4.1.4b)~(4.1.4c)를 이용하였으며, 광학두께가 τ^*인 대기층의 투과함수를 $\gamma = \exp(-\tau^*/\mu)$로 정의하였다. 식(4.2.1)은 물리적 의미를 이해하는데 편리한 표현이다. 산란이 무시된다고 할 때[$w=0$], 광학두께가 매우 큰 경우[$\tau^* \gg 1$, $\gamma \ll 1$]에는 $I^+(\mu) \to B_t$로 된다. 예를 들어, 광학두께가 큰 구름층의 경우 구름 꼭대기에서 상향 복사강도는 구름 꼭대기의 온도로 정의된 흑체 함수에 접근한다는 것이다. 다른 한편으로, 광학두께가 τ^*가 매우 작은 경우이다. 이 경우에 식(4.2.1)을 계산하면 $(B_t - B_b)/\tau^*$에서 오류가 발생할 수 있다. 따라서 이 경우에는 투과함수 $\gamma = \exp(-\tau^*/\mu)$을 테일러 급수(Taylor series)로 전개하여 정리하면 μ/τ^*을 제거할 수 있다. 광학두께가 매우 작으므로 3개의 항[$\gamma \cong 1 - \tau^*/\mu + (\tau^*/\mu)^2/2$]으로 근사하면 결과는 다음과 같다.

$$I^+(\mu) = \delta_{0,m}\left\{\frac{\tau^*}{\mu}\frac{B_t + B_b}{2} - B_b\frac{(\tau^*/\mu)^2}{2}\right\} \qquad (4.2.2)$$
$$\cong \delta_{0,m}\frac{\tau^*}{\mu}\frac{B_t + B_b}{2}$$

즉, 대기층 상부 경계에서 상향 복사강도는 대기층 상부와 하부 경계의 온도로 계산한 흑체 함수의 평균[혹은 평균 온도로 계산한 흑체 함수]에 비례한다.

대기층 하부 경계[$\tau = \tau^*$]에서 하향 복사강도의 계산도 같은 방법으로 할 수 있으며, 그 결과는 다음과 같다.

$$I^-(\tau,\mu) = \delta_{0,m}(1-\omega)\int_0^{\tau^*} S^-(t,\mu)\, e^{-(\tau^* - t)/\mu}\frac{dt}{\mu}$$
$$= \delta_{0,m}(1-\omega)\left\{B_b(1-\gamma) + (B_b - B_t)\gamma - \mu\frac{B_b - B_t}{\tau^*}(1-\gamma)\right\} \qquad (4.2.3)$$

복사모델을 이용하여 적외선 영역의 복사강도를 계산할 때, 에어로졸에 의한 산란이 매우 작아서 무시된 경우에는 식(4.2.1)~(4.2.3)을 이용하여 내부 열적 방출원의 고도 적분을 수행할 수 있다.

4.3 흡수계수의 흡수선 누적 계산

대기 중의 온실기체는 적외선 영역의 빛을 흡수하고 방출하며, 에어로졸은 이 파장 영역의 빛을 흡수, 방출할 뿐만 아니라 산란하기도 한다. 빛의 산란에 대하여는 5장에서 설명하기 때문에 여기에서는 온실기체의 영향에 대하여 살펴보기로 한다.

대기 중의 다원자 분자는 질소와 산소분자를 제외하고 전기 쌍극자[고유 전기 쌍극자 혹은 유도 전기 쌍극자]를 보유하고 있으며, 분자가 회전 혹은 진동할 때 그 전기 쌍극자가 변하기 때문에 적외선 영역의 빛을 흡수할 수 있고 방출하기도 한다. 다원자 분자의 내부에너지(internal energy)는 운동, 회전, 진동 및 전자의 여기 에너지로 구성되는데, 운동에너지는 임의의 값을 가질 수 있는 반면 회전과 진동 및 전자 에너지는 양자화 되어 있다. 열권을 제외한 대기의 온도 범위에서 대부분 기체의 전자 에너지는 기저상태(ground state)에 있다. 반면에 기체의 회전 및 진동에너지는 양자화된 다양한 상태에 있을 수 있으며, 에너지 준위에 따른 수 분포는 온도에 의하여 결정된다.

4.3.1 확장함수

정지상태의 독립된 기체분자가 적외선 영역의 빛을 흡수하면 분자의 양자화된 회전/진동에너지가 증가하며 반대로 빛을 방출하면 에너지가 감소하는데, 이것을 복사 전이(radiative transition)라 한다. 이때 흡수 혹은 방출하는 빛의 진동수(파수)는 다음의 플랭크 관계로 결정된다.

$$\Delta E = h\nu_0 = hcw_0 \tag{4.3.1}$$

여기서 ΔE는 상위 준위의 에너지 E_u와 하위 준위의 에너지 E_l의 차이를 의미하고 h는 플랭크 상수이며 ν_0와 w_0는 흡수/방출되는 빛의 진동수와 파수이고 c는 빛의 속도이다. 플랭크 관계를 만족하는 특정한 파수의 빛이 흡수/방출되기 때문에 온실기체에 의한 효과는 선택된 파수(파장)에서 나타난다고 할 수 있다.

그런데 실제 기체의 흡수선은 식(4.3.1)로 결정된 파장에서만 나타나는 것이 아니고 인접 파장에서도 나타난다. 그 이유는 양자역학에서 정의하는 에너지 준위의 불확실성(Heisenberg uncertainty), 흡수 기체분자가 다른 공기 성분과의 충돌 때 발생하는 에너지 준위의 변화, 그리고 빛을 흡수할 때 흡수 기체분자의 운동에 의한 도플러 변위(Doppler shift) 때문이다. 이러한 세 가지 물리적인 원인으로 흡수된 빛의 파수는 w_0에서 δw의 변위가 발생할 수 있다. 그리고 공기에 있는 수많은 흡수 기체가 빛을 흡수할 때, 각 흡수선이 나타나는 파수 변위 δw의 빈도 분포는 통계적으로 표현된다. 그 결과, 흡수선의 강도는 w_0에서 최대이고 변위가 커질수록 감소하는 형태를 나타낸다. 이러한 흡수선의 분포를 확장함수(broadening profile)라 하며, 이 함수를 파장 혹은 진동수로 표현하면 매우 복잡한 수식으로 되기 때문에 파수의 함수로 표현한다. 복사방정식의 계산에서 파수를 사용하는 이유이기도 하다.

다른 기체와 충돌로 흡수선이 확장되는 것을 충돌확장(collision broadening 또는 pressure broadening)이라 하며, 다음의 로렌츠 확장함수(Lorentz profile)로 표현된다.

$$f_L(w-w_0)=\frac{\alpha_L}{\pi[(w-w_0)^2+\alpha_L^2]} \tag{4.3.2}$$

여기서 w_0는 식(4.3.1)로 결정되는 흡수선의 중심이며, α_L은 Lorentz 확장함수의 반폭(half-width at the half-maximum)이라 한다. 그리고 Lorentz 확장함수의 반폭은 공기의 온도 T와 기압 P[공기 분자의 수에 비례]에 따라 결정되는데, 표준온도 T_0 [= 296 K]와 기압 P_0 [= 1013.25 hPa]에서의 반폭을 $\alpha_L(P_0, T_0)$이라 한다면 다음과 같이 표현된다.

$$\alpha_L(P,T)=\alpha_L(P_0,T_0)\frac{P}{P_0}\left(\frac{T_0}{T}\right)^{\xi} \tag{4.3.3}$$

이 식에서는 반폭의 온도 의존성을 ξ로 나타내었다. 기체의 운동학 이론(kinetic theory)에 의하면 ξ= 1/2이지만 표 4.3.1에서 보는 바와 같이 실제 값은 이론에 의한 값보다 크다.

흡수 기체가 빛의 진행 방향[혹은 반대 방향]으로 운동한다면 흡수되는 빛의 진동수에 변위가 발생한다. 흡수 기체의 속도가 매우 다양할 것이며, 그 속도에 따른 수 분포를 정의할 수 있을 것이다. 이러한 원인으로 흡수선이 확장되는 것을 도플러 확장(Doppler broadening)이라 하며, 파수에 따른 변화는 다음과 같이 도플러 확장함수로 표현된다.

$$f_D(w-w_0)=\frac{1}{\alpha_D\sqrt{\pi}}\exp\left[-\left(\frac{w-w_0}{\alpha_D}\right)^2\right] \tag{4.3.4}$$

여기서 도플러 확장함수의 반폭은 다음으로 정의되었다.

$$\alpha_D=\frac{w_0}{c}\sqrt{2kT/m}=4.30138\times10^{-7}\times w_0\sqrt{T/M} \tag{4.3.5}$$

이 식에서 k는 Boltzmann 상수이며 m은 흡수 기체의 질량[$M=$ 기체의 분자량]을 의미한다. 충돌확장의 반폭과는 달리 도플러 확장의 반폭은 흡수선의 위치에 따라 크기가 달라지는 것에 주의하여야 한다. 에너지 준위의 불확실성에 근원한 흡수선의 확장이 있기는 하지만 그 반폭이 충돌과 도플러 확장의 반폭에 비해 매우 작으므로 대기복사에서는 일반적으로 무시된다.

그런데 대기에서 흡수 기체는 공기 분자와의 충돌과 아울러 무작위 방향의 운동이 동시에 나타나기 때문에 실제 흡수선의 확장은 충돌에 의한 에너지 준위의 변동과 흡수 기체의 운동에 의한 도플러 변위를 함께 고려하여야 한다. 이때의 확장함수를 Voigt 확장함수라 하며 다음과 같이 표현된다.

$$\begin{aligned} f_V(w-w_0) &= \int_{-\infty}^{+\infty} f_L(w'-w_0)f_D(w-w')\,dw' \\ &= \frac{1}{\pi^{3/2}}\frac{\alpha_L}{\alpha_D}\int_{-\infty}^{+\infty}\frac{1}{(w'-w_0)^2+\alpha_L^2}\exp\left[-\left(\frac{w-w'}{\alpha_D}\right)^2\right]dw' \end{aligned} \tag{4.3.6}$$

수학에서는 이것을 두 확장함수의 Convolution이라 하는데, 변수변환을 이용하면 다음과 같이 보다 간편한 식으로 표현된다.

$$f_V(w-w_0)=\frac{1}{\alpha_D\sqrt{\pi}}K(x,y),\ \ K(x,y)=\frac{y}{\pi}\int_{-\infty}^{+\infty}\frac{1}{y^2+(x-t)^2}e^{-t^2}dt \tag{4.3.7}$$

여기에서 사용된 변수의 정의는 다음과 같다.

$$t=(w-w')/\alpha_D\,,\ \ x=(w-w_0)/\alpha_D\,,\ \ y=\alpha_L/\alpha_D$$

위 식(4.3.7)의 $K(x,y)$를 Voigt 함수라 한다. 충돌, 도플러 및 Voigt 확장함수는 모두 표준화되어 있으므로 다음과 같이 흡수선을 충분히 포함한 범위에 대하여 적분하면 1.0이 된다.

$$\int_{-\infty}^{+\infty} f(w-w_0)\, d(w-w_0) = 1 \qquad (4.3.8)$$

그림 4.3.1은 30 km 고도에서 $w_0 = 510.424588\ \mathrm{cm}^{-1}$에 위치한 수증기 흡수선의 확장함수를 나타낸 것이다[참조, 표 4.3.1과 프로그램 실습 4.7.1의 "(2) 흡수선 확장함수"]. Viogt 확장함수의 계산은 Drayson (1976)의 프로그램을 이용하였다. 이 고도에서는 충돌, 도플러 및 Voigt 확장함수의 반폭이 비슷한 크기이지만 흡수선 중심에서의 크기는 상당히 다르다. 그리고 흡수선 가장자리에서는 Voigt 확장함수가 Lorentz 확장함수에 접근하는 것을 볼 수 있다.

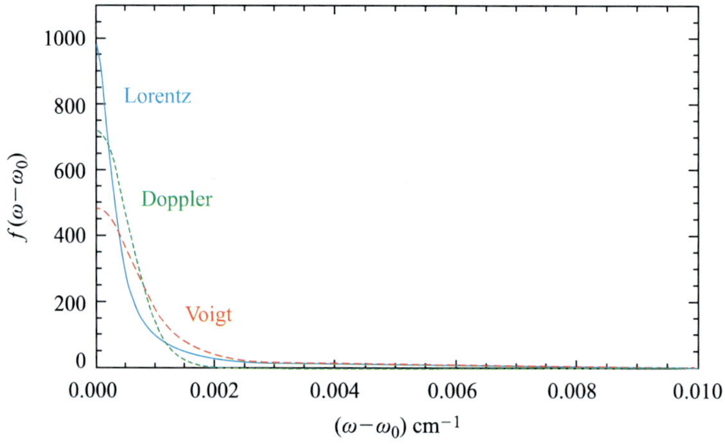

그림 4.3.1 **수증기 흡수선의 확장함수**
흡수선 중심은 $510.424588\ \mathrm{cm}^{-1}$이며 P = 11.97 hPa, T = 226.5 K이다.

4.3.2 흡수선 강도

파수 w에서 흡수 기체의 부피 흡수계수와 흡수 단면은 1.2절에서 설명한 바 있다[참조, 식(1.2.3)~(1.2.4)]. 여기에서는 부피 흡수계수와 흡수 단면을 흡수선과 관련하여 설명하기로 한다. 흡수선 w_0의 주변에서 흡수 단면은 흡수선 강도(line intensity) S_l에 확장함수를 곱하여 다음과 같이 정의된다.

$$\sigma_w = S_l f(w - w_0) \tag{4.3.9}$$

흡수 단면 σ_w의 단위는 면적[cm^2]이고 흡수선 강도의 단위는 거리[$cm^2\ cm^{-1}$]이며 확장함수 $f(w-w_0)$의 단위 역시 거리[$1/cm^{-1}$]이다. 예를 들어, 그림 4.3.1에 사용된 흡수선의 흡수선 강도는 $S_l = 4.434 \times 10^{-22}\ cm^2\ cm^{-1}$인데, 표준 기압과 온도에서 Voigt 확장함수를 이용하여 흡수 단면을 계산한 결과를 그림 4.3.2에 나타내었다.

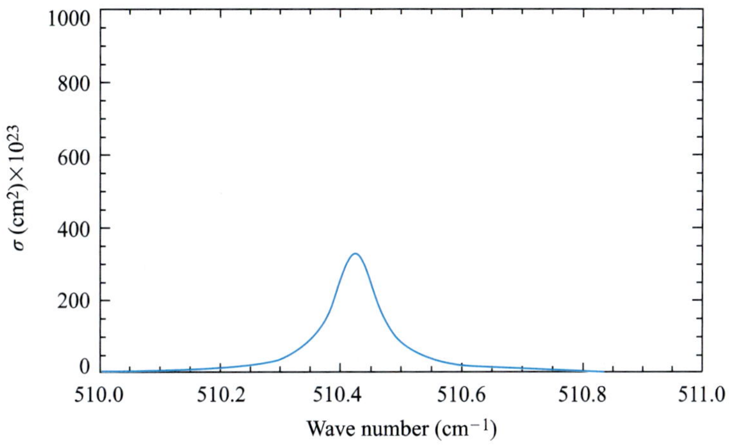

그림 4.3.2 **수증기 흡수선 주변에서의 흡수 단면**
흡수 단면에 10^{23}을 곱한 값으로 나타내었다.

식(4.3.8)~(4.3.9)에 의하면, 흡수선을 충분히 포함한 범위에 대하여 흡수 단면을 적분하면 다음과 같이 흡수선 강도가 된다.

$$\int_{-\infty}^{+\infty} \sigma_w\, dw = S_l \int_{-\infty}^{+\infty} f(w-w_0)\, dw = S_l \tag{4.3.10}$$

따라서 실험실에서 흡수 기체의 수밀도[혹은 혼합비]를 알고 있는 균질한 광행로에 대하여 고분해능 분광계로 식(1.2.16)으로 정의된 투과함수 $I_\lambda(S)/I_\lambda(0)$를 측정한다면 광학두께를 알 수 있고, 다시 그림 4.3.2와 같이 파수에 따른 흡수 단면을 구할 수 있다. 그리고 식(4.3.10)에서와 같이 흡수 단면을 적분하여 흡수선 강도를 알 수 있게 된다. 그림 4.3.3은 위의 흡수 단면을 구하기 위하여 적외선 영역의 빛이 표준 기압과 온도에서 수증기 혼합비

χ_{H_2O} = 1397 ppmV인 균질 대기를 250 m 전파했을 때 투과함수와 광학두께를 그린 것이다 [실제 측정자료는 아니고 주변에 다른 흡수선이 없다고 가정하고 모의한 것임].

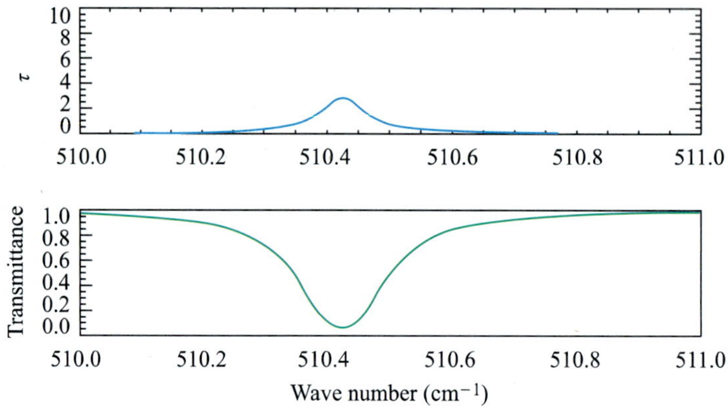

그림 4.3.3 **수증기 흡수선에 의한 투과함수와 광학두께**
표준 기압과 온도에서 χ_{H_2O} =1397 ppmV인 공기를 250 m 전파하였을 때의 모의 결과이다.

흡수 기체의 분자가 ΔE에 해당하는 빛을 흡수하면 그 분자는 하위 에너지 준위에서 상위 에너지 준위로 복사 전이한다. 따라서 하위 에너지 준위의 분자 수가 많을수록 더 많은 빛이 흡수되므로 흡수선 강도는 근본적으로 하위 준위 상태에 있는 흡수 분자의 수에 비례한다.

$$S_l \propto \frac{n_{v,j}}{n_{abs}}(1-e^{-\Delta E/kT}) \tag{4.3.11}$$

여기서 n_{abs}는 흡수 기체의 수밀도이며, $n_{v,j}$는 진동 양자수와 회전 양자수가 각각 v, j인 흡수 기체의 수밀도를 의미한다. 그런데 복사 전이에는 흡수(absorption)와 방출(emission)뿐만 아니라 자극 방출(stimulated emission)이 있다. 이 자극 방출은 외부에서 ΔE에 해당하는 빛이 입사하면 상위 에너지 준위가 자극되어 빛을 방출하고 하위 에너지 준위로 전이하는 것인데, 이것을 음의 흡수로 표현한 것이 $-\exp(-\Delta E/kT)$이다. 정의된 온도 T에서 진동 양자수에 따른 수밀도와 전체 흡수 기체의 수밀도 비율은 다음과 같이 Boltzmann 분포를 따른다.

$$\frac{n_v}{n_{abs}} = \frac{1}{Q_{vib}(T)} \exp\left[-\frac{E_v - E_0}{kT}\right] \tag{4.3.12a}$$

여기서 E_v는 진동 양자수가 v일 때의 에너지 준위이고, Q_{vib}는 진동 분할 함수(partition function)로 다음과 같이 정의되었다.

$$Q_{vib}(T) = \sum_{v=0}^{\infty} \exp\left[-\frac{E_v - E_0}{kT}\right] \tag{4.3.12b}$$

그리고 진동 양자수가 v인 분자 중에 회전 양자수가 j인 분자 수의 비율은 다음과 같다.

$$\frac{n_{v,j}}{n_v} = \frac{(2j+1)}{Q_{rot}(T)} \exp\left[-\frac{\epsilon_j - \epsilon_0}{kT}\right] \tag{4.3.13a}$$

여기서 ϵ_j는 회전 양자수가 j일 때의 에너지 준위이고[$\epsilon_0 = 0$], Q_{rot}는 회전 분할 함수인데 다음으로 정의되었다.

$$Q_{rot}(T) = \sum_{j=0}^{\infty} \exp\left[-\frac{\epsilon_j - \epsilon_0}{kT}\right] \tag{4.3.13b}$$

식(4.3.12a)~(4.3.13a)로 정의된 Boltzmann 분포는 흡수 분자와 공기 분자 간의 빈번한 충돌로 운동, 회전, 그리고 진동에너지가 서로 교환되거나 전달되어 결정되는 분포이다. 이때 수식에 사용된 온도는 운동 온도(kinetic temperature)와 같은데, 이러한 상태를 열적 평형상태(Local Thermodynamic Equilibrium, LTE)라 한다. 열적 평형상태의 기체가 복사 전이로 방출하는 빛의 복사강도는 흑체가 방출하는 복사강도와 같다. 다르게 설명하면 흑체 역시 열적 평형상태에 있으며, 수많은 에너지 준위의 수 분포는 Boltzmann 함수로 정의된다는 것이다. 따라서 식(4.1.10)에서 열적 방출을 나타내는 원천함수(source function)를 흑체 함수로 사용할 수 있다. 주의할 점은 이때 흑체 함수의 온도는 대기의 온도, 즉 운동온도라는 것이다. 그러므로 지표 근처의 CO_2가 방출하는 15μm 광자의 양은 대류권계면 부근의 낮은 온도에서 CO_2가 방출하는 광자의 양보다 많다. 한편 대기의 중간권계면 이상의 고도에서는 공기 분자 간의 충돌 빈도가 충분하지 못하여 열적 평형상태가 유지되지 않는데, 이것을 non-LTE라 한다. 예를 들어, 충돌이 전혀 없다고 한다면, 외부의 빛에너지를 흡수하여 상위 준위로 복사 전이하는 과정과 상위 준위에서 하위 준위로 복사 전이하는 과정이 에너지 준위에 따른 수 분포를 결정하게 된다.

열적 평형상태에서 식(4.3.11)의 수밀도 비율을 Boltzmann 분포를 이용하여 표현하면 다음과 같다.

$$\begin{aligned}\frac{n_{v,j}}{n_{abs}} &= \frac{n_v}{n_{abs}}\frac{n_{v,j}}{n_v} \\ &= \frac{1}{Q_{vib}(T)}\exp\left[-\frac{E_{vib}}{kT}\right]\frac{(2j+1)}{Q_{rot}(T)}\exp\left[-\frac{E_{rot}}{kT}\right] \\ &= \frac{2j+1}{Q_{vib}(T)Q_{rot}(T)}\exp\left[-\frac{E''}{kT}\right]\end{aligned} \tag{4.3.14}$$

여기서 $E_{vib} = E_v - E_0$ 이고 $E_{rot} = \epsilon_j - \epsilon_0$ 이며, 이들의 합을 E''으로 나타내었다. 대기복사 분야의 연구와 계산에서 널리 사용되는 흡수선 자료[예 : HITRAN (https://hitran.org), GEISA (http://ara.lmd.polytechnique.fr)]는 일반적으로 표준 기압과 온도[1기압, 296 K]에서 측정한 흡수선 강도 $S_l(T_0)$를 제공한다. 식(4.3.11)을 이용하면 흡수선 강도의 온도 변화는 다음과 같이 표현할 수 있다.

$$S_l(T) = S_l(T_0)\frac{Q_{vib}(T_0)Q_{rot}(T_0)}{Q_{vib}(T)Q_{rot}(T)}\frac{e^{-E''/kT}}{e^{-E''/kT_0}}\frac{(1-e^{-\Delta E/kT})}{(1-e^{-\Delta E/kT_0})} \tag{4.3.15}$$

따라서 흡수선 강도의 온도에 따른 변화를 계산하기 위해서 진동과 회전 분할 함수 $Q_{vib}\,Q_{rot}$, 하위 준위의 에너지 E'', 그리고 두 준위의 에너지 차이 ΔE [혹은 흡수선 중심]에 대한 정보가 필요하다. 표 4.3.1은 HITRAN2012 (Rothman et al, 2013) 자료의 일부분을 정리한 것으로, 여기서 언급한 정보와 아울러 식(4.3.3)에서 정의한 충돌확장 반폭의 온도 의존성 ξ도 함께 포함되어 있다. 유의하여 볼 것은 E''이 클수록 수 밀도가 작아지므로 그 흡수선 강도 $S_l(T_0)$가 작다는 점이다.

4.3.3 흡수선 누적 계산

이제 투과함수(광학두께)의 흡수선 누적(Line-by-line) 계산에 대하여 살펴보기로 하자. 대기에서 고도가 다른 두 지점 간의 투과함수는 수직 광학두께 τ_w를 이용하여 쉽게 계산할 수 있다. 설명을 위하여 투과함수와 광학두께를 다시 정리하였다.

$$\gamma_w = \exp[-\tau_w/\mu] \tag{4.3.16a}$$

$$\tau_w(z_l, z_u) = \tau_w^{sca} + \tau_w^{abs} = \int_{z_l}^{z_u} \delta_w^{sca}\,dz + \int_{z_l}^{z_u} \delta_w^{abs}\,dz \tag{4.3.16b}$$

여기에서 $\mu = \cos\theta$로 정의되었으며[$\theta =$ 천정각], 광학두께는 산란 광학두께 τ_w^{sca}와 흡수 광학두께 τ_w^{abs}의 합으로 구성되어 있다. 흡수 기체의 부피 흡수계수 δ_w^{abs}는 흡수 단면 σ_w^{abs}과 흡수 기체의 수밀도[혹은 혼합비 χ_{abs}]를 이용하여 다음과 같이 계산된다.

$$\delta_w^{abs} = \sigma_w^{abs}\, n_{abs} = \sigma_w^{abs} \times \chi_{abs}\, n_{air} \tag{4.3.17}$$

여기에서 n_{air}는 공기의 수밀도를 의미한다. 대기복사의 계산에서는 일반적으로 균질한 대기층이 쌓여 있는 평행대기를 가정하여 2개 고도 간의 투과함수를 계산한다. 각 대기층은 기압, 온도, 그리고 각 흡수 기체의 혼합비가 일정한 층이다. 이러한 대기층에 다양한 기체 성분이 있을 때 파수 w의 부피 흡수계수는 다음과 같이 각 성분의 부피 흡수계수 δ_w^m를 더하여 계산한다.

$$\delta_w^{abs} = \sum_{m=1}^{M} \delta_w^m \tag{4.3.18a}$$

$$\delta_w^m = \sum_{i=1}^{N} [S_{m,i}\, f(w - w_{m,i})]\, n_m \tag{4.3.18b}$$

$$(m = 1, \cdots, M)$$

여기서 $S_{m,i}$는 m번째 기체 성분의 i번째 흡수선 강도이고, $w_{m,i}$는 그 흡수선의 중심이며 $f(w - w_{m,i})$는 확장함수이고, n_m는 m번째 기체의 수밀도이다. 그런데 식(4.3.18)을 보면 파수 w에서의 부피 흡수계수는 부근에 있는 흡수선들의 기여를 누적한 것으로 해석된다. 이런 이유로 Line-by-line (LBL) 모델을 “흡수선 누적 모델”이라 한다.

결과를 DISORT에 접목하기 위해서는 LBL로 계산하는 파장(파수)이 DISORT에서 계산하는 파장과 같아야 한다. 그리고 확장함수의 계산은 $(w - w_{m,i}) \approx 300\,\alpha_V$, 즉 흡수선 반폭의 약 300배까지 계산하면 충분한 것으로 판단된다[흡수선 강도가 크고 수밀도가 큰 경우에는 500배까지 계산]. 그림 4.3.4는 식(4.3.16)~(4.3.18)을 이용하여 0.001 cm^{-1} 간격으로 계산한 광학두께와 투과함수이다. 이 계산에서는 표 4.3.1의 흡수선 자료를 사용하였다. 균질 대기층의 온도는 296 K이고 기압은 1013.25 hPa이며 빛이 전파한 거리는 250 m이다[참조, 프로그램 실습 4.7.1의 "(3) 균질 대기층의 투과함수"]. 흡수 기체로는 수증기, 이산화탄소, 그리고 이산화황을 고려하였는데, 이들의 혼합비는 $\chi_{H_2O} = 1.397 \times 10^3$, $\chi_{CO_2} = 3.600 \times 10^2$, $\chi_{SO_2} = 1.180 \times 10^{-4}$ ppmV이다.

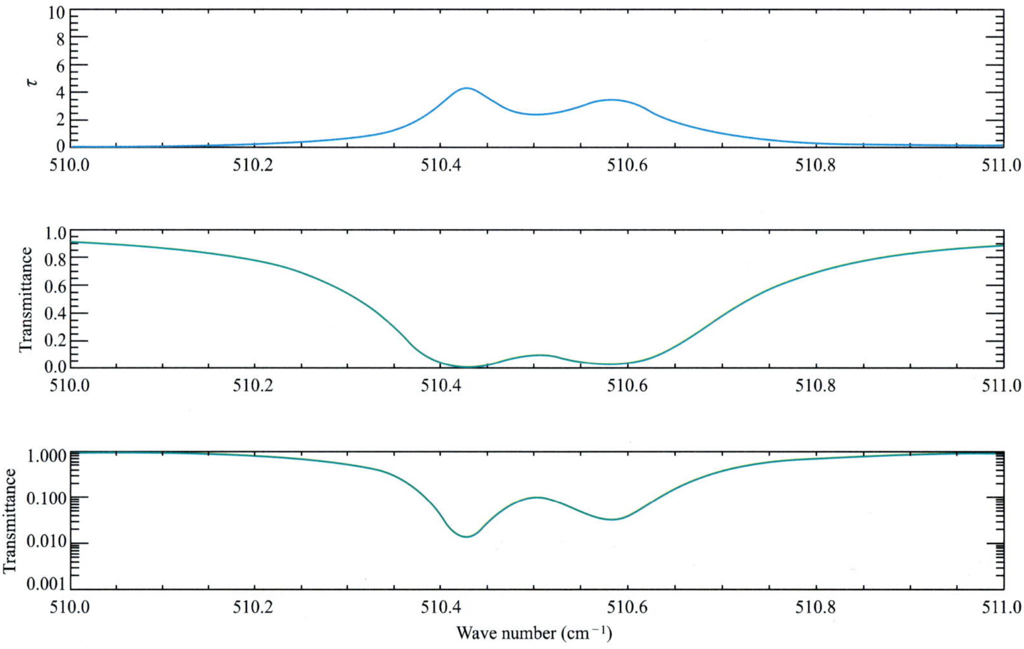

그림 4.3.4 **흡수선 누적 모델로 계산한 광학두께와 투과함수**
(상) 광학두께, (중) 선형 축에 나타낸 투과함수, (하) 로그 축에 나타낸 투과함수이다.

▼ 표 4.3.1 HITRAN2012 자료의 일부[참조, 프로그램 실습 4.7.1의 "(1) 흡수선 자료"]

MolIso	w_0	S_l	$\alpha_L(\text{air})$	$\alpha_L(\text{self})$	E''	ξ
91	510.332160	2.286E-21	0.1025	0.4000	64.6273	0.75
21	510.336758	3.984E-27	0.0902	0.1210	2673.4807	0.78
91	510.371620	1.921E-23	0.1025	0.4000	1168.7056	0.75
91	510.373900	7.129E-22	0.1025	0.4000	643.6463	0.75
21	510.376488	6.992E-27	0.0879	0.1180	2678.9346	0.77
91	510.378600	7.934E-23	0.1025	0.3570	853.5220	0.75
91	510.385770	4.076E-22	0.1025	0.4000	608.7092	0.75
21	510.389909	4.642E-28	0.0682	0.0840	3282.0137	0.76
91	510.412240	3.975E-23	0.1025	0.4000	1039.1478	0.75
91	510.415740	2.508E-22	0.1025	0.3280	528.5824	0.75
23	510.418671	2.662E-28	0.0778	0.1050	2116.5859	0.69
11	510.424588	4.555E-22	0.0442	0.1960	2522.2651	0.55
11	510.429025	1.518E-22	0.0442	0.1960	2522.2615	0.55
21	510.430196	1.941E-28	0.0643	0.0670	3804.9705	0.68
91	510.430330	3.380E-23	0.1025	0.4000	236.6958	0.75
21	510.436979	9.707E-27	0.0860	0.1150	2687.5046	0.74
91	510.441140	3.628E-21	0.1025	0.4000	82.69810	0.75
91	510.442500	3.702E-21	0.1025	0.4000	41.9534	0.75
91	510.442960	2.367E-23	0.1025	0.2710	1114.9193	0.75
91	510.448420	7.444E-23	0.1025	0.3850	786.0961	0.75
12	510.468877	5.255E-25	0.0445	0.2430	2595.9766	0.38
91	510.474610	3.556E-23	0.1025	0.3280	1094.1948	0.75
12	510.485700	1.216E-26	0.0719	0.3650	1990.8571	0.72
91	510.487590	6.273E-22	0.1025	0.4000	566.5719	0.75
21	510.492017	2.340E-26	0.0680	0.0820	2685.5891	0.76
91	510.507180	2.468E-22	0.1025	0.4000	520.6434	0.75
91	510.509530	9.542E-23	0.1025	0.4000	611.2865	0.75
91	510.512150	5.329E-23	0.1025	0.4000	563.6741	0.75
21	510.520551	1.203E-26	0.0839	0.1120	2699.1909	0.72
21	510.521565	3.446E-26	0.0884	0.1190	2079.2039	0.78
91	510.531310	7.137E-22	0.1025	0.4000	728.2435	0.75
21	510.535114	1.210E-28	0.0639	0.0670	3910.3335	0.67
91	510.536660	3.601E-23	0.1025	0.4000	1060.0946	0.75

Mol	Molecular number
Iso	Isotopologue number (1 = most abundant, 2 = 2nd most abundant)
w_0	Wavenumber in cm^{-1}
S_l	Line intensity in cm^{-1}/(molecule cm^{-2}) at 296K
$\alpha_L(air)$	Air-broadened halfwidth in cm^{-1}/atm at 296K
$\alpha_L(self)$	Self-broadened halfwidth in cm^{-1}/atm at 296K
E''	Lower state energy in cm^{-1}
ξ	Coefficient of temperature dependence of $\alpha_L(air)$

(*) 기체의 Mol. number : 1 = H_2O, 2 = CO_2, 9 = SO_2

4.3.4 수증기의 연속 흡수(continuum)

수증기는 전기적으로 영구적인 쌍극 모멘트(dipole moment)를 소유한 분자이므로 흡수 스펙트럼에는 순수 회전 흡수선과 진동-회전 흡수대가 있다. 아울러 0~20000 cm^{-1} 범위에 연속 흡수(continuum)를 나타내기도 한다. 흡수가 파장에 따라 선택적으로 나타나는 흡수선 혹은 특정한 파장 영역에 흡수선들이 모여 있는 흡수대와는 달리 이 연속 흡수는 파장에 따라 연속적으로 흡수가 나타난다. 이 연속 흡수의 생성은 "far wing theory"와 "water dimer theory"로 설명한다. 전자의 이론에서는 흡수선에서 먼 가장자리(far wing)에도 흡수선 확장에 의한 기여가 있으며, 수많은 수증기 흡수선들에 의한 기여가 누적되어 연속 흡수를 형성한다고 설명한다. 후자의 이론에서는 수증기 dimer [수증기 분자 2개가 결합된 것]의 구조가 복잡하여 상대적으로 회전 및 진동 모드가 많으며 그 흡수선들의 기여로 연속 흡수가 생성된다고 설명한다(Tretyakov et al., 2014).

대기복사에서는 far wing theory에 기반한 Clough-Kneizys-Davies (CKD) [Clough et al., 1989] 모델과 그 후속으로 개발된 Mlawer-Tobin-Clough-Kneizys-Davis (MT_CKD) [Mlawer et al., 1999; Mlawer et al., 2012; 모델 website는 http://rtweb.aer.com] 모델이 광범위하게 사용된다. MT_CKD 모델에서 수증기의 흡수계수는 배경으로 있는 연속 흡수에 흡수선들의 기여를 더한 것으로 정의된다. 연속 흡수를 설명하기 위하여 수증기-수증기의 충돌(self collision)과 수증기-공기의 충돌(foreign air collision)에 대한 흡수선의 충돌 확장함수를 준 경험식으로 표현하였다. 그리고 이 함수를 모든 수증기 흡수선에 적용하고 파장별로 그 기여도를 모두 더하여 연속 흡수계수 δ_{cont} [cm^{-1}]를 다음 식으로 표현하였다(Shine et al., 2016).

$$\delta_{cont}(w,T) = \frac{1}{k\,T}\sigma_{self}(w,T)\,P_{wv}^2 + \frac{1}{k\,T}\sigma_{air}(w,T)\,P_{wv}\,P_{air} \tag{4.3.19}$$

여기에서 $k\,[=1.36\times10^{-22}\,\text{atm}\,\text{cm}^3\text{molec}^{-1}\text{K}^{-1}]$는 볼츠만 상수이고, T[K]는 온도이며 δ_{self}, δ_{air}는 1기압 296 K에서 수증기 분자끼리(self) 충돌 및 수증기와 다른 공기 분자(foreign air)의 충돌에 의한 흡수 단면[단위, $cm^2molec^{-1}atm^{-1}$]을 나타낸다. 그리고 P_{wv}, P_{air}는 수증기와 공기의 압력[단위, atm]이다. 그림 4.3.5는 연속 흡수의 개념을 보여주는 것으로 각 파장(파수)에서의 흡수계수는 흡수선과 식(4.3.19)의 우변 1, 2항의 기여를 더한 것으로 표현되었다.

파장에 따라 수증기 외에 다른 기체 성분[예 : CO_2, O_2, N_2 등]에 의한 연속 흡수도 있다. 따라서 해당 파장 영역의 흡수계수 계산에서는 그 연속 흡수를 추가로 더하여야 한다. 적외선 영역에서는 수증기의 연속 흡수가 이들 중에 가장 기여가 크기 때문에 LBL에서 부피 흡수계수는 식(4.3.18a)에 식(4.3.19)를 더하여 계산한다.

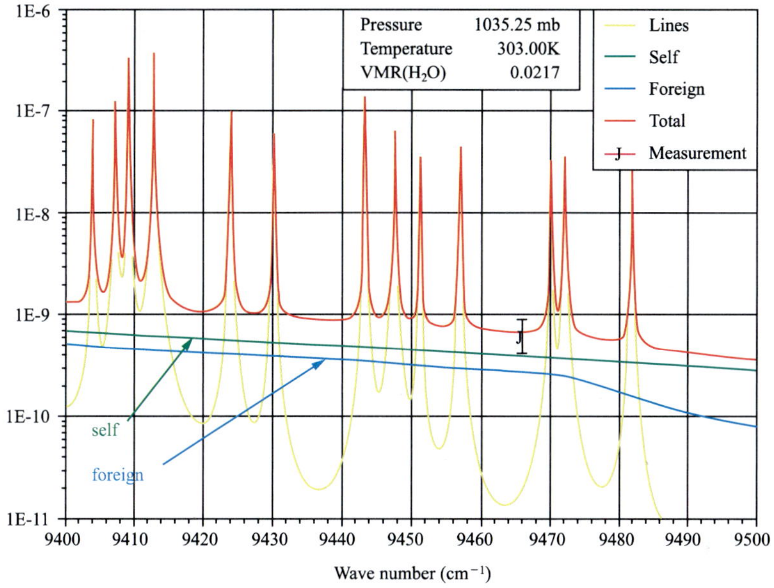

그림 4.3.5 수증기의 흡수선과 연속 흡수(continuum)의 흡수계수(Mlawer et al., 2003)

4.3.5 충돌에 의한 흡수선 혼합(collisional line mixing)

흡수 기체가 공기 분자와 충돌로 흡수선이 확장되는 것을 앞에서 로렌츠 확장함수(Lorentz broadening profile)로 표현하였다. 그런데 공기 분자와 충돌은 다른 한편으로 에너지 준위의 전이(충돌 전이)로 이어질 수 있다. 특히 회전에너지 준위는 양자수가 작은 경우 그 차이가 작아서 충돌 전이가 쉽게 나타날 수 있다. 공기 분자와 충돌은 흡수선을 확장함과 동시에 회전에너지 준위의 전이를 유발한다. 후자의 결과로 회전 양자수에 따른 수밀도가 변화되며, 따라서 흡수선 강도가 변하게 된다. 즉, 인접한 흡수선들 사이에 간섭이 나타나게 되는데, 이러한 현상을 흡수선 혼합(line mixing)이라 한다(Strow and Reuter, 1988; Levy et al., 1992; Lamouroux et al., 2010). 예를 들어, CO_2의 진동－회전 흡수대(vibrational-rotational band)에서 Q-branch는 흡수선들의 간격이 매우 좁거나 중첩되어 나타나기도 하는데, 흡수선 혼합으로 흡수대 중심에서는 흡수계수가 증가하고 흡수대 중심에서 먼 곳에서는 흡수계수가 감소한다.

앞에서 공기 분자와의 충돌과 흡수 기체의 운동이 있을 때 흡수선의 확장을 식(4.3.7)의 Voigt 확장함수로 표현하였는데, 흡수선 혼합을 고려하면 Voigt 확장함수를 수정하여야 한다. CO_2 흡수선의 혼합에 대한 이론과 계산 방법은 Lamouroux et al. (2010, 2015)과 Niro et al. (2004) 등에 의하여 개발되고 발전되었으며, 최신 계산모델은 HITRAN2020 (Gordon et al., 2022)에 포함되었다.

충돌에 의한 흡수선 혼합은 모든 온실기체의 흡수선에 나타날 수 있다. 따라서 적외선 영역의 원격탐사 자료를 이용하여 온실기체를 산출할 때와 같이 정밀한 계산이 요구되는 경우 흡수선 혼합을 고려한 흡수선 확장함수를 사용하여야 한다. 그러나 이 계산은 Voigt 확장함수에 흡수선 혼합의 영향을 추가하여야 하므로 계산하는 데 상당한 시간이 요구된다. 자세한 내용은 HITRAN (https://hitran.org)을 방문하여 관련 자료를 참고하여 주기 바란다.

4.4 균질 광행로 근사

4.4.1 흡수대 모델(Band model)의 경우

실제 대기는 온도, 기압, 흡수 기체의 혼합비가 고도에 따라 변하는 비균질성 매질이다. 대기 관측자료를 이용한다면, 그림 4.4.1에서 보는 바와 같이 J 번째의 대기층에 대하여 우리가 알고 있는 것은 $J-1$번째와 J번째 고도에서의 기압, 온도, 그리고 흡수 기체의 혼합비이다. 두 개의 고도 사이에 있는 공기는 수직 방향으로 기압, 온도, 흡수 기체의 혼합비가 변하므로 비균질 대기층이라 할 수 있다. 이러한 비균질 대기층[상부 경계 고도는 z_t, 하부 경계 고도는 z_b]에 대하여 특정 기체의 부피 흡수계수를 고도 적분한 수직 광학두께는 식(4.3.18b)를 이용하면 다음과 같이 표현된다.

$$\begin{aligned}\tau_w &= \int_{z_b}^{z_t}\left[\sum_{i=1} S_i f(w-w_i)\, n_{abs}\right] dz \qquad (4.4.1)\\ &= \int_{z_b}^{z_t}\sigma_w n_{abs} dz = \int_{p_b}^{p_t}\sigma_w \chi_{abs}\frac{n_{air}}{\rho_{air}}\left(-\frac{dp}{g}\right) = \int_{p_b}^{p_t}\sigma_w \chi_{abs}\frac{R_{air}}{k}\left(-\frac{dp}{g}\right)\\ &= \int_{u_b}^{u_t}\sigma_w\, du\end{aligned}$$

여기에 사용된 변수의 정의는 다음과 같다.

n_{abs} : 흡수 기체의 수밀도[particles m^{-3}]
χ_{abs} : 흡수 기체의 혼합비
ρ_{air} : 공기의 질량 밀도[kg m^{-3}]
n_{air} : 공기의 수밀도[particles m^{-3}]
g : 중력 가속도, 9.8 [m s^{-2}]
R_{air} : 공기의 기체상수, 287 [J kg^{-1} K^{-1}]
k : 볼츠만 상수, 1.38062×10^{-23} [J K^{-1}]

단위 면적당 흡수 기체의 양을 의미하는 광행로(optical path, particles cm^{-2})의 정의는 다음과 같다.

$$du = n_{abs}dz = \chi_{abs}\frac{R_{air}}{k}\left(-\frac{dp}{g}\right) \tag{4.4.2a}$$

$$u = \int_{u_b}^{u_t} du = -\frac{R_{air}}{kg}\int_{p_b}^{p_t}\chi_{abs}\,dp \tag{4.4.2b}$$

그런데 위의 식(4.4.1)을 보면 흡수선 강도는 식(4.3.15)에서와 같이 온도의 함수이며, 확장함수는 식(4.3.6)으로 표현되고 확장함수의 반폭은 도플러의 경우 식(4.3.5)로, 그리고 충돌확장의 경우 식(4.3.3)으로 표현된다. 그뿐만 아니라 충돌확장 반폭은 기압과 온도의 함수이기도 하다. 즉, 흡수 단면(광학두께, 투과함수)은 온도와 기압의 복잡한 함수이다. 그러므로 식(4.4.1)에서와 같이 비균질 대기에 대한 고도 적분을 해석학 수식으로 표현하기는 매우 어렵다. 이 고도 적분을 정확도가 높은 수치적분법을 이용하여 계산할 수는 있지만, 그 계산에 많은 시간이 필요하므로 대기복사의 계산에는 일반적으로 균질 광행로 근사를 사용한다. 그러면 "어떻게 균질 대기층을 정의하는가?"하는 문제가 남아있다. 비균질 대기에서와 같은 광학두께(투과함수)를 가진 균질 대기층을 정의하는 문제이다. Hulst-Curtis-Godson (HCG; Goody and Yung, 1989) 근사법이 이러한 문제를 해결하는 방법이다.

균질 광행로 근사의 설명을 위하여 흡수 단면을 파장의 함수 $\Psi(w)$와 기압과 온도의 함수 $\Phi(p, T)$로 분리하고 이들의 곱으로 표현된다고 하자.

$$\sigma_w(p, T) = \Psi(w)\Phi(p, T) \tag{4.4.3}$$

파장의 함수는 고도 적분과 관계없으므로, 식(4.4.1)의 적분은 다음과 같이 표현할 수 있다.

$$\begin{aligned}\tau_w &= \int_{u_b}^{u_t}\sigma_w(p, T)\,du \\ &= \sigma_w(p_0, T_0)\int_{u_b}^{u_t}\frac{\Phi(p, T)}{\Phi(p_0, T_0)}du = \sigma_w(p_0, T_0)\,\tilde{u}\end{aligned} \tag{4.4.4}$$

여기서 파장의 함수는 $\sigma_w(p_0, T_0)$에 포함되었으며, $\tilde{u}$는 유효 광행로(effective optical path)로 다음과 같이 정의되었다.

$$\tilde{u} = \int_{u_b}^{u_t}\frac{\Phi(p, T)}{\Phi(p_0, T_0)}du \tag{4.4.5}$$

식(4.4.4)의 의미는 기압과 온도가 p_0, T_0일 때의 흡수 단면$\sigma_w(p_0, T_0)$에 유효 광행로를 곱하여 비균질 대기층의 광학두께를 계산할 수 있다는 것이다. 유효 광행로를 정의하는 함수 $\Phi(p, T)$가 중요한데, 그 설명을 위하여 하나의 흡수선이 충돌 확장된 경우를 보자. 흡수선 가장자리(wing)에서의 광학두께를 계산한다고 할 때[식(4.3.2)에서 $(w-w_0) \gg \alpha_L$], 흡수 단면을 표현하면 다음과 같다.

$$\sigma_w = S(T)\frac{\alpha_L(p, T)}{\pi[w-w_0]^2} \tag{4.4.6}$$

따라서 식(4.4.3)의 함수로 표현하면 다음과 같다.

$$\Psi(w) = \frac{1}{(w-w_0)^2}, \ \Phi(p, T) = S(T)\frac{p}{p_0}\left(\frac{T_0}{T}\right)^{\xi} \tag{4.4.7}$$

즉, Lorentz 확장에서 그 반폭 α_L의 기압과 온도에 따른 변화, 그리고 흡수선 강도의 온도에 따른 변화가 함수 $\Phi(p, T)$가 된다. 만약 흡수선 강도의 온도 변화를 무시한다면[혹은 대기층의 평균 온도를 사용], 유효 광행로는 다음 식으로 계산된다.

$$\tilde{u} = \int_{u_b}^{u_t} \frac{p}{p_0}\left(\frac{T_0}{T}\right)^{\xi} du = \frac{T_0^{\xi}}{p_0}\int_{u_b}^{u_t} \frac{p}{T^{\xi}} du \tag{4.4.8}$$

도플러 확장의 경우 파장(파수)의 함수와 기압과 온도의 함수로 구분하기는 쉽지 않지만, 다음과 같이 근사할 수 있다[참조, 식(4.3.4)].

$$\Psi(w) = \exp\left[-\left(\frac{w-w_0}{\alpha_D}\right)^2\right], \ \Phi(p, T) = S(T) \tag{4.4.9}$$

여기에서는 도플러 확장함수 반폭의 온도 변화를 무시하였다. 그 이유는 $\alpha_D \propto \sqrt{T}$ 이고 대류권에서 온도의 변화 범위를 250～300 K라 한다면, 그 비율이 $\sqrt{300}/\sqrt{250} = 1.095$ 정도로 작기 때문이다. 이렇게 유효 광행로를 계산하는 방법을 1인자 근사(one parameter approximation)라 한다. 각 파장(파수)에 대한 유효 광행로를 정의할 수 있지만, 계산하는 파장의 수가 많아지면 상당한 시간이 소요되므로 일반적으로 특정 파장 범위에 대하여 하나의 유효 광행로를 정의한다. 정의된 파장 범위에는 다양한 기체의 흡수선들이 있으므로 여기서 설명하는 이론은 투과함수의 흡수대 모델(band model)을 위하여 개발된 것이다.

다음에 설명하고자 하는 2인자 근사(two parameter approximation)의 이해를 돕기 위하여 먼저 흡수함수(absorptance)와 흡수 상당폭(equivalent width), 그리고 평균 투과함수를 정의하였다. 우선 균질 대기에서 계산하려는 파장 범위에 하나의 흡수선이 있고 그 범위는 흡수선을 충분히 포함한다고 하자. 특정 파수에서 단색 흡수함수는 다음으로 정의된다.

$$A_w = 1 - \gamma_w = 1 - \exp(-\tau_w) \tag{4.4.10}$$

흡수선을 충분히 포함하는 범위에 대하여 단색 흡수함수의 적분을 상당폭[단위는 cm^{-1}]이라 하는데, 다음으로 정의된다.

$$\begin{aligned} W(u) &= \int_{\delta w} A_w \, dw \\ &= \int_{\delta w} [1 - \exp(-\sigma_w u)] \, dw \\ &= \int_{\delta w} \{1 - \exp[-Sf(w - w_0)u]\} \, dw \end{aligned} \tag{4.4.11}$$

그리고 파수 범위 δw에 대한 평균 흡수함수, 평균 투과함수는 상당폭을 이용하여 다음과 같이 표현된다.

$$\overline{A} = \frac{1}{\delta w} \int_{\delta w} A_w \, dw = \frac{W}{\delta w} \tag{4.4.12a}$$

$$\overline{\gamma} = 1 - \overline{A} \tag{4.4.12b}$$

흡수선 확장이 로렌츠 함수(Lorentz profile)로 표현되었을 경우, 흡수 상당폭은 다음과 같다(Goody and Yung, 1989).

$$W = \int_{\delta w} \left\{ 1 - \exp\left[-\frac{S}{\pi} \frac{\alpha_L}{(w - w_0)^2 + \alpha_L^2} u \right] \right\} dw = 2\pi \alpha_L L(x) \tag{4.4.13}$$

여기에서 사용된 함수 $L(x)$를 “Ladenburg and Reiche function”이라 하며 다음으로 정의되었다.

$$L(x) = xe^{-x} [I_0(x) + I_1(x)], \quad x = \frac{Su}{2\pi \alpha_L}$$

여기에서 $I_n(x)$는 차수가 n인 Bessel function이다. 중요한 점은 식(4.4.13)으로 표현된 상당폭이 두 개의 극한값, 즉 $x \ll 1$ [약한 흡수선, weak line]일 때와 $x > 3$ [강한 흡수선, strong line]일 때의 결과가 다음으로 근사된다는 것이다.

$$W = \begin{cases} Su & \text{약한 흡수선} \\ 2\sqrt{Su\alpha_L} & \text{강한 흡수선} \end{cases} \tag{4.4.14}$$

약한 흡수선일 때 흡수 상당폭은 광행로에 선형으로 비례하여 증가하며, 강한 흡수선일 경우에는 $\sqrt{u}$에 비례한다. 이 결과는 식(4.4.11)을 이용하여 구할 수도 있다. 즉, 약한 흡수선의 경우 $Sf(w-w_0)u$의 값이 매우 작으므로 테일러 급수를 이용하여 지수함수를 전개하고 식(4.3.8)을 이용하면 결과는 다음과 같다.

$$\begin{aligned} W &= \int_{\delta w} \{1 - \exp[-Sf(w-w_0)u]\}\, dw \\ &= \int_{\delta w} \{1 - [1 - Sf(w-w_0)u]\} dw \\ &= Su\int_{\delta w} f(w-w_0)\, dw = Su \end{aligned} \tag{4.4.15}$$

여기에서는 확장함수를 지정하지 않았으므로 모든 확장함수에 타당한 결과이다. 한편, 강한 흡수선의 경우에는 흡수선 중심에서의 광학두께는 매우 커서 투과함수는 거의 0.0이다. 따라서 광행로 u에 따른 상당폭의 변화는 흡수선 가장자리의 투과함수에 의하여 결정된다. 충돌확장의 경우 $(w-w_0) \gg \alpha_L$이므로 식(4.3.2)에서 분모의 α_L^2을 무시하고 적분을 수행한 결과는 다음과 같다(Goody and Yung, 1989).

$$W = \int_{\delta w} \left\{1 - \exp\left[-\frac{Su\alpha_L}{\pi(w-w_0)^2}\right]\right\} dw = 2\sqrt{Su\alpha_L} \tag{4.4.16}$$

한 가지 언급할 내용은, 그림 4.3.1에서 보는 바와 같이 Voigt 확장함수는 흡수선 가장자리에서 거의 로렌츠 확장함수에 근접한다는 것이다. 이것은 흡수선이 강할 때 식(4.4.16)이 Voigt 확장함수에도 거의 타당할 것임을 의미한다.

이제 파장 범위 Δw에 N개의 흡수선이 있다고 하자. 흡수선의 평균 간격은 $\delta w = \Delta w / N$이며, 모든 흡수선이 약한 경우와 강한 경우 평균 흡수함수는 다음과 같이 표현할 수 있다.

$$\overline{A} = \frac{1}{N\delta w}\sum_{i=1}^{N} S_i u, \ x \ll 1, \text{ 약한 흡수선} \tag{4.4.17a}$$

$$\overline{A} = \frac{1}{N\delta w}\sum_{i=1}^{N} 2\sqrt{S_i u \alpha_{L,i}}, \ x \gg 1, \text{ 강한 흡수선} \tag{4.4.17b}$$

이러한 내용을 배경으로, 이제 적외선 영역의 대기복사 계산에서 광범위하게 사용되는 HCG 근사를 살펴보자. 비균질 대기층에 대한 평균 투과함수(흡수함수)와 같은 값을 나타내는 균질 대기층을 정의하는 방법이다. 이 방법의 논리는 다음과 같다 : ① 파장 범위 안에 있는 흡수선들이 모두 약한 흡수선일 때, 비균질 대기층의 흡수함수는 균질 대기층에서의 값, 즉 식(4.4.17a)와 같아야 하고, ② 흡수선들이 모두 강한 경우에는 식(4.4.17b)와 같아야 하며, ③ 이 두 극한값의 경우 서로 같으면 그 중간의 경우도 근사적으로 타당할 것이다. 앞에서도 언급한 바와 같이 2인자 근사에서는 파장 범위에 대한 평균 흡수함수(투과함수)를 계산하는데, 비균질 대기층에 대한 평균 흡수함수는 다음으로 계산한다.

$$\overline{A} = \frac{\overline{W}}{\delta w} = \frac{1}{\Delta w}\int_{\Delta w}\left\{1-\exp\left[-\int_{u_b}^{u_t}\sum_{i=1}^{N} S_i f(w-w_0)\,du\right]\right\}dw \tag{4.4.18}$$

여기서 $\overline{W} = \Sigma W_i / N$을 의미하며 평균 상당폭이라 한다. 먼저 약한 흡수선들의 경우를 보자. 식(4.4.15)에서와 같은 방법으로 전개한 후 비균질 대기층에 대하여 적분하면 평균 흡수함수는 균질 대기층의 결과인 식(4.4.17a)와 같아야 한다.

$$\sum_{i=1}^{N}\int_{u_b}^{u_t} S_i(T)\,du = \sum_{i=1}^{N} S_i(\tilde{T})\,\tilde{u} \tag{4.4.19}$$

좌변은 비균질 대기층에 대한 평균 흡수함수이고 우변은 온도가 $\tilde{T}$ 이고 광행로가 $\tilde{u}$ 인 균질 대기층의 평균 흡수함수이다. 다음으로 강한 흡수선들의 경우에는 식(4.4.16)을 비균질 경로에 대하여 적분하면 그 결과는 식(4.4.17b)와 같아야 한다.

$$\begin{aligned}\sum_{i=1}^{N}\left\{\int_{u_b}^{u_t} S_i(T)\,\alpha_{L,i}^{0}(T)\,[p/p_0]\,du\right\}^{1/2} &= \sum_{i=1}^{N}\left\{S_i(\tilde{T})\,\alpha_{L,i}^{0}(\tilde{T})[\tilde{p}/p_0]\,\tilde{u}\right\}^{1/2} \\ &= \sum_{i=1}^{N}[S_i(\tilde{T})\,\alpha_{L,i}^{0}(\tilde{T})]^{1/2}[\tilde{p}/p_0]^{1/2}\,\tilde{u}^{1/2}\end{aligned} \tag{4.4.20}$$

위의 식(4.4.19)~(4.4.20)에서 $(\tilde{\cdot})$는 균질 대기층의 변수이며, $\alpha_L^0(T) = \alpha_L^0(T_0/T)^{\xi}$는 반폭 α_L^0의 온도에 따른 변화를 포함한 것이다[참조, 식(4.3.3)]. 이제 약한 흡수선과 강한 흡수선의 결과를 이용하면 유효 광행로와 기압을 정의할 수 있다. 먼저 식(4.4.19)를 이용하면 유효 광행로를 다음과 같이 정의할 수 있다.

$$\tilde{u} = \int_{u_b}^{u_t} \frac{\Phi(T)}{\Phi(\tilde{T})} du, \ \Phi(T) = \sum_{i=1}^{N} S_i(T) \tag{4.4.21}$$

그리고 강한 흡수선들의 흡수선 강도 S_i와 확장함수의 반폭 $\alpha_{L,i}^0$가 모두 같다면[흡수선이 하나인 경우와 같음], 식(4.4.20)은 다음과 같이 표현할 수 있다.

$$\int_{u_b}^{u_t} S(T)\alpha_L^0(T)p\,du = S(\tilde{T})\alpha_L^0(\tilde{T})\tilde{p}\,\tilde{u} \tag{4.4.22}$$

유효 광행로는 식(4.4.21)에서 이미 구하였으므로 식(4.4.22)를 이용하여 유효 기압은 다음의 식으로 정의할 수 있다.

$$\tilde{p} = \frac{1}{\tilde{u}} \int_{u_b}^{u_t} \frac{\Phi^*(T)}{\Phi^*(\tilde{T})} p\,du, \ \Phi^*(T) = S(T)\alpha_L^0(T) \tag{4.4.23}$$

만약 흡수선들이 서로 다른 경우 강한 흡수선에 대한 식(4.4.20)을 식(4.4.22)와 같은 형식으로 표현하면 다음과 같다.

$$\int_{u_b}^{u_t} \Phi^*(T)p\,du = \Phi^*(\tilde{T})\tilde{p}\,\tilde{u}, \ \Phi^*(T) = \left\{ \sum_{i=1}^{N} [S_i(T)\alpha_{L,i}^0(T)]^{1/2} \right\}^2 \tag{4.4.24}$$

식(4.4.21)로 유효 광행로를 계산하고 식(4.4.24)로 유효 기압을 계산하는 것이 HCG 2인자 근사의 결과이다. 이 계산에서 $\tilde{T}$는 임의 온도로 지정할 수 있는데, 일반적으로 흡수선 자료에 사용되는 표준온도 296 K [혹은 대기층의 평균 온도]를 이용한다. 그런데 HCG 근사를 실제 흡수대 모델에 적용하기 위해서는 정의된 파장 범위의 흡수선 자료를 이용하여 $\Phi(T)$와 $\Phi^*(T)$를 온도의 함수로 표현하여야 한다. 상당한 양의 자료를 정리하여야 한다.

4.4.2 흡수선 누적 모델의 경우

여기에서는 HCG 근사가 흡수선 누적(Line-by-line) 모델에서 어떻게 활용되는가 하는 것이 주요 관점이다. 우선 대기층이 등온인 경우, HCG 근사는 매우 간단한 식으로 표현되는 점에 주목하자. 등온 대기층에 대하여 식(4.4.21)을 이용해 보기로 하자. 이 경우 $\tilde{T}$는 대기층의 평균 온도와 같다고 하면 유효 광행로는 다음과 같이 정의된다.

$$\tilde{u} = \int_{u_b}^{u_t} du = -\frac{R_{air}}{kg}\int_{p_b}^{p_t} \chi\, dp = u \tag{4.4.25}$$

즉, 광행로 자체가 유효 광행로와 같다는 것이다. 다음은 식(4.4.24)를 이용하여 유효 기압을 계산한다.

$$\tilde{p} = \frac{1}{\tilde{u}}\int_{u_b}^{u_t} p\, du = -\frac{1}{\tilde{u}}\frac{R_{air}}{kg}\int_{p_b}^{p_t} p\chi\, dp \tag{4.4.26}$$

이 유효 기압은 흡수 기체의 양을 나타내는 du가 기압에 곱해진 가중 평균 기압이다. 여기에 더하여 만약 흡수 기체의 혼합비가 일정한 경우[예 : 평균 혼합비를 사용]에는 더욱 간단하게 2개의 인자를 계산할 수 있다.

$$\tilde{u} = \frac{R_{air}}{k}\frac{\overline{\chi}}{g}(p_b - p_t) \tag{4.4.27}$$

$$\tilde{p} = -\frac{1}{p_b - p_t}\int_{p_b}^{p_t} p\, dp = \frac{1}{p_b - p_t}\frac{1}{2}[p_b^2 - p_t^2] = \frac{1}{2}(p_b + p_t) \tag{4.4.28}$$

따라서 대기층의 평균 온도와 평균 혼합비를 이용한다면 비균질 대기층에 상당하는 균질 대기층을 정의할 수 있다. 그 평균 온도와 평균 혼합비는 다음과 같이 정의할 수 있다.

$$\overline{T} = \frac{1}{2}(T_t + T_b) \tag{4.4.29a}$$

$$\overline{\chi} = \frac{1}{2}(\chi_t + \chi_b) \tag{4.4.29b}$$

그런데 위의 식으로 표현된 평균 온도 역시 식(4.4.26)의 가중 평균 기압과 같이 흡수 기체의 양으로 가중된 평균 온도라는 점에 유의해야 한다. 즉, 대기층의 평균 온도는 흡수 기체의 양이 많은 고도의 온도에 영향을 받는다는 것이다. 흡수 기체의 양으로 가중된 평균 온도를 정의하면 다음과 같다.

$$\overline{T} = \frac{1}{\tilde{u}} \int_{u_b}^{u_t} T\, du \tag{4.4.30}$$

그리고 흡수 기체의 혼합비가 일정한 경우에는 다음과 같이 표현된다.

$$\overline{T} = \frac{-\overline{\chi}/g \displaystyle\int_{p_b}^{p_t} T\, dp}{\overline{\chi}/g\,(p_b - p_t)} \tag{4.4.31}$$

분자를 전개해 보자.

$$
\begin{aligned}
\text{분자} &= \frac{\overline{\chi}}{g} \int_{p_t}^{p_b} [T_b + \Gamma \times (p - p_b)]\, dp\,, \quad \Gamma = \frac{T_t - T_b}{p_t - p_b} \qquad (4.4.32)\\
&= \frac{\overline{\chi}}{g} \left\{ T_b(p_b - p_t) - \Gamma \left[\frac{1}{2}(p_t - p_b)^2 \right] \right\} \\
&= \frac{\overline{\chi}}{g}(p_b - p_t) \left\{ T_b + \Gamma \left[\frac{1}{2}(p_t - p_b) \right] \right\} \\
&= \frac{\overline{\chi}}{g}(p_b - p_t) \left\{ T_b + \frac{T_t - T_b}{p_t - p_b} \frac{1}{2}(p_t - p_b) \right\} \\
&= \frac{\overline{\chi}}{g}(p_b - p_t) \left\{ \frac{1}{2} [T_t + T_b] \right\}
\end{aligned}
$$

이제 식(4.4.31)의 분모로 나누면 혼합비가 일정할 때 흡수 기체의 양으로 가중한 대기층의 평균 온도는 식(4.4.29a)와 같음을 알 수 있다. 이상과 같이 $\tilde{u}$, $\tilde{p}$, $\tilde{T} = \overline{T}$를 정의하여 광학 두께(투과함수)를 계산하는 방법을 3인자 근사라 한다.

대기복사의 계산에서 사용하는 평행대기는 그림 4.4.1에서와 같이 균질 대기층이 쌓여있는 것이다. 적외선 영역에서 흡수선 누적 모델을 이용하여 고도 간 투과함수를 계산할 때 각 대기층의 온도, 기압, 광행로 및 혼합비는 식(4.4.27)~(4.4.29)로 정의할 수 있다. 평균 온도와 유효 기압은 모든 기체에 대하여 같지만, 유효 광행로와 평균 혼합비는 기체마다 다른 점에 주의하여야 한다.

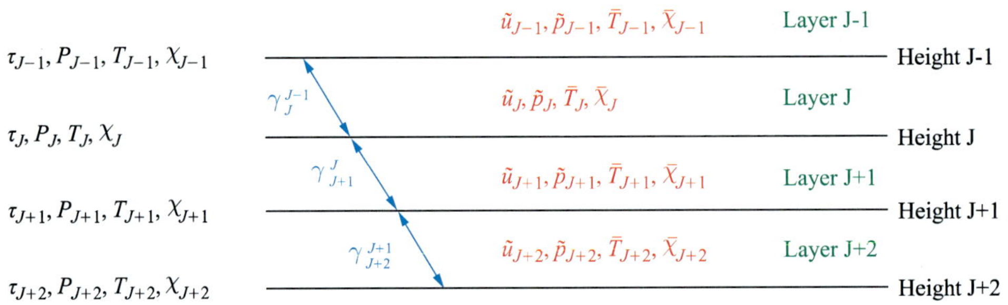

그림 4.4.1 **장파복사 계산에서 사용하는 평행대기의 대기층 온도, 기압, 혼합비 및 광행로**
각 대기층의 상부 및 하부 경계의 자료를 이용하여 계산한다.

그런데 흡수 기체의 혼합비가 고도에 따라 변하는 경우, 특히 성층권의 오존처럼 혼합비가 고도에 따라 증가하는 경우 앞에서 설명한 HCG 근사는 어느 정도의 오차를 유발하는 것으로 알려져 있다. 혼합비가 고도(기압)에 따라 선형으로 변하는 경우, HCG을 개선할 수 있다. 일반적으로 대기층에 대한 정보는 상부 경계와 하부 경계에서의 자료만 알고 있으므로 대기층 내에서 혼합비는 기압에 따라 다음과 같이 선형으로 변한다고 가정할 수 있다.

$$\chi(p) = \chi_b + X \times (p - p_b), \quad X = \frac{\chi_t - \chi_b}{p_t - p_b} \tag{4.4.33}$$

따라서 식(4.4.25)로 정의된 유효 광행로의 계산은 다음과 같이 전개할 수 있다.

$$\begin{aligned}
\tilde{u} &= -\frac{R_{air}}{k}\frac{1}{g}\int_{p_b}^{p_t}\{\chi_b + X(p-p_b)\}\,dp \\
&= -\frac{R_{air}}{k}\frac{1}{g}\left\{\chi_b(p_t-p_b) + \frac{X}{2}(p_t-p_b)^2\right\} \\
&= -\frac{R_{air}}{k}\frac{(p_t-p_b)}{g}\left\{\frac{1}{2}(\chi_t+\chi_b)\right\} \\
&= \frac{R_{air}}{k}\frac{\bar{\chi}}{g}(p_b-p_t)
\end{aligned} \tag{4.4.34}$$

혼합비가 기압에 따라 선형으로 변하는 경우의 이 결과는 식(4.4.27)과 같음을 알 수 있다.

즉, 식(4.4.34)로 정의된 유효 광행로는 대기층에서 혼합비가 기압에 따라 선형으로 증가 혹은 감소하는 경우 모두 적용할 수 있는 결과이다. 이제 식(4.4.26)을 이용하여 유효 기압을 정리해 보자.

$$\begin{aligned}\tilde{p} &= -\frac{1}{\tilde{u}}\frac{R_{air}}{kg}\int_{p_b}^{p_t} p\,[\chi_b + X(p-p_b)]\,dp \\ &= -\frac{1}{\tilde{u}}\frac{R_{air}}{kg}\left\{\frac{\chi_b}{2}(p_t^2-p_b^2)+\frac{X}{3}(p_t^3-p_b^3)-\frac{X}{2}p_b(p_t^2-p_b^2)\right\} \\ &= -\frac{1}{\tilde{u}}\frac{R_{air}}{kg}(p_t-p_b)\left\{\frac{\chi_b}{2}(p_t+p_b)+\frac{X}{3}(p_t^2+p_tp_b+p_b^2)-\frac{X}{2}p_b(p_t+p_b)\right\} \\ &= \frac{1}{\overline{\chi}}\left\{\frac{\chi_b}{2}(p_t+p_b)+\frac{X}{6}(2p_t^2-p_tp_b-p_b^2)\right\}\end{aligned} \tag{4.4.35}$$

이 결과는 대기층의 혼합비가 일정할 경우[$\overline{\chi}=\chi_b$, $X=0$] 식(4.4.28)과 같아지는 것을 알 수 있다. 그러나 혼합비가 고도에 따라 변하는 경우 식(4.4.35)는 개선된 유효 기압을 정의한다. 이제 끝으로 온도에 대하여 살펴보자. 혼합비가 고도에 따라 변하는 경우 흡수 기체의 양으로 가중한 평균 온도를 전개하여 정리하면 다음과 같다.

$$\begin{aligned}\overline{T} &= -\frac{1}{\tilde{u}}\frac{R_{air}}{kg}\int_{p_b}^{p_t} T\chi\,dp \\ &= -\frac{1}{\tilde{u}}\frac{R_{air}}{kg}\int_{p_b}^{p_t}\{[T_b+\Gamma(p-p_b)]\times[\chi_b+X(p-p_b)]\}\,dp \\ &= -\frac{1}{\tilde{u}}\frac{R_{air}}{kg}\int_{p_b}^{p_t}\left\{T_b\chi_b+T_bX(p-p_b)+\chi_b\Gamma(p-p_b)+\Gamma X(p-p_b)^2\right\}dp \\ &= -\frac{1}{\tilde{u}}\frac{R_{air}}{kg}\left\{T_b\chi_b(p_t-p_b)+\frac{T_bX}{2}(p_t-p_b)^2+\frac{\chi_b\Gamma}{2}(p_t-p_b)^2+\frac{\Gamma X}{3}(p_t-p_b)^3\right\} \\ &= -\frac{1}{\tilde{u}}\frac{R_{air}}{kg}(p_t-p_b)\left\{T_b\chi_b+\frac{T_bX}{2}(p_t-p_b)+\frac{\chi_b\Gamma}{2}(p_t-p_b)+\frac{\Gamma X}{3}(p_t-p_b)^2\right\} \\ &= \frac{1}{\overline{\chi}}\left\{T_b\chi_b+\frac{T_bX}{2}(p_t-p_b)+\frac{\chi_b\Gamma}{2}(p_t-p_b)+\frac{\Gamma X}{3}(p_t-p_b)^2\right\} \\ &= \frac{1}{\overline{\chi}}\left\{T_b\chi_b+\frac{T_b}{2}(\chi_t-\chi_b)+\frac{\chi_b}{2}(T_t-T_b)+\frac{1}{3}(T_t-T_b)(\chi_t-\chi_b)\right\}\end{aligned} \tag{4.4.36}$$

이 결과 역시 혼합비가 일정한 경우[$\overline{\chi} = \chi_t = \chi_b$] 식(4.4.29a)와 같아지는 것을 알 수 있다. 이상 설명한 식(4.4.33)~(4.4.36)은 HCG 3인자 근사의 개선된 방법이다. 이 방법을 이용할 경우, 각 기체의 고도에 따른 혼합비 변화율이 다르므로 기체마다 유효 광행로, 기압, 그리고 온도를 정의하여야 한다. 개선한 HCG 근사는 이 강의교재를 준비하면서 정리한 것이므로 충분한 검증을 거치지 않았는데, 아래에서 간단하게 정확도를 평가해 보았다.

HCG 3인자 근사의 정확도를 평가해 보자. 정의된 파장(파수)에서 광학두께는 식(4.4.1)로 표현되었고, 부피 흡수계수는 식(4.3.18)에 정의된 바 있다. 비균질 대기층에 대한 식(4.4.1)의 정확한 고도 적분 계산은 Gaussian quadrature (GQ)를 이용하였다[참조, 프로그램 실습 4.7.2 "균질 광행로 근사"]. 고도(기압)에 대한 GQ 계산 격자를 먼저 구하고, 각 고도 격자에서의 함수의 값을 계산한 후 다음과 같이 가중치 a_j를 곱하여 이들을 더한다.

$$\tau_w = \frac{R_{air}}{kg}\int_{p_t}^{p_b} \sigma_w \chi_{abs}\, dp = \frac{R_{air}}{kg}\sum_{j=1}^{L}(\sigma_w \chi_{abs})_j a_j \tag{4.4.37}$$

그리고 HCG 3인자 근사를 이용하여 계산한 광학두께와 비교하였다. 각 흡수 기체의 혼합비 자료를 이용하여 유효 광행로, 기압, 온도를 정의하고 정의된 파수에서 광학두께를 계산한 후, 각 흡수 기체의 광학두께를 더하여 최종 광학두께를 계산하였다. 계산에는 표 4.3.1의 HITRAN 자료를 이용하였으며, 대기층의 상부 경계와 하부 경계에서의 대기 자료는 표 4.4.1과 같다.

▼ 표 4.4.1 HCG 근사의 정확도 계산에 사용된 대기 자료.

고도(m)	기압(hPa)	온도(K)	n_{air} (cm^{-3})	χ_{H_2O} (ppm)	χ_{CO_2} (ppm)	χ_{SO_2} (ppm)
5192.07	527.277	254.495	1.500638E+19	1290.208	360.0	1.1384E−4
4706.52	562.495	257.655	1.581235E+19	1597.646	360.0	1.2521E−4

그림 4.4.2는 수치적분으로 계산한 정확한 광학두께와 투과함수, 그리고 HCG를 이용하여 계산한 광학두께의 상대 오차를 나타낸 것이다. 붉은색으로 표시된 개선된 HCG 근사는 계산 범위에서 광학두께의 오차가 0.1%보다 작으며, HCG 근사보다 상당히 정확한 결과를 나타내고 있다.

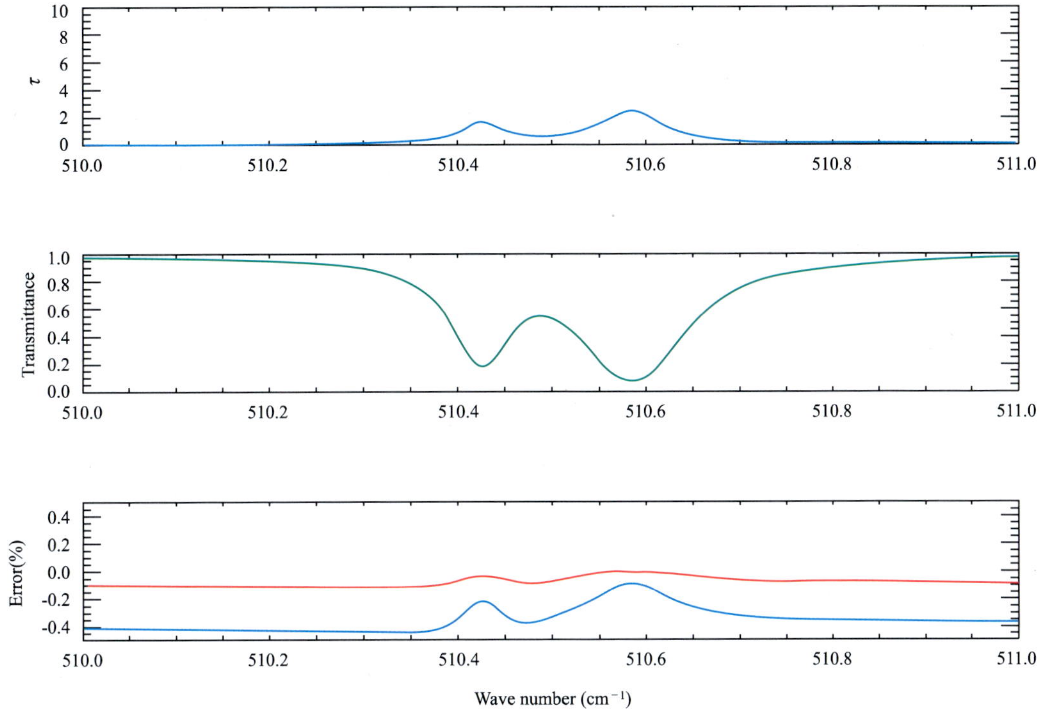

그림 4.4.2 **수치적분으로 계산한 광학두께와 투과함수 및 HCG를 이용하여 계산한 광학두께의 오차**
(상) 광학두께, (중) 투과함수, (하) 상대 오차

광학두께의 정확한 값(TRUE)은 식(4.4.37)로 표현된 수치적분으로 계산하였다. HCG 3인자 근사[식(4.4.27)~(4.4.29)]로 계산한 광학두께의 상대 오차를 옅은 푸른색으로, 개선된 HCG 3인자 근사[식(4.4.33)~(4.4.36)]로 계산한 광학두께의 상대 오차[Error = (HCG − TRUE) / TRUE × 100]를 붉은색으로 나타내었다.

4.5 평균 투과함수의 계산

LBL－DISORT 복사모델을 이용하여 단색 복사강도 스펙트럼을 일정한 작은 간격 δw로 계산한다고 하자. 기체의 흡수선은 4.3절에서 설명한 바와 같이 매우 좁은 범위에 나타나기 때문에 복사모델로 계산하는 파수가 흡수선의 중심이 될 경우와 가장자리로 될 경우, 그 결과는 매우 다르게 된다. 따라서 이 경우 계산한 단색 복사강도가 스펙트럼 δw 범위를 대표하는 값이라 하기 곤란하다. 그러므로 다음과 같이 $w-\delta w/2 \sim w+\delta w/2$ 범위의 평균 단색 복사강도를 계산하여 δw의 대표적인 값으로 나타낸다.

$$\overline{I}_w = \frac{1}{\delta w}\int_{w-\delta w/2}^{w+\delta w/2} I_w \, dw$$

비교의 대상이 되는 관측자료, 예를 들어 분광계로 측정한 복사강도 스펙트럼 역시 일정 간격으로 자료가 있지만, 특정 파수의 단색 복사강도가 아닌 일정 범위의 평균 단색 복사강도이다.

이제 실제 계산에 대하여 살펴보기로 한다. 그림 4.4.1의 고도 번호 $J-1$에서 상향 복사강도의 계산을 보자. 설명에서는 대기층(Layer) J, $J+1$, $J+2$에서 방출된 빛의 기여만 고려하기로 한다. 식(4.2.1)을 이용하여 표현하면 다음과 같다.

$$\begin{aligned}
&\overline{I}_w^{\,+}(\mu) \qquad\qquad (4.5.1)\\
&=\left\{B_w^{J+1}\left[1-\overline{\gamma}_{J+2}^{J+1}\right]+(B_w^{J+1}-B_w^{J+2})\overline{\gamma}_{J+2}^{J+1}-\mu\frac{(B_w^{J+1}-B_w^{J+2})}{\overline{\tau}_{J+2}^{J+1}}\left[1-\overline{\gamma}_{J+2}^{J+1}\right]\right\}\overline{\gamma}_{J+1}^{J-1}\\
&+\left\{B_w^{J}\left[1-\overline{\gamma}_{J+1}^{J}\right]+(B_w^{J}-B_w^{J+1})\overline{\gamma}_{J+1}^{J}-\mu\frac{(B_w^{J}-B_w^{J+1})}{\overline{\tau}_{J+1}^{J}}\left[1-\overline{\gamma}_{J+1}^{J}\right]\right\}\overline{\gamma}_{J}^{J-1}\\
&+\left\{B_w^{J-1}\left[1-\overline{\gamma}_{J}^{J-1}\right]+(B_w^{J-1}-B_w^{J})\overline{\gamma}_{J}^{J-1}-\mu\frac{(B_w^{J-1}-B_w^{J})}{\overline{\tau}_{J}^{J-1}}\left[1-\overline{\gamma}_{J}^{J-1}\right]\right\}\overline{\gamma}_{J-1}^{J-1}
\end{aligned}$$

이 계산에서 우변 1, 2, 3항은 각각 $J+2$, $J+1$, J 대기층의 기여를 나타낸다. 흑체 함수 B_w^J는 δw의 범위가 작으면 파수에 따른 변화를 무시할 수 있으므로 w에서의 값을 이용할 수 있다. 흑체 함수의 위첨자 J는 고도 번호를 의미하며, $\overline{\gamma}_{J+1}^{J}$와 $\overline{\tau}_{J+1}^{J}$는 고도 J와 $J+1$

간의 평균 투과함수와 평균 광학두께이다. 즉, $J+1$ 대기층에 대한 값으로 다음과 같이 정의되었다.

$$\bar{\gamma}^{J}_{J+1} = \frac{1}{\delta w}\int_{\delta w}\gamma^{J}_{J+1}\,dw \tag{4.5.2}$$

$$\bar{\tau}^{J}_{J+1} = \frac{1}{\delta w}\int_{\delta w}\tau^{J}_{J+1}\,dw \tag{4.5.3}$$

평균 투과함수 $\bar{\gamma}^{J-1}_{J-1} = 1$인데, 수식의 일관성을 위하여 식(4.5.1)의 우변 3항 형식으로 표현하였다. 식(4.5.2)~(4.5.3)에서 단색 광학두께 τ^{J}_{J+1}은 흡수선 누적 모델을 이용하여 계산할 수 있으며, 이 계산에서 대기층의 온도, 기압, 광행로 및 혼합비는 기체 성분별로 HCG 방법을 이용하여 정의할 수 있다.

$$\gamma^{J}_{J+1} = \exp[-\tau^{J}_{J+1}/\mu] = \exp\left[-\sum_{m=1}^{M}\tau^{m}_{w}/\mu\right] \tag{4.5.4a}$$

$$\tau^{m}_{w} = \left[\sum_{i=1}^{N}S_{m,i}f(w-w_{m,i})\right]\tilde{u}^{m} \tag{4.5.4b}$$

$$\tilde{u}^{m} = -\frac{R_{air}}{kg}\int_{p_{J+1}}^{p_J}\chi^{m}\,dp = \frac{R_{air}}{k}\frac{\bar{\chi}^{m}}{g}(p_{J+1}-p_J) \tag{4.5.4c}$$

위의 식에서 τ^{m}_{w}는 흡수 기체 m의 광학두께이고 $\tilde{u}^{m}$는 그 흡수 기체의 유효 광행로이며 $\bar{\chi}^{m}$는 평균 혼합비이다. 먼저 평균 투과함수의 계산에 대하여 살펴보자. 식(4.5.2)에서 파수 적분은 Gaussian quadrature를 이용하여 계산할 수 있지만, 일반적으로 δw 범위를 일정한 간격으로 나누어 각 파수의 단색 투과함수를 구한 후 다음과 같이 Trapezoidal rule을 이용하여 적분한다.

$$\bar{\gamma}^{J}_{J+1}(\Delta w) = \frac{1}{\delta w}\sum_{l=1}^{L}\frac{1}{2}(\gamma_{w_l}+\gamma_{w_{l+1}})\Delta w \tag{4.5.5a}$$

여기의 γ_{w_l}은 파수 w_l에서의 단색 투과함수 γ^{J}_{J+1}을 의미하는데, 이들은 Δw 간격으로 계산되었다. 이 적분에서 L을 짝수로 하면, Romberg 적분법(Burden and Faires, 2011)을 이용하여 적분의 정확도를 개선할 수 있다. 이 방법에서는 식(4.5.5a)의 계산에서 이미 구해놓은 단색 투과함수를 이용하여 $2\Delta w$ 간격으로 Trapezoidal rule을 이용하여 다음의 적분을 구한다.

$$\bar{\gamma}^{J}_{J+1}(2\Delta w) = \frac{1}{\delta w}\sum_{l=1}^{L/2}\frac{1}{2}(\gamma_{w_{2l-1}} + \gamma_{w_{2l+1}})2\Delta w \tag{4.5.5b}$$

그리고 최종 평균 투과함수는 위의 두 적분 값을 이용하여 다음과 같이 계산한다.

$$\bar{\gamma}^{J}_{J+1} = \left[4\bar{\gamma}^{J}_{J+1}(\Delta w) - \bar{\gamma}^{J}_{J+1}(2\Delta w)\right]/3 \tag{4.5.6}$$

식(4.5.3)의 광학두께 계산도 같은 방법으로 적분할 수 있다. 이제 고도 $J-1$과 $J+1$ 간의 평균 투과함수 $\bar{\gamma}^{J-1}_{J+1}$의 계산에 대하여 살펴보자. 이것은 J와 $J+1$의 두 대기층에 대한 평균 투과함수이다. 이 계산에서 특히 주의해야 할 점은 평균 투과함수가 다음의 관계를 만족하지 않는다는 것이다.

$$\bar{\gamma}^{J-1}_{J+1} \neq \bar{\gamma}^{J}_{J+1} \times \bar{\gamma}^{J-1}_{J} \tag{4.5.7}$$

반면에 식(4.5.4a)로 정의된 단색 투과함수의 경우, 각 대기층의 투과함수를 곱하여 두 대기층에 대한 투과함수를 구할 수 있다.

$$\gamma^{J-1}_{J+1} = \gamma^{J}_{J+1} \times \gamma^{J-1}_{J} \tag{4.5.8a}$$

이것은 정의에 의하면 다음과 같다.

$$\begin{aligned}\exp(-\tau^{J-1}_{J+1}/\mu) &= \exp(-\tau^{J}_{J+1}/\mu) \times \exp(-\tau^{J-1}_{J}/\mu) \\ &= \exp\left[-(\tau^{J}_{J+1} + \tau^{J-1}_{J})/\mu\right]\end{aligned} \tag{4.5.8b}$$

이 식(4.5.8b)에 의하면 단색 광학두께의 경우, 다음 식이 성립된다.

$$\tau^{J-1}_{J+1} = \tau^{J}_{J+1} + \tau^{J-1}_{J} \tag{4.5.9}$$

식(4.5.8)은 물론 여러 개의 대기층에 대한 단색 투과함수에도 적용된다. 따라서 $\bar{\gamma}^{J-1}_{J+1}$의 계산 절차를 요약하면 다음과 같다. 먼저 ① HCG를 이용하여 대기층 J와 $J+1$의 온도, 기압 및 각 기체 성분의 유효 광행로를 구한다. 그리고 ② Δw 간격으로 식(4.5.4)를 이용하여 단색 광학두께 τ^{J}_{J+1}, τ^{J-1}_{J}와 투과함수 γ^{J}_{J+1}, γ^{J-1}_{J}을 구한다. 다음은 ③ 식(4.5.8)을 이용하여 Δw 간격으로 γ^{J-1}_{J+1}을 계산한다. 마지막으로 ④ 식(4.5.5)를 이용하여 적분을 구한 후, 다음과 같이 Romberg 적분을 계산한다.

$$\bar{\gamma}_{J+1}^{J-1} = \left[4\bar{\gamma}_{J+1}^{J-1}(\Delta w) - \bar{\gamma}_{J+1}^{J-1}(2\Delta w)\right]/3 \tag{4.5.10}$$

다음은 식(4.5.1)에서 사용된 각 대기층의 평균 광학두께를 보자. 대기층 $J+1$의 평균 광학두께 $\bar{\tau}_{J+1}^{J}$의 경우, 위의 절차 ②에서 Δw 간격으로 계산된 단색 광학두께를 이용하여 식(4.5.3)으로 평균 광학두께를 구할 수 있다. 여기서 주의해야 할 점은 평균 광학두께를 이용하여 평균 투과함수를 계산하면 안 된다는 것이다: $\bar{\gamma}_{J+1}^{J} \neq \exp(-\bar{\tau}_{J+1}^{J}/\mu)$. 따라서 LBL－DISORT에서 대기층의 광학 특성인 흡수 광학두께는 다음에 설명하는 방법으로 결정하여야 한다.

만약 평균 투과함수와 평균 광학두께가 단색의 경우와 같이 식(4.5.8)을 만족한다면 매우 편리할 것이다. 이를 위하여 $\bar{\gamma}_{J+1}^{J} = \exp(-\hat{\tau}_{J+1}^{J}/\mu)$ 관계를 만족하는 평균 광학두께 $\hat{\tau}_{J+1}^{J}$를 다른 방법으로 정의해 보자.

설명을 위하여 수직 방향의 단색 투과함수 γ_{J}^{J-1}와 광학두께 τ_{J}^{J-1}의 관계를 다시 정리하였다.

$$\begin{aligned}\gamma_{J}^{J-1} &= \exp(-\tau_{J}^{J-1}) \\ &= \exp\left[-(\tau_{J-1}^{J-1} + \tau_{J}^{J-1})\right] = \exp\left[-(0 + \tau_{J}^{J-1})\right]\end{aligned} \tag{4.5.11a}$$

양변에 로그를 적용하면 광학두께는 다음으로 계산된다.

$$\ln(\gamma_{J}^{J-1}) = -\tau_{J}^{J-1} \tag{4.5.11b}$$

그리고 γ_{J+1}^{J-1}의 투과함수는 다음으로 표현할 수 있다.

$$\begin{aligned}\gamma_{J+1}^{J-1} &= \exp(-\tau_{J+1}^{J-1}) \\ &= \exp\left[-(\tau_{J-1}^{J-1} + \tau_{J}^{J-1} + \tau_{J+1}^{J})\right] = \exp\left[-(0 + \tau_{J}^{J-1} + \tau_{J+1}^{J})\right]\end{aligned} \tag{4.5.12a}$$

다시 양변에 로그를 적용해보자.

$$\ln(\gamma_{J+1}^{J-1}) = -(\tau_{J}^{J-1} + \tau_{J+1}^{J}) \tag{4.5.12b}$$

같은 방법으로 γ_{J+2}^{J-1}에 대하여 정리하였다.

$$\gamma_{J+2}^{J-1} = \exp(-\tau_{J+2}^{J-1}) \tag{4.5.13a}$$

$$= \exp\left[-(\tau^{J-1}_{J-1} + \tau^{J-1}_{J} + \tau^{J}_{J+1} + \tau^{J+1}_{J+2})\right]$$
$$= \exp\left[-(0 + \tau^{J-1}_{J} + \tau^{J}_{J+1} + \tau^{J+1}_{J+2})\right]$$

$$\ln(\gamma^{J-1}_{J+2}) = -(\tau^{J-1}_{J} + \tau^{J}_{J+1} + \tau^{J+1}_{J+2}) \tag{4.5.13b}$$

대기층 J의 단색 광학두께는 식(4.5.11b)로 계산되었다. 그리고 식(4.5.11b)에서 식(4.5.12b)를 빼면 다음과 같이 $J+1$ 대기층의 광학두께를 구할 수 있다.

$$\ln(\gamma^{J-1}_{J}) - \ln(\gamma^{J-1}_{J+1}) = \tau^{J}_{J+1} \tag{4.5.14}$$

같은 방법으로 식(4.5.12b)와 식(4.5.13b)로부터 다음과 같이 $J+2$ 대기층의 광학두께를 구할 수 있다.

$$\ln(\gamma^{J-1}_{J+1}) - \ln(\gamma^{J-1}_{J+2}) = \tau^{J+1}_{J+2} \tag{4.5.15}$$

평균 투과함수를 이용하여 위에서와 같은 방법으로 평균 광학두께를 정의한다면, 이들은 단색 투과함수와 단색 광학두께의 특성을 갖게 될 것이다. 앞에서 설명한 방법으로 평균 투과함수 $\bar{\gamma}^{J-1}_{J}$, $\bar{\gamma}^{J-1}_{J+1}$, $\bar{\gamma}^{J-1}_{J+2}$을 구하였다면, 이제 식(4.5.11b), 식(4.5.12b), 식(4.5.13b)에서와 같이 로그를 적용한 후 그 차이를 계산하면 각 대기층의 새로운 평균 광학두께 $\hat{\tau}^{J-1}_{J}$, $\hat{\tau}^{J-1}_{J+1}$, $\hat{\tau}^{J-1}_{J+2}$를 정의할 수 있다. 위에서 언급한 바와 같이 이들은 단색 광학두께와 단색 투과함수처럼 다음의 관계를 만족한다.

$$\bar{\gamma}^{J-1}_{J+2} = \bar{\gamma}^{J-1}_{J} \times \bar{\gamma}^{J}_{J+1} \times \bar{\gamma}^{J+1}_{J+2} \tag{4.5.16}$$

$$\begin{aligned}\exp(-\hat{\tau}^{J-1}_{J+2}/\mu) &= \exp(-\hat{\tau}^{J-1}_{J}/\mu) \times \exp(-\hat{\tau}^{J}_{J+1}/\mu) \times \exp(-\hat{\tau}^{J+1}_{J+2}/\mu) \\ &= \exp\left[-(\hat{\tau}^{J-1}_{J} + \hat{\tau}^{J}_{J+1} + \hat{\tau}^{J+1}_{J+2})/\mu\right]\end{aligned} \tag{4.5.17}$$

이러한 방법으로 정의한 평균 광학두께 $\hat{\tau}^{J}_{J+1}$는 $\bar{\tau}^{J}_{J+1}$과는 다른 것이다. 복사모델인 LBL－DISORT의 계산에서는 각 대기층의 광학 특성을 정의하여야 하는데, 여기서 정의한 평균 광학두께는 $\bar{\gamma}^{J}_{J+1} = \exp(-\hat{\tau}^{J}_{J+1})$을 만족하고 복사강도의 계산에 사용되기 때문에 대기층 $J+1$에 대한 흡수 기체의 광학두께는 식(4.5.3)으로 계산한 $\bar{\tau}^{J}_{J+1}$대신 $\hat{\tau}^{J}_{J+1}$을 사용한다.

4.6 적외선 복사 계산을 위한 대기 모델

대기 복사모델을 이용하면 지표에서의 하향 복사강도 혹은 대기 꼭대기에서의 상향 복사강도 스펙트럼을 모의할 수 있다. 그런데 위성에서 지구를 향하여 측정한 적외선 채널의 스펙트럼을 모의할 때, 대기를 직접 관측한 라디오존데 자료를 이용하더라도 계산한 결과는 위성 자료와 제법 차이가 나는 경우가 있다. 이것은 적외선 복사 계산에 사용한 대기 모델이 위성의 관측 시 실제 대기를 제대로 나타내지 못하였거나 지표의 온도 및 방출도 정보가 정확하지 않은 것이 원인이 될 수 있다. 여기에서는 적외선 복사를 계산하기 위한 대기 모델을 준비할 때, 주의해야 할 사항을 설명하고자 한다.

우선 온실기체에 의한 적외선의 흡수와 방출은 부피 흡수계수에 의하여 결정되며, 이 흡수계수는 온도의 함수인 흡수선 강도(line intensity)와 온도 및 기압의 함수인 흡수선 확장(line broadening) 그리고 온실 기체의 양에 의하여 결정되는 것을 염두에 두어야 한다.

그림 4.6.1에서 왼쪽은 라디오존데로 측정한 온도이고, 이 자료를 이용하여 복사 계산을 위한 대기 모델의 온도분포를 구하고자 한다. 오른쪽 대기 모델의 고도 격자에서 온도를 결정할 때, 라디오존데 관측자료를 이용하여 내삽법[선형 내삽법 혹은 qubic spline interpolation]으로 온도를 결정하였다면 무엇인가 이론적 배경이 부족한 것 같다. 어떤 이론적 배경으로 대기 모델의 온도분포를 결정해야 할까? 복사 계산을 위한 대기 모델의 특징과 조건으로 다음 사항을 생각할 수 있다.

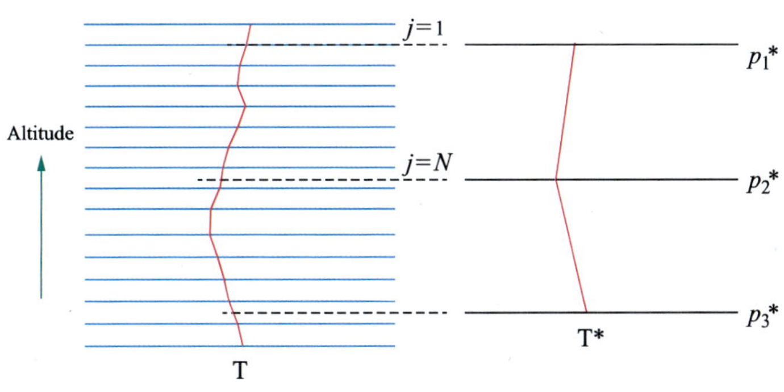

그림 4.6.1 고도에 따른 관측 온도자료와 복사모델 계산을 위한 대기 모델의 온도

- 복사 계산을 위한 대기 모델의 수직 방향 격자수는 제한되어 있으며, 따라서 격자 간격이 관측자료의 수직 간격에 비하여 상당히 크다.
- 대기 모델은 기압을 수직 좌표의 기본 축으로 하는 것이 편리하다. 위치에 따라 그리고 대기 환경에 따라 지표 기압이 다르므로 지표 기압을 기준으로 수직 방향의 격자를 기압의 크기로 정한다.
- 관측자료에서와 같이 대기 모델에서도 수직 격자에서 온도 및 온실기체의 혼합비가 정의된다. 그리고 각 대기층 내에서 온도와 혼합비는 기압(고도)에 따라 선형으로 변한다고 가정한다.
- 대기복사의 계산에서 투과함수(혹은 광학두께)를 계산할 때는 온도와 기압 그리고 각 온실기체의 혼합비가 일정한 균질 대기층이 쌓여있는 것으로 생각하며, 그 특성은 대기층 상부 및 하부 경계에서의 정보를 이용하여 결정한다. 하지만 온실기체에 의한 빛의 방출을 계산할 때, 온도는 대기층 내에서 선형으로 변한다고 가정한다.
- 대기 모델의 각 대기층에서 공기 분자의 수(column density)는 해당 라디오존데 자료의 공기 분자 수와 같아야 한다. 즉, 그림 4.6.1에서 대기 모델 1층[상부 경계 $= p_1^*$, 하부 경계 $= p_2^*$]의 공기 분자 수는 왼쪽 관측자료의 수직 격자 $j=1$에서 $j=N$ 사이의 공기 분자 수와 같아야 한다.
- 대기층의 총 운동에너지[열적 평형상태에서는 총 내부에너지를 의미]는 공기 분자의 수밀도로 가중한 온도의 고도 적분에 비례한다. 그러므로 공기 분자의 수밀도로 가중한 평균 온도가 대기 모델과 관측자료에서 서로 같아지도록 하여야 한다.
- 대기 모델에서 흡수 기체의 광행로, 즉 단위 면적당 흡수 기체의 양은 관측자료의 양과 같아지도록 하여야 한다.

위에서 언급한 조건들을 검토하기 위하여 몇 가지 물리량을 아래에 정의하였다. 대기 모델의 각 대기층에서 이 물리량은 해당 관측자료의 값과 같아지도록 하여야 한다.

각 대기층에서 단위 면적당 공기 분자의 수(column density, particles cm^{-2})는 다음으로 정의된다.

$$N = \int_{z_b}^{z_t} n_{air}\, dz = -\frac{R_{air}}{kg}\int_{p_b}^{p_t} dp = \frac{R_{air}}{kg}(p_b - p_t) \tag{4.6.1}$$

여기서 아래첨자 t, b는 대기층의 꼭대기(top)와 밑바닥(bottom) 경계를 의미한다. 그림

4.6.1에서 대기 모델 1층에 적용하면 공기 분자의 수는 다음과 같다.

$$N_{mo} = -\frac{R_{air}}{kg}\int_{p_2^*}^{p_1^*} dp = \frac{R_{air}}{kg}(p_2^* - p_1^*) \tag{4.6.2}$$

그리고 모델의 1층에 해당하는 관측자료의 경우 다음으로 계산된다.

$$\begin{aligned} N_{obs} &= \sum_{j=1}^{N-1}\left\{-\frac{R_{air}}{kg}\int_{p_{j+1}}^{p_j} dp\right\} \\ &= \frac{R_{air}}{kg}\sum_{j=1}^{N-1}(p_{j+1} - p_j) \\ &= \frac{R_{air}}{kg}[(p_2 - p_1) + \cdots + (p_N - p_{N-1})] \\ &= \frac{R_{air}}{kg}(p_N - p_1) \end{aligned} \tag{4.6.3}$$

라디오존데 자료의 p_1은 대기 모델의 p_1^*과 같고 관측자료의 p_N은 대기 모델의 p_2^*와 같도록 설정한다면 대기 모델에서의 공기 분자 수는 관측자료의 값과 같아지며, 공기 분자의 수는 보존된다고 할 수 있다.

공기 분자의 수밀도로 가중한 대기층의 평균 온도는 다음과 같이 정의된다.

$$\begin{aligned} \overline{T} &= \int_{z_b}^{z_t} T n_{air}\, dz \bigg/ \int_{z_b}^{z_t} n_{air} dz \\ &= -\frac{R_{air}}{kg}\int_{p_b}^{p_t} T\, dp \bigg/ -\frac{R_{air}}{kg}\int_{p_b}^{p_t} dp \end{aligned} \tag{4.6.4}$$

이렇게 정의한 평균 온도는 대기층의 총 내부에너지에 비례하며, $T n_{air} dz$는 공기의 수밀도가 높은 곳의 온도가 대기층 평균 온도의 결정에 더 많은 기여가 있음을 의미한다. 이 계산에서 수직 방향에 따른 온도 변화를 기압 혹은 고도의 함수로 표현할 수 있다. 그 표현에 따라 평균 온도가 달라지는지 검토해 보자. 먼저 온도를 기압의 선형함수로 표현한 경우를 살펴보자.

$$T = T_b + \Gamma \times (p - p_b) \tag{4.6.5a}$$

여기에서 대기층의 기온 감률은 다음으로 정의되었다.

$$\Gamma = (T_t - T_b)/(p_t - p_b) \tag{4.6.5b}$$

식(4.6.5a)를 식(4.6.4)에 대입하여 정리하면 대기층의 평균 온도는 다음과 같이 대기층의 꼭대기와 밑바닥에서의 온도를 평균한 것과 같아지는 것을 알 수 있다.

$$\begin{aligned}
\overline{T} &= -\frac{R_{air}}{kg}\int_{p_b}^{p_t} T\,dp \Big/ -\frac{R_{air}}{kg}\int_{p_b}^{p_t} dp \\
&= \int_{p_b}^{p_t}[T_b + \Gamma\times(p-p_b)]\,dp \,/\, (p_t - p_b) \\
&= \left\{[T_b - \Gamma p_b]\int_{p_b}^{p_t} dp + \Gamma\int_{p_b}^{p_t} p\,dp\right\}\Big/ (p_t - p_b) \\
&= \left\{[T_b - \Gamma p_b] + \frac{\Gamma}{2}(p_t + p_b)\right\}(p_t - p_b)\Big/(p_t - p_b) \\
&= \frac{1}{2}(T_t + T_b)(p_t - p_b)\Big/(p_t - p_b) \\
&= \frac{1}{2}(T_t + T_b)
\end{aligned} \tag{4.6.6}$$

따라서 그림 4.6.1에서 대기 모델 1층의 경우, 평균 온도는 대기층 꼭대기와 밑바닥 경계에서의 온도를 평균하여 계산할 수 있다.

$$\overline{T}_{mo} = \frac{1}{2}(T_1^* + T_2^*) \tag{4.6.7a}$$

그리고 해당 대기층의 관측자료를 이용하여 계산할 경우, 다음 식을 이용한다.

$$\begin{aligned}
\overline{T}_{obs} &= \sum_{j=1}^{N-1}\int_{p_{j+1}}^{p_j} T\,dp \Big/ \sum_{j=1}^{N-1}\int_{p_{j+1}}^{p_j} dp \\
&= \sum_{j}^{N-1}\frac{T_j + T_{j+1}}{2}(p_j - p_{j+1})\Big/\sum_{j}^{N-1}(p_j - p_{j+1}) \\
&= \sum_{j}^{N-1}[\overline{T}_j \times \Delta p_j]\Big/(p_1 - p_N)
\end{aligned} \tag{4.6.7b}$$

여기서 $\overline{T}_j$와 Δp_j의 정의는 다음과 같다.

$$\overline{T}_j = \frac{T_j + T_{j+1}}{2}, \ \Delta p_j = p_j - p_{j+1} \tag{4.6.7c}$$

다음은 대기층 내에서 수직 방향의 온도 변화를 고도의 함수로 표현한 경우이다. 온도는 기온 감률 γ를 이용하여 다음과 같이 선형함수로 나타낼 수 있다.

$$T = T_b + \gamma(z - z_b) \tag{4.6.8a}$$

이 경우에 기온 감률은 다음으로 정의되었다.

$$\gamma = (T_t - T_b)/(z_t - z_b) \tag{4.6.8b}$$

그런데 대기 모델에서는 기압을 수직 방향의 축으로 사용하므로, 고도를 기압으로 표현하기 위하여 정역학 방정식을 이용하였다.

$$dz = -\frac{dp}{\rho g} = -\frac{R_{air} T}{g}\frac{dp}{p}$$

이 방정식을 대기층 범위에 대하여 적분하자.

$$\int_{z_b}^{z_t} dz = -\frac{R_{air}}{g}\int_{p_b}^{p_t} T\frac{dp}{p} = -\frac{R_{air}}{g}\int_{p_b}^{p_t} T\, d(\ln p) \tag{4.6.9}$$

양변을 적분하여 정리하면 다음과 같다.

$$z_t - z_b = -\frac{R_{air}\widetilde{T}}{g}\int_{p_b}^{p_t} d(\ln p) = -H[\ln p_t - \ln p_b] \tag{4.6.10a}$$

그리고 대기층의 밑바닥 경계와 고도 $z(p)$ 사이의 거리를 다음과 같이 기압으로 표현할 수 있다.

$$z - z_b = -\frac{R_{air}\widetilde{T}}{g}\int_{p_b}^{p} d(\ln p) = -H[\ln p - \ln p_b] \tag{4.6.10b}$$

여기서 사용한 $\widetilde{T}$, H 정의는 다음과 같다.

$$\widetilde{T} = \int_{p_b}^{p_t} Td(\ln p) \bigg/ \int_{p_b}^{p_t} d(\ln p), \;\; H = \frac{R_{air}\widetilde{T}}{g} \tag{4.6.11}$$

먼저 식(4.6.10b)를 식(4.6.8a)에 대입하여 대기층에서 고도에 따른 온도 변화를 표현하여 보자.

$$\begin{aligned} T &= T_b + \gamma(z - z_b) \\ &= T_b + \frac{T_t - T_b}{H(\ln p_t - \ln p_b)} H(\ln p - \ln p_b) \\ &= T_b + \gamma^* (\ln p / \ln p_b) \end{aligned} \tag{4.6.12a}$$

여기에서 새로운 기온 감률 γ^*는 다음으로 정의되었다.

$$\gamma^* = \frac{T_t - T_b}{\ln p_t - \ln p_b} \tag{4.6.12b}$$

이제 식(4.6.4)에서 온도를 식(4.6.12a)로 표현하고 적분을 수행하면 대기층의 평균 온도는 다음과 같다.

$$\begin{aligned} \overline{T} &= -\frac{R_{air}}{kg}\int_{p_b}^{p_t} Tdp \bigg/ -\frac{R_{air}}{kg}\int_{p_b}^{p_t} dp \\ &= \int_{p_b}^{p_t} [T_b + \gamma^* (\ln p / p_b)]\, dp \bigg/ \int_{p_b}^{p_t} dp \\ &= \left\{ [T_b - \gamma^* \ln p_b] \int_{p_b}^{p_t} dp + \gamma^* \int_{p_b}^{p_t} \ln p \, dp \right\} \bigg/ (p_t - p_b) \\ &= \left\{ [T_b - \gamma^* \ln p_b](p_t - p_b) + \gamma^* [p \ln p - p]_{p_b}^{p_t} \right\} / (p_t - p_b) \\ &= \{ T_b (p_t - p_b) + \gamma^* [p_t (\ln p_t - \ln p_b) - (p_t - p_b)] \} / (p_t - p_b) \\ &= \left\{ T_b (p_t - p_b) + (T_t - T_b) p_t - \frac{T_t - T_b}{\ln p_t - \ln p_b}(p_t - p_b) \right\} \bigg/ (p_t - p_b) \\ &= \left\{ T_t \, p_t - T_b \, p_b - \frac{T_t - T_b}{\ln p_t - \ln p_b}(p_t - p_b) \right\} \bigg/ (p_t - p_b) \end{aligned} \tag{4.6.13}$$

이 결과는 식(4.6.6)과 다른 결과이다. 그림 4.6.1의 대기 모델 1층에 적용하면 대기층의 평균 온도는 다음과 같이 계산할 수 있다.

$$\overline{T}_{mo} = \left[T_1^* p_1^* - T_2^* p_2^* - \frac{T_1^* - T_2^*}{\ln p_1^* - \ln p_2^*}(p_1^* - p_2^*) \right] \Big/ (p_1^* - p_2^*) \tag{4.6.14a}$$

그리고 대기 모델 1층에 해당하는 라디오존데 관측자료의 경우 다음으로 평균 온도가 계산된다.

$$\overline{T}_{obs} = \left\{ \sum_{j=1}^{N-1} [T_j p_j - T_{j+1} p_{j+1}] - \frac{(T_j - T_{j+1})(p_j - p_{j+1})}{\ln p_j - \ln p_{j+1}} \right\} \Big/ (p_1 - p_N) \tag{4.6.14b}$$

여기에서도 $p_1^* = p_1$이고 $p_2^* = p_N$으로 설정한다. 라디오존데 관측자료를 이용하여 계산해 보면 비록 수식은 다르지만, 식(4.6.7b)와 식(4.6.14b)의 평균 온도는 같은 값이다. 이것은 대기층 내에서 수직 방향의 온도 변화를 식(4.6.5a)로 혹은 (4.6.12a)로 나타내어도 된다는 것을 의미한다.

NOTE 식(4.6.11)에서 정의된 $\widetilde{T}$의 계산

대기층 내에서 온도의 변화가 식(4.6.12a)로 표현되었을 때 식(4.6.11)에서 정의된 $\widetilde{T}$을 전개하여 보자.

$$\begin{aligned}
\widetilde{T} &= \left\{ \int_{p_b}^{p_t} [T_b - \gamma^* \ln p_b] d(\ln p) + \gamma^* \int_{p_b}^{p_t} \ln p \, d(\ln p) \right\} \Big/ \int_{p_b}^{p_t} d(\ln p) \\
&= \frac{1}{\ln(p_t/p_b)} \left\{ [T_b - \gamma^* \ln p_b] \ln(p_t/p_b) + \gamma^* \frac{1}{2} [\ln^2 p_t - \ln^2 p_b] \right\} \\
&= \frac{1}{\ln(p_t/p_b)} \left\{ [T_b - \gamma^* \ln p_b] \ln(p_t/p_b) + \gamma^* \frac{1}{2} (\ln p_t - \ln p_b)(\ln p_t + \ln p_b) \right\} \\
&= \frac{1}{\ln(p_t/p_b)} \left\{ [T_b - \gamma^* \ln p_b] + \gamma^* \frac{1}{2} (\ln p_t + \ln p_b) \right\} \ln(p_t/p_b) \\
&= \frac{1}{\ln(p_t/p_b)} \left[T_b + \gamma^* \frac{1}{2} (\ln p_t - \ln p_b) \right] \ln(p_t/p_b) \\
&= \frac{1}{\ln(p_t/p_b)} \left[T_b + \gamma^* \frac{1}{2} \ln(p_t/p_b) \right] \ln(p_t/p_b) \\
&= \frac{1}{\ln(p_t/p_b)} \left[T_b + \frac{1}{2} (T_t - T_b) \right] \ln(p_t/p_b) \\
&= \frac{1}{\ln(p_t/p_b)} \frac{1}{2} (T_t + T_b) \ln(p_t/p_b) \\
&= \frac{1}{2} (T_t + T_b)
\end{aligned} \tag{4.6N.1}$$

이 결과는 식(4.6.6)과 같이 꼭대기와 밑바닥 경계 온도의 평균과 같아지는 것을 알 수 있다. 그런데 주의할 점은 모델의 대기층에 해당하는 관측자료를 이용하여 평균 온도를 계산할 때 가중치가 다르다는 것이다. 식(4.6.7b)에서는 $\overline{T}_j$에 대한 가중치가 $(p_j - p_{j+1})$이지만 $\widetilde{T}$의 계산에서는 다음과 같이 가중치가 $\ln(p_j/p_{j+1})$가 된다.

$$\begin{aligned}\widetilde{T} &= \sum_{j=1}^{N-1}\int_{p_{j+1}}^{p_j} Td(\ln p)\Big/\sum_{j=1}^{N-1}\int_{p_{j+1}}^{p_j} d(\ln p) \\ &= \left[\sum_{j=1}^{N-1}\frac{T_j+T_{j+1}}{2}\ln(p_j/p_{j+1})\right]\Big/\sum_{j=1}^{N-1}\ln(p_j/p_{j+1}) \\ &= \sum_{j=1}^{N-1}\left[\,\overline{T}_j\times\ln(p_j/p_{j+1})\right]\Big/\ln(p_1/p_N)\end{aligned} \tag{4.6N.2}$$

관측자료를 이용하여 식(4.6N.2)로 계산한 평균 온도는 식(4.6.7b)의 결과와 거의 같다.

대기층의 평균 기압을 식(4.6.4)에서와 같이 공기 분자의 수밀도로 가중한 평균으로 표현하면 다음과 같다.

$$\begin{aligned}\overline{p} &= \int_{z_b}^{z_t} p\, n_{air}\, dz \Big/ \int_{z_b}^{z_t} n_{air} dz \\ &= \int_{p_b}^{p_t} p\, dp \Big/ \int_{p_b}^{p_t} dp = \frac{1}{2}(p_t^2 - p_b^2)/(p_t - p_b) = \frac{1}{2}(p_t + p_b)\end{aligned} \tag{4.6.15}$$

따라서 대기 모델 1층에 대한 평균 기압은 다음으로 계산된다.

$$\overline{p}_{mo} = \frac{1}{2}(p_1^* + p_2^*) \tag{4.6.16a}$$

그리고 모델 1층에 해당하는 관측자료를 이용한 계산은 다음과 같다.

$$\begin{aligned}\overline{p}_{obs} &= \sum_{j=1}^{N-1}\int_{p_{j+1}}^{p_j} p\ dp\Big/\sum_{j=1}^{N-1}\int_{p_{j+1}}^{p_j} dp \\ &= \sum_{j}^{N-1}\frac{1}{2}(p_j^2 - p_{j+1}^2)\Big/\sum_{j}^{N-1}(p_j - p_{j+1}) \\ &= \sum_{j}^{N-1}[\overline{p}_j \times \Delta p_j]\Big/(p_1 - p_N)\end{aligned} \tag{4.6.16b}$$

여기에서 $\overline{p}_j = (p_j + p_{j+1})/2$이고 Δp_j는 식(4.6.7c)에 정의되었다.

대기층에 대한 흡수 기체의 평균 혼합비도 공기의 수밀도로 가중하여 다음과 같이 계산할 수 있다.

$$\overline{\chi} = \int_{z_b}^{z_t} \chi\, n_{air}\, dz \Big/ \int_{z_b}^{z_t} n_{air} dz = -\frac{R_{air}}{kg}\int_{p_b}^{p_t} \chi\, dp \Big/ -\frac{R_{air}}{kg}\int_{p_b}^{p_t} dp \tag{4.6.17a}$$

$$\overline{q} = \int_{z_b}^{z_t} q\, \rho_{air}\, dz \Big/ \int_{z_b}^{z_t} \rho_{air} dz = -\frac{1}{g}\int_{p_b}^{p_t} \chi\, dp \Big/ -\frac{1}{g}\int_{p_b}^{p_t} dp \tag{4.6.17b}$$

여기서 χ는 부피 혼합비를 의미하고 q는 질량 혼합비를 나타낸다. 이 식에서 분자는 단위 면적당 흡수 기체의 양을 나타내는 광행로(optical path)이다. 따라서 대기 모델의 각 대기층에 대하여 식(4.6.1)로 정의된 공기 분자의 양과 식(4.6.17)로 정의된 평균 혼합비가 해당 라디오존데 자료의 값으로 보존되면 광행로 역시 보존된다.

고도에 따른 혼합비의 변화를 식(4.6.5)와 같은 형식으로 표현하였다.

$$\chi = \chi_b + \Gamma_\chi \times (p - p_b) \tag{4.6.18a}$$

$$\Gamma_\chi = (\chi_t - \chi_b)/(p_t - p_b) \tag{4.6.18b}$$

따라서 평균 혼합비는 식(4.6.6)과 같은 방법으로 적분하면 결과는 다음과 같다.

$$\begin{aligned} \overline{\chi} &= -\frac{R_{air}}{kg}\int_{p_b}^{p_t} \chi\, dp \Big/ -\frac{R_{air}}{kg}\int_{p_b}^{p_t} dp \\ &= \frac{1}{2}(\chi_t + \chi_b)(p_t - p_b)/(p_t - p_b) = \frac{1}{2}(\chi_t + \chi_b) \end{aligned} \tag{4.6.19}$$

그리고 그림 4.6.1의 대기 모델 1층에 대한 평균 혼합비의 계산은 모델과 관측자료의 경우 각각 다음과 같이 계산한다.

$$\overline{\chi}_{mo} = \frac{1}{2}(\chi_1^* + \chi_2^*) \tag{4.6.20a}$$

$$\overline{\chi}_{obs} = \sum_{j=1}^{N-1} [\,\overline{\chi}_j \times \Delta p_j]/(p_1 - p_N) \tag{4.6.20b}$$

여기에서 $\overline{\chi}_j = (\chi_j + \chi_{j+1})/2$이다. 한편 혼합비의 고도에 따른 변화를 식(4.6.12a)에서와 같이 다음으로 표현할 수도 있다.

$$\chi = \chi_b + \gamma_\chi^* (\ln p / \ln p_b) \tag{4.6.21a}$$

$$\gamma_\chi^* = \frac{\chi_t - \chi_b}{\ln p_t - \ln p_b} \tag{4.6.21b}$$

이 경우, 위의 식(4.6.17a)의 계산은 식(4.6.13)과 같은 방법으로 적분할 수 있으며 그 결과는 다음과 같다.

$$\overline{\chi} = \left\{ \chi_t p_t - \chi_b p_b - \frac{\chi_t - \chi_b}{\ln p_t - \ln p_b} (p_t - p_b) \right\} \Big/ (p_t - p_b) \tag{4.6.22}$$

따라서 그림 4.6.1의 대기 모델 1층에 대한 평균 혼합비는 모델과 관측자료의 경우 각각 다음과 같이 계산할 수 있다.

$$\overline{\chi}_{mo} = [\chi_1^* p_1^* - \chi_2^* p_2^* - \frac{\chi_1^* - \chi_2^*}{\ln p_1^* - \ln p_2^*} (p_1^* - p_2^*)] \Big/ (p_1^* - p_2^*) \tag{4.6.23a}$$

$$\overline{\chi}_{obs} = \left\{ \sum_{j=1}^{N-1} [\chi_j p_j - \chi_{j+1} p_{j+1}] - \frac{(\chi_j - \chi_{j+1})(p_j - p_{j+1})}{\ln p_j - \ln p_{j+1}} \right\} \Big/ (p_1 - p_N) \tag{4.6.23b}$$

적외선 영역의 대기복사 계산을 위한 대기 모델을 준비할 때 중요한 것은 모든 대기층의 평균 온도와 평균 혼합비가 해당 관측자료의 값들과 같아지도록 하여야 한다는 점이다.

앞에서 언급한 바와 같이 대기 자료는 기압(고도) 격자에 정의된다. 먼저 대기 모델에서 각 고도 격자의 온도 결정에 대하여 살펴보도록 하자. 그림 4.6.1에서와 같이 2개의 대기층으로 구성되어 있다고 할 때, 3개의 고도 격자 p_1^*, p_2^*, p_3^*에서 온도를 구하여야 한다. 이때 대기 모델 1층과 2층의 평균 온도가 관측자료의 해당 대기층 평균 온도와 같아야 한다. 즉, 2개의 평균 온도가 있고 3개의 미지수를 결정해야 하는 문제이다. 따라서 이 조건만 이용한다면 대기 모델의 3개 고도에 다양한 온도를 지정할 수 있다. 추가적인 조건이 요구되는데, 여기에서는 대기층의 평균 기온 감률을 이용하기로 한다.

대기층의 평균 기온 감률을 구하는 방법으로 식(4.6.4)에서와 같이 기온 감률에 공기 분자의 수밀도로 가중 평균한 것으로 정의 할 수 있다. 다른 방법으로는 모델 대기층에 해당하는 관측 온도자료를 최소 제곱법(Least-squares fit)을 이용하여 고도의 1차 함수로 표현하는 것이다. 먼저 공기 분자의 수밀도로 가중한 평균 기온 감률을 다음으로 정의하자. 식(4.6.5b)와 식(4.6.12b)의 감률을 이용하여 표현하였다.

$$\overline{\Gamma} = -\frac{R_{air}}{kg}\int_{p_b}^{p_t}\Gamma\,dp\bigg/ -\frac{R_{air}}{kg}\int_{p_b}^{p_t}dp \tag{4.6.24}$$

$$\overline{\gamma}^* = -\frac{R_{air}}{kg}\int_{p_b}^{p_t}\gamma^*\,dp\bigg/ -\frac{R_{air}}{kg}\int_{p_b}^{p_t}dp \tag{4.6.25}$$

따라서 대기 모델 1층의 해당 관측자료를 이용할 경우, 평균 기온 감률은 다음으로 계산할 수 있다.

$$\begin{aligned}\overline{\Gamma}_{obs} &= \sum_{j=1}^{N-1}\int_{p_{j+1}}^{p_j}\Gamma\,dp\bigg/\sum_{j=1}^{N-1}\int_{p_{j+1}}^{p_j}dp \\ &= \sum_{j=1}^{N-1}\Gamma_j(p_j-p_{j+1})\bigg/\sum_{j=1}^{N-1}(p_j-p_{j+1}) \\ &= \sum_{j}^{N-1}[\Gamma_j\times\Delta p_j]\bigg/(p_1-p_N)\end{aligned} \tag{4.6.26a}$$

여기에서 $\Gamma_j = (T_j - T_{j+1})/(p_j - p_{j+1})$이다. 그리고 대기 모델의 기온 감률은 다음과 같다.

$$\overline{\Gamma}_{mo} = (T_{p_1^*} - T_{p_2^*})/(p_1^* - p_2^*) \tag{4.6.26b}$$

같은 방법으로 식(4.6.25)를 이용한 경우, 결과를 정리하면 다음과 같다.

$$\begin{aligned}\overline{\gamma}^*_{obs} &= \sum_{j=1}^{N-1}\int_{p_{j+1}}^{p_j}\gamma^*\,dp\bigg/\sum_{j=1}^{N-1}\int_{p_{j+1}}^{p_j}dp \\ &= \sum_{j=1}^{N-1}\gamma_j^*(p_j-p_{j+1})\bigg/\sum_{j=1}^{N-1}(p_j-p_{j+1}) \\ &= \sum_{j}^{N-1}[\gamma_j^*\times\Delta p_j]\bigg/(p_1-p_N)\end{aligned} \tag{4.6.27a}$$

$$\overline{\gamma}^*_{mo} = (T_{p_1^*} - T_{p_2^*})\big/\ln(p_1^*/p_2^*) \tag{4.6.27b}$$

여기에서 $\gamma_j^* = (T_j - T_{j+1})/\ln(p_j/p_{j+1})$로 정의된 것이다.

앞에서 언급한 바와 같이 기온을 선형함수로 표현하고 그 결과를 이용하여 기온 감률을 계산할 수도 있다. 대기 모델 1층에 해당하는 온도자료를 다음과 같이 고도의 1차 함수로 나타내 보자.

$$T(h) = A + Bh \tag{4.6.28}$$

이 식에서 $h = z(p) - z(p_2^*) = -H\ln(p/p_2^*)$이며, H는 식(4.6.11)에서 정의되었다. 이제 모델 대기층에 해당하는 라디오존데 기온 자료를 이용하여 최소 제곱법으로 다음의 함수 $R(A,B)$을 최소로 하는 상수를 구할 수 있다.

$$R(A,B) = \sum_{j=1}^{N-1} [T_j - (A + Bh_j)]^2 \tag{4.6.29}$$

상수 A, B가 계산되면 대기층 꼭대기와 밑바닥 경계에 해당하는 온도를 계산할 수 있고, 관측자료의 기온 감률을 계산할 수 있다.

대기 모델의 각 대기층에 해당하는 관측자료의 평균 기온과 기온 감률 $\overline{T}_i$, $\overline{\gamma}_i$ $(i = 1, 2, \cdots, M-1)$이 결정되면 대기 모델의 고도(기압) 격자에서 온도 T_i $(i = 1, 2, \cdots, M)$를 구할 수 있다. 이 계산에 사용한 방법은 Non-Linear Least-Squares fit (NLSQ; Levenberg-Marquardt Algorithm, More et al., 1983)이다. 대기 모델의 각 대기층 평균 온도와 기온 감률이 해당 관측자료의 값들과 가장 비슷하게 만들어 주는 T_i를 찾는 것이다. 이를 위하여 NLSQ의 비용함수를 다음으로 정의하였다.

$$\psi = \sum_{i=1}^{M-1} \left\{ g_T[(\hat{T}_i - \overline{T}_i)/\overline{T}_i]^2 + g_\gamma[(\hat{\gamma}_i - \overline{\gamma}_i)/\overline{\gamma}_i]^2 \right\} \tag{4.6.30}$$

여기에서 $\hat{T}_i = (T_i + T_{i+1})/2$는 대기 모델의 평균 기온이며 $\hat{\gamma}_i = (T_i - T_{i+1})/\ln(p_i/p_{i+1})$는 대기 모델의 기온 감률이다. 주의할 점은 $\overline{T}_i$, $\overline{\gamma}_i$과 $\hat{T}_i$, $\hat{\gamma}_i$의 첨자는 대기층의 번호이고 T_i, p_i의 첨자는 고도(기압) 격자 번호라는 것이다. 비용함수에서 g_T, g_γ는 기온 감률과 평균 기온에 곱해지는 가중치이다. 다음 절에서 설명한 프로그램 실습 4.7.4 "복사 계산을 위한 대기 모델"에서는 기온 감률이 T_i와 T_{i+1}의 크기에 민감하게 반응하므로 $g_T > g_\gamma$로 하였다.

흡수 기체의 혼합비도 비슷한 방법으로 계산할 수 있다. 이때에는 평균 혼합비와 혼합비의 고도 변화율을 이용한다.

온도와 흡수 기체의 혼합비가 결정되면 모델 기압 격자의 고도를 계산한다. 대기 모델에서 두 기압 p_t, p_b의 고도는 다음의 Hypsometric equation [혹은 정역학 방정식]을 이용하여 계산할 수 있다.

$$z_t - z_b = -\frac{R_d \overline{T}_v}{g} \ln(p_t/p_b) \tag{4.6.31}$$

여기에서 $\overline{T}_v$는 대기층의 평균 가온도(virtual temperature)이다.

$$\overline{T}_v = \int_{p_b}^{p_t} T_v d(\ln p) \Big/ \int_{p_b}^{p_t} d(\ln p) \tag{4.6.32}$$

그리고 가온도는 다음으로 정의되었다.

$$T_v = \frac{T}{1 - \frac{e}{p}(1-\epsilon)} = T \frac{\chi_m + \epsilon}{\epsilon(1+\chi_m)} \tag{4.6.33}$$

여기에 사용된 변수의 정의는 다음과 같다.

$$\frac{e}{p} = \frac{\chi_m}{\chi_m + \epsilon}$$

χ_m : (mass) mixing ratio of water vapor

$$\epsilon = \frac{R_d}{R_v} = \frac{M_v}{M_d} = 0.622$$

다음 절의 4.7.4 "복사 계산을 위한 대기 모델"에 실습 프로그램을 설명하였으므로 세부 사항은 프로그램을 참조하여 주기 바란다.

4.7 LBL－DISORT 프로그램 실습

4.7.1 흡수선 누적(Line-by-line) 계산

(1) 흡수선 자료

흡수선 누적 모델(line-by-line model)을 이용한 광학두께(혹은 투과함수) 계산에는 표 4.3.1과 같은 흡수선 자료가 필요하다. 가장 기초가 되는 자료이므로 여기에서는 선택한 파장 범위에 대한 흡수선 자료를 생산하는 프로그램을 먼저 설명하였다.

디렉터리 /SCA_LecNotes/LBL_Basic/HITRAN2012/에 있는 HITRAN12_select.f는 HITRAN2012 데이터베이스(HITRAN2012.par)로부터 흡수선 자료를 생산하는 프로그램이다. 이 프로그램으로 32개 종류의 기체에 대한 흡수선 자료를 생산할 수 있다. 프로그램을 컴파일하여 수행하면 파수의 범위에 대한 문답이 있다. WBegin, WEnd의 값을 파수 단위로 입력하면 된다. 주의할 점은 광학두께의 계산 범위가 w_{begin}, w_{end}이라면 흡수선 자료의 범위는 WBegin$= w_{begin} - \Delta w$, WEnd$= w_{end} + \Delta w$로 하여야 한다. 그 이유는 흡수계수 계산에서 계산 범위의 바깥에 있는 흡수선의 기여가 있기 때문이다. 일반적인 계산에는 $\Delta w = 10\,\mathrm{cm}^{-1}$로 하면 충분하다. 프로그램에서 DATA 선언문의 선택 사항으로는 INCD와 CutSet이 있다. 각 기체의 흡수선 강도가 CutSet 값 이상 되는 흡수선 자료만 생산된다. 대기 중의 혼합비(ppmV)와 CutSet의 곱, 즉 $\chi_{gas} \times \mathrm{CutSet} = \mathrm{O}\,(10^{-26})$ 크기로 각 기체 성분의 Cutset을 설정하였다. 흡수선 강도가 크더라도 대기 중에 그 기체 성분의 양이 작으면 광학두께는 결과적으로 작은 값이기 때문이다. INCD는 흡수선 자료의 생산에 포함할 기체를 선택하는 변수이다[포함 INCD = 1; 비포함 INCD = 0]. 결과물은 하부 디렉터리 /HITRAN2012_OUT/에 있다. HITRAN 자료를 사용할 때 파수 범위가 넓어서 흡수선의 수가 매우 많을 경우, HITRAN_unformat.exe를 수행하여 생산한 자료를 unformat 형식으로 변환하여 사용한다. 자료의 크기가 약 5배 이상 작아지며, 이 자료를 읽을 때 역시 unformat 형식으로 하면 시간이 단축된다.

- **주프로그램** : HITRAN12_select.f. Fortran 컴파일러를 이용하여 다음의 형식으로 컴파일하면 된다.

- 컴파일 : pgf90 HITRAN12_select.f –o HITRAN12_select.exe

- **결과물** : /HITRAN2012/의 하부 디렉터리 /HITRAN2012_OUT/에 프로그램 수행 결과로 2개 파일이 생성된다.
  - HITRAN2012_selected.DAT : 선정한 파수 범위에 있는 흡수선 자료이다. HITRAN 흡수선 형식으로 파수의 증가 순으로 자료가 정렬되어 있다[참조, 표 4.3.1].
  - HITRAN2012_selected.summary : 선정한 파수 범위에 각 기체 성분의 흡수선 수와 개략적인 흡수선 강도의 Histogram이 요약되었다.

- **부수 프로그램** : HITRAN_Unformat.f. HITRAN_selected.DAT를 unformatted 형식으로 변환해 준다.

(2) 흡수선 확장함수

흡수선의 확장(broadening)을 나타내는 함수로 흡수 기체와 공기 분자의 충돌에 의한 로렌츠 확장함수(Lorentz profile)의 계산은 식(4.3.2)를 이용하고 흡수 기체의 운동 때문에 발생하는 도플러 확장함수(Doppler profile)의 계산은 식(4.3.4)를 이용한다. 그리고 충돌과 도플러 확장의 영향을 동시에 나타내는 Voigt 확장함수의 계산은 식(4.3.7)을 이용하여 계산한다(Drayson, 1976). 그림 4.3.1은 이 프로그램의 결과를 나타낸 것이다.

프로그램은 /SCA_LecNotes/LBL_Basic/Profile_Voigt/ 디렉터리에 있는 Profiles.f이다. 프로그램에서는 기온 T, 기압 P, 그리고 흡수선 위치 V0, 흡수선 강도 SL, 충돌확장의 반폭 Aair, Aself 및 흡수 기체의 혼합비 VMIX와 식(4.3.3)에서 사용된 온도 의존성을 나타내는 변수 TCOEF를 정의하였다. Aair는 공기와의 충돌에 대한 반폭을 의미하며 Aself는 동일 기체 성분과의 충돌에 대한 반폭을 의미한다. 간단한 프로그램이지만 Line-by-line 모델의 기초가 되는 것이므로 충분히 이해하여 주기 바란다.

- **주프로그램** : Profiles.f

- **부프로그램** : P_DOP, P_LOR, VOIGT. 도플러, 로렌츠, Voigt 확장함수를 계산하는 프로그램이다.

- **결과물** : fort.7, fort.8. Voigt 확장함수의 계산에 2개의 다른 수식이 사용되었지만 결국

은 같은 Voigt 함수를 계산하는 것이다. 흡수선 중심에서의 거리 혹은 파수에 따른 확장 함수의 값이다. 파일의 3번째 열은 충돌확장, 4번째 열은 도플러 확장, 그리고 5번째 열은 Viogt 확장함수의 결과이다.

- **부수 프로그램** : Profile_Plot.pro는 결과 파일 fort.7 혹은 fort.8을 그림으로 나타내는 IDL 프로그램이다.

(3) 균질 대기층의 투과함수

이 프로그램 역시 Line-by-line(LBL) 계산의 기초가 되는 것으로, 균질 대기층에서 빛이 전파할 때 각 파장(파수)에서의 광학두께와 투과함수를 계산한다. 각 파장(파수)에서 부피 흡수계수는 식(4.3.18)을 이용하여 계산하였다. 실습 프로그램은 디렉터리 /SCA_LecNotes/LBL_Basic/Transmittance/에 있는 흡수선 자료 Example_HITRAN.DAT를 이용한다. 표 4.3.1은 이 흡수선 자료의 일부이다. 각 흡수선의 온도에 따른 변화는 식(4.3.15)를 이용하였으며, 흡수선 확장은 Voigt 함수를 이용하였다. 계산에 사용한 균질 대기층의 온도와 기압은 각각 296 K와 1013.25 hPa이고 빛이 전파한 거리는 250 m이다. 광학두께와 투과함수 계산의 파수 범위는 510～511 cm^{-1}이며 계산 간격은 0.001 cm^{-1}이다. 그림 4.3.2～4.3.3은 여기에서 설명한 Trans_Single.f의 결과를 그린 것이며, 그림 4.3.4는 Trans.f의 결과를 그린 것이다.

- **주프로그램** : Trans.f 혹은 Trans_single.f

- **결과물** : Trans.out 혹은 Trans_Single.out, Trans_Single.cro. 이 중에 Trans.out의 1번째 열은 파수, 2번째 열은 부피 흡수계수, 3번째 열은 광학두께, 그리고 4번째 열은 투과함수를 나타낸다.

- **부수 프로그램** : Trans_Plot.pro는 Trans.out를 그리는 프로그램이고, Trans_Single_Plot.pro는 Trans_Single.out을 그리며 Cros_Single_Plot.pro는 Trans_Single.cro를 그리는 프로그램이다.

4.7.2 균질 광행로 근사

LBL에서 수직 방향의 비균질 대기층에 상당하는 균질 대기층을 정의하는 것이 균질 광행로 근사이다. 여기에서는 HCG 3인자 근사[식(4.4.27)~(4.4.29)]로 계산한 광학두께와 개선된 3인자 근사[식(4.4.33)~(4.4.36)]로 계산한 광학두께 그리고 식(4.4.1)의 고도 적분을 Gaussian quadrature (GQ)를 이용하여 정확하게 계산한 광학두께를 비교한다. 정의된 파수에서 각 흡수 기체의 정확한 광학두께 계산은 다음과 같이 고도 적분을 GQ를 이용하여 계산한 것이다.

$$\tau_w = -\frac{R_{air}}{kg}\int_{p_b}^{p_t}\sigma_w \chi_{abs}\, dp = -\frac{R_{air}}{kg}\sum_{j=1}^{L}(\sigma_w \chi_{abs})_j a_j \tag{4.7.1}$$

이 적분의 계산에서 GQ 격자 기압 p_j와 가중치 a_j는 부프로그램 GAULEG를 이용하여 구한다. 그리고 격자 기압에서의 자료[기압, 온도, 혼합비]를 이용하여 $(\sigma_w \chi_{abs})_j$를 계산한다. 이 계산에서는 대기층 내의 온도와 혼합비를 기압의 선형함수로 표현하였다. 총 광학두께는 각 기체의 광학두께를 더하여 계산한다. 흡수선 확장은 Voigt 확장함수를 이용하였으며, 대기층의 상부와 하부 경계에서 대기 자료는 표 4.4.1이다.

프로그램은 /SCA_LecNotes//LBL_Basic/HCG_Approx/에 있는 HCG_Trans.f이고, 계산에 사용된 흡수선 자료는 Example_HITRAN.DAT이다. 표 4.4.1에서 보는 바와 같이 H_2O의 혼합비는 CO_2, SO_2의 혼합비에 비해 상당히 크기 때문에 광학두께와 투과함수는 H_2O 흡수선에 의하여 결정된다. 프로그램의 결과는 HCG_Trans_H2O.out 파일이다. 계산 결과에는 식(4.2.1)로 계산한 대기층 상부 경계에서의 상향 복사강도[천정각 $\theta=0.0$]와 식(4.2.3)으로 계산한 하부 경계에서의 하향 복사강도가 포함되어 있다. 이들의 단위는 mW/(m^2 sr cm^{-1})이다. 상부 경계와 하부 경계에서의 온도 차이가 약 3 K인데, 이 차이가 5 K 이상 되면 식(4.2.1)의 결과에는 오차가 발생할 수 있으므로 주의하여야 한다.

다른 한편으로 고도에 따라 혼합비가 증가하는 O_3에 대한 계산의 정확도를 평가하였다. 이 계산에 사용된 대기 자료는 다음의 표 4.7.1과 같다. 성층권에 해당하며, 수증기와 오존의 혼합비가 고도에 따라 증가하는 경우이다.

▼ 표 4.7.1 O_3에 대한 HCG 근사의 정확도 계산에 사용된 대기 자료

고도(m)	기압(hPa)	온도(K)	χ_{H_2O} (ppm)	χ(ppm)	χ_{O_3} (ppm)
22113.62	39.799	218.706	4.078	360.0	3.715
21252.22	45.503	217.857	3.994	360.0	3.167

- **주프로그램** : HCG_Trans.f

- **HITRAN 자료** : H_2O는 대류권에서 혼합비가 고도에 따라 감소하고 O_3는 성층권에서 고도에 따라 증가한다. 이러한 대기층에서 HCG 근사가 잘 맞는지 평가해 보고자 한다. 디렉터리에는 다음 두 개의 HITRAN 자료가 있다.
  - Example_HITRAN.DAT : H_2O, CO_2, SO_2 흡수선으로 구성되어 있다. SO_2 흡수선이 상당히 많지만, 표 4.4.1에서 보는 바와 같이 H_2O의 혼합비가 훨씬 크기 때문에 H_2O 흡수선의 영향을 살펴보는 데 사용되었다.
  - Sample_HITRAN.OUT : 대부분 O_3 흡수선으로 구성되어 있다. 고도에 따라 혼합비가 증가하는 경우, HCG 근사의 정확도를 평가하기 위하여 사용되었다. 계산에는 H_2O, CO_2, O_3만 고려한다.

- **계산 결과** : 식(4.4.27)~(4.4.29)를 이용한 HCG 근사의 결과와 식(4.4.33)~(4.4.36)으로 계산한 개선된 HCG 근사의 결과가 있다. H_2O의 결과는 그림 4.4.2에 그려져 있고, O_3의 결과는 그림 4.7.1에 있다. 이들 결과에서 보는 바와 같이 개선된 HCG 근사는 H_2O, O_3에 대한 계산에서 오차가 매우 작은 것을 알 수 있다. 흡수선 중심에서 오차가 상대적으로 크지만, 이들 오차도 0.15% 이하이다. 프로그램 수행의 결과는 다음 파일이다.
  - HCGorg_Trans_O3.out, HCGorg_Trans_H2O.out : HCG 근사를 이용하여 계산한 결과이다.
  - HCGimp_Trans_O3.out, HCGimp_Trans_H2O.out : 개선된 HCG 근사를 이용하였다.

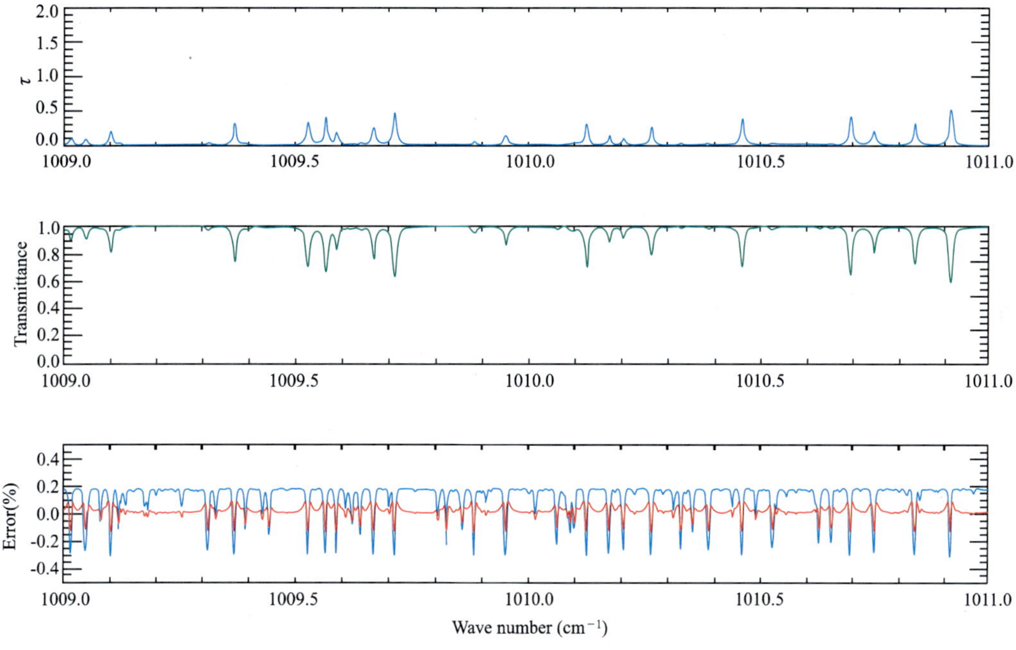

그림 4.7.1 **수치적분으로 계산한 O_3 흡수선의 광학두께와 투과함수 및 HCG를 이용하여 계산한 광학두께의 오차**

HCG 3인자 근사로 계산한 광학두께의 상대 오차를 옅은 푸른색으로, 개선된 HCG 3인자 근사로 계산한 광학두께의 상대 오차를 붉은색으로 나타내었다. 오차(Error)는 100*(HCG-TRUE)/TRUE로 정의되었으며, TRUE는 식(4.7.1)로 계산한 광학두께이다.

4.7.3 LBL－DISORT

대기의 온실 기체에 의한 적외선의 흡수와 방출을 계산하는 Line-by-line (LBL) 모델을 DISORT에 결합한 것이 LBL－DISORT 복사모델이다. 이 모델을 이용하면 대기 중에 에어로졸이 있을 때, 위성에서 측정한 적외선 영역의 상향 복사강도 스펙트럼과 지표에서 측정한 하향 복사강도 스펙트럼을 모의할 수 있다. 예를 들어, 황사, 구름 혹은 안개가 있을 때 기상위성 Geo-Kompsat-2 (GK2A)의 적외선 채널에 대한 복사강도(혹은 휘도온도)를 모의하거나 지상에서 Fourier Transform Infrared Spectroscopy (FTIR)로 측정한 적외선 영역의 하향 복사강도 스펙트럼을 모의하는 데 활용할 수 있다.

프로그램의 주 디렉터리는 /SCA_LecNotes/LBL_DISORT/이다. Fortran으로 작성된 LBL－DISORT 프로그램은 /LBL_DISORT/ 아래의 /SourceS/ 디렉터리에 있으며, 계산에 사용되는 지표의 방출도(emissivity) 자료는 /EmiDat/에, 대기의 온습도 프로파일, 에어로졸 프로파일, 구름 프로파일 자료는 /ObsDat/에, 태양 복사속 자료는 /SolDat/에, 그리고 HITRAN 자료와 구름 및 에어로졸의 굴절률 자료[적외선 영역]는 /OptDat_MIR/에 있다. 여기에서 모의 계산하는 것은 2009년 3월 15일 중국 북경지역에 황사가 발생하였을 때[참조, 그림 4.7.2] 위성에서 측정한 적외선 영역의 상향 복사강도 스펙트럼과 지상에서 측정한 적외선 영역의 하향 복사강도 스펙트럼이다. 사용되는 자료에 대한 설명은 3장의 DISORT 프로그램 실습 3.5.2 중에 "(2) 위성 관측 스펙트럼 모의" 내용과 비슷하므로 그 설명을 같이 보면 도움이 된다.

① 대기 자료

LBL－DISORT에 사용하는 대기 모델은 /SCA_LecNotes/ATM_Profiles/ 아래에 있는 /Profiles_ECMWF/의 MODELATM_ECMWF_OMI_AERONET.f 프로그램으로 생산하였다. 여기서 사용한 대기 모델은 DISORT_GEMS 계산에 사용한 대기 모델과 비슷하지만 약간의 차이가 있다. LBL－DISORT를 이용하여 모의하는 적외선 영역에는 레일리 산란이 없는 대신에 대기의 온실기체에 의한 흡수와 방출이 포함되어 있다. 그런데 대기층에 대한 온실기체의 흡수 광학두께가 매우 작을 경우, 식(4.2.1)에서 보는 바와 같이 원천함수의 고도 적분 계산에서 오류가 발생할 수 있다[$\mu(B_t - B_b)(1-\gamma)/\tau^*$ 항에서 τ^*가 매우 작은 경우인데, DISORT 계산에서 식(4.1.5)의 Y_0, Y_1를 이용한 적분 부분을 수정해야 함]. 따라서 여기에서는 대기 모델의 꼭대기를 1.0 hPa[약 48 km]로 설정하여 대기 모델을 만들었다[0.01 hPa로 하면 대기 최상층의 흡수 광학두께가 매우 작아서 일부 파장에서는 오류가 발생]. 성층권계면 이상의 고도에서는 오존에 의한 9.6μm 적외선의 흡수/방출을 제외한 다른 기체의 흡수/방출은 거의 없으며, 오존의 혼합비도 20～25 km 범위에서 최대이므로 적외선 영역의 계산에서는 대기 꼭대기를 1.0 hPa로 하여도 무방하다[참고, 하부 디렉터리 /For_LBLDISORT/에 있는 SampleRUN_MODELATM_*_LBLDISORT_*.txt].

② 에어로졸 자료

에어로졸의 성분과 수밀도 및 크기분포 인자의 수직 분포는 적외선의 산란 및 흡수/방출 특성을 계산하는 데 사용된다. 대기 모델의 기압(고도) 격자에 에어로졸의 정보가 정의된다. 에어로졸의 수직 분포를 생산하는 프로그램은 /ATM_Profiles/Profiles_ECMWF/ 디렉터리에 있는 USER_AERPROF.f 이다[참고, 하부 디렉터리 /For_LBLDISORT/의 SampleRUN_USER_AERPROF_LBLDISORT_*.txt].

③ 구름 자료

구름 입자에 의한 적외선의 산란 및 흡수/방출 특성을 계산하기 위하여 구름 입자의 상(물, 얼음), 크기분포 인자, 수 분포를 고도의 함수로 정의한 자료이다. 에어로졸 자료와 같이 대기 모델의 기압 격자에 이들 정보가 정의되어야 한다. 구름 자료를 생산하는 프로그램은 /ATM_Profiles/Profiles_ECMWF/ 디렉터리에 있는 USER_CLDPROF.f 이다. 이 프로그램은 최대 2개의 구름 형태(Type)를 정의할 수 있다. 에어로졸과 구름이 동시에 있는 대기층을 만들고자 할 때는 구름의 고도 범위를 에어로졸 고도 범위와 같게 하면 된다[참고, 하부 디렉터리 /For_LBLDISORT/에 있는 SampleRUN_USER_CLDPROF_LBLDISORT_*.txt].

④ 굴절률 자료

에어로졸 및 물과 얼음의 적외선 영역에 대한 굴절률 자료는 /OptDat_MIR/에 있다. 에어로졸의 경우 성분의 이름에 "_Rin.dat"이 붙어있으며, 물의 굴절률은 H2Ow_Rin.dat이고 얼음의 자료는 H2Oi_Rin.dat이다.

⑤ HITRAN 자료

온실기체의 광학두께를 계산하는 데 사용되는 흡수선 자료는 unformat 형식으로 /OptDat_MIR/ 디렉터리에 있다. LBL－DISORT 계산은 500～1000 cm^{-1}과 1000～1500 cm^{-1} 범위로 나누어 계산하는데[사용한 컴퓨터의 메모리 용량이 작고 한편으로는 편리한 점이 있어서 2개 범위로 나누었음] 500～1000 cm^{-1} 범위의 계산에 사용되는 것이 HITRAN_0480-1020.out_unform이다. 실제 계산 범위보다 넓은 범위의 자료이다.

⑥ 방출도 자료

지표의 종류에 따른 방출도 자료는 /EmiDat/에 있다. 원래 자료를 이동평균 방법으로 평활한 자료[예 : soil_sm.dat]를 이용한다. 실제 계산에서는 화소에 대한 적외선 영역의 방출도 자료가 있으면 그 자료를 사용할 때 더 좋은 결과를 기대할 수 있다. LBL－DISORT에서는 ALBEDO = 1.0 – EMIS (방출도)로 계산된다[참조, 식(3.2.34)]. 그리고 위성이 측정한 화소가 혼합된 피복이면, 예를 들어, 50%는 흙이고 다른 50%가 잔디이면 각 방출도 자료를 50%씩 가중 평균한 혼합 방출도를 구할 수 있다[참조,

/LBL_DISORT/EmiDat/EmiSFC_model/MixedSFC_EMI.f].

⑦ 태양 복사속 자료

대기 꼭대기에서의 태양 복사속 자료이다. 적외선 영역의 태양 복사속은 매우 작아서 결과에 큰 영향을 미치지 않는다.

이상은 위성에서 측정한 적외선 영역의 상향 복사강도 스펙트럼과 지상에서 측정한 하향 복사강도 스펙트럼을 모의할 때 사용되는 자료에 대한 설명이다.

다음은 LBL－DISORT를 이용하여 적외선 영역의 스펙트럼 모의에 대한 설명이다. 에어로졸 혹은 구름(안개)에 의한 흡수, 방출 및 산란과정과 기체분자에 의한 흡수와 방출과정을 포함하고 있다.

(1) 적외선 영역의 위성 관측 스펙트럼 모의

LBL－DISORT 모델을 이용하여 위성에서 관측한 단색 복사강도 스펙트럼을 모의한다. 여기에서는 파수 범위 500～1000 cm^{-1} 혹은 1000～1500 cm^{-1}에 대하여 간격 DWAV = 0.5 cm^{-1}로 스펙트럼을 계산한다[참조, SampleRUN_LBL_DISORT_Test]. 스펙트럼 범위가 다른 경우에는 그에 해당하는 HITRAN 자료를 준비하여야 하며 지표 방출도와 에어로졸의 굴절률 자료가 선택한 범위에서 자료들이 있는지 확인하여야 한다.

- **주 프로그램** : 주 프로그램과 부프로그램들은 /LBL_DISORT/SourceS/에 있다. 주 프로그램은 LBL_DISORT_Test.f이다. 프로그램을 컴파일하는 “make” 스크립트가 있다. 프로그램을 컴파일하기 전에 /LBL_DISORT/에서 “make clean”을 수행하여 기존 잔여 프로그램 부속물을 제거한 후, “make”[debug option; make DEBUG=t]를 실행하여 컴파일하면 LBL_DISORT_Test.exe가 생성된다.

프로그램을 수행하기 위한 기본 설정은 3장의 DISORT 프로그램 실습 3.5.2 중에 “(2) 위성 관측 스펙트럼 모의” 내용과 비슷하다. 주요 차이점은 다음과 같다.

- PLANK = .TRUE. : 매질에서의 방출과 지표에서의 방출이 포함되도록 설정한다.
- BTEMP : 지표의 피복 온도. 적외선 영역의 스펙트럼 계산에서는 매우 중요하므로 관측자료가 있으면 그 자료를 사용한다.
- BEMIS : 지표의 방출도. 파장에 따라 다르다.

- ALBEDO = 1 − BEMIS : 지표의 알베도.
- TEMPER (LEV) : 각 고도 격자에서의 기온. 고도 번호의 범위 LEV = 0, ⋯ , NLYR이다.
- WVNMLO, WVNMHI : 스펙트럼은 500~1000 cm^{-1} 혹은 1000~1500 cm^{-1} 범위에 대하여 0.5 cm^{-1} 간격으로 계산한다. 예를 들어, 파수 500 cm^{-1}에 대한 흑체 함수의 계산은 WVNMLO = 500 − 0.25 cm^{-1}과 WVNMHI = 500 + 0.25 cm^{-1} 사이, 즉 DWAV 범위에 대하여 적분한 값이다. 주 프로그램의 마지막 부분에서 산란 복사강도 UU를 DWAV로 나누고 1000을 곱하여 단색 복사강도는 mW m^{-2}/cm^{-1}의 단위로 나타내었다.

- **계산 절차 및 내용** : 각 대기층에 대한 기체의 흡수 광학두께, 에어로졸의 소산 광학두께 및 일차산란 알베도, 그리고 산란 위상함수를 주 프로그램에서 계산한다. 이 계산에는 부프로그램 KNU_LBL, MIE_SCA_Aero, MIE_SCA_Cloud의 결과를 이용한다. 프로그램의 진행 순서와 내용에 따라 사용되는 부프로그램을 설명하기로 한다.

① 프로그램의 수행에 필요한 선택

프로그램을 수행하면 몇 개의 선택 문답이 있다. 계산에 적합한 사항을 선택한다.

- 상향 혹은 하향 스펙트럼 계산 : 상향 스펙트럼을 계산하는 경우, 빛이 진행하는 방향의 천정각과 방위각을 입력[실습 프로그램에서는 ZANG = 30, PHI = 0.0으로 설정]해야 하며, 하향 스펙트럼을 계산하는 경우 빛이 진행하는 방향의 천정각과 방위각을 입력한다[실습 프로그램에서는 ZANG = 150, PHI = 0.0으로 설정].
- 스펙트럼 범위 : 스펙트럼 범위가 500~1000 cm^{-1}로 선택되었을 때는 흡수선 자료 HITRAN_0480-1020.out_unform을 사용하고 1000~1500 cm^{-1}로 선택되었을 때는 HITRAN_0980-1520.out_unform을 사용한다.
- 태양 복사속의 포함 여부 : 포함할 때는 태양의 천정각과 방위각을 입력한다[실습 프로그램에서는 ZANG = 0.0, PHI = 0.0으로 설정].

② 대기 자료의 입력

디렉터리 /LBL_DISORT/ObsDat/에 있는 대기 모델 파일명을 입력한다. 실습 계산에서는 ECMWF_OMIO3_090314_PXL1.DAT71L을 이용한다. 부프로그램 ATMO_LBLDAT는 고도에 따른 기압, 온도자료를 읽어서 공기의 수밀도 분포를 계산하고 수증기, 오존 자료를 읽어서 혼합비 자료로 저장한다. CO_2의 혼합비는 360 ppmV로 설정되어 있고, 다른 온실기체의 혼합비 자료는 모델대기[예 : US76, Midlatitude Summer, Midlatitude Winter]의 자료를 읽어서 저장한다. 이들 자료는 COMMON/ATMO/를 통하여 다른 프로그램에 전달된다.

③ 지표의 피복 상태를 선택

실습 프로그램에서 선택할 수 있는 피복 종류는 아래와 같으며, 부프로그램 EMI_CASE는 계산 범위에 대하여 DWAV = 0.5 cm^{-1} 간격으로 선택한 피복의 방출도 자료를 저장한다.

0 = Blackbody

1 = Water 2 = Sea water 3 = Ice 4 = Snow

5 = Soil 6 = Sand

7 = Grass (Dry) 8 = Leaf (Oak) 9 = Leaf (Pine)

10 = Asphalt 11 = Pavement (Grey) 12 = Brick (Concrete)

99 = Mixed Surface

④ 에어로졸 포함 여부

에어로졸을 포함할 경우, 대기 자료에 해당하는 에어로졸 자료의 파일명을 입력한다. 실습 계산에 사용된 대기 자료의 경우 /ObsDat/ 디렉터리에 있는 ECMWF_OMIO3_090314_PXL1.DAT71L_WASO50+INSO00을 입력한다. 부프로그램 AERO_DAT는 대기 모델 각 고도에서 에어로졸 성분(모드) 수와 각 성분에 대한 로그-정규분포 함수의 인자를 읽어서 저장한다. 이들 자료는 COMMON/AERO/을 통하여 다른 프로그램에 전달된다.

⑤ 에어로졸에 대한 미 산란 계산

부프로그램 MIE_SCA_Aero는 에어로졸이 포함된 대기층에서 모든 에어로졸 성분의 특성을 통합한 광학 특성, 즉 광학두께, 일차산란 알베도, 비대칭도, 그리고 Legendre 전개 상수를 계산한다[참조, 식(6.4.6)~(6.4.10)]. 에어로졸과 구름의 광학 특성 계산에서는 계산 간격[= DELW]을 스펙트럼 계산 간격[= DWAV]의 5배로 하여 계산하고, 이 결과를 이용하여 나중에 내삽법으로 스펙트럼 간격으로 광학 특성을 계산한다. 계산 결과는 COMMON/AerX/를 통하여 다른 프로그램에 전달된다. 이 부프로그램에서 선택 사항으로 “OptWrite = .TRUE.”로 한 경우, 파수 750 (혹은 1250) cm^{-1}에서 에어로졸의 총 부피 소산계수, 산란계수, 비대칭도, 일차산란 알베도 및 위상함수와 Legendre 다항식으로 계산한 위상함수를 MIE_SCA_Aero. phase 파일로 저장한다. 기타 자세한 설명은 프로그램 실습 3.5.2 중에 “(2) 위성 관측 스펙트럼 모의”를 참조하여 주기 바란다.

⑥ 구름 포함 여부

구름을 포함할 경우, 대기 자료에 해당하는 구름 자료의 파일명을 입력한다. 실습 계산에 사용된 대기 자료의 경우 /LBL_DISORT/ObsDat/ 디렉터리에 있는 ECMWF_OMIO3_090314_PXL1.DAT71L_STCO를 입력한다. 부프로그램 CLOUD_DAT는 대기 모델의 각 고도에서 수정－감마 크기분포 함수의 인자와 수밀도 자료를 읽어서 저장한다. 이들 자료는 COMMON/CLDS/를 통하여 다른 프로그램에 전달된다.

⑦ 구름에 대한 미 산란 계산

부프로그램 MIE_SCA_Cloud를 이용하여 전체 구름에 대한 광학두께, 일차산란 알베도, 비대칭도, 그리고 Legendre 전개 상수를 계산한다. 에어로졸에 대한 미 산란과 같은 절차를 거친다. 다른 점은 크기분포와 산란 입자의 굴절률이다. 계산 결과는 COMMON/CldX/를 통하여 다른 프로그램에 전달된다.

⑧ 흡수 기체의 광학 특성 계산

흡수선 누적 모델인 부프로그램 KNU_LBL을 이용하여 500～1000 cm^{-1} 혹은 1000～1500 cm^{-1} 범위에 대하여 DWAV = 0.5 cm^{-1} 간격으로 각 대기층의 흡수 광학두께를 계산한다. 주의할 점은 이 광학두께가 정의된 파수의 광학두께가 아니고 DWAV 범위의 평균 광학두께라는 것이다. 즉, 계산하려는 파수가 W0이면 광학두께는 W0-DWAV/2～W0+DWAV/2 범위의 평균 광학두께이다. 이 평균 광학두께의 계산에 대한 자세한 설명은 4.5절에 있다. 실습 프로그램에서는 DELT = DWAV/NFactor 간격으로 광학두께와 투과함수를 계산한다. 예를 들어, NFactor = 20일 경우 0.025 cm^{-1} 간격으로 투과함수를 먼저 계산한 후, 이들의 적분을 이용하여 평균 투과함수를 계산한다. 선택 사항으로 IOPT = 1로 하면, 이 부프로그램에서 LBL 모델로 계산한 대기 꼭대기에서의 상향 복사강도와 지표에서의 하향 복사강도를 “KNULBL_Clr.out”으로 저장한다. 이 결과는 LBL_DISORT_Test 프로그램에서 태양 복사속 및 에어로졸과 구름이 없는 경우의 계산 결과와 비교할 수 있으며, 두 결과는 거의 같은 값을 나타낸다[예 : KNULBL_Clr.out_0500-1000_090314 vs LBLDISORT_Up.out_0500-1000_Clr_Toa_090314, LBLDISORT_Dn.out_0500-1000_Clr_Boa_090314]. 특정 기체 성분, 예를 들어 CH_4의 영향을 포함하기 위해서는 HITRAN 자료에 CH_4의 흡수선 정보가 포함되어야 하며 부프로그램 KNU_LBL의 DATA 선언에서 CH_4에 해당하는 INCD = 1로 설정되어 있는지 확인하여야 한다[제외하기 위해서는 INCD = 0로 설정]. 아울러 위의 “② 대기 자료의 입력”에서 CH_4의 혼합비 분포 자료가 포함되었는지도 확인하여야 한다.

흡수선 확장은 Viogt 함수로 계산하는데, 흡수선 중심 부근에서는 Voigt 함수를 이용하고 가장자리에서는 수행 시간을 줄이기 위하여 미리 계산해 놓은 Voigt 함수의 값을 내삽법으로 계산한다. 부프로그램 KNU_LBL에서 사용하는 다른 부프로그램은 다음과 같다.

- VOIGT : 흡수선의 충돌확장과 도플러 확장을 고려한 Voigt 확장함수를 계산하는 프로그램이다.
- INTWING : 확장함수의 내삽에 사용된 프로그램이다.
- MTCKD_25 : 수증기의 연속 흡수스펙트럼을 계산하는 프로그램이다. 각 대기층의 온도, 기압, 수증기 혼합비 등이 입력변수이다. 연속 흡수스펙트럼 역시 파수에 따른 변화가 크지 않기 때문에 DWV = DWAV*5의 간격으로 계산을 수행한 후에 내삽을 이용하여 DWAV 간격의 값을 구한다.
- YINT : 연속 흡수스펙트럼의 내삽에 사용된 부프로그램이다.

⑨ 태양 복사속 계산

태양 복사속을 포함하는 것으로 선택한 경우, W0에 대한 태양 복사속은 WVNMLO = W0-DWAV/2와 WVNMHI = W0+DWAV/2 사이의 복사속을 적분한 값이다.

⑩ 각 대기층의 광학 특성 계산

파수 별로 각 대기층의 광학 특성, 즉 소산 광학두께, 일차산란 알베도, 산란 위상함수의 Legendre 전개 상수를 정의한다. 소산 광학두께는 에어로졸(구름 포함)의 소산 광학두께와 흡수 기체의 흡수 광학두께를 더한 것이며, 일차산란 알베도는 에어로졸(구름 포함)의 산란 광학두께를 소산 광학두께로 나눈 것이다. Legendre 전개 상수는 에어로졸과 구름의 전개 상수를 통합한 전개 상수이다.

⑪ DISORT 계산

파수 별로 각 대기층의 광학 특성이 정의되면 부프로그램 DISORT를 이용하여 사용자가 지정한 UMU, PHI 방향의 복사강도를 계산한다. 실습 프로그램에서는 대기 꼭대기(Toa), 대기의 중간(Mid), 그리고 대기 밑바닥(Boa)에서 계산된다.

⑫ 계산 결과 파일

주 프로그램의 결과물로 생성되는 파일 이름은, 파수 범위 500～1000 cm^{-1}에 대한 경우, LBLDISORT_Name1.out_0500-1000_Name2_Name3이다. Name1은 상향 복사강도 계산인 경우는 Up으로 그리고 하향 계산인 경우는 Dn으로 표시되며 Name2는 청정 대기일 경우 Clr, 에어로졸이 포함된 경우는 Aer, 구름이 포함된 경우는 Cld, 그리고 에어로졸과 구름이 동시에 포함된 경우는 Bth로 표시된다. Name3는 고도를 의미하는 것으로 Toa, Mid, Boa로 표시된다.

- **부수 프로그램** : 계산 결과를 그림으로 나타내는 2개 IDL 프로그램이 있다. 복사강도 스펙트럼을 그림으로 나타내는 프로그램은 Plot_LBLDISORT_Rad.pro이고 휘도온도로 나타내는 프로그램은 Plot_LBLDISORT_TBr.pro이다.

LBL_DISORT 모델을 이용하여 다양한 대기 상태에 대한 모의실험을 수행하였다. 대기 중에 에어로졸 혹은 구름이 전혀 없는 경우, 에어로졸이 있는 경우, 구름이 있는 경우, 그리고 에어로졸과 구름이 동시에 있는 경우이다. 실험에서 지표의 피복 상태는 모두 흙(soil)으로 선택하였다. 모의 계산에 사용된 사례는 2009년 3월 15일 북경지역 부근에 황사(Asian dust)가 관측된 경우이다. 이때의 MODIS 자료를 그림 4.7.2에 나타내었다. 북경 부근의 OMI 관측 화소(pixel)에 해당하는 ECMWF 자료와 OMI가 측정한 오존 자료, 그리고 북경 부근의 AERONET 자료를 이용하여 필요한 대기 모델 및 에어로졸 프로파일을 준비하였다. 계산에 사용한 대기 모델은 ECMWF_OMIO3_090315_PLX1.DAT71L이며, 에어로졸 프로파일은

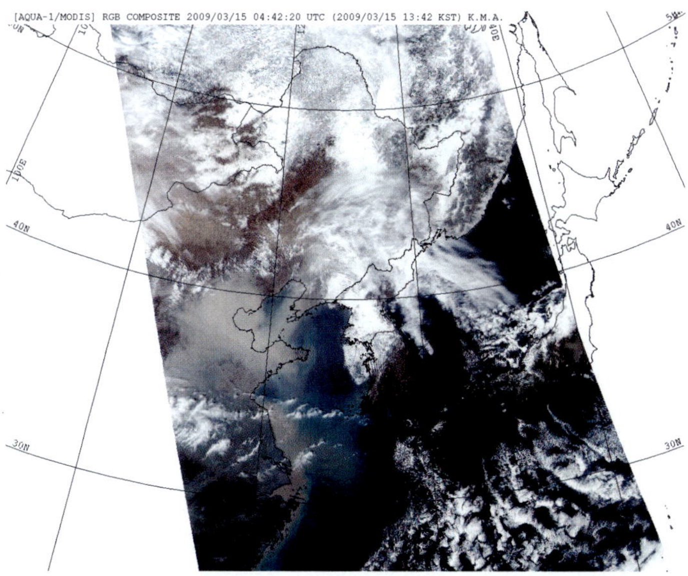

그림 4.7.2 중국 북경지역에 황사가 관측된 2009년 3월 15일 MODIS 자료

ECMWF_OMIO3_090315_PLX1.DAT71L_WASO50+INSO00+ADST이다. 세 가지 성분 [Water soluble (WASO), Insoluble (INSO), Asian dust (ADST)]으로 구성된 에어로졸이 2.22～3.70 km 고도 범위에 균질하게 분포하는 것으로 가정하였다. 에어로졸의 총 AOD (0.5 μm) ＝2.41이며, 황사(ADST)의 AOD (0.5μm) ＝1.7이다. 모의실험을 위하여 육지 층운(Stratus continental)으로 구성된 구름 프로파일 ECMWF_OMIO3_090315_PXL1.DAT71L_STCO도 준비하였다. 구름은 1.11～1.85 km 고도 범위에 있으며 총 COD (0.5μm) = 1.50으로 하였다.

그림 4.7.3은 에어로졸과 구름이 없는 맑은 날, 대기 꼭대기에서 상향 단색 복사강도를 나타낸 것이다. LBL_DISORT의 결과(푸른색)와 LBL 계산의 결과(녹색)를 나타내었는데, 이들은 거의 같은 값이다. 지표에서의 하향 단색 복사강도 역시 LBL_DISORT와 LBL의 결과는 서로 잘 일치하였다. 그림 4.7.4는 에어로졸(AOD = 2.41) 혹은 구름(COD = 1.50)이 있는 경우와 이들이 동시에 있는 경우 LBL_DISORT로 모의한 대기 꼭대기에서의 상향 단색 복사강도 스펙트럼이다. 비교를 위하여 맑은 날의 결과를 포함하였다. 구름이 있을 때의 복사강도가 에어로졸이 있을 때의 복사강도보다 크며 에어로졸과 구름이 동시에 있을 경우의 복사강도가 가장 작게 나타났다. 이 결과를 복사강도 대신 휘도온도 스펙트럼으로 나타낸 것이

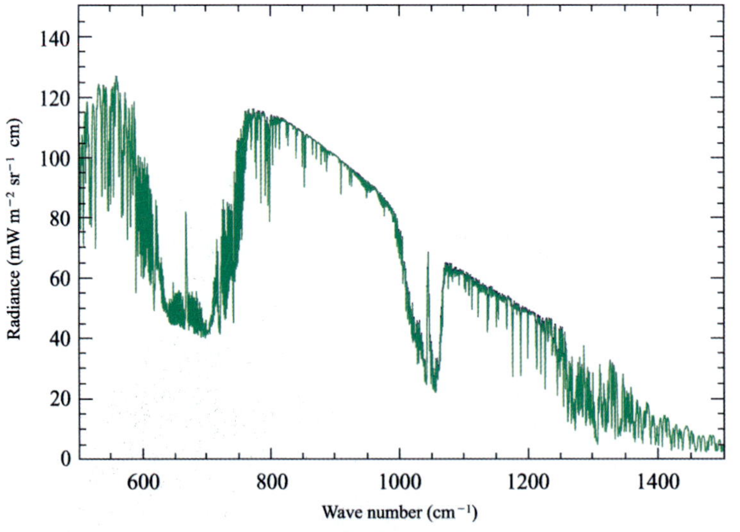

그림 4.7.3 **에어로졸과 구름이 없는 맑은 경우, 대기 꼭대기에서의 상향 단색 복사강도(천정각 30°, 방위각 0°) 스펙트럼**
LBL_DISORT의 결과는 푸른색 그리고 LBL 계산의 결과는 녹색으로 나타내었다.

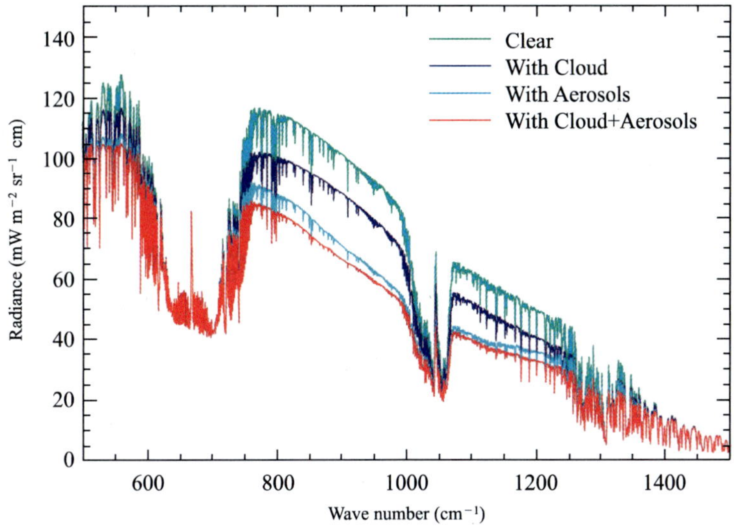

그림 4.7.4 **에어로졸 혹은 구름이 있는 경우와 이들이 동시에 있는 경우 LBL_DISORT로 모의한 대기 꼭대기에서의 상향 단색 복사강도(천정각 30°, 방위각 0°) 스펙트럼**
비교를 위하여 청천 대기의 결과를 녹색으로 포함하였다. 에어로졸의 AOD (0.5μm) = 2.410이며, 구름의 COD (0.5μm) = 1.500이다.

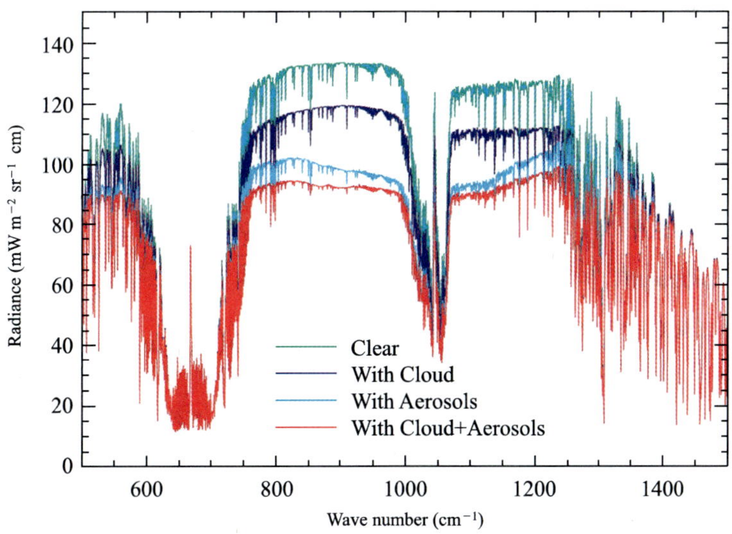

그림 4.7.5 **휘도온도 스펙트럼**
그림 4.7.4와 같은 결과인데 복사강도 대신 휘도온도로 나타내었다. 대기의 창 영역에서 파수에 따른 휘도온도의 변화가 다르게 나타난다.

그림 4.7.5이다. 대기의 창 영역에서 휘도온도 변화는 구름이 있는 경우와 황사가 포함된 에어로졸이 있는 경우, 파수에 따른 변화가 다름을 볼 수 있다. 특히 황사가 포함된 에어로졸이 있는 경우, 대기의 창 영역에서 휘도온도는 파수의 증가에 따라 감소하는 특징을 나타낸다. 기상위성 GK2A의 11, 12μm 채널 자료를 이용하여 황사를 탐지할 때 사용할 수 있다. 서해의 바다 위에 황사가 있는 경우에는 바다의 방출도를 이용하여 모의한 결과를 이용하면 된다. 결과는 황사가 없는 맑은 날의 결과와 비교하여야 한다.

(2) 적외선 영역의 지표 관측 스펙트럼 모의

지표에서 측정한 하향 단색 복사강도 스펙트럼 모의는 앞에서 설명한 위성 관측 스펙트럼 모의와 같은 설정으로 계산하였다. 프로그램을 수행할 때, 하향 스펙트럼 계산을 선택하여야 한다. 대기 모델 ECMWF_OMIO3_090315_PLX1.DAT71L을 이용하여 청천 대기에 대한 그리고 스펙트럼 범위 500～1000 cm^{-1}에 대한 지표에서의 하향 단색 복사강도 결과는 LBLDISORT_Dn.out_0500-1000_Clr_Boa_090315 파일이다. LBL 계산 결과인 KNULBL_Clr.out_0500-1000_090315 파일과 비교해 보면 두 개의 결과가 같은 것을 알 수 있다.

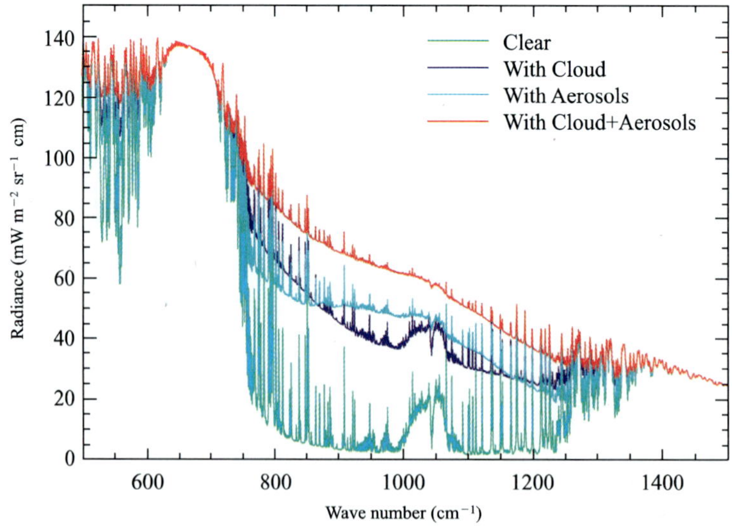

그림 4.7.6 에어로졸 혹은 구름이 있는 경우와 이들이 동시에 있는 경우 LBL_DISORT로 모의한 지표에서의 하향 단색 복사강도(천정각 150°, 방위각 0°) 스펙트럼

에어로졸의 AOD (0.5μm) = 2.41이며, 구름의 COD (0.5μm) = 1.50이다.

그림 4.7.6은 2009년 3월 15일 자료를 이용하여 계산한 지표에서의 하향 단색 복사강도 스펙트럼은 나타낸 것이다. 구름과 에어로졸이 없는 맑은 날의 스펙트럼과 비교하였을 때, 구름 혹은 에어로졸이 있는 경우 대기의 창 영역에서 복사강도는 상당히 증가한 것을 볼 수 있다. 에어로졸(구름)의 성분, 크기분포, 높이 그리고 AOD (COD)에 따라 스펙트럼은 다르게 나타날 것이다. 이러한 특성은 지상에서 FTIR로 측정한 하향 복사강도 스펙트럼 자료를 이용하여 에어로졸 혹은 구름의 성분, 크기분포, 높이 및 광학두께를 추정하는 기본 원리가 된다.

4.7.4 복사 계산을 위한 대기 모델

대기 중의 온실기체는 적외선 영역의 빛을 흡수하고 방출하며, 그 흡수 및 방출하는 적외선 빛에너지는 대기의 온도와 온실기체의 양에 의하여 결정되기 때문에 적외선 영역에 대한 복사 계산용 대기 모델은 실제 대기의 상태를 잘 나타내어야 한다. 대기층의 평균 온도는 균질 대기층의 특성을 정의하는 주요 인자이며[참조, 4.4 균질 광행로 근사], 대기층 내에서 기온분포는 매질에서 방출하는 빛에너지의 양을 결정한다[참조, 4.2 열적 원천함수의 고도 적분]. 따라서 대기 모델의 온도 구조를 결정하는 데 중요한 것은 모델 대기층의 평균 온도가 해당 관측자료에서 구한 평균 온도와 같아야 하며, 아울러 수직 방향의 온도 변화가 같아야 한다. 대기의 온습도 및 온실기체의 수직 분포는 존대(혹은 ballon)를 이용한 직접적인 측정자료가 가장 정확하다고 할 수 있으므로, 여기에서는 라디오존데 자료를 이용하여 적외선 복사 계산용 대기 모델을 생산하는 프로그램에 대하여 설명하였다. 실습 프로그램의 주 디렉터리는 /SCA_LecNotes/RadioSonde/이다. 실습에 사용할 관측자료는 하부 디렉터리 /Sonde_Dat/에 있다.

대기 모델의 각 대기층에 해당하는 라디오존데 자료를 이용하여 평균 온도와 기온 감률을 계산하는 방법은 다음과 같다.

- 대기층의 평균 온도를 정의하는 방법으로 식(4.6.4)와 식(4.6.11)이 있다. 전자의 경우에는 대기층 내에서 온도 변화를 식(4.6.5a)와 같이 기압의 함수로 표현하거나 식(4.6.12a)와 같이 고도의 함수로 나타낼 수 있다.
- 실습 프로그램에서는 기온 감률을 2가지 방법으로 계산하여 비교해 보았다. 하나는 온도의 고도에 따른 변화를 1차 함수 $T(z) = A + B \times z\,[z = \ln p]$로 표현하고, 모델 대기층에

해당하는 관측자료를 이용하여 최소 제곱법(Least-squares fit)으로 A와 B를 구하였다. 계산한 선형식을 이용하여 모델 대기층 꼭대기(top)와 밑바닥(bottom) 경계에서의 온도를 구한 후, 대기층의 기온 감률 $\gamma = (T_t - T_b)/(p_t - p_b)$ 혹은 $\gamma^* = (T_t - T_b)/\ln(p_t/p_b)$을 계산하였다. 다른 하나는 식(4.6.27a)를 이용하여 평균 기온 감률을 계산하였다.

- 대기층의 평균 혼합비도 식(4.6.19)와 식(4.6.22)로 정의할 수 있다. 대기층 내에서 혼합비의 고도에 따른 변화도 온도의 경우와 같이 $\chi(z) = C + D \times z\,[z = \ln p]$로 표현하고 관측자료를 이용하여 C와 D를 구하였다. 각 대기층 내에서 혼합비의 감률은 식(4.6.18b) 혹은 식(4.6.21b)와 같이 $\gamma_\chi^* = (\chi_t - \chi_b)/\ln(p_t/p_b)$로 나타낸다.

실습 프로그램으로 RTM_Atmo_NLSQ_V0.f과 RTM_Atmo_NLSQ_V1.f가 있다. 이들의 차이는 관측자료를 이용하여 대기 모델의 각 대기층에 해당하는 기온 감률을 계산하는 방법이 다른 점이다.

- **관측자료** : 디렉터리 /SCA_LecNotes/Radiosonde/Sonde_Dat/에 두 개의 관측자료가 있다. 포항 자료는 오존–존데 자료이고 안면도 자료는 라디오존데 자료이다.
- **주프로그램** : RTM_Atmo_NLSQ_V0.f 혹은 RTM_Atmo_NLSQ_V1.f
- **계산 절차 및 내용**

① 대기 모델의 기압 격자 : 프로그램은 먼저 대기 모델의 기압 격자를 다음의 식으로 계산한다.

$$X_i = a \times p_i^{1/3.5} + b \quad (i = 1,\ 2,\ \cdots,\ M)$$
$$a = 1/(p_{\max}^{1/3.5} - p_{\min}^{1/3.5}),\ \ b = 1 - a p_{\max}^{1/3.5}$$

여기에서 $p_{\max}$는 관측자료의 지표 기압이고 $p_{\min}$은 사용자가 지정할 수 있는 것으로 대기 모델 꼭대기의 기압이다[예 : 0.1 hPa]. 이러한 변환으로 총 M개의 기압 격자가 $\Delta X = 1/(M-1)$ 간격으로 정의된다. 지표 기압(Pmax)의 경우 $X_M = 1$이 되고 대기 모델의 꼭대기 기압(Pmin)의 경우 $X_1 = 0$이 된다.

② 대기층의 평균 온도와 기온 감률 : 그림 4.7.7에서 대기 모델의 p_2^* 고도는 관측자료의 고도 사이에 있다. 이 경우 새로운 고도 N을 추가하고, 자료는 $N-1$과 $N+1$ 고도의 자료를 이용하여 내삽법으로 구한다. 따라서 그림 4.7.7의 오른쪽 대기 모델 1층에 해

당하는 관측자료는 N개 있다. 이제 관측자료를 이용하여 대기 모델 1층에 해당하는 평균 온도와 기온 감률을 계산하여 보자. 평균 온도는 3가지 방법으로 계산하여 비교하였다 : ⓐ 식(4.6.7b), ⓑ 식(4.6.14b), ⓒ 식(4.6N.2). 실습 프로그램 RTM_Atmo_NLSQ_V0.f는 기온 감률을 구하기 위하여 먼저 대기층에서 고도에 따른 기온을 다음과 같이 고도의 1차 함수로 표현하였다.

$$T_i(z) = A_i + B_i \times z\,,\quad z = \ln p$$

대기 모델 1층에 해당하는 관측자료는 N쌍의 T, z가 있다. Least-Squares fit 알고리듬으로 절편 A와 기울기 B를 구할 수 있으며, 계산된 1차 함수를 이용하여 대기 모델 1층의 평균 온도를 구하고, 만약 계산한 평균 온도가 관측자료의 $\overline{T}_1$와 같지 않으면 절편 A를 수정하여 평균 온도가 보존되도록 한다. 수정된 절편 $\hat{A}$를 이용하여 대기 모델 1층의 꼭대기 및 밑바닥 경계의 온도를 다음과 같이 계산할 수 있다.

$$T_1(p_1^*) = \hat{A}_1 + B_1 \times \ln p_1^*$$
$$T_1(p_2^*) = \hat{A}_1 + B_1 \times \ln p_2^*$$

그리고 기온 감률은 식(4.6.5b) 혹은 식(4.6.12b)로 계산된다. 다른 대기층에 대하여도 같은 방법을 적용할 수 있다. 그 결과는 하나의 예로 그림 4.7.7에서 보는 바와 같이 대기 모델 1층의 밑바닥 경계 온도($T_{1,b}$)와 2층의 꼭대기 경계 온도($T_{2,t}$)가 다를 수 있다. 이 경우, 내부경계인 p_2^* 기압에서의 온도는 $T = \frac{1}{2}(T_{1,b} + T_{2,t})$로 결정할 수 있지만, 실습 프로그램에서는 다음에 설명한 절차 ③의 방법을 이용하였다.

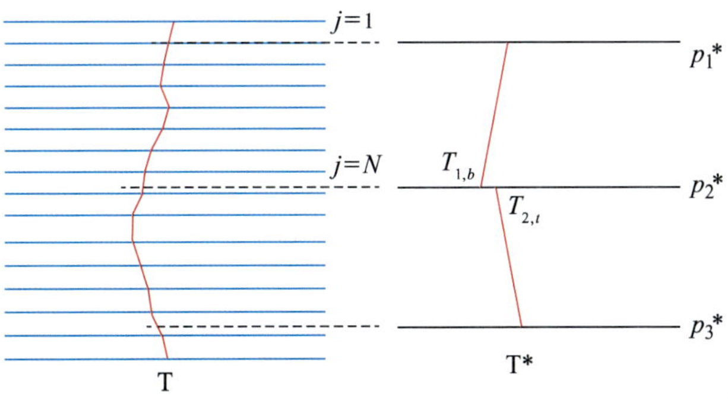

그림 4.7.7 대기층의 평균 온도가 보존되는 대기 모델의 온도분포

실습 프로그램 RTM_Atmo_NLSQ_V1.f은 기온 감률을 구하기 위하여 각 대기층에서의 평균 기온 감률을 식(4.6.24) 혹은 식(4.6.25)로 정의하였다. 따라서 라디오존데 자료에서 기온 감률을 계산하는 방법은 식(4.6.26a) 혹은 식(4.6.27a)이다.

③ 대기 모델의 각 대기층에 해당하는 평균 기온과 기온 감률이 구해지면 대기 모델 격자에서의 온도 $T(p_i^*)$, $(i=1,\ 2,\ \cdots\ ,\ M)$를 결정한다. 이 경우 모델 대기층의 수는 $M-1$개이다. 따라서 사용하는 자료는 관측자료에서 계산한 $M-1$개의 평균 온도와 $M-1$개의 기온 감률이다. 실습 프로그램에서는 Non-Linear Least-Squares fit (NLSQ; Levenberg-Marquardt Algorithm, More et. al., 1983)을 이용하였다. 각 모델 대기층의 평균 온도와 기온 감률 $\hat{T}_i$, $\hat{\gamma}_i$, $(i=1,\ 2,\ \cdots\ ,\ M-1)$이 관측자료에서 구한 평균 온도 및 기온 감률과 같아지도록 하는 것이 NLSQ 알고리듬의 목적이다. 계산에서는 비용함수를 다음과 같이 정의하였다.

$$\psi = \sum_{i=1}^{M-1}\left[(\hat{T}_i - \overline{T}_i)/\overline{T}_i\right]^2 + w\sum_{i=1}^{M-1}\left[(\hat{\gamma}_i - \gamma_i)/\gamma_i\right]^2$$

여기서 w는 가중치를 의미하는데, 평균 온도와 기온 감률의 상대적 중요도를 의미하는 인자이다. 가중치가 작으면 결과는 대기 모델의 평균 온도가 관측자료의 평균 온도에 근접하는 대신 기온 감률은 관측자료의 값과 다를 수 있다. NLSQ 계산에서 모델 격자의 초기 추정값은 Qubic Spline을 이용하여 관측자료에서 내삽법으로 구한 온도를 사용하였다[예 : 디렉터리에 있는 FileName_QSPL%Atmo].

④ 온실기체 H_2O와 O_3의 혼합비도 평균 혼합비와 고도에 따른 감률을 이용하여 같은 방법으로 계산한다.

⑤ 기압 격자의 고도(Height)는 정역학 방정식 혹은 Hypsometric equation을 이용하여 계산한다. 그리고 라디오존데 자료보다 높은 고도에서는 모델대기, 예를 들어, US76 Atmosphere를 이용할 수 있다.

⑥ 지표 온도는 라디오존데 자료의 최하고도 값으로 설정하였다. 지표의 피복 온도에 대한 측정자료가 있으면 그 자료를 이용하여야 한다. 특히 상향 적외선 복사를 계산할 때는 피복 온도와 지표면의 방출도(emissivity)가 중요하므로 이 부분을 점검하여야 한다.

- **프로그램의 결과물** : FileName_NLSQV0%Atmo 혹은 FileName_NLSQV1%Atmo가 최종 결과물이다. FileName_NLSQV0%Temp는 온도분포 계산의 중간 산출물이다. 이 파

일에는 관측자료의 평균 온도와 기온 감률로 결정한 대기층 상부 및 하부 경계의 온도가 마지막 2열에 포함되어 있다. 그리고 관측자료의 평균 온도와 모델의 평균 온도를 이용하여 계산한 RMSD (root-mean-square deviation)가 파일의 마지막 줄에 포함되어 있다. 온실기체 H_2O와 O_3에 대한 계산의 중간 산출물 파일로 FileName_NLSQV0%MiX1과 FileName_NLSQV0%MiX3이 있다.

온도와 수증기 혼합비의 분포에 대한 계산 결과를 소개한다. 그림 4.7.8은 포항의 오존-존데 자료와 안면도에서 관측한 라디오존데 자료를 이용하여 구한 대기 모델의 온도분포이다. 관측자료에서 계산한 각 대기층의 평균 온도와 기온 감률로 결정한 온도분포는 푸른색이고(절차 ②의 결과) NLSQ로 결정한 온도분포가 붉은색으로 표시되었다. 그림 4.7.9는 같은 자료를 이용하여 구한 수증기 혼합비 분포의 결과이다. 프로그램 RTM_Atmo_NLSQ_V0.f와 RTM_Atmo_NLSQ_V1.f는 온도 및 혼합비의 수직 분포와 RMSD의 크기가 비슷한 결과를 나타내고 있다. 그러나 세부적으로는 차이가 있기도 하다. 고도에 따른 감률을 계산하는 방법

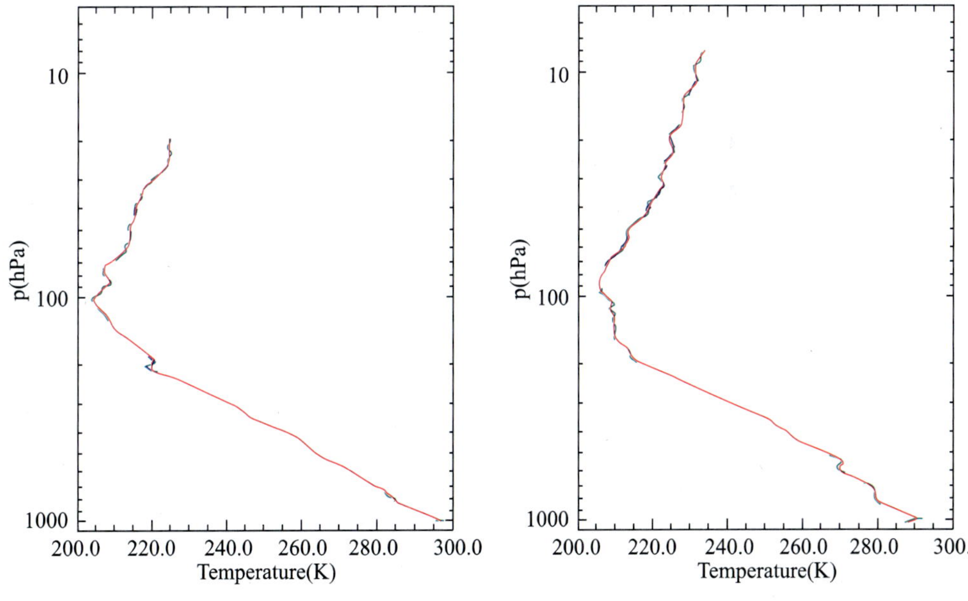

그림 4.7.8 **(좌) 포항에서 관측한 오존-존데 자료와 (우) 안면도에서 관측한 라디오존데 자료를 이용하여 결정한 복사 계산용 대기 모델의 온도분포**
녹색은 관측자료이고 푸른색은 모델 대기층 내에서 온도의 선형분포이며 붉은색이 최종 결과이다.

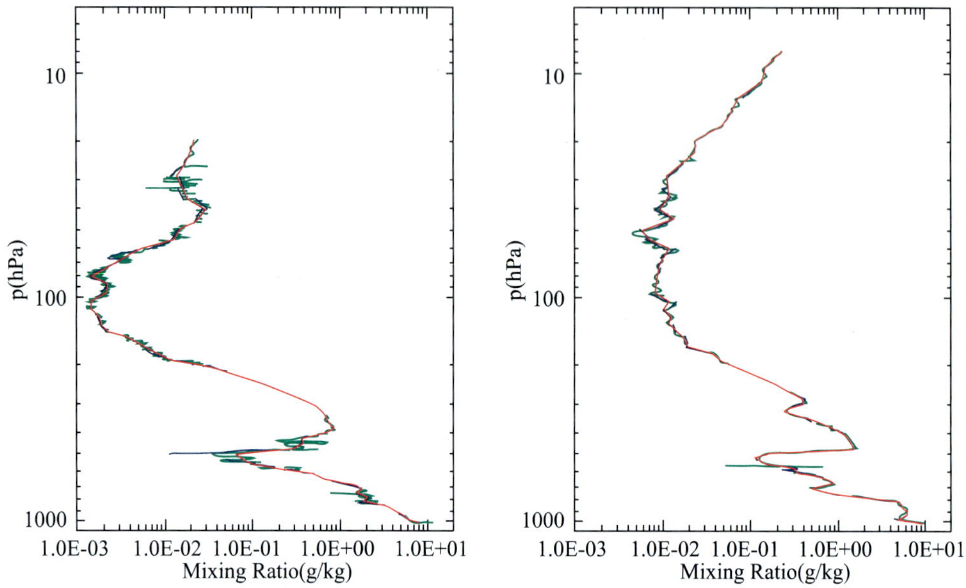

그림 4.7.9 **복사 계산용 대기 모델의 수증기 혼합비 분포**
(좌) 포항 자료의 결과이고 (우) 안면도 자료의 결과이다. 녹색은 관측자료이고 푸른색은 모델 대기층 내에서 수증기 혼합비의 선형분포이며 붉은색이 최종 결과이다.

이 다르기 때문이다. 그림의 크기를 줄여서 확인이 어려운 부분은 프로그램 디렉터리에 있는 결과 파일과 그림 파일을 참조하여 주기 바란다. [예 : FileName_Pohang.dat_NLSQV0%Mix1.ps vs FileName_Pohang_NLSQV1%Mix1.ps]

포항 자료의 계산 결과는 기압 격자 19.442 hPa까지 있다. 그러나 실제 복사 계산에서는 더 높은 고도[예 : 1.0 hPa 혹은 0.1 hPa]까지의 자료가 요구되기도 한다. 이를 위하여 모델대기[예 : US76, MLS, MLW, SAS, SAW, TRO]로부터 기압 격자에서의 온도와 온실기체의 혼합비를 구하였다. 한 예가 FileName_Pohang.dat_US76이다. FileName_Pohang.dat_NLSQV0%Atmo에 연결하여 사용하면 되는데, 주의할 것은 전이(transition) 구간을 두어 연결하고 최종 결과는 다시 Hydrostatic balance를 점검하여야 한다.

- **부수 프로그램** : 계산 결과를 그림으로 그리는 IDL 프로그램이 RTM_Atmo_FitTem.pro와 RTM_Atmo_FitMix.pro이다. 위의 그림 4.7.8～4.7.9는 이들 프로그램으로 그린 것이다[참조, 디렉터리에 있는 SampleRun 파일].

Chapter
05

빛의 산란

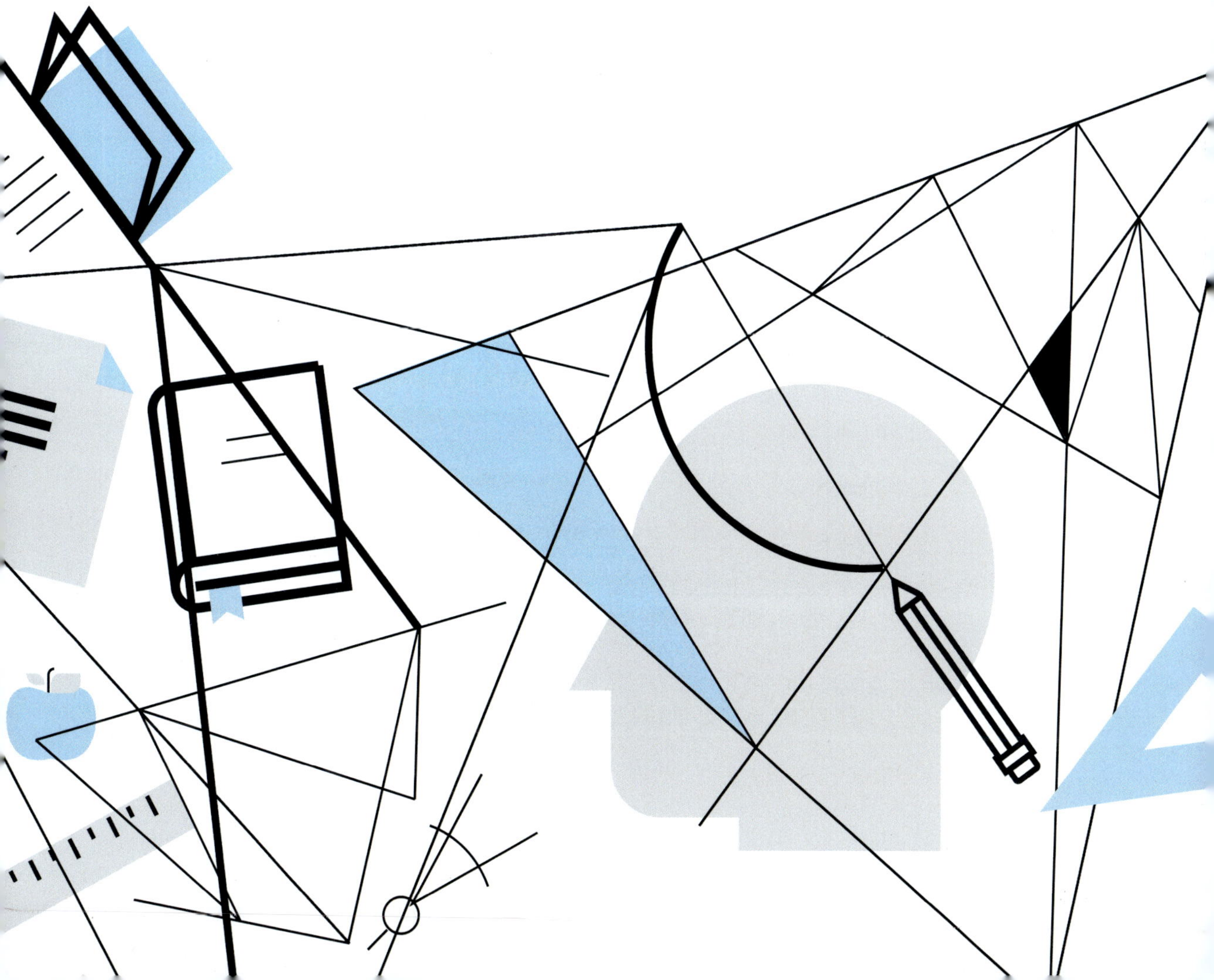

5.1 산란과 위상함수

빛은 전파하고 있던 매질과 굴절률이 다른 작은 입자에 입사하였을 때 모든 방향으로 분산되어 전파하는데, 이것을 산란이라 한다. 대기 중에서 빛을 산란하는 입자로는 공기 분자, 에어로졸, 그리고 구름(안개) 입자가 있다. 빛의 산란은 입사광의 파장과 산란 입자의 크기에 따라 산란 형태가 다르게 나타난다. 크기 인자(size parameter)는 입자의 반경 r과 입사광의 파장 λ을 이용하여 $x = 2\pi r/\lambda$로 정의되는데, 그림 5.1.1에 보인 바와 같이 크기 인자가 0.002～0.2의 범위에서는 레일리(Rayleigh) 산란 그리고 0.2～2000의 범위에서는 미(Mie) 산란이 된다.

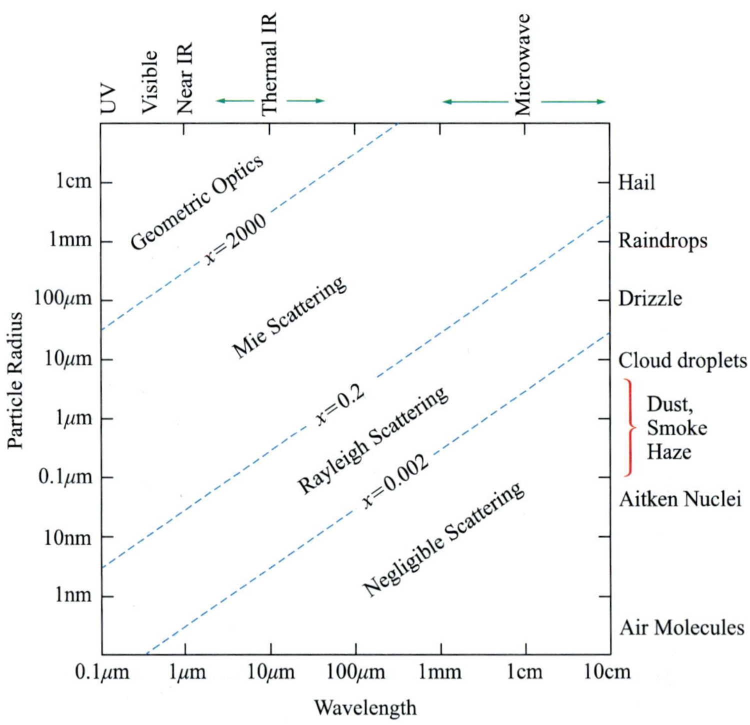

그림 5.1.1 산란 입자의 크기 인자에 따른 산란 형태

태양광의 가시광선[$\lambda = 400 \sim 700$ nm]이 대기 중의 공기 분자[반경 $\simeq 0.1$ nm]에 의하여 산란 되는 것이 레일리 산란이며, 에어로졸 혹은 구름 입자에 의해 산란 되는 것이 미 산란이다. 빗방울이 X-band [$\lambda = 3$ cm] 레이더파를 산란하는 것도 거의 레일리 산란에 속한다. 레일리 산란과 미 산란의 산란 위상함수(phase function)는 매우 다르며, 산란광의 편광 특성 또한 다르게 나타난다.

산란광의 특성에 대한 개념을 이해하기 위하여, 그림 5.1.2에서 보는 바와 같이 입사하는 평행광이 산란 입자에 의해 산란되는 경우를 보자. 평행광(collimated light, plane wave)의 대표적인 사례로는 오목거울의 초점에서 점광원이 빛을 방출할 때 거울에 반사되어 가는 빛이다. 우선 한 개의 입자에 의한 산란을 보자. 단위시간 동안 평행광에 수직인 단위면적에 입사하는 단위 파장 범위의 빛에너지를 F^i [$\mathrm{J\,s^{-1}m^{-2}\mu m^{-1}}$: monochromatic irradiance 또는 radiant flux, 단색 복사속]라고 하자. 입사한 빛은 산란 입자와 상호작용으로 마치 점광원에서 빛이 방출되는 것과 같이 모든 방향으로 전파한다. 점광원에서 빛이 방출되는 것과 같으므로 그 파는 구면파(spherical wave)이다. 이제 산란 입자로부터 반지름이 d인 구면을 단위시간 동안 통과하는 모든 빛에너지, 즉 총 복사속[$\mathrm{J\,s^{-1}\mu m^{-1}}$]을 표현해 보자. 입자를 기준으로 특정 방향(방위각, 천정각)의 입체각 $\Delta\Omega$ 범위로 산란되어 가는 빛의 복사속을 F^s라고 하면 산란광의 단색 복사강도가 I^s [$\mathrm{J\,s^{-1}m^{-2}sr^{-1}\mu m^{-1}}$]일 때, $F^s = I^s \Delta\Omega$이 된다[참조, 그림 5.1.3]. 따라서 모든 방향으로 산란된 복사속의 합은 다음과 같다.

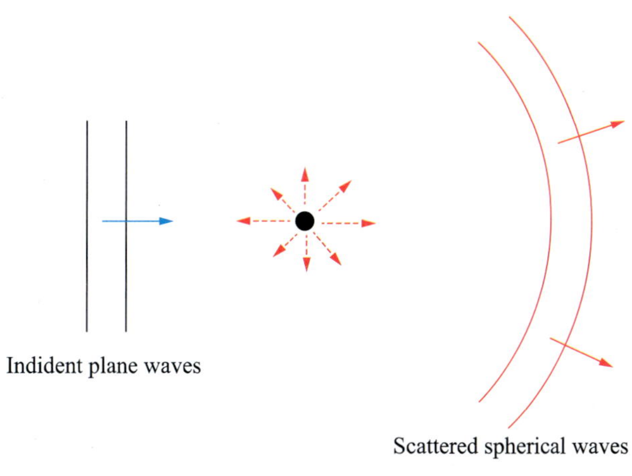

그림 5.1.2 **평행광의 산란**
입사광은 평행파이며 산란광은 구면파이다.

$$f = \int_A F^s dA = \int_0^{4\pi} (I^s \Delta\Omega)\, d^2 d\Omega \tag{5.1.1}$$

여기서 $d^2 d\Omega$는 입체각의 정의에 따르면 구의 미소 면적 dA를 나타낸다. 입자의 광학적 산란 단면(scattering cross section)은 산란광의 총 복사속과 입사광 복사속의 비율로 정의한다.

$$\sigma_p = \frac{f}{F^i} \tag{5.1.2}$$

단위는 면적[m^2]이 된다. 따라서 입자에 입사하는 총 빛에너지는 F^i에 산란 입자(scattering particle)의 산란 단면 σ_p을 곱한 $F^i \times \sigma_p$ [$\mathrm{J\,s^{-1}\mu m^{-1}}$]이다. 식(5.1.2)에 의하면 이것이 산란된 총 빛에너지이다. 이 장에서 인용되는 복사강도, 복사속, 산란 단면, 부피 산란계수, 스톡스(Stokes) 인자 등은 모두 파장의 함수이지만, 설명에서는 기호가 복잡해지는 것을 방지하기 위하여 첨자로 표시하는 것을 생략하였다.

NOTE 평행파와 구면파

평행파는 그림 5.1.2에서 보는 바와 같이 파의 능을 이으면 직선(혹은 평면)으로 되고 그 능선들은 평행을 이룬다. 반면 구면파는 점광원에서 방출한 빛과 같이 위상이 곡면을 이루며 공간으로 전파한다. 따라서 진공에서 전파하는 평행파의 에너지는 전파하는 거리와 관계없이 일정한 값이지만 구면파의 에너지는 광원에서의 거리의 제곱에 반비례한다.

빛은 파의 관점에서 전자기파(electromagnetic wave, EM 파)로 표현하는데, 빛에너지를 설명할 때는 주로 전기파를 이용한다. 빛을 전자기파로 나타내면, 빛에너지가 진행하는 방향은 "Poynting vector"로 정의된 $\vec{S} = (1/\mu_0)\vec{E} \times \vec{H}$ 방향이다. 즉, 전자기파의 진동 방향에 수직인 방향이다. 이 표현에서 $\vec{E}$는 전기파를, $\vec{H}$는 자기파를 의미하며 이들은 $|\vec{H}| = |\vec{E}|/c$ 관계가 있고, μ_0는 진공에서의 투과율(vacuum permeability, 단위 H/m)이다. $\vec{S}$의 단위는 복사속(flux 또는 irradiance, $\mathrm{Wm^{-2}}$)인데 파장 범위 $\lambda \sim \lambda + d\lambda$ [μm]의 에너지를 $d\lambda$로 나눈 경우, 단색 복사속 $\mathrm{Wm^{-2}\mu m^{-1}}$이 된다. 그리고 전파해 가는 EM 파의 시간 평균 에너지는 다음과 같이 전기파의 제곱에 비례한다.

$$F = \left| \frac{1}{\Delta t} \int_{\Delta t} \vec{S}\, dt \right| = \frac{1}{2} \epsilon_0 c\, |E|^2 \tag{5.1.3}$$

여기에서 ϵ_0는 진공에서의 유전율(permittivity of free space, 단위 F/m)이며, 빛의 속도는 $c = 1/\sqrt{\epsilon_0 \mu_0}$로 표현된다.

빛의 산란 이론은 EM 파가 산란 입자에 입사하였을 때, 유도된 EM 파[예 : 레일리 산란의 경우 electric dipole의 회전으로 생성됨]를 입자로부터 거리 d의 함수로 표현한다. 그 거리 d에서의 Poynting vector가 $\vec{S}$이며, EM 파의 복사속은 식(5.1.3)에서 보는 바와 같이 전기파의 제곱에 비례한다.

산란된 전자기파의 F^s와 그 빛의 복사강도(radiance intensity, $\mathrm{W\,m^{-2}sr^{-1}}$)의 관계는 다음과 같이 구할 수 있다. 여기에서 설명하는 이들 복사 물리량은 $d\lambda$ 범위의 적분값이다. 구의 중심에 있는 입자에 의해 빛이 산란할 때, 반지름이 d인 구면에서의 면적 ΔA을 통과하는 복사 플럭스 $d\Phi\,[\mathrm{Js^{-1}}]$은 구면에서의 F^s와 면적 ΔA의 곱으로 표현된다. 이것은 입자에 의해 산란된 빛의 복사강도 I^s에 입자의 단면 σ_p과 빛이 전파하는 입체각[이 경우에는 $\Delta\Omega = \Delta A/d^2$]의 곱과 같아야 하므로 F^s와 I^s의 관계를 다음과 같이 표현할 수 있다.

$$F^s \Delta A = I^s \sigma_p \Delta\Omega \tag{5.1.4a}$$

$$F^s = I^s \frac{\sigma_p}{d^2} = I^s \Omega_e \tag{5.1.4b}$$

NOTE 입사광과 산란광의 복사속 vs 복사강도

산란광의 복사강도와 복사속의 관계를 살펴보자. 그림 5.1N.1과 같이 산란 입자가 반지름이 d인 구의 중심에 있고, EM 파를 이용하여 산란이론으로 구한 식(5.1.3)의 복사속 F^s는 구면 A'에서 면적 dA'에 대한 값이다. 즉, 산란광의 복사 플럭스 $d\Phi'\,[\mathrm{Js^{-1}}]$을 이용하여 표현하면 $F^s = d\Phi'/dA'$이다. 한편, 산란광의 복사강도가 I^s일 때 구면 A'에 입사하는 복사 플럭스는 $d\Phi' = I^s dA'(\sigma_p/d^2)$로 표현할 수 있다[$d\Omega' = \sigma_p/d^2$는 A'에서 보는 산란 입자의 입체각]. 결과를 정리하면 $F^s = d\Phi'/dA' = (I^s\sigma_p)/d^2$이 된다. 따라서 산란광의 복사 물리량 간의 관계는 다음과 같다.

$$F^s = I^s \frac{\sigma_p}{d^2} = I^s \Omega_e,\ F^s = \frac{L^s}{d^2} \tag{5.1N.1}$$

이 식에서 $\Omega_e = \sigma_p/d^2$로 정의된 유효 입체각이며, L^s는 산란광의 "radiant intensity"[$\mathrm{W\,sr^{-1}}$]이다(참조, 표 1.1.1).

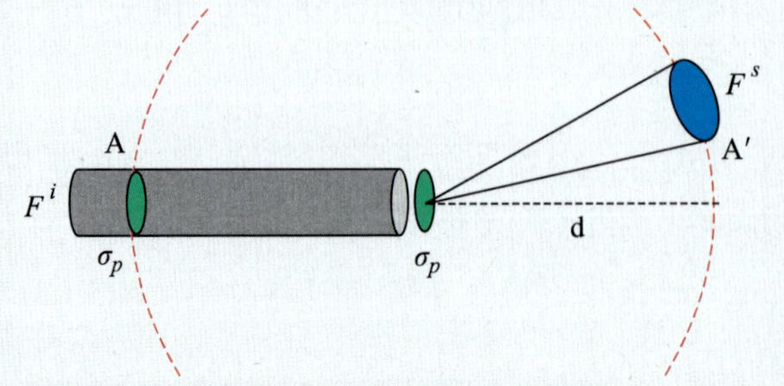

그림 5.1N.1 산란 입자에 입사하는 빛의 복사속과 산란광의 복사속

다음으로 입사광의 복사 물리량에 대하여 살펴보자. 평행파가 구면 A에 입사해오는 복사속이 F^i이다. 즉, A에서 단면 σ_p를 통과하는 복사 플럭스는 $d\Phi = F^i \sigma_p$이다. 구면 A에서 산란 입자로 전파하는 빛의 복사 강도를 I^i라 하자. 그러면 구면 A에서의 면적 σ_p로부터 입체각 $d\Omega = \sigma_p/d^2$ [A에서 구의 중심에 있는 입자를 바라보는 입체각]으로 전파하는 복사 플럭스는 $d\Phi = I^i \sigma_p d\Omega$로 표현할 수 있다. 따라서 입사광의 복사속은 $F^i = d\Phi/\sigma_p = I^i(\sigma_p/d^2)$이 된다. 결과를 정리하면 다음과 같다.

$$F^i = I^i \frac{\sigma_p}{d^2} = I^i \Omega_e, \; F^i = \frac{L^i}{d^2} \tag{5.1N.2}$$

이 식에서 L^i는 입사광의 "radiant intensity"이다. 이상의 결과는 단위 파장 범위의 빛에 대한 단색 복사속과 단색 복사강도에도 적용된다.

이제 산란각의 개념을 설명하기 위하여 입사광과 산란광이 진행하는 방향의 단위벡터를 생각하자. 이들 벡터를 포함하는 평면을 산란면(scattering plane)이라 하고, 입사광이 진행하는 방향과 산란광이 진행하는 방향 사이의 각을 산란각(scattering angle, θ)이라 한다.

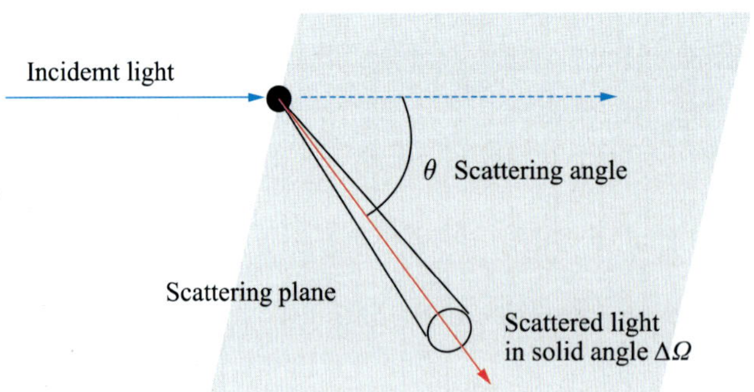

그림 5.1.3 산란면과 산란각

입사광의 진행방향을 $+Z$라 하면 산란각은 천정각 θ로 나타낼 수 있다. 그리고 총 산란된 빛에너지 $F^i \times \sigma_p$ 중에 산란각 θ 방향으로 산란된 빛의 복사속은 다음으로 표현된다.

$$F^s(\theta) = F^i \frac{\sigma_p}{d^2} \frac{P(\theta)}{4\pi} \tag{5.1.5a}$$

이 식에는 산란광의 복사속 F^s가 산란 입자로부터의 거리 제곱에 반비례하는 것으로 표현되었다. 그 이유는 구의 표면적이 d^2에 비례하며 식(5.1.1)로 정의된 f는 반지름과 관계없이 일정하기 때문이다. 산란각에 따른 복사강도로 표현하면 다음과 같다.

$$I^s(\theta) = I^i \frac{\sigma_p}{d^2} \frac{P(\theta)}{4\pi} \tag{5.1.5b}$$

여기에서 $\sigma_p/d^2 = \Omega_e$를 산란의 유효 입체각[거리 d에서 바라본 입자의 입체각]이라 한다. 그리고 $P(\theta)$는 산란 위상함수(phase function; non-dimension)인데, 총 산란된 빛에너지 중에서 산란각을 중심으로 단위 입체각 방향으로 산란되어 가는 빛에너지의 비율을 나타낸다. 따라서 모든 방향, 즉 구에 대하여 위상함수를 적분하면 다음과 같이 1.0이 된다.

$$\begin{aligned} \frac{1}{4\pi}\int_0^{4\pi} P(\theta)\, d\Omega &= \frac{1}{4\pi}\int_0^{2\pi}\int_0^{\pi} P(\theta)\sin\theta\, d\theta\, d\phi \\ &= \frac{1}{2}\int_{-1}^{1} P(\mu)\, d\mu = 1 \end{aligned} \tag{5.1.6}$$

여기에서 $\mu = \cos\theta$로 정의되었다. 이 식(5.1.6)은 다음과 같이 표현할 수도 있다.

$$\int_0^{2\pi}\int_0^{\pi} \frac{P(\theta)}{4\pi} \sin\theta\, d\theta\, d\phi = 1$$

그리고 여기의 $P(\theta)/4\pi$를 표준 위상함수(normalized phase function)라 한다.

입자의 산란 단면과 표준 위상함수를 곱하여 산란각에 따른 산란 단면을 다음과 같이 정의할 수 있다.

$$\sigma_p(\theta) = \sigma_p \frac{P(\theta)}{4\pi} \tag{5.1.7a}$$

그리고 산란각에 따른 산란 단면을 구에 대하여 적분하면 입자의 산란 단면이 된다.

$$\sigma_p = \int_0^{4\pi} \sigma_p(\theta)\, d\Omega = 2\pi \int_0^{\pi} \sigma_p(\theta) \sin\theta\, d\theta \tag{5.1.7b}$$

대기에서 에어로졸과 구름 입자들은 무작위 방향으로 놓여 있으며 공기 중의 수많은 에어로졸 입자로부터 산란 되는 빛도 산란각의 함수로 정의된다. 단위부피의 공기 중에 크기가 같은 N 개[m^{-3}]의 산란 입자가 있다고 하자. 산란각에 따른 부피 산란계수(volume scattering coefficient, m^{-1})는 다음과 같이 각 입자의 산란 단면을 더한 것으로 정의된다.

$$\beta(\theta) = N \sigma_p(\theta) \tag{5.1.8a}$$

그리고 부피 산란계수는 산란각에 따른 산란계수를 적분한 것으로 다음과 같이 정의된다.

$$\beta_{sca} = \int_0^{4\pi} \beta(\theta)\, d\Omega = 2\pi \int_0^{\pi} \beta(\theta) \sin\theta\, d\theta \tag{5.1.8b}$$

산란효율(efficiency factor)은 산란 단면과 반경이 r 인 산란 입자의 기하학적 단면의 비율로 정의된다. 산란각에 따른 산란효율과 이를 구의 입체각에 적분한 총 산란효율은 다음과 같이 정의된다.

$$Q_p(\theta) = \frac{\sigma_p(\theta)}{\pi r^2} \tag{5.1.9a}$$

$$Q_p = \frac{\sigma_p}{\pi r^2} \tag{5.1.9b}$$

따라서 부피 산란계수를 산란효율을 이용하여 나타내면 다음과 같다.

$$\beta_{sca} = N \pi r^2 Q_p \tag{5.1.10}$$

위상함수를 측정하는 관점에서 보면 그림 5.1.2와 같이 동일 크기의 에어로졸이 포함된 공기에 평행광을 입사시키고, 산란각에 따라 산란광의 복사강도를 측정한 다음 이 자료에서 부피 산란계수 $\beta(\theta)$를 구한 후 다음과 같이 위상함수를 결정할 수 있다.

$$P(\theta) = \frac{\beta(\theta)}{\beta_{sca}/4\pi} \tag{5.1.11}$$

이렇게 정의한 위상함수는 구의 모든 방향에 대하여 평균한 산란계수와 산란각 방향의 산란계수 비율로 해석할 수 있다.

5.2 빛의 편광

태양의 자외선과 가시광선이 공기 분자에 의하여 레일리 산란된 빛은 일부분 편광되어 있다. 편광은 빛의 반사와 굴절로 발생하기도 한다. 여기에서는 빛의 편광(polarization)에 대하여 살펴보기로 한다.

빛의 편광현상을 설명하기 위하여 빛을 전기파로 나타내었다. 그 진행 방향을 z 방향으로 한 직교좌표계를 정의하자. 그리고 전기파를 x, y 성분으로 나누어 나타내었다.

$$E_x(z,t) = E_{0,x}\cos(kz - wt + \delta_x) \tag{5.2.1a}$$

$$E_y(z,t) = E_{0,y}\cos(kz - wt + \delta_y) \tag{5.2.1b}$$

여기에서 E_0는 전기파의 진폭이고 $k = \dfrac{2\pi}{\lambda}$는 파수(wavenumber)이며 $w = kc$는 각속도(angular velocity)이고 δ는 위상(phase)이다.

만약 x 성분의 진폭 $E_{0,x} = 0$이면 전기파는 y 방향으로만 진동하는 파가 된다. 이 경우 전기파는 y 방향으로 선형편광(linear polarization) 되었다고 한다. 만약 x, y 성분의 위상차(phase difference) $\delta_y - \delta_x = 0$이고, $E_{0,x} = E_{0,y}$이면 전기파는 x 축과 45°를 이루는 방향으로 진동하며, 45° 선형편광 되었다고 한다. 즉, $E_{0,x}$와 $E_{0,y}$의 상대적인 크기에 따라 그림 5.2.1에서와 같이 전기파의 진동 방향이 달라진다.

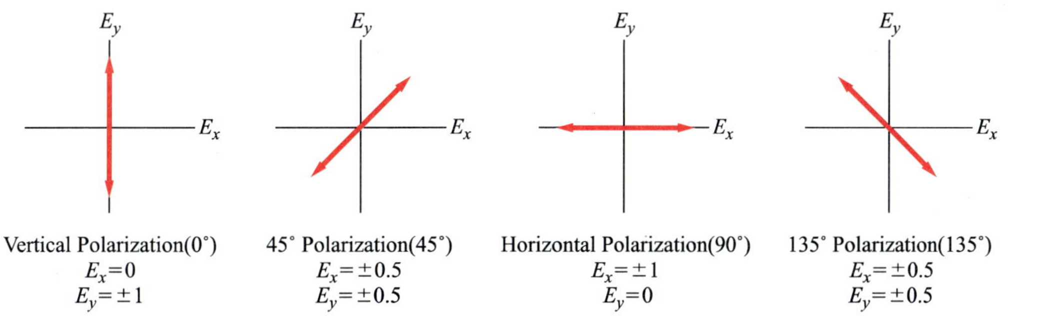

그림 5.2.1 선형편광의 종류

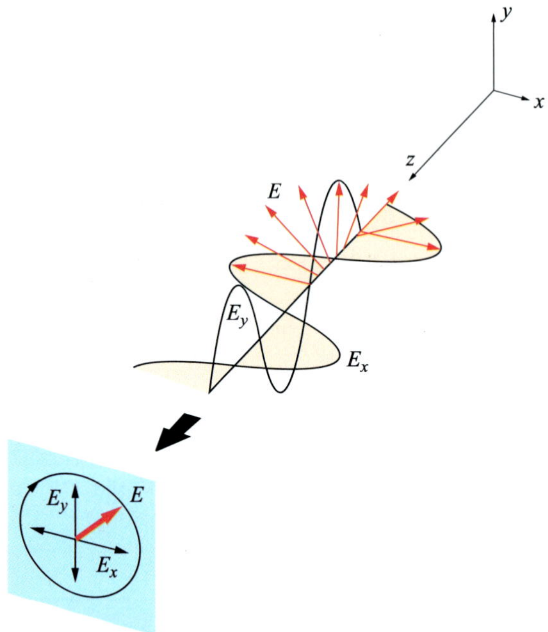

그림 5.2.2 **원형편광의 전기파**

거리 $z=0$, $\delta_x=0°$, $\delta_y=-90°$일 때 $wt=0$이면 $\vec{E}$는 $+x$축을 향하며 $wt=90°$이면 $-y$축을 향한다. 왼쪽 아래의 작은 그림은 시간에 따라 $\vec{E}$가 시계방향으로 회전하는 것을 나타낸다.

이제 다른 형태의 편광을 보자. 만약 위상차 $\delta_y-\delta_x=-90°$이고 $E_{0,x}=E_{0,y}$이면, 식(5.2.1)에서 $E_x/E_{0,x}=\cos\xi$ 와 $E_y/E_{0,y}=\sin\xi$ $[\xi=kz-wt]$로 표현된다. 그리고 이들을 제곱하여 더하면 다음과 같이 원형편광(circular polarization)을 나타내는 식이 된다.

$$\left(\frac{E_x}{E_{0,x}}\right)^2+\left(\frac{E_y}{E_{0,y}}\right)^2=\cos^2\xi+\sin^2\xi=1 \tag{5.2.2}$$

그림 5.2.2에서 보인 사례는 전기파의 진동 방향이 시간에 따라 시계방향으로 회전하는 것이다. 이제 식(5.2.1)에서 일반적 관계식을 구하면 다음과 같은 타원의 식이 된다. 즉, 빛이 진행하면서 전기파의 진동이 그림 5.2.3에 보인 바와 같이 타원을 나타내게 되는데, 이를 타원편광(elliptical polarization)이라 한다.

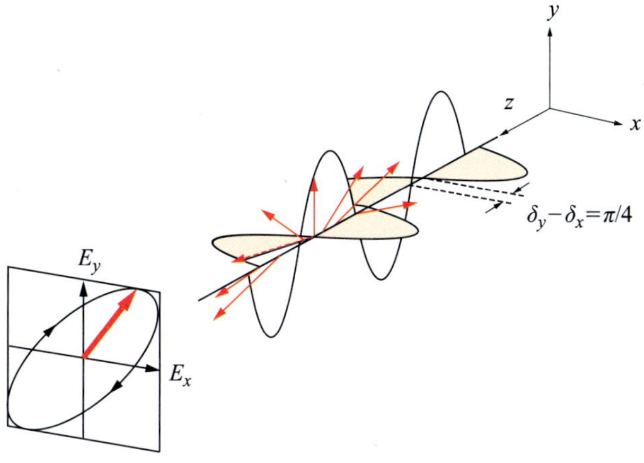

그림 5.2.3 **타원 편광의 전기파**

$$\left(\frac{E_x}{E_{0,x}}\right)^2 + \left(\frac{E_y}{E_{0,y}}\right)^2 - 2\frac{E_x}{E_{0,x}}\frac{E_y}{E_{0,y}}\cos\xi = \sin^2\xi \qquad (5.2.3)$$

타원 편광의 식은 선형편광과 원형편광을 모두 나타낼 수 있는 일반식이다. 타원 편광은 장축의 길이, 단축의 길이, 장축의 기운 방향, 전자파의 회전 방향으로 편광의 특성을 나타낼 수 있다.

그런데 빛의 편광은 일반적으로 다음과 같이 정의된 스톡스 인자(Stokes parameters)로 나타낸다. 이들은 선형 편광기(linear polarizer)와 광속을 감속하는 지연물질(retarder)을 조합하여 측정할 수 있는 복사량이다(Bohren and Huffman, 1983; Liou, 2002).

$$I = E_l E_l^* + E_r E_r^* = I_\parallel + I_\perp \qquad (5.2.4a)$$

$$Q = E_l E_l^* - E_r E_r^* = I_\parallel - I_\perp \qquad (5.2.4b)$$

$$U = E_l E_r^* + E_r E_l^* = I_+ - I_- \qquad (5.2.4c)$$

$$V = i(E_r E_l^* - E_l E_r^*) = I_{rcp} - I_{lcp} \qquad (5.2.4d)$$

이 표현에서는 전기파의 성분을 그림 5.2.4에서 보는 바와 같이 산란면에 평행인 성분 E_l(parallel)과 수직인 성분 E_r(perpendicular)로 나타내었다. 산란면에 평행인 단위벡터가 $\hat{e}_\parallel$

이고 산란면에 수직인 단위벡터가 $\hat{e}_{\perp}$ 이다. 하나의 단순한 EM 파 혹은 완전히 편광된 빛의 경우 스톡스 인자는 $I^2 = Q^2 + U^2 + V^2$의 관계를 만족한다. 그러나 측정의 관점에서 보면 일정 시간 동안의 평균값을 관측하게 된다. 자연에서의 빛은 수많은 EM 파의 조합이므로 이를 측정한 시간 평균값은 $I^2 \geq Q^2 + U^2 + V^2$의 관계를 나타낸다.

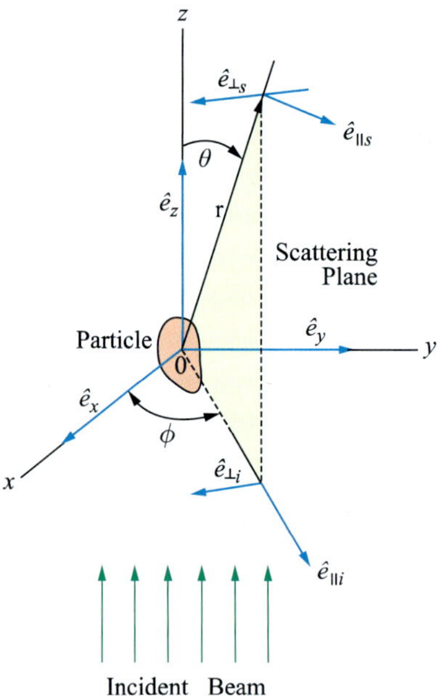

그림 5.2.4 **전기파의 평행 · 수직성분 방향의 단위벡터**
입사광의 단위벡터는 $\hat{e}_{\parallel i}$, $\hat{e}_{\perp i}$ 이고 산란광의 단위벡터는 $\hat{e}_{\parallel s}$, $\hat{e}_{\perp s}$ 이다.

NOTE 복소수로 나타낸 전기파

식(5.2.1)으로 표현된 전기파의 복소수 형식은 다음과 같다.

$$\vec{E} = \vec{E}_0 e^{i(kz-wt)}, \quad \vec{E}_0 = E_{0,x} e^{i\delta_x} + E_{0,y} e^{i\delta_y}$$

전기파를 복소수 함수로 표현하였을 때, 식(5.2.4)에서는 Poynting vector를 나타내는 전기파의 제곱을 $E^2 = EE^*$ [E^*는 complex conjugate]으로 표현하였고 복사강도로 계산할 때의 변환 상수가 생략되었다[참조, 식(5.1.3)~(5.1.4)].

NOTE Retarder

광속의 지연물질(retarder)은 복굴절(birefringence)을 지닌 물질을 이용한다. 석영, 방해석 등이 대표적으로 빛의 복굴절을 나타내는 물질이다. 복굴절은 서로 직각으로 편광된 빛의 굴절률이 다르기 때문에 나타나는 현상이다. 굴절률(실수부)은 물질에서 빛의 속도를 의미하기 때문에 복굴절은 편광된 빛의 속도가 하나는 상대적으로 느려져 있음을 의미한다.

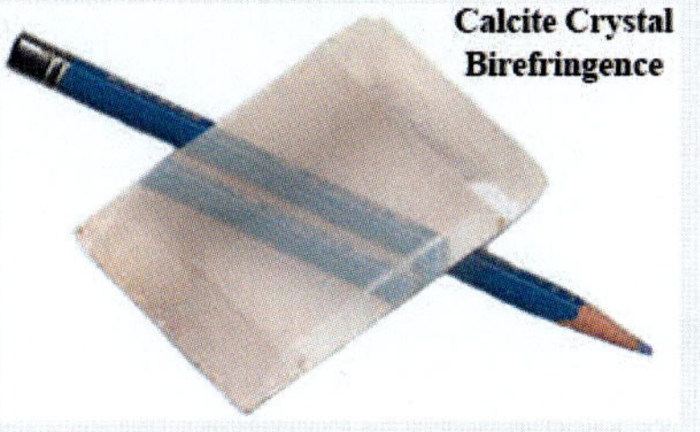

그림 5.2N.1 빛의 복굴절을 나타내는 방해석

식(5.2.4)의 우변에 사용된 복사강도를 살펴보자. $I_{\parallel}$, $I_{\perp}$은 각각 산란면에 평행인 성분과 수직인 성분을 나타낸다[참조, 그림 5.2.4]. 실험실에서 측정한다고 할 때, 비편광인 입사광과 수감부 사이에 선형 편광기(linear polarizer)를 설치하여 $I_{\parallel}$, $I_{\perp}$를 측정하였다면, 식(5.2.4a)는 이들을 더한 값이 I임을 의미한다. 그리고 이들의 차이를 Q로 정의한다. 이제 다른 직교좌표계를 하나 더 정의하자. 새로운 좌표계의 단위벡터를 $\hat{e}_{+}$, $\hat{e}_{-}$라고 하면, $\hat{e}_{+}$는 $\hat{e}_{\parallel}$축에서 시계방향으로 45° 회전한 축이며 $\hat{e}_{-}$는 $\hat{e}_{\parallel}$축에서 반시계 방향으로 45° 회전한 축이다. 선형 편광기를 설치하여 $\hat{e}_{+}$ 성분과 $\hat{e}_{\parallel}$ 성분을 측정하고 이들의 차이를 U로 정의한다. 그리고 I_{rcp} (right-handed screw circular polarization)은 시계방향으로 회전하는 원형편광을 의미하고 I_{lcp} (left-handed screw circular polarization)은 반시계 방향으로 회전하는 원형편광을 나타낸다. 이들은 선형 편광기와 지연물질(retarder)의 조합을 광원과 수감부 사이에 설치하여 측정한다.

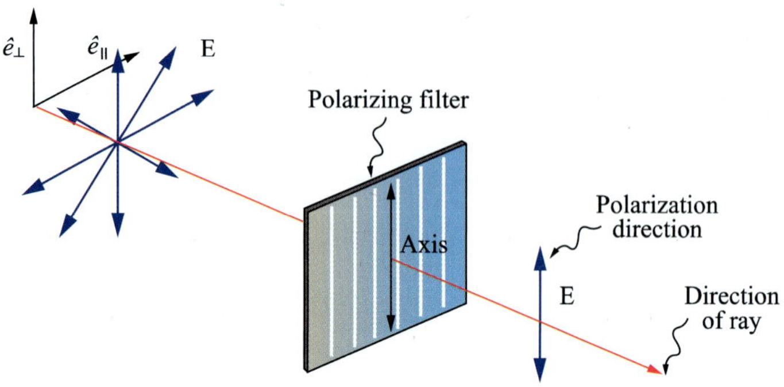

그림 5.2.5 **선형 편광기와 빛의 편광**
$\hat{e}_\perp$ 성분을 측정한다.

식(5.2.4)로 정의된 스톡스 인자는 앞에서 설명한 선형, 원형, 타원 편광과 어떠한 관계인가? 복잡한 수식의 전개는 생략하고 여기에서는 결과를 소개하기로 한다. 스톡스 인자는 타원 편광의 장축과 단축의 비율을 나타내는 타원율(ellipticity)과 x 축에 대한 장축의 기울기로 표현된다.

$$I = E_0^2 \tag{5.2.5a}$$

$$Q = E_0^2 \cos(2\beta)\cos(2\psi) \tag{5.2.5b}$$

$$U = E_0^2 \cos(2\beta)\sin(2\psi) \tag{5.2.5c}$$

$$V = E_0^2 \sin(2\beta) \tag{5.2.5d}$$

그림 5.2.6은 타원 편광의 모양을 나타내고 있는데, 타원의 장축과 단축을 각각 a, b라 한다면 타원율로부터 각 β가 다음으로 정의된다.

$$|\tan\beta| = \frac{b}{a}, \quad \left(-\frac{\pi}{4} \le \beta \le \frac{\pi}{4}\right) \tag{5.2.6a}$$

아울러 x 축에 대한 장축의 기울기 ψ와 각 β는 스톡스 인자와 다음의 관계로 표현된다.

$$\tan(2\psi) = \frac{U}{Q} \tag{5.2.6b}$$

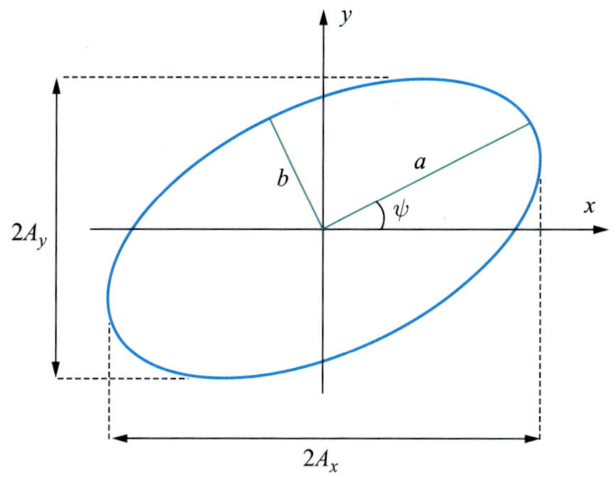

그림 5.2.6 타원 편광에서 장축, 단축 및 축의 기울기
빛은 그림면의 앞쪽으로 진행한다.

$$\tan(2\beta) = \frac{V}{\sqrt{Q^2 + U^2}}, \ \sin(2\beta) = \frac{V}{\sqrt{Q^2 + U^2 + V^2}} = \frac{V}{I} \tag{5.2.6c}$$

즉, 스톡스 인자를 측정하면 x 축에 대한 장축의 기울기와 타원의 타원율을 측정한 것과 같다. 예를 들어, $V=0$이면 식(5.2.6c)에서 $\beta=0$ [혹은 $\pm\pi/2$]를 의미한다. 이것은 식(5.2.6a)에 의하면 단축이 0임을 의미하기 때문에 빛은 선형 편광되어 있음을 나타낸다. 만약 $Q=U=0$이면[즉, $I=V$] $\beta=\pm\pi/4$이고 장축과 단축의 크기가 같으므로 원형편광을 나타낸다. 스톡스 인자와 편광의 관계를 요약하면 다음과 같다.

- 비편광 빛 : $Q=U=V=0$
- 일부 편광 빛 : $I^2 > Q^2 + U^2 + V^2$
- 완전 편광 빛 : $I^2 = Q^2 + U^2 + V^2$
- 선형 편광 빛 : $Q \neq 0,\ U \neq 0,\ V=0$
- 원형편광 빛 : $Q=0,\ U=0,\ V \neq 0$

이제 입사광과 산란광과의 관계를 전기파를 이용하여 살펴보자. 산란 입자에 의해 빛이 산란하는 경우, 입사광과 산란광의 전기파 성분들은 다음의 관계로 표현된다.

$$\begin{bmatrix} E_l^s \\ E_r^s \end{bmatrix} = \frac{e^{-i(kr-kz)}}{ikr} \begin{bmatrix} S_2 & S_3 \\ S_4 & S_1 \end{bmatrix} \begin{bmatrix} E_l^i \\ E_r^i \end{bmatrix} \tag{5.2.7}$$

우변의 E_l^i과 E_r^i는 입사광 전기파 중에 산란면에 평행인 성분과 수직인 성분을 의미한다. 좌변은 산란 입자에서 구 좌표계로 표현한 거리 r과 직교좌표계로 나타낸 z인 곳에서 산란광 전기파의 평행성분 E_l^s과 수직성분 E_r^s을 나타낸다[참조, 그림 5.2.4]. 그리고 S_j ($j=1$, $2, 3, 4$)는 산란의 진폭 매트릭스(amplitude scattering matrix)인데, 이들은 산란각 θ의 함수이다. 미 이론을 포함한 모든 산란이론[예 : T-matrix (Waterman, 1971), Geometric optics (Yang and Liou, 1996), Discrete dipole approximation (DDA : Purcell and Pennypacker, 1973)]은 산란의 진폭 매트릭스 S_j 성분을 계산한다.

식(5.2.7) 좌변의 E_l^s과 E_r^s을 이용하여 산란광을 스톡스 인자로 표현할 수 있고, 아울러 우변의 E_l^i과 E_r^i을 이용하여 입사광을 스톡스 인자로 표현할 수 있다. 입사광과 산란광에 대한 스톡스 인자의 일반적인 관계식은 다음과 같다.

$$\begin{bmatrix} I_s \\ Q_s \\ U_s \\ V_s \end{bmatrix} = \frac{\vec{F}}{k^2 r^2} \begin{bmatrix} I_i \\ Q_i \\ U_i \\ V_i \end{bmatrix}, \quad \vec{F} = \begin{bmatrix} S_{11} & S_{12} & S_{13} & S_{14} \\ S_{21} & S_{22} & S_{23} & S_{24} \\ S_{31} & S_{32} & S_{33} & S_{34} \\ S_{41} & S_{42} & S_{43} & S_{44} \end{bmatrix} \tag{5.2.8}$$

여기에서 변환 매트릭스 $\vec{F}$는 산란 단면을 σ_s라 할 때, 산란 위상함수 매트릭스 $\vec{P}$와 다음의 관계가 있다.

$$\frac{\vec{P}}{4\pi} = \frac{1}{\sigma_s k^2} \vec{F} \tag{5.2.9}$$

따라서 산란 위상함수를 이용하여 스톡스 인자를 표현하면 다음과 같다.

$$\begin{bmatrix} I_s \\ Q_s \\ U_s \\ V_s \end{bmatrix} = \frac{\sigma_s}{r^2} \frac{\vec{P}}{4\pi} \begin{bmatrix} I_i \\ Q_i \\ U_i \\ V_i \end{bmatrix}, \quad \vec{P} = \begin{bmatrix} P_{11} & P_{12} & P_{13} & P_{14} \\ P_{21} & P_{22} & P_{23} & P_{24} \\ P_{31} & P_{32} & P_{33} & P_{34} \\ P_{41} & P_{42} & P_{43} & P_{44} \end{bmatrix} \tag{5.2.10}$$

이 식에서 보는 바와 같이 입사광의 각 스톡스 인자는 산란광의 모든 스톡스 인자에 영향을 미치는 것을 알 수 있다. 한편 변환 매트릭스 $\vec{F}$의 성분은 식(5.2.7)에서 정의된 산란의 진폭 매트릭스 S_j로 표현된다. 레일리 산란 그리고 미 산란과 같이 산란 입자가 구형인 경우 $S_3 = S_4 = 0$이다. 따라서 식(5.2.8)과 식(5.2.10)은 다음과 같이 간단하게 표현된다. 문헌에서는 다음 식(5.2.11b)에서와 같이 위상함수 매트릭스 성분을 a_1, a_2, a_3, a_4, b_1, b_2로 표현하기도 한다.

$$\begin{bmatrix} I_s \\ Q_s \\ U_s \\ V_s \end{bmatrix} = \frac{\vec{F}}{k^2 r^2} \begin{bmatrix} I_i \\ Q_i \\ U_i \\ V_i \end{bmatrix}, \quad \vec{F} = \begin{bmatrix} S_{11} & S_{12} & 0 & 0 \\ S_{12} & S_{11} & 0 & 0 \\ 0 & 0 & S_{33} & S_{34} \\ 0 & 0 & -S_{34} & S_{33} \end{bmatrix} \tag{5.2.11a}$$

$$\begin{bmatrix} I_s \\ Q_s \\ U_s \\ V_s \end{bmatrix} = \frac{\sigma_s}{r^2} \frac{\vec{P}}{4\pi} \begin{bmatrix} I_i \\ Q_i \\ U_i \\ V_i \end{bmatrix}, \quad \vec{P} = \begin{bmatrix} P_{11} & P_{12} & 0 & 0 \\ P_{12} & P_{22} & 0 & 0 \\ 0 & 0 & P_{33} & P_{34} \\ 0 & 0 & -P_{34} & P_{44} \end{bmatrix} = \begin{bmatrix} a_1 & b_1 & 0 & 0 \\ b_1 & a_2 & 0 & 0 \\ 0 & 0 & a_3 & b_2 \\ 0 & 0 & -b_2 & a_4 \end{bmatrix} \tag{5.2.11b}$$

다음은 미 산란의 $\vec{F}$ 성분과 진폭 매트릭스 S_j의 관계를 정리한 것이다.

$$S_{11} = \frac{1}{2}(|S_1|^2 + |S_2|^2) \tag{5.2.12a}$$

$$S_{12} = \frac{1}{2}(|S_2|^2 - |S_1|^2) \tag{5.2.12b}$$

$$S_{21} = \frac{1}{2}(|S_2|^2 - |S_1|^2) = S_{12} \tag{5.2.12c}$$

$$S_{22} = \frac{1}{2}(|S_2|^2 + |S_1|^2) = S_{11} \tag{5.2.12d}$$

$$S_{33} = Re\left\{S_1 S_2^*\right\} = \frac{1}{2}(S_1 S_2^* + S_1^* S_2) \tag{5.2.12e}$$

$$S_{34} = Im\left\{S_2 S_1^*\right\} = \frac{i}{2}(S_1 S_2^* - S_1^* S_2) \tag{5.2.12f}$$

$$S_{43} = Im\left\{S_1 S_2^*\right\} = -\frac{i}{2}(S_1 S_2^* - S_1^* S_2) = -S_{34} \tag{5.2.12g}$$

$$S_{44} = Re\left\{S_1 S_2^*\right\} = S_{33} \tag{5.2.12h}$$

여기에서 $Re\{\ \}$는 복소수의 실수부를, 그리고 $Im\{\ \}$은 허수부를 의미한다. 위의 식을 전개해 보면 다음의 관계가 성립되는 것을 알 수 있다.

$$S_{11}^2 = S_{12}^2 + S_{33}^2 + S_{34}^2 \tag{5.2.13}$$

그리고 비편광 입사광과 그 산란광에 대한 스톡스 인자는 변환 매트릭스의 성분과 다음의 관계가 있다[참조, 식(5.2.11a)].

$$\frac{I_s}{I_i} = \frac{1}{k^2r^2}S_{11}\,,\quad \frac{Q_s}{I_i} = \frac{1}{k^2r^2}S_{21}\,,\quad \frac{U_s}{I_i} = \frac{1}{k^2r^2}S_{31}\,,\quad \frac{V_s}{I_i} = \frac{1}{k^2r^2}S_{41} \tag{5.2.14}$$

이 식에 의하면 미 산란의 I_s는 S_{11}에 의하여 결정되고 Q_s는 $S_{21}(=S_{12})$에 의하여 결정된다. 즉, 산란광의 선형편광 특성은 S_{21}에 포함되어 있음을 알 수 있다.

편광 성분의 위상함수는 Generalized Spherical Functions (GSF)로 전개하는 것이 더 적합한 것으로 알려져 있으며, 벡터 복사모델[예 : VLIDORT (Spurr, 2006)]에서는 식(5.2.11b)의 위상함수를 다음과 같이 GSF $P_{m,n}^l(\cos\theta)$을 이용하여 전개한다.

$$a_1(\theta) = \sum_{l=0}^{\infty}\alpha_1^l P_{0,0}^l(\cos\theta) = \sum_{l=0}^{\infty}\alpha_1^l P_l(\cos\theta) \tag{5.2.15a}$$

$$a_2(\theta) + a_3(\theta) = \sum_{l=2}^{\infty}(\alpha_2^l + \alpha_3^l)P_{2,2}^l(\cos\theta) \tag{5.2.15b}$$

$$a_2(\theta) - a_3(\theta) = \sum_{l=2}^{\infty}(\alpha_2^l - \alpha_3^l)P_{2,-2}^l(\cos\theta) \tag{5.2.15c}$$

$$a_4(\theta) = \sum_{l=0}^{\infty}\alpha_4^l P_{0,0}^l(\cos\theta) = \sum_{l=0}^{\infty}\alpha_4^l P_l(\cos\theta) \tag{5.2.15d}$$

$$b_1(\theta) = \sum_{l=2}^{\infty}\beta_1^l P_{0,2}^l(\cos\theta) = -\sum_{l=2}^{\infty}\left[\frac{(l-2)!}{(l+2)!}\right]^{1/2}\beta_1^l P_l^2(\cos\theta) \tag{5.2.15e}$$

$$b_2(\theta) = \sum_{l=2}^{\infty}\beta_2^l P_{0,2}^l(\cos\theta) = -\sum_{l=2}^{\infty}\left[\frac{(l-2)!}{(l+2)!}\right]^{1/2}\beta_2^l P_l^2(\cos\theta) \tag{5.2.15f}$$

위의 식(5.2.15)의 (b)와 (c)를 더하거나 빼면 $a_2(\theta)$, $a_3(\theta)$를 구할 수 있다. 그리고 전개 상수는 산란 위상함수를 다음과 같이 $[-1,\ +1]$ 구간에 대하여 적분한 것으로 정의된다.

$$\alpha_1^l = \frac{2l+1}{2}\int_{-1}^{1} a_1(\theta)P_{0,0}^l(\mu)\,d\mu = \frac{2l+1}{2}\int_{-1}^{1} a_1(\theta)P_l(\mu)\,d\mu \tag{5.2.16a}$$

$$\alpha_2^l + \alpha_3^l = \frac{2l+1}{2}\int_{-1}^{1} [a_2(\theta)+a_3(\theta)]P_{2,2}^l(\mu)\,d\mu \tag{5.2.16b}$$

$$\alpha_2^l - \alpha_3^l = \frac{2l+1}{2}\int_{-1}^{1} [a_2(\theta)-a_3(\theta)]P_{2,-2}^l(\mu)\,d\mu \tag{5.2.16c}$$

$$\alpha_4^l = \frac{2l+1}{2}\int_{-1}^{1} a_4(\theta)P_{0,0}^l(\mu)\,d\mu = \frac{2l+1}{2}\int_{-1}^{1} a_4(\theta)P_l(\mu)\,d\mu \tag{5.2.16d}$$

$$\begin{aligned}\beta_1^l &= \frac{2l+1}{2}\int_{-1}^{1} b_1(\theta)P_{0,2}^l(\mu)\,d\mu \\ &= -\frac{2l+1}{2}\left[\frac{(l-2)!}{(l+2)!}\right]^{1/2}\int_{-1}^{1} b_1(\theta)\,P_l^2(\mu)\,d\mu\end{aligned} \tag{5.2.16e}$$

$$\begin{aligned}\beta_2^l &= \frac{2l+1}{2}\int_{-1}^{1} b_2(\theta)P_{0,2}^l(\mu)\,d\mu \\ &= -\frac{2l+1}{2}\left[\frac{(l-2)!}{(l+2)!}\right]^{1/2}\int_{-1}^{1} b_2(\theta)\,P_l^2(\mu)\,d\mu\end{aligned} \tag{5.2.16f}$$

앞 1.3절의 식(1.3.3)에서 정의한 위상함수는 식(5.2.11b)의 $P_{11}(=a_1)$에 해당하며, GSF $P_{0,0}^l(x)=P_l(x)$이기 때문에 결과는 Legendre polynomial로 전개한 것과 같다. Generalized Spherical Functions 및 수식의 전개에 대한 자세한 내용은 Hovenier et al. (2004), De Rooij and Van der Stap (1984), Mishchenko et al. (2006)을 참조하여 주기 바란다.

NOTE Generalized Spherical Functions (GSF)

이 함수는 독립변수 $-1 \le x \le 1$에 대하여 다음으로 정의된다.

$$P_{m,n}^l(x) = i^{n-m}A(1-x)^{(m-n)/2}(1+x)^{-(m+n)/2}\frac{d^{l-n}}{dx^{l-n}}[(1-x)^{l-m}(1+x)^{l+m}] \tag{5.2N.1}$$

$$A = \frac{(-1)^{l-m}}{2^l}\sqrt{\frac{(l+n)!}{(l-m)!(l+m)!(l-n)!}}$$

이 정의에서 l, m, n은 모두 정수이며, $l \ge 0$이고 $-l \le m$, $n \le l$ 이다. GSF는 다음의 관계를 만족한다.

$$P_{m,n}^l(x) = P_{n,m}^l(x)$$

$P^l_{m,n}(x) = P^l_{-m,-n}(x)$
$P^l_{m,n}(-x) = (-1)^{l+m-n} P^l_{-m,n}(x)$

그리고 직교성(orthogonality)은 다음과 같다.

$$(-1)^{m+n}\int_{-1}^{+1} P^l_{m,n}(x)\,P^k_{m,n}(x) = \frac{2}{2l+1}\delta_{l,k} \tag{5.2N.2}$$

산란 위상함수의 전개에서 $m,\ n = -2, 0, 2$인데, 이 경우 recurrence relation은 다음과 같다.

$$l\sqrt{(l+1)^2-n^2}\,\sqrt{(l+1)^2-m^2}\,P^{l+1}_{m,n}(x) + (l+1)\sqrt{l^2-n^2}\,\sqrt{l^2-m^2}\,P^{l-1}_{m,n}(x) \tag{5.2N.3}$$
$$= (2l+1)[l(l+1)x - mn]P^l_{m,n}(x)$$

GSF는 $m = n = 0$일 때 Legendre polynomial과 같다.
$P^l_{0,0}(x) = P_l(x)$

그리고 $n = 0$일 때는 associated Legendre function과 같아진다.
$P^l_{m,0}(x) = P^m_l(x)$

식(5.2N.1)으로 정의된 함수는 i^{n-m}항에 의해 복소수이지만 다음과 같이 Wigner d-function의 실수 함수로 표현할 수 있다.

$$D^l_{m,n}(x) = i^{m-n} P^l_{m,n} \tag{5.2N.4}$$

이 실수 GSF 역시 원래의 Generalized Spherical Functions의 특징을 나타내기 때문에 편광 성분의 위상함수를 전개하는 데 사용된다.

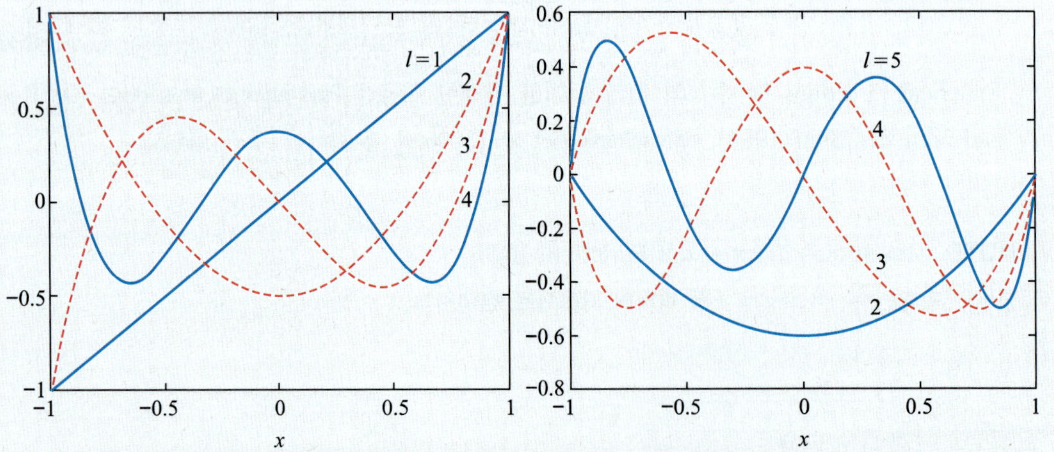

그림 5.2N.2 Generalized spherical functions
(좌) $P^l_{0,0}(x)$, $l = 1, 2, 3, 4$, (우) $P^l_{0,2}(x)$, $l = 2, 3, 4, 5$ (Hovenier et al., 2004)

5.3 레일리 산란

레일리 산란(Rayleigh scattering)은 전자기파가 전기 쌍극자(electric dipole)에 입사하면 그 전자기파에 영향을 받아 쌍극자가 회전하고 그 결과 유도된 전자기파가 모든 방향으로 전파해 가는 것으로 설명한다. 레일리 산란의 결과에 의하면 단위부피 속에 N개의 입자가 있을 때, 각 입자의 산란 단면[단위는 cm^2]은 다음과 같다.

$$\sigma = \frac{8\pi^3(m^2-1)^2}{3\lambda^4 N^2} f(\delta) \tag{5.3.1}$$

여기서 m은 공기의 실수부 굴절률이고, 공기 분자의 비등방성[전기 쌍극 모멘트의 비등방성을 의미함]을 나타내는 인자(anisotropic factor) $f(\delta) = (6+3\delta)/(6-7\delta)$가 포함되어 있다 (Bodhaine et al., 1999). 이 인자에서 $\delta = (I_\perp / I_\parallel)_{\theta=\pi/2}$로 정의된 “depolarization factor”이며, 공기의 경우 그 크기는 0.031 ~ 0.035이다. 잘 알려진 바와 같이 레일리 산란 단면은 식(5.3.1)에서와 같이 $1/\lambda^4$에 비례하므로, 가시광의 경우 파장이 짧은 푸른색은 파장이 긴 붉은색에 비하여 많이 산란되는 것을 알 수 있다.

레일리 산란에 대한 부피 산란계수[단위는 보통 cm^{-1}로 나타냄]는 식(5.1.8a)에서와 같이 산란 단면에 산란 입자의 수 N [particles cm^{-3}]을 곱하여 계산한다.

$$\beta = \frac{8\pi^3(m^2-1)^2}{3\lambda^4 N} f(\delta) \tag{5.3.2}$$

공기 분자가 등방성이고 입사광이 비편광의 빛이라면 산란 위상함수는 잘 알려진 바와 같이 다음 식으로 표현된다.

$$P(\theta) = \frac{3}{4}(1+\cos^2\theta) \tag{5.3.3a}$$

이 위상함수는 식(5.1.6)의 표준화 조건을 만족한다. 공기의 경우 depolarization factor를 고려한 산란 위상함수는 다음과 같다.

$$P(\theta) = \frac{3}{4}\frac{1-\delta}{1+\delta/2}\left(\frac{1+\delta}{1-\delta} + \cos^2\theta\right) \tag{5.3.3b}$$

NOTE 전기 쌍극 모멘트(electric dipole moment)

분자 혹은 입자에서 전기의 양전하와 음전하가 분리된 정도를 나타내는 양으로 단위는 Cm (coulomb meter)이다. 전하가 여러 개 있을 경우, 전기 쌍극 모멘트는 다음으로 정의된다.

$$\vec{P} = \sum_{i=1}^{N} q_i \vec{d}_i$$

여기서 $\vec{d}$ 는 음전하에서 양전하 방향으로 향하는 거리 벡터이고 q 는 전하량을 나타낸다. 아래 그림은 하나의 쌍을 이룬 전하에 대한 쌍극 모멘트를 나타낸 것이다.

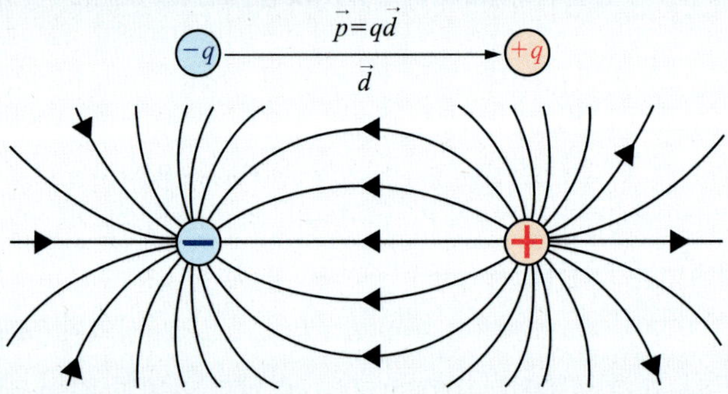

그림 5.3N.1 전기 쌍극 모멘트

레일리 산란의 스톡스 인자[참조, 식(5.2.10)]에 대한 위상함수는 다음과 같다.

$$\vec{P}(\theta) = \begin{bmatrix} \frac{3}{4}(1+\cos^2\theta) & -\frac{3}{4}(1-\cos^2\theta) & 0 & 0 \\ -\frac{3}{4}(1-\cos^2\theta) & \frac{3}{4}(1+\cos^2\theta) & 0 & 0 \\ 0 & 0 & \frac{3}{2}\cos\theta & 0 \\ 0 & 0 & 0 & \frac{3}{2}\cos\theta \end{bmatrix} \tag{5.3.4}$$

여기에서 보는 바와 같이 식(5.3.3a)로 표현된 위상함수는 총 복사강도 I_s 에 해당하는 P_{11} 을 나타내는 것이다. 만약 공기 분자의 비등방성을 고려한다면 위상함수의 성분들은 조금씩 달라진다.

레일리 산란에 의한 산란광의 편광을 살펴보자. 입사광이 비편광인 경우[예 : 태양광],

$Q_i = U_i = V_i = 0$이며 식(5.2.11b)에 의하면 산란광의 스톡스 인자는 입사광의 스톡스 인자로 다음과 같이 표현할 수 있다.

$$I_s = \frac{3}{4}(1+\cos^2\theta)I_i \tag{5.3.5a}$$

$$Q_s = -\frac{3}{4}\sin^2\theta\, I_i \tag{5.3.5b}$$

$$U_s = 0, \ \ V_s = 0 \tag{5.3.5c}$$

여기에서는 변환 상수 $\sigma_s/(4\pi r^2)$가 생략되었다. 이 결과에서 알 수 있는 바와 같이 비편광 입사광의 일부가 선형편광 성분으로 산란되는 것을 알 수 있다. 선형편광(linear polarization)은 스톡스 인자의 Q, U로 표현되기 때문에 선형편광 성분을 다음과 같이 정의하자.

$$I_{lp} = \sqrt{Q_s^2 + U_s^2} \tag{5.3.6}$$

그러면 산란광 중에 선형편광의 비율, 즉 총 빛에너지 중에 선형 편광된 에너지의 비율은 다음과 같다.

$$\frac{I_{lp}}{I_s} = \frac{\sin^2\theta\, I_i}{(1+\cos^2\theta)I_i} = \frac{\sin^2\theta}{1+\cos^2\theta} \tag{5.3.7}$$

그림 5.3.1은 레일리 산란의 위상함수 P_{11}을 나타낸 것이다. 그림에서는 붉은색 점선으로 표시되었다. 식(5.2.4)에서 정의된 바와 같이 산란광의 복사강도는 $I = I_{\parallel} + I_{\perp} \propto (\cos^2\theta + 1)$인데, 우측 그림에서는 산란면에 평행하게 편광된 $I_{\parallel} \propto \cos^2\theta$는 푸른색 긴 점선으로 표시되었고 산란면에 수직으로 편광된 $I_{\perp} \propto 1$은 검은색 실선으로 표시되었다. 식(5.3.7)에 의하면 산란각 $\theta = 90°$일 때는 산란광이 모두 편광되어 있음을 알 수 있다. 공기 분자에 의한 태양 가시광선의 산란을 보면, 이 결과는 빛의 진행 방향에 수직으로 산란된 빛은 편광되어 있음을 의미한다. 그러나 실제 공기 분자의 비등방성을 고려하면 최대 편광률은 약 0.94이다. 맑은 날 편광 안경을 착용하고 하늘을 보면 방향에 따라 푸른 하늘색의 강도가 변하는 것을 느낄 수 있다.

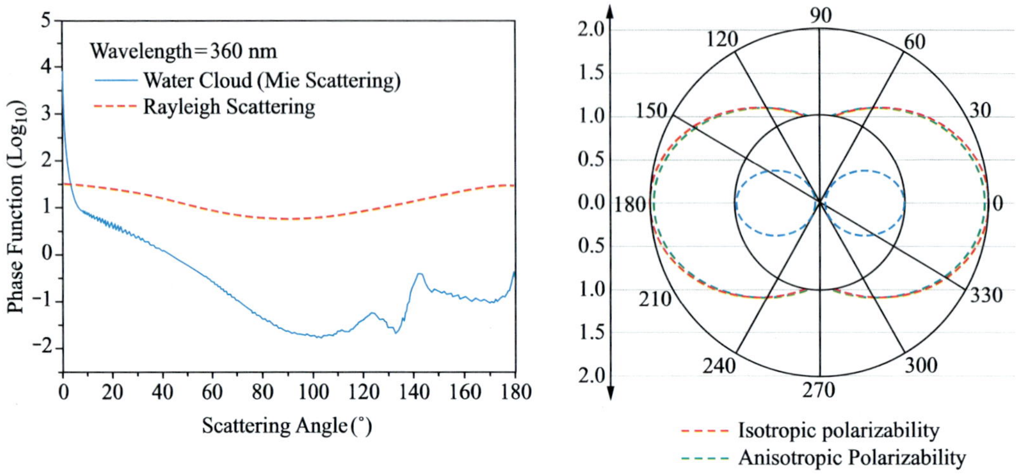

그림 5.3.1 **레일리 산란의 위상함수와 편광 성분**
(좌) 산란각의 함수로 나타낸 위상함수. (우) 산란면에 평행인 성분(푸른색 긴 점선)과 수직인 성분(검은색 실선). 붉은색 점선이 산란 위상함수 P_{11}이다(F. Filsinger의 그림). 공기의 비등방성을 고려한 위상함수는 녹색 점선이다.

5.4 미 산란

미 산란(Mie scattering)은 매질에서 빛이 전파하는 동안 굴절률이 매질과 다른 구형의 균질입자에 입사하였을 때의 산란이다. 입사한 전자기파에 의하여 입자 내의 많은 전기 쌍극자가 회전하며, 그 결과 유도된 전자기파가 모든 방향으로 전파한다. 레일리 산란에서는 하나의 전기 쌍극자와 입사하는 전자기파의 작용이라면, 미 이론에서는 전기 다극자(electric multi-pole) [여러 개의 쌍극자]와의 작용이다. 따라서 산란광은 여러 개의 전기 쌍극자에서 방출된 전자기파의 간섭된 합으로 표현된다. 그러므로 레일리 산란의 위상함수는 산란각에 따른 변화가 $1+\cos^2\theta$에 비례하는 완만한 변화를 나타내지만, 미 산란에서는 간섭된 파이므로 산란각에 따른 변화는 복잡하고 변화도 큰 편이다. 레일리 산란 및 미 산란의 이론에 대한 자세한 설명은 대기복사의 문헌[예 : Bohren and Huffman, 1983; Liou, 2002; McCartney, 1976]을 참고하여 주기 바란다.

미 이론에서도 궁극적으로 식(5.2.7)에서 정의된 진폭 매트릭스(amplitude scattering matrix)를 계산하는 것이 주요 내용이다. 미 이론의 계산 프로그램[예 : BHMIE (Bohren and Huffman, 1983); MIEV0 (Wiscombe, 1980)]에서 중요한 입력변수는 파장, 입자의 반경, 산란 입자의 굴절률($m = n - ik$)이며, 주요 결과물은 소산단면(extinction cross section, σ_p^{ext}), 산란단면(scattering cross section, σ_p^{sca}), 그리고 다음으로 정의된 진폭 매트릭스이다[균질인 구형 입자를 가정한 미 산란에서 $S_3 = S_4 = 0$].

$$\begin{aligned} S_1 &= \sum_{n=1}^{\infty} \frac{2n+1}{n(n+1)} [a_n \pi_n(\mu) + b_n \tau_n(\mu)] \\ &= Re(S_1) + Im(S_1) \end{aligned} \tag{5.4.1}$$

$$\begin{aligned} S_2 &= \sum_{n=1}^{\infty} \frac{2n+1}{n(n+1)} [a_n \tau_n(\mu) + b_n \pi_n(\mu)] \\ &= Re(S_2) + Im(S_2) \end{aligned} \tag{5.4.2}$$

여기에서 μ [$= \cos\theta$]는 산란각이며 a_n과 b_n은 복소수 형식의 전개 상수이고, 함수 $\pi_n(\mu)$과 $\tau_n(\mu)$은 Associated Legendre polynomial을 이용하여 다음과 같이 정의되었다.

$$\pi_n(\cos\theta) = \frac{1}{\sin\theta} P_n^1(\cos\theta), \quad \tau_n(\cos\theta) = \frac{d}{d\theta} P_n^1(\cos\theta)$$

미 이론에서는 진폭 매트릭스 성분을 이용하여 진폭 강도함수(intensity function) i_1, i_2를 다음으로 정의한다. 이들은 모두 산란각의 함수이다.

$$i_1(\theta) = |S_1(\theta)|^2 = |Re(S_1) + Im(S_1)|^2 \tag{5.4.3a}$$

$$i_2(\theta) = |S_2(\theta)|^2 = |Re(S_2) + Im(S_2)|^2 \tag{5.4.3b}$$

! NOTE 복소수의 절대값

복소수 $z = a + bi$, $z^* = a - bi$ (conjugate of z)

절대값 $|z| = \sqrt{a^2 + b^2} = (z \times z^*)^{1/2}$

앞의 5.2절에서 설명한 식(5.2.7)에 의하면 미 산란의 경우[$S_3 = S_4 = 0$] 입사광과 산란광의 EM 파는 다음의 관계로 표현된다.

$$E_l^s = \frac{e^{-i(kr-kz)}}{ikr} S_2 E_l^i$$

$$E_r^s = \frac{e^{-i(kr-kz)}}{ikr} S_1 E_r^i$$

따라서 입사광과 산란광의 각각에 대한 Poynting vector와 식(5.1.3)으로 정의된 복사속(irradiance) 및 복사강도를 정의할 수 있다[참조, 식(5.1N.1)~(5.1N.2)]. 결과에 의하면 산란각에 따른 산란광의 복사강도는 입사광의 복사강도(radiance intensity)와 다음의 관계로 표현된다.

$$I_r^s(\theta) = I_r^i \frac{i_1}{k^2 r^2} \tag{5.4.4a}$$

$$I_l^s(\theta) = I_l^i \frac{i_2}{k^2 r^2} \tag{5.4.4b}$$

만약 수직 및 평행성분이 같은 비편광 입사광의 경우 다음과 같이 표현할 수 있다.

$$I^s(\theta) = \frac{I_r^s(\theta) + I_l^s(\theta)}{2} = I^i \frac{1}{k^2 r^2}\left(\frac{i_1 + i_2}{2}\right) \tag{5.4.4c}$$

여기에서 $k = 2\pi/\lambda$는 파수이고 r은 입자로부터 거리이다. 복사강도의 위첨자는 산란(s) 혹은 입사(i)를 나타내고 아래첨자는 산란면에 평행(l) 혹은 수직(r)인 성분을 나타낸다.

이제 미 이론의 결과를 이용하여 산란각에 따른 산란 단면을 정의해 보자. 식(5.1.1)~(5.1.2)와 같은 방법으로 표현하면 $\sigma_p(\theta) = F^s(\theta)\Delta A / F^i$이 된다. 이렇게 정의된 $\sigma_p(\theta)$의 단위는 면적[cm^2]이다. 양변을 입체각 $\Delta\Omega$로 나누면 $\sigma_p(\theta)/\Delta\Omega = F^s(\theta) r^2 / F^i$이 되는데[구의 중심에서 바라본 구면에서의 면적은 $\Delta A = r^2 \Delta\Omega$] 그 단위는 cm^{2}sr^{-1}, 즉 "area per steradian"이 된다. 그러나 입체각은 무차원이므로 실제로는 면적이 된다. 식(5.1.5a)를 다르게 표현하면 $\sigma_p P(\theta)/4\pi = F^s(\theta) d^2 / F^i$이며, 단위 입체각의 의미를 포함하고 있다. 식(5.4.4)를 이용하여 각 성분에 대한 산란 단면을 정리하면 다음과 같다[$\hat{\sigma}_p(\theta) = \sigma_p(\theta)/\Delta\Omega$에 해당하는 것이지만 이것을 $\sigma_p(\theta)$로 나타냄].

$$\sigma_{p,r}(\theta) = \frac{F_r^s(\theta)\, r^2}{F_r^i} \tag{5.4.5a}$$
$$= \frac{I_r^s \Omega_e r^2}{I_r^i \Omega_e} = \frac{r^2}{I_r^i} I_r^i \frac{i_1(\theta)}{k^2 r^2} = \frac{i_1(\theta)}{k^2} = \frac{\lambda^2}{4\pi^2} i_1(\theta)$$

$$\sigma_{p,l}(\theta) = \frac{F_l^s(\theta)\, r^2}{F_l^i} \tag{5.4.5b}$$
$$= \frac{I_l^s \Omega_e r^2}{I_l^i \Omega_e} = \frac{r^2}{I_l^i} I_l^i \frac{i_2(\theta)}{k^2 r^2} = \frac{i_2(\theta)}{k^2} = \frac{\lambda^2}{4\pi^2} i_2(\theta)$$

그리고 비편광 입사광의 복사속과 산란광의 복사강도를 이용하면, 산란각 θ 방향의 산란 단면은 다음으로 정의된다.

$$\sigma_p(\theta) = \frac{F^s(\theta)\, r^2}{F^i} = \frac{I^s(\theta)\, \Omega_e r^2}{I^i \Omega_e} \tag{5.4.6}$$
$$= \frac{r^2}{I^i} I^i \frac{1}{k^2 r^2}\left(\frac{i_1 + i_2}{2}\right) = \frac{\lambda^2}{4\pi^2}\left(\frac{i_1 + i_2}{2}\right) = \frac{\sigma_{p,r} + \sigma_{p,l}}{2}$$

즉, 산란 단면은 산란면에 평행성분인 산란 단면과 수직성분인 산란 단면의 평균 $\sigma_p(\theta) = (\sigma_{p,l} + \sigma_{p,r})/2$로 정의된다. 한편, 구형 입자에 대한 미 산란의 총 산란 단면은 식(5.4.6)을 모든 방향에 대하여 적분한 것이다[참조, 식(5.1.7b)].

$$\sigma_p^{sca} = \int_0^{4\pi} \sigma_p(\theta)\, d\Omega = 2\pi \int_0^{\pi} \sigma_p(\theta) \sin\theta\, d\theta = 2\pi \int_{-1}^{1} \sigma_p(\mu)\, d\mu \tag{5.4.7}$$

단위부피에 N개의 같은 입자가 있을 때, 부피 산란계수[단위는 m^{-1}]는 각 입자의 산란 단면을 더한 것이며 총 부피 산란계수는 모든 방향의 입체각 적분으로 표현된다.

$$\beta(\theta) = N\sigma_p(\theta) = N\frac{\lambda^2}{4\pi^2}\left(\frac{i_1 + i_2}{2}\right) = \frac{\beta_r(\theta) + \beta_l(\theta)}{2} \tag{5.4.8a}$$

$$\beta_{sca} = \int_0^{4\pi} \beta(\theta)\, d\Omega \tag{5.4.8b}$$

여기에서 $\beta_r(\theta) = N\frac{\lambda^2}{4\pi^2} i_1$ 그리고 $\beta_l(\theta) = N\frac{\lambda^2}{4\pi^2} i_2$로 정의되었다.

산란 효율(efficiency factor)은 입자의 산란 단면과 기하학적 단면의 비율로 정의되며, 산란각에 따른 산란 효율과 총 산란 효율은 다음과 같다.

$$Q_p(\theta) = \frac{\sigma_p(\theta)}{\pi r^2} = \frac{1}{\pi r^2}\frac{\lambda^2}{4\pi^2}\left(\frac{i_1 + i_2}{2}\right) = \frac{1}{\pi x^2}\left(\frac{i_1 + i_2}{2}\right) \tag{5.4.9a}$$

$$Q_p^{sca} = \frac{\sigma_p^{sca}}{\pi r^2} = \int_0^{4\pi} Q_p(\theta)\, d\Omega \tag{5.4.9b}$$

이 식에서 r은 입자의 반경이다. 식(5.4.1)~(5.4.2)에서 정의된 전개 상수를 이용하면 산란 입자에 대한 총 산란 단면과 총 산란 효율은 다음과 같다.

$$\sigma_p^{sca} = \frac{\lambda^2}{2\pi}\sum_{n=1}^{\infty}(2n+1)(|a_n|^2 + |b_n|^2) \tag{5.4.10a}$$

$$Q_p^{sca} = \frac{2}{x^2}\sum_{n=1}^{\infty}(2n+1)(|a_n|^2 + |b_n|^2) \tag{5.4.10b}$$

그리고 총 소산 단면과 총 소산 효율은 다음으로 표현된다.

$$\sigma_p^{ext} = \frac{\lambda^2}{2\pi}\sum_{n=1}^{\infty}(2n+1)[Re(a_n + b_n)] \tag{5.4.11a}$$

$$Q_p^{ext} = \frac{2}{x^2}\sum_{n=1}^{\infty}(2n+1)[Re(a_n + b_n)] \tag{5.4.11b}$$

그림 5.4.1은 미 이론으로 계산한 결과로, 크기 인자($x = 2\pi r/\lambda$)에 따른 산란효율을 나타낸 것이다. 크기 인자가 작은 경우에는 레일리 산란과 같으며, 크기 인자가 증가하면서 산란 효율은 1에 근접한다. 레일리 산란의 경우에는 크기 인자에 따라 산란효율이 선형으로 증가하는 것을 볼 수 있다. 식(5.3.1)의 양변을 πr^2으로 나누고 $\lambda = 2\pi r/x$로 대입한 후[$f(\delta) = 1$로 가정], 로그를 적용하면 정의된 입자반경에 대하여 $\log Q = C + 4\log x$ [C는 상수]의 결과를 구할 수 있다. 중요한 것은 그림에서 보는 바와 같이 하나의 산란 입자 의한 레일리 산란의 효율 인자는 미 산란과 비교하여 상당히 작다. 즉, 공기 입자에 의한 가시광의 레일리 산란은 에어로졸에 의한 산란보다 매우 작다는 것이다. 그러나 실제 대기에서는 공기 분자의 수가 $10^{18} \sim 10^{19}$ [cm^{-3}]이지만 에어로졸의 수는 $10^2 \sim 10^4$ [cm^{-3}]이므로 부피 산란계수로 생각하면 레일리 산란의 계수가 미 산란의 부피 산란계수에 비하여 월등하게 크다. 따라서 에어로졸 양이 적은 대기에서는 레일리 산란의 효과가 미 산란에 비하여 크게 나타난다.

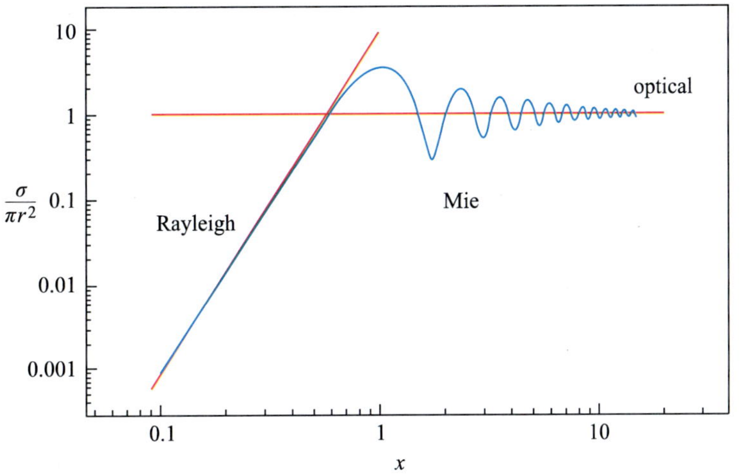

그림 5.4.1 **미 산란의 산란효율($Q = \sigma / \pi r^2$)**
허수부 굴절률이 1.0인 경우이다. 앞의 그림 5.1.1은 이 결과를 파장에 따라 다양한 대기 성분에 적용하여 나타낸 것이다.

미 산란의 위상함수는 식(5.1.11)의 정의에 따라 다음과 같이 표현할 수 있다.

$$
\begin{aligned}
P(\theta) &= \frac{\beta(\theta)}{\beta_{sca}/4\pi} = \frac{1}{Q_p^{sca}\ \pi r^2/4\pi}\frac{\lambda^2}{4\pi^2}\left(\frac{i_1 + i_2}{2}\right) \\
&= \frac{4}{Q_p^{sca}}\frac{\lambda^2}{4\pi^2 r^2}\left(\frac{i_1 + i_2}{2}\right) = \frac{4}{Q_p^{sca}\ x^2}\left(\frac{i_1 + i_2}{2}\right) \\
&= \frac{4\pi}{\sigma_p^{sca} k^2}\left(\frac{i_1 + i_2}{2}\right)
\end{aligned}
\tag{5.4.12}
$$

그림 5.3.1에는 미 이론으로 계산한 구름 입자에 대한 미 산란의 위상함수가 포함되어 있다.

이제 산란의 스톡스 인자에 대한 위상함수를 살펴보자. 산란광과 입사광의 스톡스 인자는 식(5.2.11b)에서 다음과 같이 위상함수 매트릭스로 표현되었다.

$$
\begin{bmatrix} I_s \\ Q_s \\ U_s \\ V_s \end{bmatrix} = \frac{\sigma_p^{sca}}{r^2}\frac{\vec{P}}{4\pi}\begin{bmatrix} I_i \\ Q_i \\ U_i \\ V_i \end{bmatrix}, \quad \vec{P} = \begin{bmatrix} P_{11} & P_{12} & 0 & 0 \\ P_{12} & P_{11} & 0 & 0 \\ 0 & 0 & P_{33} & P_{34} \\ 0 & 0 & -P_{34} & P_{33} \end{bmatrix}
\tag{5.4.13}
$$

그리고 식(5.2.9)와 식(5.2.12)에서 스톡스 인자에 대한 위상함수를 다음으로 표현할 수 있다.

$$\frac{P_{11}}{4\pi} = \frac{1}{2k^2\sigma_p^{sca}}(i_1+i_2) = \frac{1}{2k^2\sigma_p^{sca}}(S_1S_1^* + S_2S_2^*) \tag{5.4.14a}$$
$$= \frac{1}{2k^2\sigma_p^{sca}}(|S_1|^2 + |S_2|^2)$$

$$\frac{P_{12}}{4\pi} = \frac{1}{2k^2\sigma_p^{sca}}(i_2-i_1) = \frac{1}{2k^2\sigma_p^{sca}}(S_2S_2^* - S_1S_1^*) \tag{5.4.14b}$$
$$= \frac{1}{2k^2\sigma_p^{sca}}(|S_2|^2 - |S_1|^2)$$

$$\frac{P_{33}}{4\pi} = \frac{1}{2k^2\sigma_p^{sca}}(i_3+i_4) = \frac{1}{2k^2\sigma_p^{sca}}(S_1S_2^* + S_1^*S_2) \tag{5.4.14c}$$

$$\frac{P_{34}}{4\pi} = \frac{1}{2k^2\sigma_p^{sca}}(i_3-i_4) = \frac{i}{2k^2\sigma_p^{sca}}(S_1S_2^* - S_1^*S_2) \tag{5.4.14d}$$

여기에서 사용된 진폭 강도함수는 다음으로 정의되었다[참조, 식(5.4.3)].

$$i_1 = S_1S_1^* = |S_1|^2,\ \ i_2 = S_2S_2^* = |S_2|^2$$

$$i_3 = S_2S_1^*,\ \ i_4 = S_1S_2^*$$

그림 5.4.2는 미 이론으로 계산한 산란 위상함수 매트릭스를 나타낸 것이다. OPAC (Hess et al., 1998)에서 정의한 WASO (water soluble) 성분으로 구성된 에어로졸의 결과이다. 식(5.3.4)로 표현된 레일리 산란의 위상함수 매트릭스도 포함되어 있다. 결과는 위상함수 P_{11}에 대한 비율로 나타내었다. 흥미로운 것은 태양광처럼 비편광 입사광이 산란할 때, 산란 입자의 성분에 따라 그리고 산란각에 따라 편광되는 정도가 다르게 나타난다는 점이다. 식(5.2.14)에 의하면 스톡스 인자 Q_s는 $P_{12}(=P_{21})$에 의하여 결정되는데, 그림에서 P12/P11이 그 정보를 나타낸다. 따라서 선형 편광을 측정하는 장비가 있으면 그 원격탐사 자료는 이론으로 계산한 편광률과 비교하여 대기 성분에 대한 정보를 구하는 데 많은 도움이 될 수 있을 것이다.

미 산란의 계산 프로그램은 산란각에 따른 진폭 매트릭스뿐만 아니라 식(5.4.11)로 정의된 소산(extinction)에 대한 단면도 제공한다. 소산 단면은 흡수 단면과 산란 단면의 합이므로 입자에 대한 흡수 단면을 쉽게 구할 수 있다.

$$\sigma_p^{abs} = \sigma_p^{ext} - \sigma_p^{sca} \tag{5.4.15}$$

실제 대기에서 에어로졸, 구름, 안개는 다양한 크기의 입자로 구성되어 있으며, 또한 입자의 크기에 따라 수가 다르다. 크기에 따른 입자의 수를 나타내는 것이 크기분포(size distribution)이다. 다음 6장에서는 이들 크기분포로 표현된 에어로졸(안개, 구름) 입자의 광학 특성을 계산하는 방법을 설명하였다.

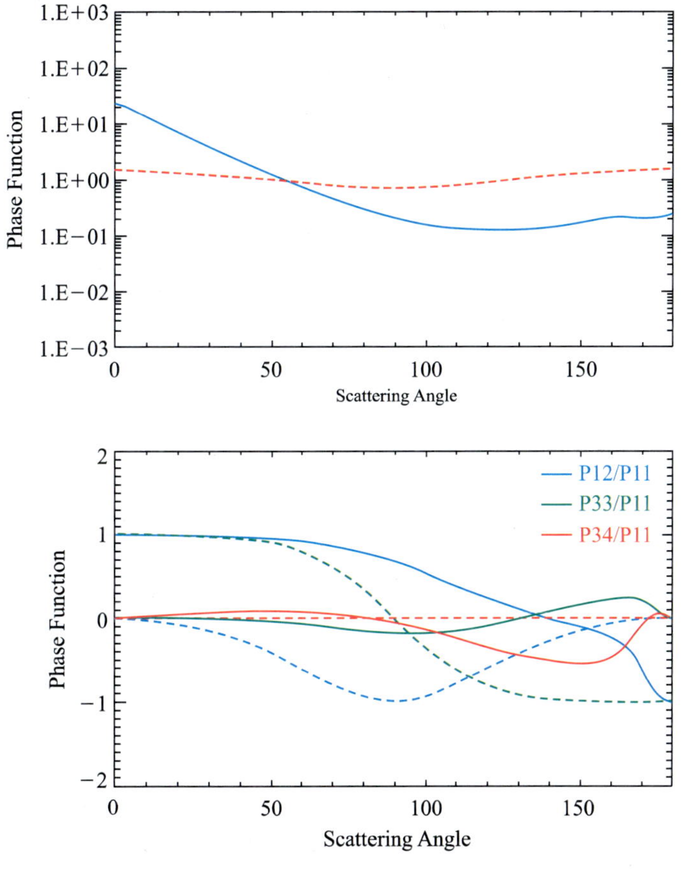

그림 5.4.2 **미 이론으로 계산한 산란 위상함수 매트릭스**
성분이 WASO인 에어로졸[로그−정규분포 인자 $\sigma_g = 2.414$, $\mu_g = 0.0328\,\mu\text{m}$; 파장이 $0.5\,\mu\text{m}$에서 굴절률 $m = 1.4380 - i\,2.6490 \times 10^{-3}$]에 대한 산란 위상함수로, 식(5.4.14)를 이용하여 위상함수를 계산하였다. (상) 레일리 산란(점선)과 미 산란(실선)의 P_{11}이며, (하) 위상함수 P_{12}, P_{33}, P_{34}를 P_{11}로 나눈 비율이다. 점선은 레일리 산란의 결과이고 실선은 미 산란의 결과이다.

5.5 벡터 복사방정식

대기에서 전파하는 빛의 스톡스 인자는 다음과 같은 벡터 형식의 복사방정식(vectorized transfer equation)을 이용하여 계산하여야 한다.

$$\mu\frac{d\vec{I}(\tau;\theta,\phi)}{d\tau}=\vec{I}(\tau;\theta,\phi)-\vec{J}(\tau;\theta,\phi) \tag{5.5.1}$$

여기서 $\vec{I}=[I,Q,U,V]^T$는 스톡스 인자를 의미하고, 원천함수는 다음으로 표현된다.

$$\vec{J}=\frac{w}{4\pi}\int_0^{2\pi}\int_{-1}^{1}\vec{Z}(\mu,\phi;\mu',\phi')\vec{I}(\tau;\mu',\phi')\,d\mu' d\phi' + \frac{w}{4\pi}\vec{Z}(\mu,\phi;-\mu_0,\phi_0)\vec{F_s}e^{-\tau/\mu_0} \tag{5.5.2}$$

원천함수에 사용된 벡터 $\vec{Z}$는 산란 위상함수 매트릭스(scattering phase matrix)라 하는데, 위상함수 매트릭스(phase matrix)와는 다음의 관계가 있다.

$$\vec{Z}(\mu,\phi;\mu',\phi')=\vec{L}(\pi-i_2)\vec{P}(\Theta)\vec{L}(-i_1) \tag{5.5.3}$$

보통 위상함수 매트릭스 $\vec{P}$는 산란면에서 산란각 Θ의 함수로 표현된다. 원천함수의 내용을 보면 산란 입자에 입사하는 빛은 천정각과 방위각이 정의된 $\vec{I}(\tau;\mu',\phi')$으로 표현되고 산란광의 진행 방향은 μ, ϕ이다. 그림 5.5.1에서 보면 입사광은 OP_1Z의 자오면(meridian plane)에서 정의되고 산란광은 OP_2Z의 자오면에서 정의된다. 반면, 산란면은 OP_1P_2로 정의된 면이다. 입사광 $\vec{I}$가 정의된 자오면 OP_1Z을 산란면으로 회전하고[$\vec{L}(-i_1)$로 계산] 산란면에서 위상함수 매트릭스를 적용[$\vec{P}(\Theta)$로 계산]한 후, 다시 산란면을 산란광의 자오면 OP_2Z로 회전하는[$\vec{L}(\pi-i_2)$로 계산] 과정이 벡터 $\vec{Z}$이다.

산란각과 자오면의 회전각[i_1, i_2]은 다음으로 계산된다[여기서는 입사광 산란광의 천정각을 θ로 산란각을 Θ로 표현함].

$$\cos\Theta=\cos\theta'\cos\theta+\sin\theta'\sin\theta\cos(\phi'-\phi) \tag{5.5.4a}$$

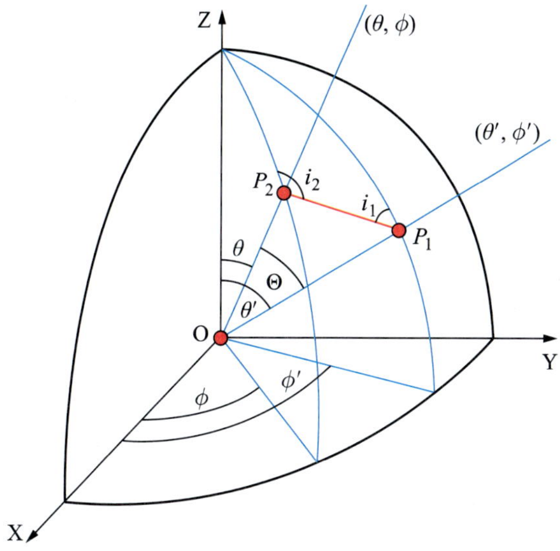

그림 5.5.1 **입사광과 산란광의 자오면 및 산란면**

$$\sin i_1 = \sin\theta \sin(\phi' - \phi)/\sin\Theta \tag{5.5.4b}$$
$$\sin i_2 = \sin\theta' \sin(\phi' - \phi)/\sin\Theta$$
$$\cos i_1 = [\sin\theta' \cos\theta - \sin\theta \cos\theta' \cos(\phi' - \phi)]/\sin\Theta$$
$$\cos i_2 = [\sin\theta \cos\theta' - \sin\theta' \cos\theta \cos(\phi' - \phi)]/\sin\Theta$$

그리고 식(5.5.3)에서 회전 매트릭스는 다음으로 정의되었다.

$$\vec{L}(i) = \begin{bmatrix} 1 & 0 & 0 & 0 \\ 0 & \cos 2i & \sin 2i & 0 \\ 0 & -\sin 2i & \cos 2i & 0 \\ 0 & 0 & 0 & 1 \end{bmatrix} \tag{5.5.5}$$

미 산란의 경우 산란각에 대한 위상함수 매트릭스 $\vec{P}$는 식(5.4.13)에 정의되어 있다.

식(5.5.1)로 표현된 벡터 복사방정식의 해를 구하는 일은 여간 만만한 일이 아니기 때문에 [수식 전개가 상당히 복잡함] 자세한 내용은 다른 문헌을 참고하여 주기 바란다. DISORT를 기반으로 한 Siewert (2000), VDISORT (Schulz et. al., 1999), VLIDORT (Spurr, 2006)와 같은 벡터 복사모델은 산란광이 진행하는 방향 μ, ϕ의 스톡스 인자를 계산하여 준다.

5.6 미 프로그램 실습

5.6.1 산란 입자의 광학 특성 및 위상함수 P_{11} 계산

미 이론 프로그램인 BHMIE (Bohren and Huffman, 1983)를 이용하여 한 개의 산란 입자에 대한 광학 특성, 즉 소산효율(extinction efficiency factor, Q_{ext}), 산란효율(scattering efficiency factor, Q_{sca}), 비대칭도(asymmetry factor), 일차산란 알베도(single scattering albedo) 및 산란 위상함수(phase function)를 계산하는 실습이다. 미 산란에 대한 가장 기초적인 프로그램으로 크기분포가 정의된 에어로졸의 광학 특성 계산에도 사용된다.

프로그램은 4개 부분(Part)으로 구성되어 있다. Part 1에서는 식(5.4.12)를 이용하여 1° 간격으로 0~180° 사이의 181개 산란각에 대한 위상함수를 계산한다. Part 2는 식(6.5.12b)를 이용하여 Legendre polynomial로 전개할 때의 전개 상수를 계산한다. 이 계산에서는 [+1, −1] 범위에 대한 위상함수의 적분을 수행한다. 이 적분은 Gaussian quadrature (GQ)를 이용하며, 적분의 정확도를 유지하기 위하여 상당히 많은 산란각 격자를 사용한다. Part 3은 계산한 전개 상수를 이용하여 식(6.5.12a)로 위상함수를 복원한다. Part 1에서 구한 위상함수와 비교하기 위하여 181개의 산란각에 대하여 계산하고 비교하였다. Part 4에서는 광학 특성의 추가적 계산을 수행한다.

프로그램은 /SCA_LecNotes/MIE_Particle/ 디렉터리에 있는 BHMIE_Part_PHS.f이고 산출 결과를 그림으로 그리는 프로그램은 Phase_Part_PHS.pro이다.

- **주 프로그램** : BHMIE_Part_PHS.f. Fortran으로 작성한 프로그램이다. 관련 컴파일러를 이용하면 된다.

- **사용된 부프로그램**
  - GAULEG : Gaussian quadrature 프로그램이다. 여기에서는 산란각 $\mu = \cos\Theta$의 범위 [+1, −1]에서 사용자가 입력하는 격자수 N에 따라 산란각 격자(quadrature points) μ_k와 가중치(weights) w_k를 계산한다.
  - BHMIE : Mie 산란 프로그램(Bohren and Huffman, 1983)이다. 파장(파수), 굴절률, 입자 반경 및 산란각 격자수 N을 입력하면 산란각 90°를 기준으로 대칭인 $2N-1$개

의 산란각에 대한 진폭 매트릭스 $S_1(\mu_k)$, $S_2(\mu_k)$ [μ_k, $k=1, 2, \cdots, 2N-1$]와 소산효율(Q_{ext}), 산란효율(Q_{sca}), 비대칭도(g_{sca})를 계산한다.

- LPNI : 산란각 격자 μ_k에서 degree = l인 Legendre polynomial 값을 계산한다.
- MIE_PHS : BHMIE의 산출물인 a_n, b_n [참조, 식(5.4.1)~(5.4.2)]을 이용하여 입력된 산란각에 대한 진폭 강도함수 $[i_1(\mu_k)+i_2(\mu_k)]/2$을 계산하는 프로그램이다. 아래 식(5.6.1)에서와 같이 여기에 $4/(Q_p^{sca}x^2)$를 곱하면 식(5.4.12)에서 정의한 위상함수가 된다.

- **입력 자료** : 사례계산에 사용한 산란 입자의 반경, 계산하는 파수(파장), 그리고 입자의 굴절률은 다음과 같다.
  - 산란 입자의 반경 : $r=0.5\,\mu\text{m}$
  - 계산하는 파수(파장) : $w=18181.818\,\text{cm}^{-1}$ [$\lambda=0.55\,\mu\text{m}$]
  - 입자의 굴절률 : $n=1.406$, $k=6.381E-03$

- **계산 결과**
  - 크기 인자 : $x=5.712$
  - $Q_{ext}=3.782$, $Q_{sca}=3.625$
  - 비대칭도 : $g=0.7973$
  - 일차산란 알베도 : $\omega=0.959$

- **계산 절차 및 내용**

① 산란 위상함수를 계산하려는 산란각[= Amu]을 정의한다. BHMIE에서 산란각 격자수 [NANG = 91]는 산란각 0~90° 사이의 격자수를 의미한다. 산란각의 간격을 1°로 91개의[0°와 90° 포함] 격자가 있으며, 0~180° 사이의 총 격자수는 181 [=2NANG-1]개이다.

② 실습 프로그램의 Part 1에서는 BHMIE를 이용하여 QEXT (소산효율), QSCA (산란효율), GFAC (비대칭도)를 계산한다. BHMIE의 결과인 S1, S2 [식(5.4.1)~(5.4.2)에서 정의된 진폭 매트릭스]는 0~180° 사이의 각 산란각 Amu에 대하여 계산된다. QEXT는 산란각이 0°일 때의 S1, S2를 이용하여 계산하기 때문에 0°이 산란각에 포함되었다.

③ 산란각 181개에 대한 S1, S2를 이용하여 산란 위상함수[=Phase_ang]를 계산한다. 계산에는 다음 식을 이용하였다.

$$P(\mu_k) = \frac{4}{Q_p^{sca} x^2}\left[\frac{i_1(\mu_k)+i_2(\mu_k)}{2}\right] = \frac{\lambda^2}{\sigma_p^{sca}\pi}\left[\frac{i_1(\mu_k)+i_2(\mu_k)}{2}\right] \tag{5.6.1}$$

$i_1(\mu_k) = |S_1(\mu_k)|^2,\ i_2(\mu_k) = |S_2(\mu_k)|^2,\ (k = 1, 2, \cdots, 181)$

여기에서 계산한 산란 위상함수는 식(5.4.14)의 P_{11}에 해당한다.

④ 프로그램의 Part 2에서는 다음 6장의 식(6.5.12b)를 이용하여 위상함수의 Legendre 전개 상수를 계산한다. 이 계산에서 산란각 $\mu = \cos\Theta$의 [+1, −1] 범위에 대한 위상함수 적분은 정확도가 높은 GQ를 이용한다. 산란 입자의 크기 인자($x = 2\pi r/\lambda$, r=입자 반경)에 따라 S1과 S2 계산에 필요한 항의 수[= NSTOP, BHMIE 프로그램의 산출물]가 결정된다. 즉, 식(5.4.1)~(5.4.2)에서 $n = 1$~NSTOP까지이고, n은 spherical harmonics의 차수(degree)를 나타낸다. 한편 식(5.6.1)에서 보는 바와 같이 산란 위상함수는 진폭 강도함수 i_1, i_2를 이용하여 계산하고, 그 진폭 강도함수는 산란 매트릭스 S1, S2를 이용하여 계산한다. 따라서 NSTOP이 크면 spherical harmonics의 차수가 크기 때문에 위상함수는 산란각에 따른 변화가 크다. 사례계산에서는 크기 인자 x= 5.712인데, 그림 5.6.1에서 보는 바와 같이 위상함수는 5~6개의 최대치(peak)가 있다. 이러한 함수를 GQ를 이용하여 정확하게 적분하기 위해서는 약 30개의 산란각 격자가 필요하다. 실습 프로그램에서는 먼저 위상함수를 정확하게 표현하기 위하여 식(6.5.12b)에 필요한 Legendre 전개 상수의 수[NLEG = 28]와 아래 식(5.6.2)의 적분에 필요한 산란각 격자의 수[NQUAD = 30]를 결정한다. 산란 입자의 크기 인자가 X일 때 NSTOP, NLEG, NQUAD를 계산하는 프로그램 부분은 다음과 같다.

NSTOP = X + 4*X$^{1/3}$ + 2

NLEG = 2*NSTOP

NQUAD = MIN{1.25[(NLEG + 2*NSTOP + 2)/2], NINT[2(X + 4*X$^{1/3}$ + 2)]}

NQUAD가 결정되면 GAULEG를 이용하여 산란각 범위 [+1, −1]에 대한 격자와 가중치[μ_k, w_k ; $k = 1, 2, \cdots$, NQUAD]를 구한 후, 다음과 같이 산란각 범위에 대한 위상함수 적분을 수행한다. 주의할 점은 GQ에서는 $\mu_k = +1, -1$이 계산 격자에 포함되지 않는다는 것이다.

$$\widetilde{w}_l = \frac{2l+1}{2}\frac{\lambda^2}{\sigma_p^{sca}\pi}\int_{-1}^{1}\left[\frac{i_1(\mu)+i_2(\mu)}{2}\right]P_l(\mu)\,d\mu \tag{5.6.2}$$

$$= \frac{2l+1}{2}\frac{\lambda^2}{\sigma_p^{sca}\pi}\sum_{k=1}^{NQUAD} w_k h(\mu_k),\ \ h(\mu_k) = \left[\frac{i_1(\mu_k)+i_2(\mu_k)}{2}\right]P_l(\mu_k)$$

이 계산에서 $[i_1(\mu_k)+i_2(\mu_k)]/2$를 계산하는 부프로그램이 PHS_MIE이고 $P_l(\mu_k)$를 계산하는 부프로그램이 LPNI이다.

⑤ 프로그램의 Part 3에서는 계산한 $\widetilde{w}_l$을 이용하여 다음과 같이 산란각에 대한 위상함수를 복원한다.

$$P_{Lp}(\mu_k) = \sum_{l=0}^{NLMAX} \widetilde{w}_l P_l(\mu_k) \tag{5.6.3}$$

$(k = 1,\ 2,\ \cdots\ ,\ 181)$

계산에서는 산란각 간격을 1°로 하여 위상함수를 계산하고 절차 ③에서 구한 위상함수와 비교해 보았다. 절차 ④에서 NLEG가 구해졌지만, 이 계산에서는 전개 상수가 $\widetilde{w}_l > 1\times10^{-10}$인 값만 이용하였다. 그 최대 l의 값[Legendre polynomial의 차수 혹은 항의 수]가 NLMAX이다. 결과는 BHMIE_Part_PHS_A.out인데, 복원한 위상함수는 직접 계산한 위상함수와 거의 같은 것을 알 수 있다.

⑥ 프로그램의 Part 4에서는 미 산란 위상함수와 관련하여 몇 가지 계산을 추가해서 확인해 보았다. 식(5.1.6)과 같이 $P(\mu)$를 $[+1,\ -1]$에 대하여 적분하면 2.0이 되어야 한다.

$$\int_{-1}^{1} P(\mu)\,d\mu = 2 \tag{5.6.4}$$

여기에서는 산란각 범위 [+1, −1]에 대한 위상함수 적분의 정확도를 높이기 위하여 721개의[2NANG − 1 = NUMANG] 계산 격자[=AMU]와 가중치[=WTS]를 이용하였다. 산란각 범위 [0°, 90°] 사이의 격자수가 NANG [=361]이며 [0°, 180°] 전체에 대한 격자수가 NUMANG [=721]이다. 계산의 절차로는 먼저 BHMIE를 이용하여 721개의 산란각 AMU에 대하여 S1, S2를 계산한다. 그리고 각 산란각에 대하여 다음과 같이 산란 위상함수를 계산한다.

$$P(\mu_k) = \frac{4}{Q_p^{sca}\, x^2}\left[\frac{i_1(\mu_k)+i_2(\mu_k)}{2}\right] = \frac{\lambda^2}{\sigma_p^{sca}\pi}\left[\frac{i_1(\mu_k)+i_2(\mu_k)}{2}\right]$$

$(k = 1,\ 2,\ \cdots\ ,\ 721)$

GQ를 이용하여 다음과 같이 위상함수를 적분하면 2.0이 되는 것을 알 수 있다.

$$\int_{-1}^{1} P(\mu)\, d\mu = \sum_{k=1}^{721} P(\mu_k)\, w_k = 2$$

⑦ 그리고 비대칭도는 절차 ②에서 구한 GFAC의 1/2이 되어야 하며, 전개 상수 $\widetilde{w}_1$과 다음의 관계가 있다. 수치적분의 결과가 이 관계를 만족하는지 확인해 보았다.

$$g = \frac{1}{2}\int_{-1}^{1} P(\mu)\mu\, d\mu = \sum_{k=1}^{721} P(\mu_k)\, \mu_k w_k = \frac{\widetilde{w}_1}{3} \tag{5.6.5}$$

계산 결과는 $g = 0.79734$, $\widetilde{w}_1 = 2.3920$으로 위의 관계를 잘 만족하였다. 아울러 식 (5.4.9b)에서 정의한 바와 같이 $Q(\mu)$를 산란각에 대하여 적분하면 절차 ②에서 구한 총 산란 효율(QSCA= Q_p^{sca})과 같아야 한다.

$$Q_p^{sca} = \int_0^{4\pi} Q_p(\mu)\, d\Omega = 2\pi \int_{-1}^{1} Q_p(\mu) d\mu = 2\pi \sum_{k=1}^{721} Q_p(\mu_k)\, w_k \tag{5.6.6}$$

실습 계산에서는 NANG = 361, NUMANG = 721로 하여 계산하였는데, 이 조건을 매우 잘 만족하였다. 여기서 언급한 몇 가지 조건들은 수치계산의 정확도를 판단하는 근거가 된다.

- **주프로그램 결과물**
  - BHMIE_Part_PHS_A.out : Legendre 전개 상수($\widetilde{w}_l > 1 \times 10^{-10}$)와 산란 입자의 광학 특성인 qext, qsca, qback, gfac, 그리고 절차 ③에서 계산한 위상함수와 절차 ⑤에서 복원한 위상함수이다.
  - BHMIE_Part_PHS_B.out : 산란각에 따른 산란효율 $Q(\mu)$, 위상함수 $P(\mu)$, 그리고 비대칭도를 이용한 Henyey-Greenstein 위상함수이다.

- **부수 프로그램**
  - Phase_Part_PHS.pro : 계산 결과물인 BHMIE_Part_PHS_A.outX를 그림으로 그리는 IDL 프로그램이다.

5.6.2 편광 성분에 대한 계산

식(5.2.11)은 입사광의 편광 성분(Stokes 인자)이 미 산란 되었을 때, 산란광의 편광 성분을 나타내는 식이다. 디렉터리 /SCA_LecNotes/MIE_Particle/ 아래의 /Stokes_Part/에는 한 개의 입자에 의한 산란의 경우, 편광 성분에 대한 위상함수를 계산하는 프로그램 BHMIE_Part_Stokes.f이 있다. 계산에 사용한 입력 자료는 5.6.1에서 설명한 "산란 입자의 광학 특성 및 위상함수 P_{11} 계산"에서와 같으며 계산 절차 또한 앞에서 설명한 내용과 비슷하다. 주요 차이점은 식(5.2.11b)에서 정의된 위상함수를 식(5.2.15)에서 보는 바와 같이 Generalized Spherical Function (GSF)으로 전개한다는 것이다. 계산에 사용된 GSF 전개 상수는 식(5.2.16)으로 정의되었다.

프로그램은 3개의 Part로 구성되어 있다. Part 1은 식(5.4.14)를 이용하여 산란 위상함수 P_{11}, P_{33}, P_{12}, P_{34}를 1°로 간격으로 직접 계산하였다. 그리고 Part 2에서는 GSF 전개 상수를 계산하고, Part 3에서는 이를 이용하여 산란 위상함수 P_{11}, P_{33}, P_{12}, P_{34}를 복원한 후, 그 결과를 Part 1에서 계산한 위상함수와 비교하였다. 프로그램의 결과는 BHMIE_Part_Stokes.out이다. 앞에서 설명한 BHMIE_Part_PHS_A.out 파일은 산란 위상함수 P_{11}과 그 전개 상수를 나타낸 것인데, BHMIE_Part_Stokes.f의 결과인 BHMIE_Part_Stokes.out 파일의 P11, 즉 COEF11(a1)과 같은 것을 알 수 있다. 그 이유는 P_{11}의 경우 GSF가 Legendre polynomial과 같기 때문이다.

그림 5.6.1에는 파장 0.55μm에서 공기 입자에 의한 레일리 산란의 위상함수[참조, 식(5.3.4)]와 하나의 산란 입자(Particle)에 대한 미 산란 위상함수를 나타낸 것이다. 레일리 위상함수는 점선으로 표시하였고 미 산란의 결과는 실선으로 표시하였다. 그림에서 보는 바와 같이 미 산란의 위상함수는 산란각에 따른 변화가 상당히 큰 것을 알 수 있다.

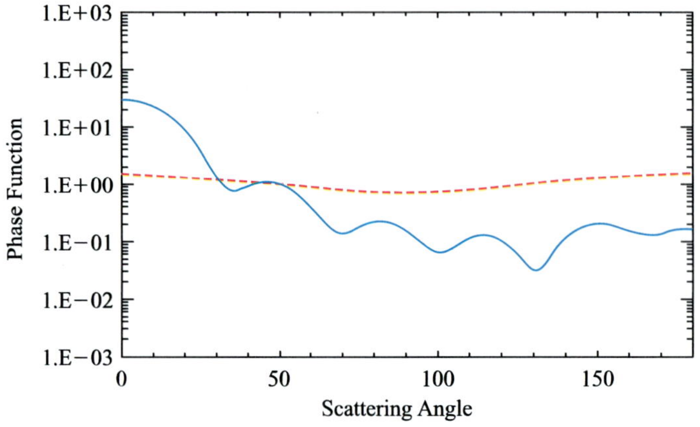

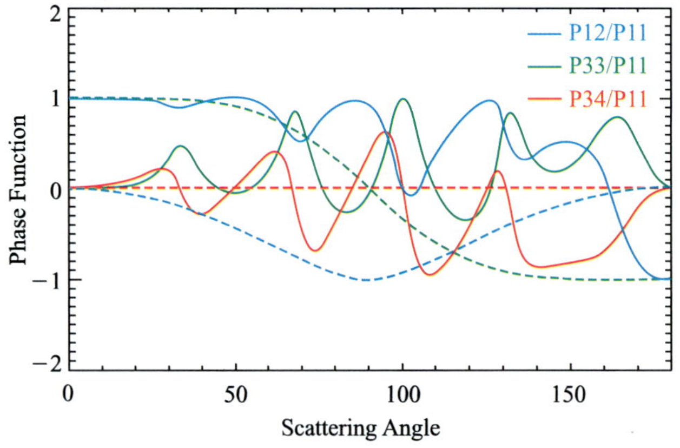

그림 5.6.1 **산란 입자에 대한 산란 위상함수**
(상) Mie와 Rayleigh 산란에 대한 위상함수 P_{11}. (하) Stokes 인자에 대한 산란 위상함수로 P_{11}에 대한 비율로 나타내었다. 실선은 Mie 산란이고 점선은 Rayleigh 산란이다.

Chapter 06

에어로졸

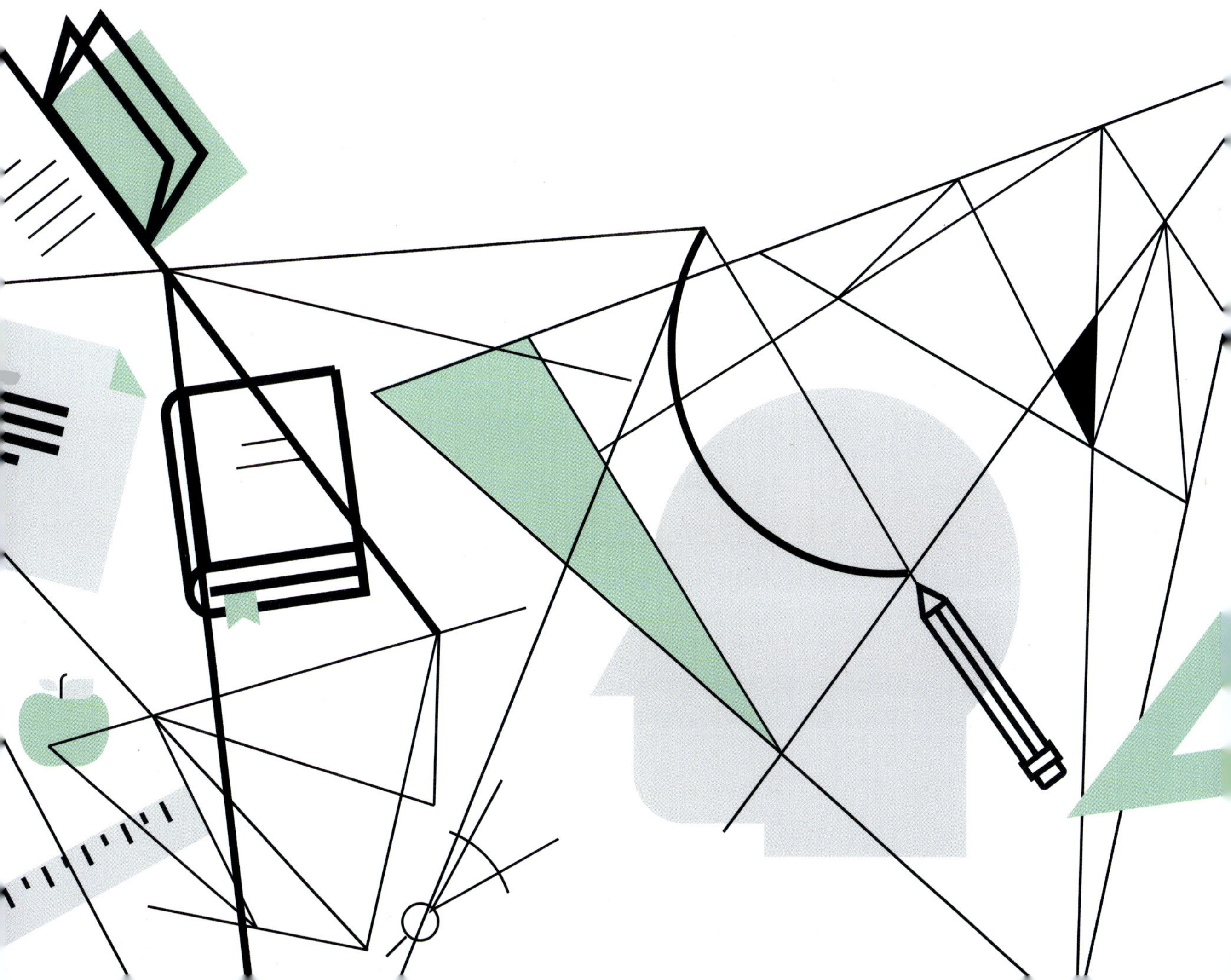

6.1 대기의 에어로졸

대기에 떠다니는 고체 혹은 액체의 입자 물질을 에어로졸(aerosol)이라 한다. 자외선-가시광선 영역의 빛을 흡수, 산란하고 적외선 영역의 빛을 흡수, 산란, 방출한다. 구름과 안개도 빛을 흡수, 산란, 방출하면서 대기복사에 상당한 영향을 미치기 때문에 광학의 관점에서 중요한 에어로졸 성분으로 취급한다.

에어로졸은 크기에 따라 그림 6.1.1에서와 같이 거대입자(coarse particle), 미세입자(fine particle), 극세입자(ultrafine particle)로 구분하며, 생성과정에 따라 다양한 양식(mode)으로 구분한다.

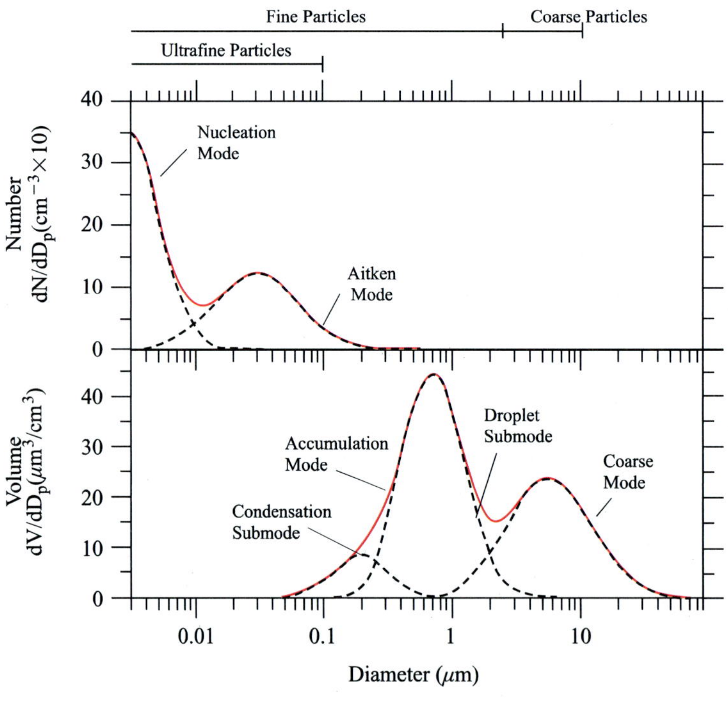

그림 6.1.1 에어로졸의 크기와 양식(mode)
위의 그림은 입자의 지름에 따른 수 분포이고, 아래 그림은 부피 분포이다.

대기의 에어로졸에 관하여는 그 생성과정, 성분, 크기분포, 광학 특성, 기상과 기후에 미치는 영향 등 다양한 주제를 생각할 수 있다. 여기에서는 대기복사에 미치는 영향을 이해하는 관점에서 몇 가지 주제에 대하여 간단하게 정리하였다. 에어로졸의 크기분포와 광학 특성에 대하여는 다음 절에서 자세하게 설명하기로 한다.

① 발생원(source)

에어로졸의 상당 부분은 자연적인 혹은 인위적인 발생원에서 대기로 배출된다. 대기에서 광화학 반응으로 생성되기도 하고 화석 연료의 연소, 인간의 산업 활동, 화산 폭발, 바다의 파도, 식물의 꽃가루 배출, 사막의 바람 등 다양한 과정에 의하여 생성된다. 발생원 혹은 발원지에 따라 구성 성분과 크기분포 및 입자의 모양이 다르다.

② 성분(composition)

물질의 성분은 빛의 굴절률을 결정하고 물질의 광학 특성은 굴절률에 의해 결정된다. 따라서 에어로졸의 성분은 그 광학적 특성을 결정하는 중요한 요소이다. 대기 중의 에어로졸 입자는 하나 혹은 여러 성분으로 구성될 수 있으며, 균질 혹은 비균질 특성을 나타내기도 한다. 특히 복합 성분으로 구성된 에어로졸 입자의 굴절률은 적합한 이론과 방법을 이용하여 결정하여야 한다.

③ 크기분포(size distribution)

에어로졸 입자의 크기는 그림 6.1.1에서 보는 바와 같이 수 nm의 작은 것부터 수십 μm에 달하는 큰 것도 있어 그 크기 범위가 매우 넓다. 입자의 크기분포는 적절한 함수로 표현할 수 있지만, 일반적으로 에어로졸의 크기분포는 로그－정규분포(Lognormal distribution) 함수로 표현하고 구름 및 안개의 크기분포는 수정－감마분포(Modified Gamma distribution) 함수로 표현한다. 이들은 입자 크기의 넓은 범위에 대하여 몇 개의 인자를 이용하여 표현할 수 있는 장점이 있다. 입자의 크기분포는 발생원, 성분 그리고 대기에서의 이동과 체류시간에 따라 다르다.

④ 광학 특성(optical property)

에어로졸의 광학 특성은 이들이 대기복사에 미치는 영향을 이해하는데 중요한 요소이다. 흡수, 산란, 소산 계수 및 일차산란 알베도(single scattering albedo) 그리고 산란 위상함수(scattering phase function) 등이 광학 특성을 나타내는 주요 요소들이다. 이들은 에어로졸의 굴절률과 입자의 형태 그리고 크기분포에 따라 다르다.

⑤ 대기 중의 양과 분포

에어로졸의 광학 특성과 대기 중의 양 및 수직 분포는 에어로졸의 복사 강제력(radiative forcing)을 결정하는데 중요한 요소이다. 지리적 위치에 따라 에어로졸의 성분과 양 및 수직 분포가 다르며, 따라서 대기 환경에 미치는 영향도 다르게 나타난다.

⑥ 영향(effect)

에어로졸은 구름의 응결핵(cloud condensation nuclei) 역할을 하거나 빛과 상호작용을 통하여 대기복사에 영향을 미치며, 이는 다시 기상과 기후에 영향을 준다. 이 과정은 대기과학의 주요 연구 분야이지만, 인간과 동식물에 미치는 영향을 이해하는 것도 매우 중요하다.

이 장에서는 빛과 상호작용에 대한 에어로졸의 광학 특성을 중심으로 살펴보기로 한다. 관련된 내용으로는 에어로졸의 굴절률(성분)과 크기분포 및 광학 특성의 계산인데, 이들을 하나씩 설명하기로 한다.

6.2 에어로졸의 굴절률

에어로졸 입자에 의한 빛의 산란과 흡수는 5장에서 설명한 바와 같이 굴절률(refractive index)과 크기 인자에 따라 다르게 나타난다. 물질의 굴절률은 그 구성 성분에 따라 그리고 파장에 따라 다르므로 굴절률을 알고 있다는 것은 성분을 알고 있다는 것과 같은 의미이다. 굴절률은 에어로졸의 모양 및 크기분포와 함께 광학 특성을 결정하는 기초적 자료이기 때문에, 여기에서는 대기의 에어로졸에 대한 굴절률을 설명하기로 한다.

물질의 굴절률 m은 실수부와 허수부로 구성되어 있으며 일반적으로 다음과 같이 복소수로 표현한다.

$$m = n + ik \tag{6.2.1}$$

실수부는 산란과 관련이 있으며[참조, 식(5.3.1). 기호가 다른 것에 주의], 매질에서 전자기파의 위상속도(v)를 진공에서 빛의 속도(c)와 비교하여 나타낸다.

$$n = \frac{c}{v} \tag{6.2.2}$$

굴절률은 물질에 따라 다르고 파장에 따라 다르다. 매질에서 빛의 파장은 $\tilde{\lambda} = \lambda / n$ [λ = 진공에서의 파장]이며 진동수는 물질의 굴절률에 영향을 받지 않는다. 따라서 매질에서 빛의 속도는 $\tilde{c} = c/n$이 된다. 예를 들어, 파장 550 nm에서 물의 굴절률은 $1.333 + i1.96 \times 10^{-9}$이고 얼음의 굴절률은 $1.311 + i3.11 \times 10^{-9}$이다. 매질(혹은 물질)에 의한 빛에너지의 흡수(absorption)는 허수부와 관련이 있다. 굴절률이 m인 매질에서 전기파[이동을 나타내는 성분 $\exp(-iwt)$는 생략]는 전파한 거리 z에 따라 다음으로 표현된다.

$$E = E_0 \exp(-i\tilde{\nu} m z) = E_0 \exp(-k\tilde{\nu} z)\exp(-i\tilde{\nu} n z) \tag{6.2.3}$$

여기에서 $\tilde{\nu} = 2\pi/\lambda$는 파수(wavenumber)이다. 우변의 첫째 성분 $\exp(-k\tilde{\nu}z)$는 매질에 의한 흡수로 거리에 따라 진폭이 감소하는 것을 나타내며, 둘째 성분 $\exp(-in\tilde{\nu}z) = \cos(n\tilde{\nu}z) - i\sin(n\tilde{\nu}z)$은 파의 거리에 따른 진동을 나타낸다. 빛에너지는 E^2에 비례하므로 Beer 법칙으로 나타내면 $I(z) = I(0)\exp[-\delta_{abs} z]$이 되며, 매질의 부피 흡수계수[$\delta_{abs}$, m^{-1}]와 굴절률의 허수부는 $k = \lambda\delta_{abs}/4\pi$의 관계가 있다[식(6.2.3)과 부합하는 굴절률 표현은 $m = n - ik$ 임].

매질과 진공에서의 유전율(permittivity, ϵ)과 투자율(permeability, μ)로 굴절률을 표현하면 다음과 같다.

$$m = \sqrt{\epsilon\mu/\epsilon_0\mu_0} = n + ik \tag{6.2.4}$$

매질이 자성을 띠지 않는 경우[$\mu = \mu_0$], 상대적 유전율 ϵ/ϵ_0를 “dielectric constant”라 하며 다음과 같이 복소수 형식으로 표현한다.

$$E = e_r + ie_i \tag{6.2.5}$$

이 복소수 성분은 매질의 굴절률과 다음의 관계가 있다.

$$e_r = n^2 - k^2,\ e_i = 2nk \tag{6.2.6a}$$

$$n = \left[\frac{e_r + \sqrt{e_r^2 + e_i^2}}{2}\right]^{1/2},\ k = \left[\frac{-e_r + \sqrt{e_r^2 + e_i^2}}{2}\right]^{1/2} \tag{6.2.6b}$$

굴절률은 매질의 광학 특성을 결정하기 때문에 산란의 계산에서 매우 중요한 인자이다.

굴절률은 여러 가지 방법으로 측정되는데, 일반적으로 물질의 시료에 빛을 입사하여 파장에 따른 반사도 혹은 투과도를 측정하고 이들과 굴절률과의 관계를 이용하여 결정한다. 예를 들어, 물질의 반사도는 Fresnel 법칙에 의하면 굴절률과 다음의 관계가 있다.

$$R = \frac{(n-1)^2 + k^2}{(n+1)^2 + k^2} \tag{6.2.7}$$

구름(안개)의 성분인 물과 얼음의 굴절률을 그림 6.2.1에 나타내었다. 빛의 산란과 관련이 있는 실수부 굴절률은 자외선부터 근적외선 범위까지 거의 비슷한 값이지만, 근적외선 2.7~

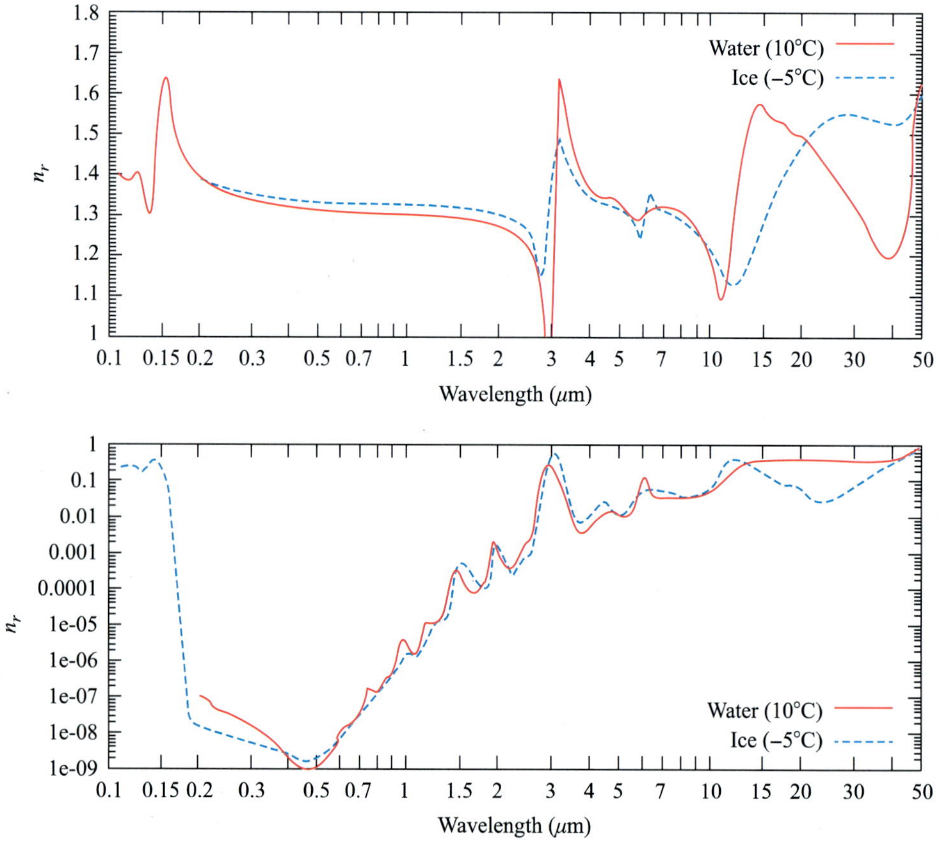

그림 6.2.1 물과 얼음의 굴절률(Petty, 2004)
n_r = 실수부, n_i = 허수부

3.0 μm과 중적외선 11~13 μm에서는 상대적으로 작은 값을 나타낸다. 자외선-가시광선 영역(0.2~0.7 μm)에서 허수부는 매우 작으며, 따라서 이 영역의 빛을 거의 흡수하지 않는다. 가시광에서 근적외선까지 범위에서 허수부는 파장에 따라 급격하게 증가하는데, 그 변화는 $O(10^8)$ 정도로 매우 크다.

그림 6.2.2는 사막 먼지의 주요 성분인 광물의 굴절률을 나타낸 것이다. 석영(quartz), 장석의 일종인 아회장석(bytownite), 백운석(dolomite), 일라이트(illite), 카올리나이트(kaolinite)

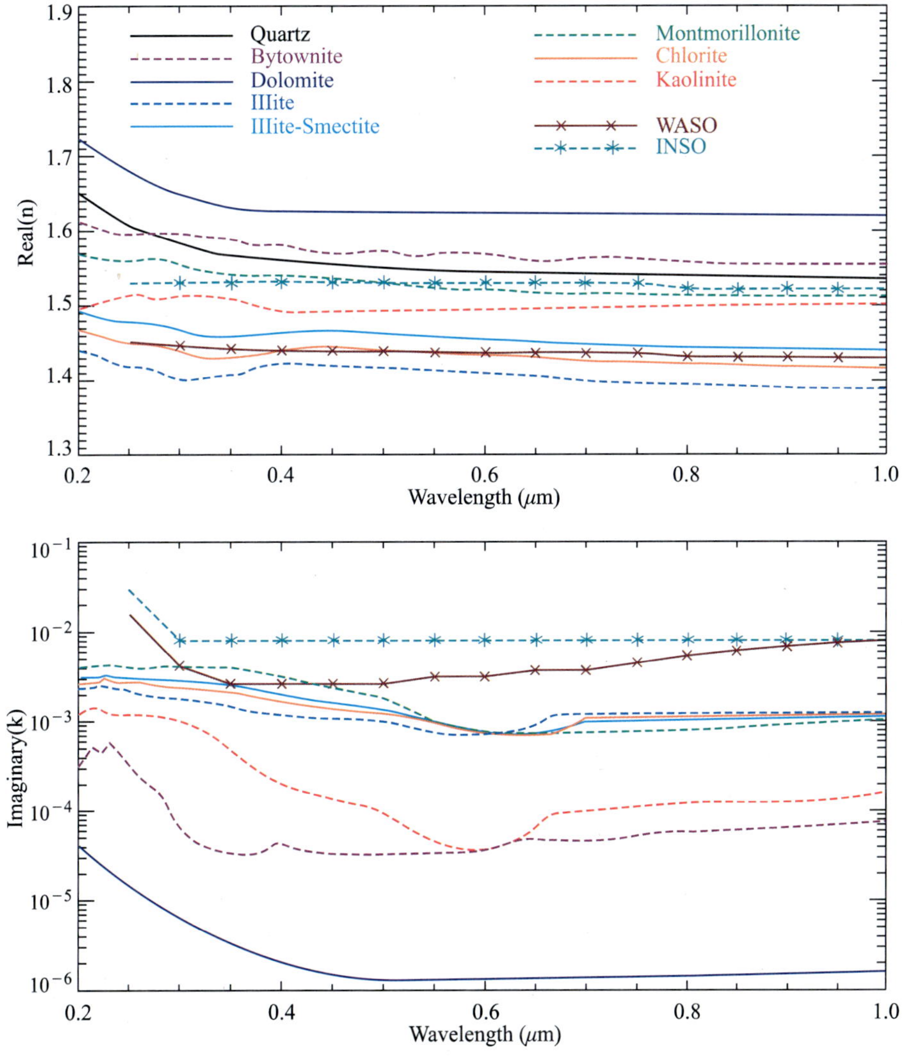

그림 6.2.2 중요 광물의 파장에 따른 굴절률(Lee et al., 2020)

등의 자료이다. 자외선에서 근적외선까지의 자료인데, 실수부는 작게는 1.4에서 크게는 1.7 정도의 값이다. 실수부에 비해 허수부는 광물에 따라 큰 차이를 나타낸다. 특히 우리나라, 중국, 일본에서 관측되는 황사의 주요 성분인 석영의 허수부는 매우 작아서($\sim 10^{-9}$) 이 그림에 나타나지 않는다[흡수가 거의 없고 산란이 우세함을 의미]. 빛의 복굴절(birefringence)이 있는 석영의 경우는 정상 광선(ordinary ray)과 비정상 광선(extraordinary ray)에 대한 굴절률의 평균을 나타내었다.

대기에 부유하는 흙먼지와 황사를 포함한 상당 부분의 에어로졸 입자는 하나의 성분으로 구성되어 있다기보다는 여러 종류의 성분이 혼합되어 있다. 주성분에 미량성분이 혼합해 있기도 하고 주성분이 구분되지 않는 경우가 있으며, 때로는 표면이 검댕이나 오염물질로 덮인 것도 있다. 이와 같이 여러 성분이 혼합된 물질에 대하여 유효한 굴절률을 결정하는 이론이 유효매질 이론(effective medium theory)이다[예 : Maxwell-Garnett approximation, Bruggeman approximation, Boer et al., 2007; Chylek et al., 2000; Sokolik and Toon, 1999]. 그림 6.2.3은 유효매질 이론으로 결정한 동아시아 황사의 굴절률을 사하라 사막에서 발원한 사막 먼지의 굴절률과 비교하여 나타낸 그림이다. 발원지가 달라서 그 구성 성분이 다르므로 이들의 굴절률이 상당히 다른 것을 알 수 있다. 특히 자외선-가시광선 영역에서는 황사의 허수부 굴절률이 10배 이상 작음을 볼 수 있다.

우리나라 겨울철에 나타나는 미세먼지의 주요 성분으로는 황산염(SO_4^{2-}), 질산염(NO_3^-), 암모늄(NH_4^+)과 함께 탄소화합물이 있다. 탄소 입자는 유기물(biomass)의 연소에서 발생하는 유기성 탄소(organic carbon, OC)와 고온의 엔진에서 배출되는 원소성 탄소(element carbon, EC)로 구분되며, 유기성 탄소는 연소 된 물질의 종류에 따라 그 성분이 매우 다양한 것으로 알려져 있다. 때로는 연료의 불완전 연소로 발생하는 탄소 성분을 검은 탄소(black carbon, BC)라고 한다. 대표적인 예로 검댕(soot)을 들 수 있다. 그림 6.2.4는 검댕의 파장에 따른 굴절률을 나타낸 것이다. 가시광선 영역($0.4 \sim 0.7\,\mu m$)의 허수부 굴절률을 보면 그림 6.2.1에 보인 물(얼음) 혹은 그림 6.2.3에 보인 황사의 굴절률에 비하여 매우 큰 것을 알 수 있다. 이것은 가시광선을 잘 흡수한다는 것이며, 따라서 이러한 탄소 성분이 대기에 있으면 시정이 나빠지고 공기가 검은색으로 보이게 된다.

그림 6.2.4에서 보는 바와 같이 BC 성분에 대한 굴절률이 연구자에 따라 다르게 보고되고 있다. 그 이유는 시료의 차이, 시료의 반사도 혹은 투과도의 측정 방법의 차이, 굴절률의 산출 방법의 차이 때문이다. 따라서 BC를 포함한 미세먼지의 원격탐사를 위해서는 그 성분과 굴절률에 대한 정확한 자료가 있어야 한다.

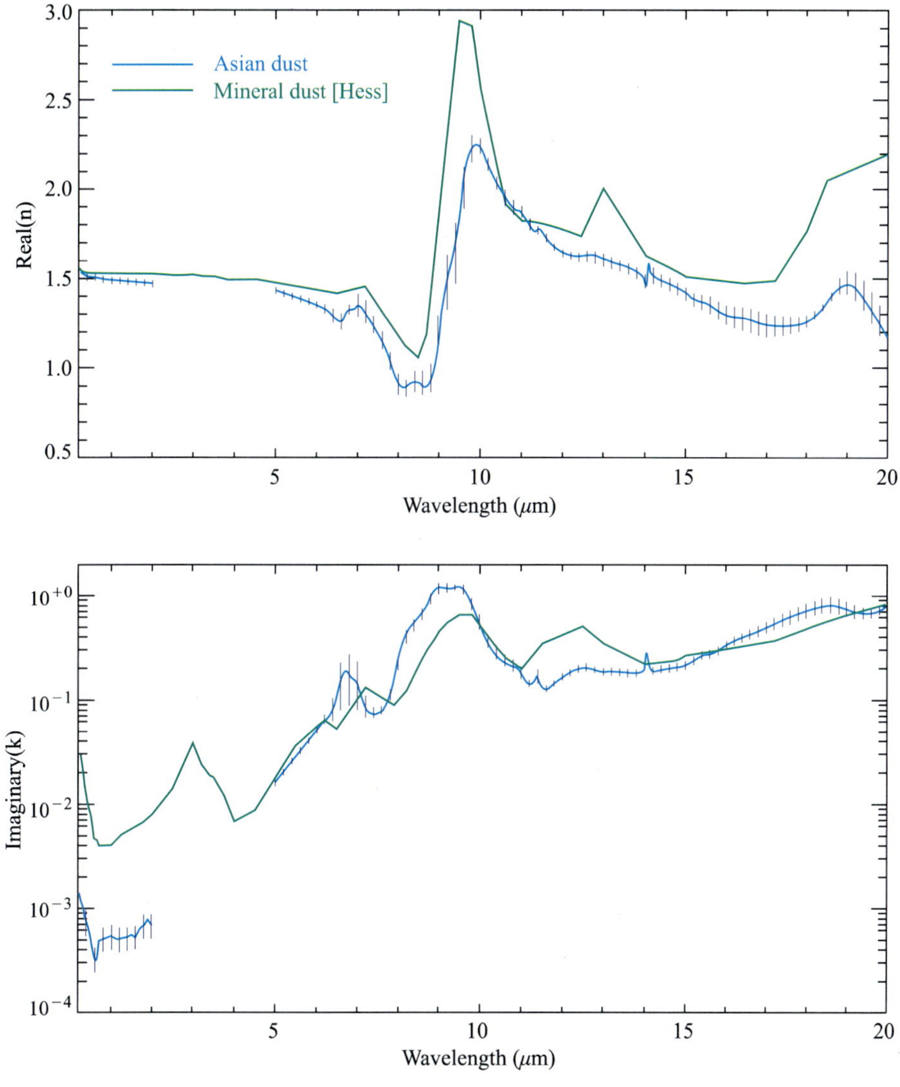

그림 6.2.3 **동아시아 황사의 굴절률과 사하라 사막 먼지의 굴절률과 비교**(Lee et al., 2020)
황사 굴절률의 수직막대는 변화 범위를 나타낸다.

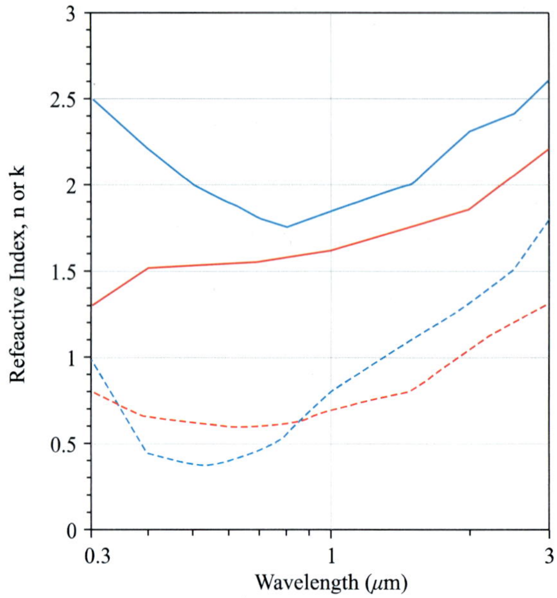

그림 6.2.4 Black carbon의 파장에 따른 굴절률(Bergstrom et al., 2002)
실선은 실수부 굴절률이고 점선은 허수부 굴절률이다. 두 개의 다른 자료인데 상당한 차이가 있다.

6.3 크기분포 함수

에어로졸 입자의 크기분포(size distribution)는 단위부피 속에 입자반경이 미소 범위 $r \sim r+dr$에 있는 입자의 수로 표현한다. 이 크기분포를 반경의 미소 범위에 대하여 적분하면 단위부피 속에 있는 미소 범위 내의 입자 수가 된다. 식으로 표현하면 다음과 같다.

$$N(r) = \int_{r}^{r+dr} \frac{dN(r)}{dr} dr \tag{6.3.1}$$

여기에서 미분으로 표현된 $dN(r)/dr$ [수식의 간편성을 위해 $n(r)$이 사용되기도 함]을 보통 크기분포라 하고, 단위 반경 범위에 포함된 입자 수를 의미한다[단위는 Particles cm^{-3} μm^{-1}]. 따라서 단위부피 속의 총 입자 수[Particles cm^{-3}]는 다음과 같이 크기분포를 반경 $0 \sim \infty$ 범위에 대하여 적분한 것이다.

$$N_0 = \int_0^\infty \frac{dN(r)}{dr} dr \tag{6.3.2}$$

크기분포의 특성을 살펴보기 위하여 먼저 크기분포의 k차 모멘트를 다음과 같이 정의하자.

$$m_k = \frac{1}{N_0} \int_0^\infty r^k \frac{dN}{dr} dr \tag{6.3.3}$$

중심경향(central tendency)을 나타내는 평균반경은 크기분포의 1차 모멘트로 다음으로 정의된다.

$$\mu = \frac{1}{N_0} \int_0^\infty r \frac{dN}{dr} dr \tag{6.3.4}$$

그리고 크기분포의 퍼짐(spread)을 나타내는 표준편차 σ는 다음으로 계산된다.

$$\sigma^2 = \frac{1}{N_0} \int_0^\infty (r-\mu)^2 \frac{dN}{dr} dr \tag{6.3.5}$$

크기분포의 3차 모멘트와 2차 모멘트의 비율(m_3/m_2)을 유효 반경(effective radius)이라 한다.

$$r_e = \int_0^\infty r^3 \frac{dN}{dr} dr \Big/ \int_0^\infty r^2 \frac{dN}{dr} dr \tag{6.3.6}$$

에어로졸의 크기분포가 다르더라도 유효 반경이 같으면 거의 비슷한 광학 특성을 나타낸다. 그러므로 유효 반경은 크기분포로 정의된 에어로졸의 산란 특성을 결정하는 주요 인자이다.

크기분포의 중심경향을 나타내는 것으로 기하평균(geometric mean)이 있다. 그 정의는 다음과 같다.

$$\mu_g = (r_1^{n_1} \times r_2^{n_2} \times \ \cdots \ )^{1/N_0} \tag{6.3.7}$$

이 기하평균은 다음과 같이 표현할 수 있다.

$$\ln \mu_g = \frac{1}{N_0} \sum_i n_i \ln r_i$$

$$\mu_g = \exp\left[\frac{1}{N_0} \sum_i n_i \ln r_i \right] \tag{6.3.8a}$$

연속적인 자료의 크기분포에 대한 기하평균은 다음과 같다.

$$\mu_g = \exp\left[\frac{1}{N_0} \int_0^{\infty} \ln r \frac{dN}{dr} dr \right] \tag{6.3.8b}$$

그리고 기하 표준편차(geometric standard deviation)는 다음으로 정의된다.

$$\sigma_g = \exp\left[\sqrt{\frac{1}{N_0} \sum_i n_i (\ln r_i - \ln \mu_g)^2} \right] \tag{6.3.9a}$$

크기분포가 주어졌을 때의 수식은 다음으로 표현된다.

$$\sigma_g = \exp\left[\sqrt{\frac{1}{N_0} \int_0^{\infty} (\ln r - \ln \mu_g)^2 \frac{dN}{dr} dr} \right] \tag{6.3.9b}$$

즉, 변환반경 $\ln r$을 이용하여 구한 표준편차의 지수함수이다. 다음에 설명한 로그-정규분포에는 이 기하평균과 기하 표준편차가 크기분포를 나타내는 인자로 사용된다.

입자를 구형이라고 가정하면 입자들의 총 표면적, 부피, 질량은 다음과 같이 계산할 수 있다.

$$S = \int_0^{\infty} 4\pi r^2 \frac{dN}{dr} dr \tag{6.3.10a}$$

$$V = \int_0^{\infty} \frac{4}{3} \pi r^3 \frac{dN}{dr} dr \tag{6.3.10b}$$

$$M = \int_0^{\infty} \frac{4}{3} \pi r^3 \rho \frac{dN}{dr} dr \tag{6.3.10c}$$

질량의 계산에 사용된 ρ는 입자의 질량 밀도를 의미한다. 에어로졸의 크기분포는 주로 로그-정규분포(Lognormal distribution)로 나타내며, 안개나 구름 입자의 크기분포는 수정-감마분포(Modified Gamma distribution)로 나타낸다. 이들 크기분포의 특성을 살펴보자.

6.3.1 로그-정규분포 함수(Lognormal distribution)

대기의 에어로졸 크기분포를 나타내는 데 가장 많이 사용되는 것이 로그-정규분포 함수이다. 에어로졸의 반경이 작게는 0.01 μm에서 크게는 100 μm까지 변하기 때문에 정규분포 함수로 나타내기에는 반경의 변화폭이 너무 크다. 대신에 반경 r에 로그를 적용한 변환반경을 이용하여 크기분포를 나타낸 것이 로그-정규분포 함수이다. 정규분포와의 관계를 간단히 살펴보자. 다음은 잘 알려진 정규분포 함수이다.

$$\frac{dN(r)}{dr} = N_0 \frac{1}{\sqrt{2\pi}\,\sigma} \exp\left[-\frac{(r-\mu)^2}{2\sigma^2}\right] \tag{6.3.11}$$

여기에서 μ, σ는 입자반경의 평균과 표준편차이다. 입자반경에 로그를 적용한 변환반경 $\hat{r} = \ln(r)$을 정의하자. 이 변환반경 $\hat{r}$을 정규분포 함수의 독립변수로 사용하여 표현하면 다음과 같은 로그-정규분포 함수가 된다.

$$\frac{dN(\hat{r})}{d\hat{r}} = N_0 \frac{1}{\sqrt{2\pi}\,\hat{\sigma}} \exp\left[-\frac{(\hat{r}-\hat{\mu})^2}{2\hat{\sigma}^2}\right] \tag{6.3.12}$$

여기의 변환반경에 대한 평균과 분산(표준편차)은 다음과 같이 정의된다.

$$\hat{\mu} = \int_{-\infty}^{\infty} \hat{r}\frac{dN(\hat{r})}{d\hat{r}}d\hat{r} \Big/ \int_{-\infty}^{\infty} \frac{dN(\hat{r})}{d\hat{r}}d\hat{r} = \frac{1}{N_0}\int_{-\infty}^{\infty} \hat{r}\frac{dN(\hat{r})}{d\hat{r}}d\hat{r} \tag{6.3.13}$$

$$\hat{\sigma}^2 = \frac{1}{N_0}\int_{-\infty}^{\infty} (\hat{r}-\hat{\mu})^2 \frac{dN(\hat{r})}{d\hat{r}}d\hat{r} \tag{6.3.14}$$

위의 식(6.3.12)를 다른 형태로 표현해 보자. 크기분포는 입자반경의 함수로 표현하는 것이 편리하므로 이를 위하여 먼저 다음과 같은 변환과정을 거쳐야 한다.

$$\frac{dN(r)}{dr} = \frac{dN(\hat{r})}{d\hat{r}}\frac{d\hat{r}}{dr} = N_0 \frac{1}{\sqrt{2\pi}\,\hat{\sigma}}\frac{1}{r} \exp\left[-\frac{(\ln r-\hat{\mu})^2}{2\hat{\sigma}^2}\right] \tag{6.3.15}$$

이 식에서는 $d\hat{r}/dr = 1/r$이 사용되었다. 즉, $dN(r)/dr = 1/r \times dN(\hat{r})/d\hat{r}$이고 $dr = r\,d\hat{r}$관계이다. 식(6.3.8b)에 로그를 적용하여 정리하면 다음과 같다.

$$\ln(\mu_g) = \frac{1}{N_0}\int_0^{\infty} \ln r \frac{dN}{dr} dr = \frac{1}{N_0}\int_{-\infty}^{\infty} \hat{r}\, \frac{1}{r}\frac{dN(\hat{r})}{d\hat{r}} r\, d\hat{r}$$

우변은 식(6.3.13)에서 정의한 $\hat{\mu}$ 이므로 μ_g 와 관계를 다음과 같이 구할 수 있다.

$$\ln(\mu_g) = \frac{1}{N_0}\int_{-\infty}^{\infty} \hat{r}\frac{dN(\hat{r})}{d\hat{r}} d\hat{r} = \hat{\mu} \tag{6.3.16a}$$

$$\mu_g = \exp(\hat{\mu})$$

같은 방법으로 기하 표준편차를 정리하면 다음의 결과를 구할 수 있다.

$$\ln(\sigma_g) = \hat{\sigma} \tag{6.3.16b}$$

이러한 관계가 있으므로 로그-정규분포 함수에 기하평균과 기하 표준편차가 크기분포의 인자로 사용된다.

식(6.3.16)을 식(6.3.15)에 대입하면 다음과 같이 문헌에 많이 인용되는 로그-정규분포 (lognormal distribution) 함수가 된다.

$$\frac{dN(r)}{dr} = N_0 \frac{1}{\sqrt{2\pi}\ln\sigma_g}\frac{1}{r}\exp\left[-\frac{(\ln r - \ln\mu_g)^2}{2\ln^2\sigma_g}\right] \tag{6.3.17a}$$

문헌에서 때로는 $d(\ln r) = 1/r\,dr$을 이용하여 다음의 식으로 표현되기도 한다. AERONET 자료의 분석에서 자주 사용되는 크기분포 함수로(Dubovik and King, 2000; Dubovik et al., 2006), 에어로졸의 특성을 산출할 때 사용되고 있다.

$$\frac{dN(r)}{d\ln r} = N_0 \frac{1}{\sqrt{2\pi}\ln\sigma_g}\exp\left[-\frac{(\ln r - \ln\mu_g)^2}{2\ln^2\sigma_g}\right] \tag{6.3.17b}$$

이 크기분포 식에서 μ_g는 반경의 기하평균(geometric mean)이고 σ_g는 기하 표준편차 (geometric standard deviation)인데, 이들 두 개의 인자가 로그-정규분포의 모양을 결정한다. 그리고 로그-정규분포의 경우 반경의 중앙값(median radius, r_m)이 기하평균과 같으므로 기하평균 대신 중앙값으로 표현하기도 한다. 그림 6.3.1에는 로그-정규분포 함수의 예를 나타내었다. 주의할 점은 식(6.3.17a)로 계산된 그림 6.3.1에서는 최대치가 $r < \mu_g$ 인 곳에 나타나지만 식(6.3.17b)로 표현된 그림 6.3.2에서는 분포함수의 최대치가 $r = \mu_g$ 인 곳에 나타난

다는 것이다.

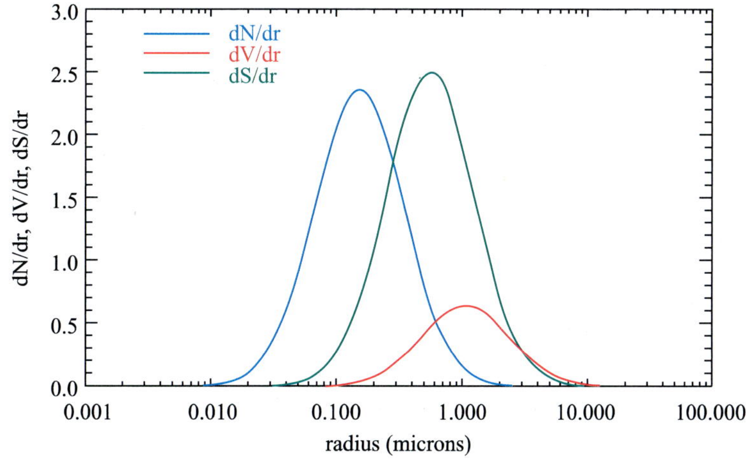

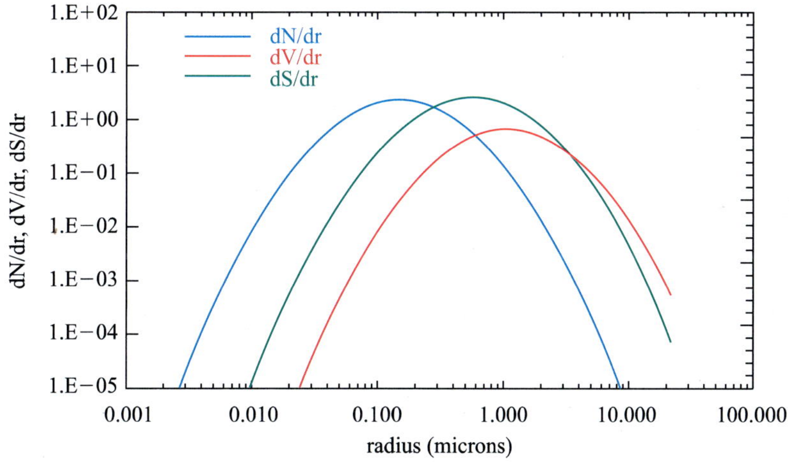

그림 6.3.1 **표준 로그-정규분포**(lognormal distribution) **함수**($N_0 = 1$)

(상) 그림에서는 Y 축이 선형으로, 그리고 (하) 그림에서는 Y 축이 로그로 표시되었다. 그림에서 수 분포, 부피 분포, 표면적 분포의 단위는 각각 다음과 같다 : dN/dr [particles cm$^{-3}\mu$m^{-1}], dV/dr[μm^{3}cm$^{-3}\mu$m^{-1}], dS/dr[μm^{2}cm$^{-3}\mu$m^{-1}]. 크기분포 인자는 $\mu_g = 0.29$[μm]이고 $\sigma_g = 2.24$이다. 계산에서 $r_{\min} = 0.001$[μm]이며 $r_{\max} = 22.64$[μm]인데, 이들은 $dN/dr = 1.0 \times 10^{-8}$[particles cm$^{-3}\mu$m^{-1}]일 때의 반경이다. 수치 계산한 총 부피와 총 표면적은 1.9044[μm^{3}cm^{-3}], 3.88[μm^{2}cm^{-3}]이고 유효 반경은 1.47[μm]이다.

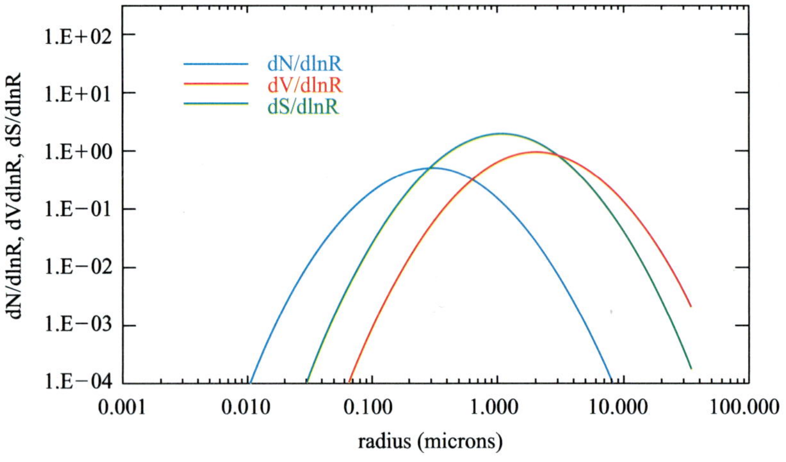

그림 6.3.2 **표준 로그-정규분포**(lognormal distribution) **함수**($N_0 = 1$)
함수는 $dN/dlnR$, $dV/dlnR$, $dS/dlnR$ 형식으로 표현하였다. 크기분포 인자는 그림 6.3.1과 같다. 계산에서 $r_{\min} = 0.002\,[\mu\mathrm{m}]$이고 $r_{\max} = 35.26\,[\mu\mathrm{m}]$인데, 이들은 $dN/dlnR = 1.0 \times 10^{-8}\,[\text{particles cm}^{-3}]$일 때의 반경이다. 수치 계산한 총 부피와 총 면적은 각각 $1.9067\,[\mu\mathrm{m}^3\mathrm{cm}^{-3}]$, $3.88\,[\mu\mathrm{m}^2\mathrm{cm}^{-3}]$이며 유효 반경은 $1.47\,[\mu\mathrm{m}]$이다.

식(6.3.17a)로 표현된 로그-정규분포 함수의 모멘트는 다음과 같다(Grainger, 2017).

$$m_k = \int_0^\infty r^k \frac{dN}{dr} dr = N_0 \exp\left(k\hat{\mu} + \frac{k^2 \hat{\sigma}^2}{2}\right) \tag{6.3.18}$$

평균반경, 총 표면적과 부피 그리고 모멘트 결과를 이용한 유효 반경을 정리하면 다음과 같다.

$$\begin{aligned} 평균 &= \frac{1}{N_0}\int_0^\infty r \frac{dN}{dr} dr = \frac{1}{N_0} m_1 = \exp\left(\hat{\mu} + \frac{1}{2}\hat{\sigma}^2\right) \\ &= r_m \exp\left(\frac{1}{2}\ln^2\sigma_g\right) \end{aligned} \tag{6.3.19a}$$

$$\begin{aligned} 표면적 &= \int_0^\infty 4\pi r^2 \frac{dN}{dr} dr = 4\pi m_2 = 4\pi N_0 \exp(2\hat{\mu} + 2\hat{\sigma}^2) \\ &= 4\pi N_0 r_m^2 \exp(2\ln^2\sigma_g) \end{aligned} \tag{6.3.19b}$$

$$\text{부피} = \int_0^\infty \frac{4}{3}\pi r^3 \frac{dN}{dr} dr = \frac{4}{3}\pi m_3 = \frac{4}{3}\pi N_0 \exp\left(3\hat{\mu} + \frac{9}{2}\hat{\sigma}^2\right) \tag{6.3.19c}$$

$$= \frac{4}{3}\pi N_0 r_m^3 \exp\left(\frac{9}{2}\ln^2\sigma_g\right)$$

$$\text{유효 반경} = \frac{m_3}{m_2} = \exp\left(\hat{\mu} + \frac{5}{2}\hat{\sigma}^2\right) = r_m \exp\left(\frac{5}{2}\ln^2\sigma_g\right) \tag{6.3.19d}$$

앞에서 언급한 바와 같이 유효 반경은 로그-정규분포로 정의된 에어로졸의 산란 특성을 결정한다. 그런데 r_m 과 σ_g 의 조합에 따라 같은 값의 유효 반경이 나타날 수 있는데, 약간의 차이가 있기는 하지만 광학 특성은 매우 비슷한 경향을 나타낸다.

에어로졸의 주요 성분별 기하평균 반경과 기하 표준편차 및 최소, 최대 반경을 표 6.3.1에 요약하였다[참고, OPAC (Hess et al, 1998; Koepke et al., 2015)].

▼ 표 6.3.1 에어로졸 성분에 따른 로그-정규분포 인자와 최소, 최대 입자반경

성분	$\mu_g(\mu m)$	σ_g	$r_{min}(\mu m)$	$r_{max}(\mu m)$
insoluble	0.471	2.51	0.005	20
water-soluble	0.021	2.24	0.005	20
soot	0.012	2.00	0.005	20
sulfate droplets	0.070	2.03	0.005	20
sea salt(coarse mode)	1.750	2.03	0.005	60
mineral(coarse mode)	1.900	2.15	0.005	60

문헌에서는 수 분포 대신에 부피 분포 dV/dr로 나타내기도 한다. 부피 로그-정규분포 함수는 다음으로 정의된다.

$$\frac{dV}{dr} = V_0 \frac{1}{\sqrt{2\pi}\,\ln\sigma_{g,v}} \frac{1}{r} \exp\left[-\frac{(\ln r - \ln\mu_{g,v})^2}{2\ln^2\sigma_{g,v}}\right] \tag{6.3.20}$$

여기서 V_0는 단위부피에 포함된 에어로졸의 총 부피이다.

$$V_0 = \int_0^\infty \frac{dV}{dr} dr \tag{6.3.21}$$

그리고 $\mu_{g,v}$는 부피의 중앙값이며 $\sigma_{g,v}$는 부피의 기하 표준편차이다. 이들과 수 분포함수의 중앙값, 기하 표준편차와의 관계를 보자. 입자가 구형이라면 부피 분포와 수 분포의 관계는 다음과 같이 나타낼 수 있다.

$$\frac{dV}{dr} = \frac{dV}{dN}\frac{dN}{dr} = \frac{4}{3}\pi r^3 \frac{dN}{dr} \tag{6.3.22}$$

수 분포함수를 나타내는 식(6.3.17a)를 위의 식에 대입하고 전개한 결과를 정리하면 다음과 같다.

$$\begin{aligned}\frac{dV}{dr} &= \frac{4}{3}\pi r^3 N_0 \frac{1}{\sqrt{2\pi}\,\ln\sigma_g}\frac{1}{r}\exp\left[-\frac{(\ln r - \ln\mu_g)^2}{2\ln^2\sigma_g}\right] \\ &= \frac{4}{3}\pi N_0 \frac{1}{\sqrt{2\pi}\,\ln\sigma_g}\frac{1}{r}\exp\left[3\ln\mu_g + 4.5\ln^2\sigma_g\right]\exp\left[-\frac{(\ln r - (\ln\mu_g + 3\ln^2\sigma_g))^2}{2\ln^2\sigma_g}\right]\end{aligned} \tag{6.3.23}$$

위 식의 전개에서 $r^3 = \exp(3\ln r)$이 사용되었다. 이제 식(6.3.20)과 식(6.3.23)을 비교하면 다음의 관계를 구할 수 있다.

$$\frac{V_0}{\ln\sigma_{g,v}} = \frac{4}{3}\pi\frac{N_0}{\ln\sigma_g}\exp[3\ln\mu_g + 4.5\ln^2\sigma_g] \tag{6.3.24a}$$

$$\frac{(\ln r - \ln\mu_{g,v})^2}{2\ln^2\sigma_{g,v}} = \frac{[\ln r - (\ln\mu_g + 3\ln^2\sigma_g)]^2}{2\ln^2\sigma_g} \tag{6.3.24b}$$

그런데 식(6.3.19c)에 의하면 $V_0 = \frac{4}{3}\pi N_0 \exp[3\ln\mu_g + 4.5\ln^2\sigma_g]$이므로, 식(6.3.24a)에서 $\sigma_{g,v} = \sigma_g$로 되는 것을 알 수 있다. 즉, 부피로 나타낸 기하 표준편차와 수로 나타낸 기하 표준편차는 같다. 그러므로 식(6.3.24b)에서 부피 기하평균과 수로 나타낸 기하평균과의 관계는 다음의 식으로 표현된다.

$$\ln(\mu_{g,v}) = \ln(\mu_g) + 3\ln^2(\sigma_g) \tag{6.3.25}$$

표 6.3.2에는 3개의 다른 인자에 대하여 계산한 부피 기하평균(중앙값)을 나타내었다.

▼ 표 6.3.2 수 분포와 부피 분포로 나타낸 로그-정규분포 함수의 인자

geometric standard deviation	median number radius (μm)	median volume radius (μm)	effective radius (μm)
1.7	0.64	1.49	1.29
1.6	3.46	6.71	6.01
1.5	8.67	14.20	13.08

6.3.2 수정-감마분포 함수(Modified Gamma distribution)

물방울로 구성된 구름 입자의 크기분포를 나타내기 위하여 수정-감마분포 함수가 사용된다. 이 함수는 다음으로 정의된다.

$$\frac{dN}{dr} = N_0\, a r^{\alpha} \exp(-b r^{\gamma}) \tag{6.3.26}$$

이 크기분포에는 4개의 인자 a, α, b, γ가 있다. 인자 α, γ는 모양을 결정하고 a는 적분이 N_0가 되도록 하는 표준화 상수이다. 즉, $N_0 = 1$일 때의 식(6.3.26)의 적분은 다음으로 표현되는데, 이를 이용하면 표준화 상수를 정의할 수 있다.

$$\int_0^{\infty} \frac{dN}{dr} dr = \frac{a}{\gamma} b^{-\frac{\alpha+1}{\gamma}} \Gamma\left(\frac{\alpha+1}{\gamma}\right) = 1$$

따라서 표준화 상수는 다음으로 계산된다.

$$a = 1 \Big/ \left[\frac{1}{\gamma} b^{-\frac{\alpha+1}{\gamma}} \Gamma\left(\frac{\alpha+1}{\gamma}\right)\right] \tag{6.3.27}$$

여기에서 $\Gamma(x)$는 감마함수(gamma function)이다. 이러한 관계 때문에 수정-감마분포의 인자를 α, b, γ의 3개 인자로 나타내기도 한다. 그리고 크기분포의 최대치가 나타나는 반경(radius mode)은 α, b, γ의 함수로 다음과 같이 계산된다.

$$r_{mo} = [\alpha/(b\gamma)]^{1/\gamma} \tag{6.3.28}$$

이러한 관계가 있으므로 때로는 r_{mo}를 크기분포의 인자로 사용하기도 한다. 아울러 수정-감마분포의 k차 모멘트는 다음으로 표현된다(Grainger, 2017).

$$m_k = \frac{a}{\gamma} b^{-(\alpha+1+k)/\gamma} \Gamma\left(\frac{\alpha+1+k}{\gamma}\right) \tag{6.3.29}$$

따라서 유효 반경 m_3/m_2는 다음과 같다.

$$r_{eff} = r_{mo}\left(\frac{\gamma}{\alpha}\right)^{1/\gamma} \frac{\Gamma\left[(\alpha+4)/\gamma\right]}{\Gamma\left[(\alpha+3)/\gamma\right]} \tag{6.3.30}$$

표 6.3.3에는 육지의 층운과 적운 및 안개에 대한 크기분포 인자를 예시로 나타내었다[참조, OPAC (Hess et al., 1998; Koepke et al., 2015)]. 그리고 그림 6.3.3은 육지 층운에 대한 인자를 이용하여 크기분포, 부피 분포, 표면적 분포를 나타낸 것이다. 식(6.3.28)로 계산한 수 분포의 최대 빈도수(mode) 반경은 4.70 μm 인데, 그림에서도 이 반경에 최대치가 나타나는 것을 볼 수 있다. 식(6.3.27)로 계산한 표준화 상수는 9.808×10^{-3}이다.

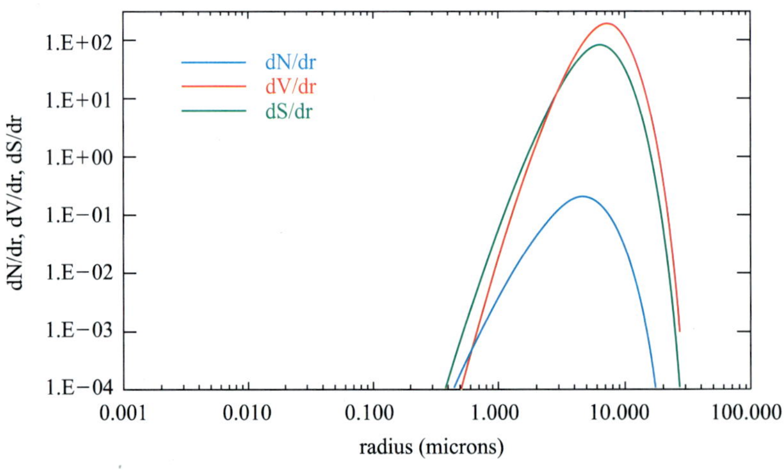

그림 6.3.3 **수정-감마분포 함수**
표 6.3.3의 육지 층운에 대한 수 분포(dN/dr), 부피 분포(dV/dr), 표면적 분포(dS/dr) 함수이다.

▼ 표 6.3.3 층운, 적운 및 안개에 대한 수정-감마분포 함수의 인자
인자는 식(6.3.27)의 관계를 만족한다.

	$r_{mo}(\mu m)$	$N_0(cm^{-3})$	a	α	b	γ
stratus (육지)	4.70	250	9.792E-3	5	0.9380	1.05
cumulus (육지)	4.80	400	1.105E-3	5	0.0782	2.16
fog	8.06	15	3.041E-4	4	0.0562	1.77

구름의 두께가 z이고 고도에 따라 크기분포가 변하지 않는다면 단위면적의 공기 기둥에 포함된 물의 양(liquid water content, LWC)은 다음과 같이 계산할 수 있다.

$$\mathrm{LWC} = z \times \rho \int_0^{\infty} \frac{4}{3}\pi r^3 \frac{dN}{dr} dr \tag{6.3.31}$$

여기에서 ρ는 물의 질량 밀도를 의미한다.

6.4 에어로졸의 광학 특성

이번 절에서는 크기분포가 정의된 에어로졸(구름) 입자에 대한 광학 특성을 어떻게 계산하는지 살펴보기로 한다. 앞의 5.1절에서 하나의 입자에 대한 산란 단면이 σ_p이면 같은 크기의 입자가 단위부피에 N개 있을 경우, 부피 산란계수는 $\beta_{sca} = N\sigma_p$로 정의되었다. 따라서 이 개념을 크기분포가 주어진 입자들에 적용하면 그 에어로졸 입자들에 대한 광학 특성을 나타내는 부피 산란계수, 소산계수 및 흡수계수는 다음과 같이 정의할 수 있다.

$$\beta_{sca}(\lambda) = \int_0^\infty \sigma_p^{sca}(\lambda, r)\frac{dN(r)}{dr}dr \tag{6.4.1a}$$

$$\beta_{ext}(\lambda) = \int_0^\infty \sigma_p^{ext}(\lambda, r)\frac{dN(r)}{dr}dr \tag{6.4.1b}$$

$$\beta_{abs}(\lambda) = \int_0^\infty \sigma_p^{abs}(\lambda, r)\frac{dN(r)}{dr}dr = \beta_{ext}(\lambda) - \beta_{sca}(\lambda) \tag{6.4.1c}$$

여기에서 $\sigma_p^{sca}(\lambda, r)$, $\sigma_p^{ext}(\lambda, r)$, $\sigma_p^{abs}(\lambda, r)$는 각각 반경이 r인 입자의 산란, 소산, 흡수 단면을 의미한다[참조, 식(5.4.10)~(5.4.11), 식(5.4.15)]. 이들은 모두 면적[cm^2]의 단위이며, 부피 산란, 소산, 흡수계수의 단위는 1/거리, 즉 cm^{-1}이다. 그리고 일차산란 알베도(single scattering albedo)는 부피 산란계수와 소산계수를 이용하여 정의한다.

$$w(\lambda) = \frac{\beta_{sca}(\lambda)}{\beta_{ext}(\lambda)} \tag{6.4.2}$$

입자가 구형이라면 효율 인자(efficiency factor)를 이용하여 부피 산란계수, 소산계수 및 흡수계수를 나타낼 수 있다.

$$\beta_{sca}(\lambda) = \int_0^\infty \pi r^2 Q_p^{sca}(\lambda, r)\frac{dN(r)}{dr}dr \tag{6.4.3a}$$

$$\beta_{ext}(\lambda) = \int_0^\infty \pi r^2 Q_p^{ext}(\lambda, r)\frac{dN(r)}{dr}dr \tag{6.4.3b}$$

$$\beta_{abs}(\lambda) = \int_0^\infty \pi r^2 Q_p^{abs}(\lambda, r) \frac{dN(r)}{dr} dr = \beta_{ext}(\lambda) - \beta_{sca}(\lambda) \tag{6.4.3c}$$

크기분포가 정의된 입자들 전체에 대한 산란 위상함수(scattering phase function)와 비대칭도 및 Legendre 전개 상수는 각 입자의 산란 단면과 수밀도, 즉 반경 r인 입자들의 부피 산란계수로 가중평균한 것으로 다음과 같이 정의된다.

$$P_{sca}(\lambda, \theta) = \int_0^\infty P(\lambda, \theta, r) \sigma_p^{sca}(\lambda, r) \frac{dN}{dr} dr \Big/ \int_0^\infty \sigma_p^{sca}(\lambda, r) \frac{dN}{dr} dr \tag{6.4.4a}$$

$$g_{sca}(\lambda) = \int_0^\infty g(\lambda, r) \sigma_p^{sca}(\lambda, r) \frac{dN}{dr} dr \Big/ \int_0^\infty \sigma_p^{sca}(\lambda, r) \frac{dN}{dr} dr \tag{6.4.4b}$$

$$\widetilde{w}_{sca,l}(\lambda) = \int_0^\infty \widetilde{w}_l(\lambda, r) \sigma_p^{sca}(\lambda, r) \frac{dN}{dr} dr \Big/ \int_0^\infty \sigma_p^{sca}(\lambda, r) \frac{dN}{dr} dr \tag{6.4.4c}$$

여기에서 $P(\lambda, \theta, r)$는 반경이 r인 입자에 대한 위상함수이고 $g(\lambda, r)$는 비대칭도이며 $\widetilde{w}_l(\lambda, r)$은 전개 상수이다. 식(5.4.12)와 식(6.4.1a)를 이용하면 전체 에어로졸 입자들에 대한 위상함수는 다음과 같다.

$$\begin{aligned} P_{sca}(\lambda, \theta) &= \int_0^\infty \frac{4\pi}{\sigma_p^{sca} k^2} \left(\frac{i_1 + i_2}{2} \right) \sigma_p^{sca}(\lambda, r) \frac{dN}{dr} dr \Big/ \int_0^\infty \sigma_p^{sca}(\lambda, r) \frac{dN}{dr} dr \\ &= \frac{4\pi}{2 k^2 \beta^{sca}(\lambda)} \int_0^\infty [i_1(\theta) + i_2(\theta)] \frac{dN}{dr} dr \end{aligned} \tag{6.4.5}$$

위의 식에서 알 수 있듯이 산란 단면이 큰 입자의 위상함수가 전체 에어로졸 입자들의 위상함수에 더 많은 기여가 있다.

이제 성분 혹은 모드가 다른 두 개의 에어로졸[예 : 미세먼지+황사; 황사+구름]에 대한 계산을 알아보자. 부피 산란계수, 소산계수, 흡수계수는 각 성분의 값을 더하면 된다.

$$\beta_{sca}^{(1+2)} = \beta_{sca}^{(1)} + \beta_{sca}^{(2)} \tag{6.4.6a}$$

$$\beta_{ext}^{(1+2)} = \beta_{ext}^{(1)} + \beta_{ext}^{(2)} \tag{6.4.6b}$$

$$\beta_{abs}^{(1+2)} = \beta_{abs}^{(1)} + \beta_{abs}^{(2)} \tag{6.4.6c}$$

변수의 위첨자 $(1), (2)$는 성분(모드)을 나타내며 $(1+2)$는 두 성분 전체에 대한 값을 의미한다. 그리고 일차산란 알베도는 총 부피 산란계수와 총 부피 소산계수의 비율로 정의된다.

$$w^{(1+2)} = \frac{\beta_{sca}^{(1+2)}}{\beta_{ext}^{(1+2)}} \tag{6.4.7}$$

균질 대기층에서 수직 광학두께는 부피 산란, 소산, 흡수계수에 대기층의 두께를 곱하여 계산할 수 있다.

$$\tau_{sca}^{(1+2)} = \beta_{sca}^{(1+2)}\, dz \tag{6.4.8a}$$

$$\tau_{ext}^{(1+2)} = \beta_{ext}^{(1+2)}\, dz \tag{6.4.8b}$$

$$\tau_{abs}^{(1+2)} = \beta_{abs}^{(1+2)}\, dz \tag{6.4.8c}$$

그리고 위상함수와 비대칭도의 계산에서는 각 성분의 부피 산란계수로 가중한 평균을 구하면 된다.

$$P^{(1+2)}(\lambda,\theta) = \frac{P^{(1)}(\lambda,\theta)\beta_{sca}^{(1)} + P^{(2)}(\lambda,\theta)\beta_{sca}^{(2)}}{\beta_{sca}^{(1)} + \beta_{sca}^{(2)}} \tag{6.4.9a}$$

$$g^{(1+2)}(\lambda) = \frac{g^{(1)}(\lambda)\beta_{sca}^{(1)} + g^{(2)}(\lambda)\beta_{sca}^{(2)}}{\beta_{sca}^{(1)} + \beta_{sca}^{(2)}} \tag{6.4.9b}$$

따라서 산란 위상함수의 Legendre 전개 상수 역시 식(6.4.9a)에서와 같이 각 성분의 부피 산란계수로 가중한 평균을 사용하여야 한다.

$$\tilde{w}_l^{(1+2)} = \frac{\tilde{w}_l^{(1)}\beta_{sca}^{(1)} + \tilde{w}_l^{(2)}\beta_{sca}^{(2)}}{\beta_{sca}^{(1)} + \beta_{sca}^{(2)}} \tag{6.4.10}$$

성분이 다른 여러 개의 에어로졸에 대해서도 같은 방법을 적용할 수 있다. 에어로졸은 성분이 다를 경우 그 생성과정이 다르므로 각각의 크기분포를 정의할 수 있으며, 그들의 총 광학 특성은 여기에서 설명한 방법으로 계산하여야 한다.

6.5 광학 특성의 수치계산

6.5.1 크기분포에 대한 수치적분

에어로졸(구름)의 크기분포는 그 반경의 변화 범위가 매우 크다. 그렇다고 해서 식(6.3.2)에서처럼 반경이 0이거나 ∞의 크기는 아니고, 적분은 최소 반경 $r_{\min}$과 최대 반경 $r_{\max}$의 범위에서 수행한다. 이번 절에서는 크기분포가 정의된 에어로졸의 광학 특성 계산을 구체적으로 설명하기로 한다. 예를 들어, 로그-정규분포 함수의 경우 식(6.3.17)을 반경 범위 $0 \sim \infty$에 대하여 적분하면 N_0가 되지만 $r_{\min} \sim r_{\max}$에 대하여 적분하면 N_0가 되지 않는다. 이러한 문제를 해결하기 위하여 다음과 같이 보완해 주어야 한다. 표준화된 로그-정규분포 함수를 다음과 같이 정의하자[반경 범위 $0 \sim \infty$에 대하여 적분하면 1이 됨].

$$\frac{d\tilde{N}(r)}{dr} = \frac{1}{\sqrt{2\pi}\,\ln\sigma_g}\frac{1}{r}\exp\left[-\frac{(\ln r - \ln\mu_g)^2}{2\ln^2\sigma_g}\right] \tag{6.5.1}$$

따라서 에어로졸의 크기분포는 표준화된 로그-정규분포를 이용하여 표현하면 다음과 같다.

$$\frac{dN(r)}{dr} = N_0\frac{d\tilde{N}(r)}{dr} \tag{6.5.2}$$

이제 반경 범위 $r_{\min} \sim r_{\max}$에 대하여 적분한 값을 정의하자.

$$\tilde{f} = \int_{r_{\min}}^{r_{\max}} \frac{d\tilde{N}(r)}{dr}dr \tag{6.5.3}$$

이 적분은 $\tilde{f} \neq 1$이므로, 표준화하기 위한 바른 계산은 다음과 같이 $1/\tilde{f}$를 곱해 주어야 한다.

$$\frac{1}{\tilde{f}}\int_{r_{\min}}^{r_{\max}} \frac{d\tilde{N}(r)}{dr}dr = 1 \tag{6.5.4}$$

식(6.5.3)의 수치적분은 정확도가 높은 Gaussian quadrature (GQ)를 이용한다. GQ는 [-1, $+1$] 범위의 함수를 적분하는 것이지만 일반적 범위 [r_l, r_u]에 대하여도 다음과 같이 적분을 수행할 수 있다.

$$\int_{r_l}^{r_u} f(r)\,dr = \sum_{i=1}^{n} w_i f(r_i) \tag{6.5.5}$$

여기에서 r_i는 계산 반경이고 w_i는 가중치이다. 크기분포 함수와 같이 독립변수의 범위가 큰 경우에는 전체 구간에 대하여 많은 계산 격자를 이용하여 적분하는 것보다, 구간을 여러 개로 나누어 각 구간에서 3∼5개의 계산 격자를 이용하여 적분한 값을 더하는 방법이 사용된다. 예를 들어, 적분 구간을 30∼50개로 하고 각 구간에서 5개의 계산 격자를 사용하면 비교적 정확한 적분이 된다. 주의할 점은 크기분포를 그림으로 나타낼 때 반경에 로그를 적용하여 가로축으로 표시하였지만[예 : 그림 6.3.1], 수치적분은 선형으로 나타낸 반경에 대하여 계산한다는 것이다. 아래 그림 6.5.1은 로그-정규분포 함수를 선형으로 표시한 반경에 대하여 나타낸 것이다.

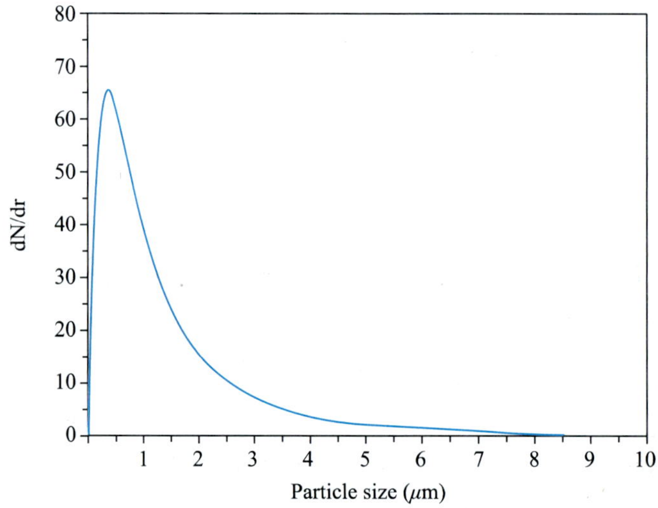

그림 6.5.1 **선형으로 나타낸 로그-정규분포 함수**

입자반경을 j개의 구간으로 나누었을 때 크기분포의 적분은 다음과 같이 나타낼 수 있다.

$$\tilde{f} = \int_{r_{\min}}^{r_{\max}} \frac{d\tilde{N}(r)}{dr}\,dr \tag{6.5.6}$$

$$= \int_{r_{\min}}^{r_1} \frac{d\widetilde{N}(r)}{dr} dr + \int_{r_1}^{r_2} \frac{d\widetilde{N}(r)}{dr} dr + \cdots + \int_{r_j}^{r_{\max}} \frac{d\widetilde{N}(r)}{dr} dr$$

그리고 각 구간 $r_{\min} \sim r_1$, $r_1 \sim r_2$, $\cdots$, $r_j \sim r_{\max}$에서 적분은 식(6.5.5)를 이용하여 계산한다.

6.5.2 산란계수와 위상함수의 수치계산

하나의 성분으로 구성된 에어로졸 입자들의 크기분포가 정의되었을 때 그 광학 특성을 구하기 위하여 식(6.4.1)~(6.4.4)로 표현된 적분을 수치 계산하여야 한다. 여기에서는 부피 산란계수와 위상함수 계산에 대하여 설명한다.

먼저 크기분포가 주어진 에어로졸의 부피 산란계수는 앞에서 설명한 식(6.5.6)에서와 같이 전체 적분 구간을 여러 개의 작은 소 구간으로 나누고 각 구간의 적분 값을 더하는 방법으로 계산한다.

$$\beta_{sca}(\lambda) = \int_{r_{\min}}^{r_{\max}} \pi r^2 Q_{sca}(\lambda, r, m) \frac{dN(r)}{dr} dr \tag{6.5.7}$$

$$= \frac{N_0}{\tilde{f}} \left[\int_{r_{\min}}^{r_1} \pi r^2 Q_{sca} \frac{d\widetilde{N}}{dr} dr + \int_{r_1}^{r_2} \pi r^2 Q_{sca} \frac{d\widetilde{N}}{dr} dr + \cdots + \int_{r_j}^{r_{\max}} \pi r^2 Q_{sca} \frac{d\widetilde{N}}{dr} dr \right]$$

각 구간에서의 적분은 식(6.5.5)에서와 같이 GQ를 이용하여 계산한다.

$$\int_{r_1}^{r_2} \pi r^2 Q_{sca} \frac{d\widetilde{N}}{dr} dr = \sum_{i=1}^{5} w_i f(r_i) \tag{6.5.8}$$

$$f(r_i) = \pi r_i^2 Q_{sca}(\lambda, r_i, m) \frac{d\widetilde{N}(r_i)}{dr}$$

$$\frac{d\widetilde{N}(r_i)}{dr} = \frac{1}{\sqrt{2\pi}\, ln\sigma_g} \frac{1}{r_i} \exp\left[-\frac{(\ln r_i - \ln \mu_g)^2}{2\ln^2 \sigma_g} \right]$$

다음은 크기분포가 정의된 에어로졸에 대하여 산란 위상함수를 계산해 보자. 계산은 식(6.4.5)을 이용한다. 편리를 위하여 산란효율을 이용하여 다시 정리하였다.

$$P_{sca}(\lambda, \mu_k) = \int_{r_{\min}}^{r_{\max}} P(\lambda, \mu_k, r)\,\pi r^2 Q_{sca} \frac{dN}{dr} dr \Bigg/ \int_{r_{\min}}^{r_{\max}} \pi r^2 Q_{sca} \frac{dN}{dr} dr \tag{6.5.9}$$

여기에서도 분자와 분모의 적분은 여러 개의 소 구간으로 나누어 적분한다. 분모는 식(6.5.7)로 계산되며, 분자의 계산도 분모에서와 같은 소 구간으로 나누어 적분한다.

$$\begin{aligned} \text{분자} = \frac{\lambda^2}{2\pi}\Bigg\{&\int_{r_{\min}}^{r_1} [i_1(\mu_k) + i_2(\mu_k)] \frac{d\widetilde{N}}{dr} dr \\ &+ \int_{r_1}^{r_2} [i_1(\mu_k) + i_2(\mu_k)] \frac{d\widetilde{N}}{dr} dr + \cdots + \int_{r_j}^{r_{\max}} [i_1(\mu_k) + i_2(\mu_k)] \frac{d\widetilde{N}}{dr} dr\Bigg\} \end{aligned} \tag{6.5.10}$$

예를 들어, 소 구간 $r_1 \sim r_2$에 대하여 수밀도로 가중한 진폭 강도함수 $i_1(\mu)$, $i_2(\mu)$의 적분은 다음과 같다.

$$\frac{\lambda^2}{2\pi} \int_{r_1}^{r_2} [i_1(\mu_k) + i_2(\mu_k)] \frac{d\widetilde{N}}{dr} dr = \frac{\lambda^2}{2\pi} \sum_{i=1}^{5} w_i h(r_i) \tag{6.5.11}$$

$$h(r_i) = [i_1(\mu_k) + i_2(\mu_k)] \frac{d\widetilde{N}(r_i)}{dr}$$

정의된 격자 반경 r_i에서의 수밀도가 $d\widetilde{N}(r_i)/dr$이고 산란각 μ_k에 대한 진폭 강도함수가 $i_1(\mu_k)$, $i_2(\mu_k)$이다.

6.5.3 위상함수의 전개(Legendre polynomial expansion)

산란 위상함수는 산란면에서 산란각의 함수로 표현된다. 산란 입자에 대한 위상함수는 식(5.4.12)로 계산하고 크기분포가 정의된 에어로졸 입자들에 대한 위상함수는 식(6.4.5)로 계산한다. 산란각의 함수로 표현된 위상함수는 다음과 같이 Legendre polynomial을 이용하여 전개할 수 있다.

$$P(\cos\Theta) = \sum_{l=0}^{N} \widetilde{w}_l P_l(\cos\Theta) \tag{6.5.12a}$$

전개 상수를 구하기 위하여 양변에 $P_l(\cos\Theta)$를 곱하고 산란각 $\cos\Theta$의 범위 $[-1, +1]$에 대하여 적분한다. 그리고 Legendre polynomial의 직교성을 이용하면 전개 상수 $\widetilde{w}_l$는 다음으로 표현된다.

$$\widetilde{w}_l = \frac{2l+1}{2}\int_{-1}^{1} P(\cos\Theta)\, P_l(\cos\Theta)\, d(\cos\Theta) \tag{6.5.12b}$$

$$(l = 0,\ 1,\ \cdots\ ,\ N)$$

여기서 P_l는 degree $= l$ 인 Legendre polynomial이다. 그런데 대기 복사방정식은 구면좌표계에서 표현되므로 빛의 산란을 나타낼 때, 입사광의 천정각과 방위각 $\mu' = \cos\theta,\ \phi'$ 그리고 산란광의 천정각과 방위각 $\mu = \cos\theta,\ \phi$으로 나타낸다. 산란각은 입사광과 산란광의 천정각, 방위각을 이용하여 다음과 같이 계산할 수 있다.

$$\cos\Theta = \mu\mu' + \sqrt{(1-\mu^2)}\sqrt{(1-\mu'^2)}\cos(\phi' - \phi) \tag{6.5.13}$$

한편 이 식의 우변은 Spherical harmonics (Associated Legendre polynomial) [Appendix E in Liou (2002)에 자세한 설명이 있음]로 전개할 수 있다. 따라서 산란각으로 정의된 위상함수를 다음과 같이 입사광과 산란광의 천정각과 방위각으로 표현할 수 있다.

$$P(\mu,\phi;\mu',\phi') = \sum_{m=0}^{N}\sum_{l=m}^{N} \widetilde{w}_l^m P_l^m(\mu) P_l^m(\mu') \cos m(\phi' - \phi) \tag{6.5.14a}$$

여기서 P_l^m은 Associated Legendre polynomial (degree $= l$, order $= m$)이다. 그리고 식(6.5.14a)의 전개 상수 $\widetilde{w}_l^m$는 Legendre polynomial의 전개 상수 $\widetilde{w}_l$를 이용하여 계산할 수 있다.

$$\widetilde{\omega}_l^m = (2 - \delta_{0,m})\,\widetilde{\omega}_l \frac{(l-m)!}{(l+m)!} \quad (l = m,\ \cdots\ N,\ 0 \le m \le N) \tag{6.5.14b}$$

$$\delta_{0,m} = \begin{cases} 1 & m = 0 \\ 0 & m \neq 0 \end{cases} \qquad \text{Kornecker delta}$$

이 식(6.5.14)의 의미는 국지계에서 산란각으로 표현된 위상함수의 전개 상수 $\widetilde{w}_l$을 이용하여 구면좌표계에서의 전개 상수 $\widetilde{w}_l^m$를 구할 수 있다는 것이다.

NOTE 위상함수의 전개 상수

문헌에 따라 전개 상수의 정의가 다르므로 그 이용에 주의가 요구된다. 예를 들어, Thomas and Stamnes (1999)는 위상함수를 산란각의 함수로 다음과 같이 표현하였다.

$$P(\cos\Theta) = \sum_{l=0}^{N}(2l+1)\tilde{\chi}_l P_l(\cos\Theta) \tag{6.5N.1a}$$

$$\tilde{\chi}_l = \frac{1}{2}\int_{-1}^{1} P(\cos\Theta)\, P_l(\cos\Theta)\, d(\cos\Theta) \tag{6.5N.1b}$$

즉, $(2l+1)$이 전개식에 포함되었다. 그리고 Spherical harmonics로 전개할 때는 다음의 식으로 표현하였다.

$$P(\mu,\phi;\mu',\phi') = \sum_{l=0}^{N}(2l+1)\tilde{\chi}_l\left[P_l(\mu)P_l(\mu') + 2\sum_{m=1}^{l}\Lambda_l^m(\mu)\Lambda_l^m(\mu')\cos m(\phi'-\phi)\right] \tag{6.5N.2}$$

$\Lambda_l^m(\mu) = \sqrt{\dfrac{(l-m)!}{(l+m)!}}P_l^m(\mu)$: normalized associated Legendre polynomials

$P_l^m(\mu)$: associated Legendre polynomials

레일리 산란의 위상함수를 Legendre polynomial로 전개하여 보자. 전개 상수 $\tilde{\chi}_l$의 계산은 식(6.5N.1b)를 이용하고 위상함수는 식(5.3.3a), 즉 $P(\mu) = 3/4\times(1+\mu^2)$를 이용한다.

$$\tilde{\chi}_0 = \frac{1}{2}\int_{-1}^{1} P(\mu)\,P_0(\mu)\,d\mu = \frac{1}{2}\frac{3}{4}\int_{-1}^{1}[(1+\mu^2)\times 1]d\mu = 1 \tag{6.5.15a}$$

$$\tilde{\chi}_1 = \frac{1}{2}\int_{-1}^{1} P(\mu)\,P_1(\mu)\,d\mu = \frac{1}{2}\frac{3}{4}\int_{-1}^{1}[(1+\mu^2)\times \mu]d\mu = 0 \tag{6.5.15b}$$

$$\tilde{\chi}_2 = \frac{1}{2}\int_{-1}^{1} P(\mu)\,P_2(\mu)\,d\mu = \frac{1}{2}\frac{3}{4}\frac{1}{2}\int_{-1}^{1}[(1+\mu^2)\times (3\mu^2-1)]d\mu = 1/10 \tag{6.5.15c}$$

에어로졸에 대한 위상함수의 전개 상수를 계산해 보자. 위상함수의 산란각 적분은 GQ를 이용하므로 산란각 격자에 위상함수가 정의되어야 한다. 파장이 $\lambda\,[\mu\text{m}]$일 때 계산 절차를 정리해 보자.

① 위상함수를 계산할 GQ의 산란각 격자 정의 : 산란각 $\mu = \cos\Theta$의 [+1, −1] 범위에 대한 계산 격자 μ_k $(k=1,\ 2,\ \cdots\ ,\ N\ ;\ \Theta_k = \cos^{-1}\mu_k)$와 가중치 w_k를 구한다.

② 산란 입자[반경 $r\,(\mu\text{m})$]의 경우, 미 프로그램을 이용하여 Q_{ext}, Q_{sca}, g_{sca}를 계산한다. 그리고 산란각 격자 μ_k에서의 $S_1(\mu_k)$, $S_2(\mu_k)$을 이용하여 $i_1(\mu_k)$, $i_2(\mu_k)$를 구하고 식(5.4.12)를 이용하여 위상함수 $P(\mu_k)$를 계산한다.

③ 크기분포가 정의된 에어로졸의 경우 위상함수는 식(6.5.9)~(6.5.11)을 이용하여 계산한다. 모든 산란각 격자 μ_k에 대하여 계산하여야 한다.

④ 이제 산란각 격자에 대한 위상함수가 계산되었으므로, 식(6.5.12b) 혹은 식(6.5N.1b)를 이용하여 적분하면 전개 상수 $\tilde{w}_l$ 혹은 $\tilde{\chi}_l$을 구할 수 있다.

식(6.5.12a)에서와 같이 Legendre polynomial로 전개한 위상함수는 항의 수가 많을수록 실제 위상함수에 근접한다. 그러나 무한하게 많은 항으로 전개하기는 어렵기 때문에 항의 수는 제한적일 수박에 없다. 크기분포로 정의된 에어로졸 입자들의 결과처럼 산란각에 따른 위상함수 변화가 크지 않으면 항수가 수백 개 정도이면 대부분 위상함수는 정확하게 표현된다. 그러나 구름의 경우처럼 매우 큰 입자가 포함된 경우, 전방산란의 비율이 크기 때문에 매우 많은 수의 항이 필요하다. 그러나 전개 상수의 수를 줄이기 위하여 전방산란을 Delta-function으로 표현하고 그 나머지 함수를 전개하는 $\delta-M$ 방법(Wiscombe, 1977)이 대기복사 영역에서 광범위하게 사용되고 있다.

산란 입자가 타원 혹은 불규칙한 모양일 때, 산란 위상함수는 T-matrix (Waterman, 1971; Mishenko and Travis, 1994), Geometric optics (Yang and Liou, 1996; Yang et al., 2013), Discrete dipole approximation (DDA : Purcell and Pennypacker, 1973; Yurkin and Hoekstra, 2011) 등을 이용하여 계산한다. 또한 실험실에서 산란 위상함수를 측정하기도 한다. 결과는 전방산란과 후방산란을 포함하여 여러 산란각에 대하여 결과가 보고된다.

6.6 에어로졸의 광학 특성 계산 프로그램 실습

6.6.1 로그-정규분포의 에어로졸에 대한 계산

(1) dN/dR 형식의 크기분포

에어로졸 입자의 크기분포가 식(6.3.17a)의 로그-정규분포(Lognormal distribution) 함수로 표현되었을 때, 전체 에어로졸 입자들에 대한 부피 소산계수, 산란계수, 비대칭도, 일차산란 알베도 및 산란 위상함수 P_{11}을 계산한다.

프로그램은 /SCA_LecNotes/MIE_SizeDist/ 디렉터리에 있는 BHMIE_LogN_dR.f이다. 크기분포의 계산 결과인 BHMIE_LogN_dR.sdist 파일을 그림으로 그리는 프로그램은 SizeDist.pro이고 산란 위상함수 BHMIE_LogN_dR.out 파일을 그리는 프로그램은 Phase_Plot.pro이다. 그림 6.3.1은 여기서 계산한 결과를 그린 것이다.

- **주 프로그램** : BHMIE_LogN_dR.f. Fortran으로 작성한 프로그램으로 해당 컴파일러를 이용하면 된다.

- **사용된 부프로그램**
  - GAULEG, BHMIE, LPNI, MIE_PHS : 프로그램 실습 5.6.1의 "산란 입자의 광학 특성 및 위상함수 P_{11} 계산"에 설명되어 있다.
  - SizeDist_LogN_dR : 아래의 식(6.6.1)의 표준 로그-정규분포 함수를 계산한다. 계산 결과 쓰기를 설정한 경우[프로그램의 IOPT = 1], BHMIE_LogN_dR.sdist 파일이 생성된다.

- **입력 자료** : 사례계산에 사용한 파장, 굴절률, 그리고 크기분포 인자는 다음과 같다.
  - 파수(파장) : $w = 20000.0\,\mathrm{cm}^{-1}\,[\lambda = 0.5\,\mu\mathrm{m}]$
  - 굴절률 : $n = 1.406,\ k = 6.381E-03$
  - 크기분포 인자 : $N_0 = 500.0\,[\mathrm{cm}^{-3}],\ \mu_g(\equiv r_m) = 0.29\,[\mu\mathrm{m}],\ \sigma_g = 2.24$

- **계산 결과** : 크기분포로 정의된 에어로졸 전체에 대한 광학 특성이다.
  - $\beta_{ext} = 1.2050 \times 10^{-5}\,[\mathrm{cm}^{-1}],\ \beta_{sca} = 1.0300 \times 10^{-5}\,[\mathrm{cm}^{-1}]$

- $g = 0.79615$, $\omega = 0.85477$

- **계산 절차 및 내용**

① 부프로그램 SizeDist_LogN_dR을 이용하여 식(6.6.1)로 정의된 표준 크기분포를 계산한다. 크기분포에 대한 반경의 rmin, rmax를 알고 있으면 그 값을 사용하고, 모르면 rmin, rmax 모두 0.0으로 지정한다. 후자의 경우 rmin, rmax는 $d\widetilde{N}/dr = 10^{-8}[\mathrm{cm}^{-3}\mu\mathrm{m}^{-1}]$일 때의 반경을 찾아서 rmin, rmax로 사용한다.

$$\frac{d\widetilde{N}(r)}{dr} = \frac{1}{\sqrt{2\pi}\,\ln\sigma_g}\frac{1}{r}\exp\left[-\frac{(\ln r - \ln\mu_g)^2}{2\ln^2\sigma_g}\right] \tag{6.6.1}$$

산란 입자의 반경 범위 rmin~rmax에 대한 크기분포의 적분은 식(6.5.6)에서 설명한 바와 같이 전체 범위를 여러 개의 소 구간으로 나누고 각 구간에서 적분은 식(6.5.5)와 같이 GQ를 이용한다. 실제 계산에서는 로그-범위를 60개의 소 구간[$(\ln r_{\max} - \ln r_{\min})/60$]으로 나누고 각 구간에서는 5-points GQ를 이용하여 적분하였다. 따라서 총 격자 반경의 수는 60 × 5 = 300개이다. 각 구간에서 계산 반경과 가중치는 부프로그램 GAULEG를 이용하여 구한다. 크기분포 $d\widetilde{N}(r)/dr$ 적분의 총합 $\tilde{f}$는 1.0이 되어야 하지만, rmin~rmax에 범위의 적분은 1.0이 안 될 수 있으므로 표준화하기 위하여 $1/\tilde{f}$를 $d\widetilde{N}(r_i)/dr$에 곱하여 준다. 그리고 다음과 같이 크기분포의 2차, 3차 모멘트를 계산하고, 이들을 이용하여 유효 반경[effective radius, R_{eff}^{cal}]을 구하며 이론으로 계산한 결과[$= R_{eff}^{eqs}$]와 비교하였다.

$$2^{nd} = \int_{r_{\min}}^{r_{\max}} \frac{d\widetilde{N}(r)}{dr} r^2 dr, \quad 3^{rd} = \int_{r_{\min}}^{r_{\max}} \frac{d\widetilde{N}(r)}{dr} r^3 dr \tag{6.6.2}$$

$$R_{eff}^{cal} = 3^{rd}/2^{nd}, \quad R_{eff}^{eqs} = r_m\, e^{2.5\ln^2(\sigma_g)} \tag{6.6.3}$$

표준 크기분포의 에어로졸에 대한 총 부피[$\mu\mathrm{m}^3\mathrm{cm}^{-3}$]와 표면적[$\mu\mathrm{m}^2\mathrm{cm}^{-3}$]은 다음과 같이 계산하였다.

$$V = \int_{r_{\min}}^{r_{\max}} \frac{4}{3}\pi r^3 \frac{d\widetilde{N}(r)}{dr} dr, \quad S = \int_{r_{\min}}^{r_{\max}} 4\pi r^2 \frac{d\widetilde{N}(r)}{dr} dr \tag{6.6.4}$$

SizeDist_LogN_dR의 입력변수

- denorm = 1.0 [cm^{-3}]
- sig(σ_g) = 2.24
- rad(μ_g) = 0.29 [μm]
- rmin, rmax = 0.0, 0.0 [μm]

SizeDist_LogN_dR의 변수

- rmin, rmax = 0.00101, 22.6390 [μm]
- ndiv = 300, rmin~rmax 사이에 사용되는 계산 격자의 수
- radr = 300개의 $r_i\,(i=1,\ 2,\ \cdots\ ,\ 300)$ [μm]. 격자 반경
- sized = $d\widetilde{N}(r_i)/dr$ [$cm^{-3}/\mu m$], 300개의 $r_i\,(i=1,\ 2,\ \cdots\ ,\ 300)$에 대한 값
- wght = 300개의 계산 격자에 대한 가중치 $w_i\,(i=1,\ 2,\ \cdots\ ,\ 300)$

SizeDist_LogN_dR의 결과물 : BHMIE_LogN_dR.sdist

- 입자반경 r_i에 따른 $d\widetilde{N}(r_i)/dr$, $d\widetilde{V}(r_i)/dr$, $d\widetilde{S}(r_i)/dr$ 값
- 수치적분으로 계산한 유효 반경은 $R_{eff}^{cal}=1.4722$ [μm]이고 이론 수식으로 구한 유효 반경은 $R_{eff}^{eqs}=1.4742$ [μm]이다.
- $V=1.9044$ [$\mu m^3\ cm^{-3}$]이고 $S=3.8807$ [$\mu m^2\ cm^{-3}$]이다. 이것은 표준 크기분포일 때의 값이므로 전체 에어로졸 입자의 수밀도가 N_0 [cm^{-3}]이면 이 값을 곱해준다.

② 산란 입자의 최대 반경 rmax를 이용하여 Legendre 전개 상수의 최대 항수를 구한다[=MAXLEG]. 프로그램 실습 5.6.1의 "산란 입자의 광학 특성 및 위상함수 P11의 계산"에서 설명한 절차 ④의 NLEG에 해당한다. 입자의 반경이 가장 큰 경우로 NLEG의 최댓값이 된다.

③ 산란 위상함수를 1° 간격으로 0°에서 180°까지 181개의 산란각에 대하여 계산한다. 여기에서는 1° 간격으로 0°에서 90°까지 91개의 산란각[=Amu]을 정의하였다[90°에서 180°까지는 대칭으로 설정됨]. BHMIE는 181개의 산란각에 대한 S1, S2를 계산하며, 식(5.4.1)~(5.4.2)에서 정의된 전개 상수 An, Bn을 결과물로 보내준다. 각 입자반경 r_i에서 BHMIE의 입력변수들을 정리해 보면 다음과 같다.

- 크기 인자 : $x=2\pi r_i/\lambda$

- 굴절률 자료 : REFREL
- 산란각 0°, 90° 사이의 격자수 : NANG = 91
- 산란각 0°, 180° 사이의 산란각 격자 : Amu (μ_k, $k = 1, 2, \cdots, 181$)

④ 크기분포가 정의된 에어로졸 입자 전체에 대한 부피 소산계수(BEXT, cm^{-1}), 부피 산란계수(BSCA, cm^{-1}), 부피 흡수계수(BABS, cm^{-1}), 비대칭도(ASYM), 일차산란 알베도(OMGA)을 계산하기 위하여 다음과 같이 크기분포에 대하여 적분을 수행한다. 예를 들어, 부피 산란계수의 계산은 다음과 같다.

$$
\begin{aligned}
\beta_{sca} &= N_0 \int_{r_{\min}}^{r_{\max}} \pi r^2 Q_{sca}(r) \frac{d\widetilde{N}}{dr} dr = N_0 \widetilde{\beta}_{sca} \\
&= N_0 \left[\int_{r_{\min}}^{r_1} \pi r^2 Q_{sca}(r) \frac{d\widetilde{N}}{dr} dr + \int_{r_1}^{r_2} \pi r^2 Q_{sca}(r) \frac{d\widetilde{N}}{dr} dr \right. \\
&\qquad \left. + \cdots + \int_{r_j}^{r_{\max}} \pi r^2 Q_{sca}(r) \frac{d\widetilde{N}}{dr} dr \right] \\
&= N_0 \left[\sum_{i=1}^{300} w_i h(r_i) \right], \; h(r_i) = \pi r_i^2 Q_{sca}(r_i) \frac{d\widetilde{N}(r_i)}{dr} \qquad (6.6.5)
\end{aligned}
$$

절차 ①에서 300개의 격자 반경 r_i와 그 격자에서 크기분포의 값 $d\widetilde{N}(r_i)/dr$ 및 가중치 w_i가 이미 구해져 있다. 단위를 검토해 보면, 반경 r은 $[\mu\mathrm{m}]$의 단위이기 때문에 [cm] 단위로 환산하기 위하여 다음과 같이 10^{-8}이 곱해져 있다.

$$
\pi r^2 \times 10^{-8} [\mathrm{cm}^2] \times Q_{sca} [\text{non units}] \times \frac{d\widetilde{N}}{dr} [\mathrm{cm}^{-3} \mu\mathrm{m}^{-1}] \times dr [\mu\mathrm{m}] = [\mathrm{cm}^{-1}]
$$

정의된 성분의 에어로졸 입자들에 대한 비대칭도와 일차산란 알베도는 다음으로 계산된다[참조, 식(6.4.4b)와 식(6.4.2)].

$$
g^{cmp} = \frac{1}{\widetilde{\beta}_{sca}} \int_{r_{\min}}^{r_{\max}} \pi r^2 Q_{sca}(r) g(r) \frac{d\widetilde{N}}{dr} dr \qquad (6.6.6)
$$

$$
\omega^{cmp} = \frac{\widetilde{\beta}_{sca}}{\widetilde{\beta}_{ext}}
$$

⑤ 프로그램의 Part 1에서는 BHMIE의 결과물인 S1, S2 [이들은 181개의 산란각에 대한 값]를 이용하여 산란 입자의 반경이 r_i일 때의 위상함수를 계산한다. 식(6.5.9)~(6.5.11)을 이용하여 정의된 성분의 에어로졸 입자들에 대한 위상함수를 표현하면 다음과 같다.

$$P_{sca}^{cmp}(\mu_k) = \frac{\lambda^2}{2\pi\tilde{\beta}_{sca}} \int_{r_{\min}}^{r_{\max}} [i_1(\mu_k) + i_2(\mu_k)] \frac{d\tilde{N}}{dr} dr \tag{6.6.7}$$

$$= \frac{\lambda^2}{2\pi\tilde{\beta}_{sca}} \sum_{i=1}^{300} w_i h(r_i),\ h(r_i) = (|S_1(\mu_k)|^2 + |S_2(\mu_k)|^2) \frac{d\tilde{N}(r_i)}{dr}$$

$(k = 1,\ 2,\ \cdots\ ,\ 181)$

위의 식(6.6.7)을 이용하여 계산한 에어로졸 입자 전체의 위상함수를 그림 6.6.1에 나타내었다.

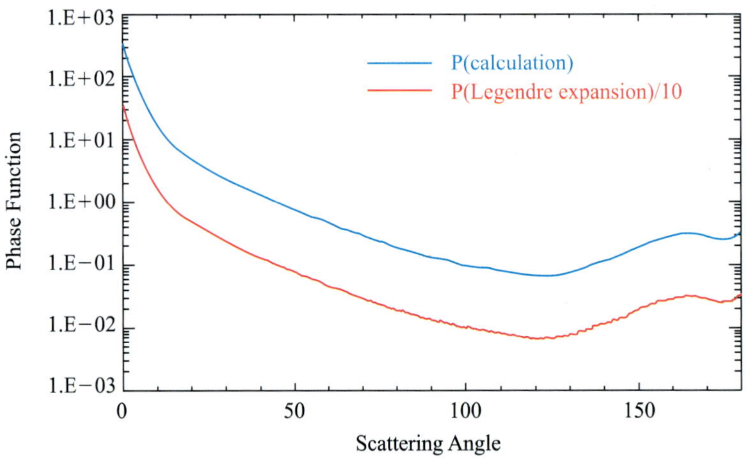

그림 6.6.1 Lognormal **함수[dN/dR 형식]로 크기분포가 정의된 에어로졸의 산란 위상함수**
식(6.6.7)로 계산한 위상함수는 푸른색으로 그리고 식(6.6.9)로 계산한 위상함수는 푸른색과 중복을 방지하기 위해 10으로 나누어 붉은색으로 나타내었다.

⑥ 프로그램의 Part 2에서는 위상함수의 Legendre 전개 상수를 계산한다. 입자의 반경이 r_i일 때의 계산은 프로그램 실습 5.6.1의 "산란 입자의 광학 특성 및 위상함수 P_{11} 계산"에서 설명한 절차 ④와 같다. 먼저 산란각 적분을 위한 격자의 수[= NQUAD]와 계산할 전개 상수의 수[= NLEG]를 구한다. 산란각 격자의 수 NQUAD와 전개 상수의 항수 NLEG는 반경 r_i가 증가할수록 커진다. 예를 들어, 반경이 가장 작은 $r_1 = 0.00102\,[\mu\mathrm{m}]$일 때는 NLEG = 4이고 NQUAD = 6인데 반경이 가장 큰 $r_{300} = 22.4754\,[\mu\mathrm{m}]$일 때는 NLEG = 618이고 NQUAD = 620이나 된다. 다음으로 부프로그램 GAULEG를 이용하여 [+1, −1] 범위에서 NQUAD 개의 산란각 격자[= SMU]와 가중치[= GWTS]를 계산한다. 부프로그램 MIE_PHS는 절차 ③의 BHMIE에서 구한 An, Bn을 이용하여 NQUAD개의 산란각에 대한 진폭 강도함수 $(|S_1|^2 + |S_2|^2)/2$을 계산한다. 이 결과에 다시 $4/(Q_p^{sca}x^2)$를 곱하여 식(5.4.12)에서 정의한 위상함수[= PHS_XMU]를 계산한다. 이 위상함수를 이용하여 정의된 반경 r_i에 대한 전개 상수 [LEGENrad = $\widetilde{w}_l(r_i)$, $l = 0,\ 1,\ \cdots\ ,$ NLEG]를 구한다[참조, 식(5.6.2)]. 여기에서는 전개 상수에 곱하여지는 인자로 $(2l+1)/2$ 대신에 식(6.5N.1b)에서 정의한 $1/2$을 사용하였다[복사모델 DISORT에 사용]. 그리고 $\widetilde{w}_0(r_i) = 1.0$이 되도록 표준화하였다. 계산된 전개 상수 중에 $\widetilde{w}_l(r_i) > 10^{-8}$인 상수만 사용하였다. 이제 식(6.4.4c)를 이용하여 정의된 성분의 에어로졸에 대한 전개 상수[= LEGENcmp]를 계산한다. 이를 수식으로 표현하면 다음과 같다.

$$\widetilde{w}_l^{cmp} = \frac{1}{\widetilde{\beta}_{sca}} \int_{r_{\min}}^{r_{\max}} \widetilde{w}_l(r_i)\,\pi r_i^2\, Q^{sca}(r_i) \frac{d\widetilde{N}(r_i)}{dr} dr \tag{6.6.8}$$

⑦ 실습 프로그램 Part 3에서는 절차 ⑤에서 계산한 위상함수 $P_{sca}^{cmp}(\mu_k)$을 다음과 같이 전개 상수 $\widetilde{w}_l^{cmp}$를 이용하여 복원한 위상함수 $P_{Lp}^{cmp}(\mu_k)$와 비교하고, 이들의 차이인 오차(Error)를 계산해 보았다.

$$P_{Lp}^{cmp}(\mu_k) = \sum_{l=0}^{NLMAXcmp} \widetilde{w}_l^{cmp} P_l(\mu_k),\ (k = 1,\ 2,\ \cdots\ ,\ 181) \tag{6.6.9}$$

$$Error = P_{Lp}^{cmp}(\mu_k) - P_{sca}^{cmp}(\mu_k)$$

각 반경에 대한 전개 상수 중에 $\widetilde{w}_l(r_i) > 10^{-8}$ 조건을 만족하는 최댓값 l을 NLMAX라 한다면, 모든 반경[r_1, ⋯ , r_{300}] 중에 가장 큰 NLMAX가 NLMAXcmp이다. 전체 에어로졸 입자들에 대한 비대칭도가 $g^{cmp} = \widetilde{w}_1^{cmp}/3$이 되는지 검토해 보면, 실습 계산의 결과는 $g^{cmp} = 0.79615 = \widetilde{w}_1^{cmp}$이다. 그 이유는 전개 상수 계산에서 $(2l+1)/2$ 대신 1/2을 사용하였기 때문이다.

⑧ 최종 부피 소산계수, 산란계수, 흡수계수는 표준 크기분포로 계산한 결과($\widetilde{\beta}_{ext}$, $\widetilde{\beta}_{sca}$, $\widetilde{\beta}_{abs}$)에 에어로졸의 수밀도를 곱하여야 한다.

$$\beta_{ext} = N_0 \widetilde{\beta}_{ext}\,,\ \beta_{sca} = N_0 \widetilde{\beta}_{sca}\,,\ \beta_{abs} = N_0 \widetilde{\beta}_{abs} \tag{6.6.10}$$

- **주프로그램 결과물**
  - BHMIE_LogN_dR.out : Legendre polynomial 전개 상수를 계산하고 다시 위상함수를 복원하여 원래 위상함수와 비교하였다. 전체 에어로졸에 대한 부피 소산계수, 산란계수, 비대칭도, 단일산란 알베도가 포함되어 있다.

- **부수 프로그램**
  - SizeDist.pro : BHMIE_LogN_dR.sdistX를 그림으로 그리는 프로그램이다
  - Phase_Plot.pro : 계산 결과물인 BHMIE_LogN_dR.outX를 그림으로 그리는 프로그램이다.

(2) 편광 성분의 계산

디렉터리 /SCA_LecNotes/MIE_SizeDist/ 하부에 /Stokes_SizeDist/가 있다. 여기에는 크기분포가 식(6.3.17a)로 표현된 에어로졸의 광학 특성과 편광 성분(Stokes 인자)의 산란 위상함수 P_{11}, P_{12}, P_{33}, P_{34}를 계산하는 프로그램 BHMIE_Stokes_LogN_dR.f이 있다. 계산 방법과 절차는 앞의 "(1) dN/dR 형식의 크기분포"에서 설명한 P_{11}의 계산과 같다. 산란 위상함수 P_{11}, P_{12}, P_{33}, P_{34}를 계산할 때 각 반경 r_i에 대한 편광 성분의 위상함수 계산은 프로그램 실습 5.6.2의 "편광 성분에 대한 계산"과 같다. 앞에서도 언급한 바와 같이 이들 편광 성분의 위상함수를 전개할 때는 Generalized Spherical Functions (GSP)을 이용하였다.

(3) dN/dlnR 형식의 크기분포

산란 입자의 크기분포가 식(6.3.17b)의 로그－정규분포로 표현되었을 때 에어로졸에 대한 소산효율, 산란효율, 비대칭도, 단일산란 알베도 및 산란 위상함수를 계산한다. 계산 절차는 앞에서 설명한 dN/dR의 것과 같은데, 차이는 크기분포의 계산이 다르다는 점이다.

프로그램은 /SCA_LecNotes/MIE_SizeDist/에 있는 BHMIE_LogN_dlnR.f이다. 크기분포의 결과인 BHMIE_LogN_dlnR.sdist는 SizeDist_dlnR.pro로 그림을 그릴 수 있다. 그림 6.3.2는 이 프로그램의 결과를 그린 것이다. 산란 위상함수는 BHMIE_LogN_dlnR.out 파일에 있으며, Phase_Plot.pro로 결과를 그릴 수 있다.

- **주 프로그램** : BHMIE_LogN_dlnR.f. Fortran으로 작성한 프로그램으로 해당 컴파일러를 이용하면 된다.

- **사용된 부프로그램** : 앞에서 설명한 dN/dR의 부프로그램과 같고, 크기분포 계산 부분만 다르다.
  - SizeDist_LogN_dlnR : 다음의 식(6.6.11)로 로그－정규분포 함수를 계산한다. 계산 결과 쓰기를 설정한 경우[IOPT = 1], BHMIE_LogN_dlnR.sdist 파일이 생성된다.

- **입력 자료** : 앞에서 설명한 dN/dR의 실습 프로그램과 같다.

- **계산 결과** : dN/dR의 결과와 비교하면 거의 같은 값이지만, 부피 소산계수의 경우 약 0.1%의 차이가 있다.
  - $\beta_{ext} = 1.2064 \times 10^{-5}[\mathrm{cm}^{-1}]$, $\beta_{sca} = 1.0308 \times 10^{-5}[\mathrm{cm}^{-1}]$
  - $g = 0.79562$, $\omega = 0.85444$

- **계산 절차 및 내용** : 역시 앞의 실습 프로그램과 같은데 표준 크기분포에 대한 계산을 $d\tilde{N}/d\ln r$로 한다. 중요한 차이점은 rmin, rmax = 0.00238, 35.2606 [μm]로 앞에서 설명한 dN/dR의 값과 다르다. 특히 rmax가 상당히 큰데, 이는 이후 미 산란의 계산과 위상함수의 전개 상수를 구하는 데 많은 영향을 미친다. 여기에서는 크기분포의 계산에 대하여 설명하였다.

① 부프로그램 SizeDist_LogN_dlnR을 이용하여 식(6.6.11)의 표준 크기분포를 계산한다. 반경의 rmin, rmax 값을 모르면 이들을 0.0으로 입력한다. 이 경우 프로그램에서 rmin, rmax를 계산하는데, 이들은 $d\widetilde{N}/d\ln r = 1\times10^{-8}$ $[\mathrm{cm}^{-3}\,\mathrm{per\ unit\ d}(\ln r)]$일 때의 반경을 계산한 것이다. 식(6.6.1)과 비교하면 $1/r$의 차이가 있다.

$$\frac{d\widetilde{N}(r)}{d\ln r} = \frac{1}{\sqrt{2\pi}\,\ln\sigma_g}\exp\left[-\frac{(\ln r - \ln\mu_g)^2}{2\ln^2\sigma_g}\right] \tag{6.6.11}$$

여기에서도 로그-범위 $(\ln r_{\max} - \ln r_{\min})$을 60개의 소 구간으로 나누어 적분한다. 그리고 각 구간에서는 다음과 같이 5-points GQ를 이용하여 적분한다.

$$\int_{r_l}^{r_u}\frac{d\widetilde{N}}{d\ln r}d\ln r = \sum_{i=1}^{5} w_i h(r_i),\ h(r_i) = \frac{d\widetilde{N}(r_i)}{d\ln r} \tag{6.6.12}$$

주의할 점은 계산 격자가 $\ln r$ 값으로 결정된다는 것이다. 예를 들어, 첫 구간의 범위는 $\ln r_{\min}$ = −6.038, $\ln r_1$ = −5.878이고 GAULEG로 구한 계산 격자는 $\ln r_i$ (i = 1, ⋯ , 5) = −6.031, −6.002, −5.958, −5.915, −5.886이다. 그리고 각 계산 격자에서의 가중치는 w_i이며, 각 계산 격자에서 $d\widetilde{N}/d\ln r$은 위의 식(6.6.11)로 계산한다. 적분 총합 $\tilde{f}$는 1.0이 아닐 수 있으므로 표준화하기 위하여 $1/\tilde{f}$를 $d\widetilde{N}(r_i)/d\ln r$에 곱하여 준다. 크기분포의 2차, 3차 moment를 계산하고, 이들을 이용하여 유효 반경(effective radius)을 구하였다.

$$2^{nd} = \int_{r_{\min}}^{r_{\max}}\frac{d\widetilde{N}(r)}{d\ln r}r^2 d\ln r,\ 3^{rd} = \int_{r_{\min}}^{r_{\max}}\frac{d\widetilde{N}(r)}{d\ln r}r^3 d\ln r \tag{6.6.13}$$

표준 크기분포의 에어로졸에 대한 총 부피$[\mu\mathrm{m}^3\,\mathrm{cm}^{-3}]$와 표면적$[\mu\mathrm{m}^2\,\mathrm{cm}^{-3}]$은 다음과 같이 계산한다.

$$V = \int_{r_{\min}}^{r_{\max}}\frac{4}{3}\pi r^3\frac{d\widetilde{N}(r)}{d\ln r}d\ln r,\ S = \int_{r_{\min}}^{r_{\max}}4\pi r^2\frac{d\widetilde{N}(r)}{d\ln r}d\ln r \tag{6.6.14}$$

SizeDist_LogN_dlnR의 변수 :

- rmin, rmax = 0.00238, 35.2606 $[\mu\mathrm{m}]$
- ndiv = 300, rmin~rmax 사이에 사용되는 계산 격자의 수
- radr = 300개의 $r_i (i = 1,\ 2\ \cdots\ ,\ 300) [\mu\mathrm{m}]$

- sized = $d\widetilde{N}(r_i)/d\ln r$ [$\mathrm{cm}^{-3}/\mathrm{d}(\ln r)$], 300개의 $r_i(i=1, 2 \cdots, 300)$에 대한 값
- wght = 300개의 계산 격자에 대한 가중치 $w_i(i=1, 2 \cdots, 300)$

SizeDist_LogN_dlnR의 결과물 : BHMIE_LogN_dlnR.sdist

- 입자반경에 따른 $d\widetilde{N}(r_i)/d\ln r$, $d\widetilde{V}(r_i)/d\ln r$, $d\widetilde{S}(r_i)/d\ln r$ 값
- 수치적분으로 구한 유효 반경은 $R_{eff}^{cal} = 1.4739$ [μm]이고 이론 수식으로 구한 유효 반경은 $R_{eff}^{eqs} = 1.4742$ [μm]이다.
- $V = 1.9067$ [$\mu\mathrm{m}^3\mathrm{cm}^{-3}$]이고 $S = 3.8809$ [$\mu\mathrm{m}^2\mathrm{cm}^{-3}$]이다. 이것은 표준 크기분포일 때의 값이므로 전체 에어로졸 입자의 수밀도가 N_0 [cm^{-3}]이면 이 값을 곱해준다.

- **주프로그램 결과물**
  - BHMIE_LogN_dlnR.out : Legendre polynomial 전개 상수 및 1° 간격으로 계산한 산란 위상함수 그리고 전개 상수를 이용하여 복원한 위상함수의 비교 결과이다. 전체 에어로졸에 대한 부피 소산계수, 산란계수, 비대칭도, 단일산란 알베도가 포함되어 있다.

- **부수 프로그램**
  - SizeDist_dlnR.pro : BHMIE_LogN_dlnR.distX를 그림으로 그리는 프로그램이다
  - Phase_Plot.pro : 계산 결과물인 BHMIE_LogN_dlnR.outX를 그림으로 그리는 프로그램이다.

6.6.2 수정-감마분포의 구름에 대한 계산

구름 입자의 크기분포가 식(6.3.26)의 수정-감마분포 함수로 표현되었을 때 구름에 대한 부피 소산계수, 산란계수, 비대칭도, 일차산란 알베도 및 산란 위상함수를 계산한다.

프로그램은 /SCA_LecNotes/MIE_SizeDist/에 있는 BHMIE_MGam.f이다. 크기분포의 결과는 BHMIE_Mgam.sdist이고 광학 특성의 결과는 BHMIE_MGam.out이며 SizeDist.pro와 Phase_Plot.pro를 이용하여 그림으로 나타낼 수 있다. 그림 6.3.3은 여기서 계산한 크기분포를 그린 것이다.

- **주 프로그램** : BHMIE_MGam.f. Fortran으로 작성한 프로그램이다.

- **사용된 부프로그램** : 기본적인 것들은 로그-정규분포에서 사용한 부프로그램들과 같으며, 크기분포의 계산 부분만 다르다.
  - SizeDist_MGam : 다음의 식(6.6.15)로 수정-감마분포 함수를 계산한다. 계산 결과 쓰기를 설정한 경우[IOPT = 1], BHMIE_MGam.sdist 파일이 생성된다.
  - GAMMA : 감마 함수를 계산한다.

- **입력 자료** : 사례계산에서는 구름 입자가 물이라고 가정하였으며, 크기분포 인자는 육지 층운에 대한 것이다.
  - 파수(파장) : $w = 10000.0\,\mathrm{cm}^{-1}\,[\lambda = 1.0\,\mu\mathrm{m}]$
  - 물의 굴절률 : $n = 1.326,\ k = 4.180E-06$
  - 크기분포 인자 : $N_0 = 250.0\,[\mathrm{cm}^{-3}],\ a = 9.808E-3,\ \alpha = 5.0,\ b = 0.938,\ \gamma = 1.05$

- **계산 결과**
  - $\beta_{ext} = 6.1361 \times 10^{-4}\,[\mathrm{cm}^{-1}],\ \beta_{sca} = 6.1336 \times 10^{-4}\,[\mathrm{cm}^{-1}]$
  - $g = 0.84364,\ \omega = 0.99960$

- **계산 절차 및 내용** : 앞에서 설명한 dN/dR의 내용과 같은 절차로 진행된다. 크기분포가 수정-감마분포 함수로 계산된다는 점이 다르다.

① 부프로그램 SizeDist_MGam을 이용하여 식(6.6.15b)의 표준 크기분포를 계산한다. 여기에서는 먼저 크기분포 인자($a,\ \alpha,\ b,\ \gamma$)가 타당한 값인지 검토한다. 즉, 인자 a는 식(6.6.15c)에 의하여 다른 인자의 함수로 계산된다. 만약 이 관계가 성립되지 않으면 식으로 계산한 인자 a를 사용한다.

$$\frac{dN(r)}{dr} = N_0 \frac{d\widetilde{N}(r)}{dr} \tag{6.6.15a}$$

$$\frac{d\widetilde{N}(r)}{dr} = a r^{\alpha} \exp(-b r^{\gamma}) \tag{6.6.15b}$$

$$a = 1 \bigg/ \left[\frac{1}{\gamma} b^{-\frac{\alpha+1}{\gamma}} \Gamma\left(\frac{\alpha+1}{\gamma}\right) \right] \tag{6.6.15c}$$

적분은 앞의 로그-정규분포 함수의 계산에서 사용한 방법과 같이 전체 구간을 60개의 구간으로 나누고 각 구간에서는 5-points GQ를 이용하여 적분을 수행하였다. 크기분포와 표준 크기분포 함수의 부프로그램에 사용된 변수는 다음과 같다.

SizeDist_MGam의 입력변수 :

- denorm = 1.0 [cm^{-3}]
- a = 9.808E−3, α = 5.0, b = 0.938, γ = 1.05
- rmin, rmax = 0.0, 0.0 [μm]

SizeDist_MGam의 변수 :

- rmin, rmax = 00.064, 27.421 [μm]
- ndiv = 300, rmin~rmax 사이에 사용되는 계산 격자의 수
- radr = 300개의 r_i $(i=1, 2, \cdots, 300)$ [μm]
- sized = $d\widetilde{N}(r_i)/dr\,[\text{cm}^{-3}/\mu\text{m}]$, 300개의 r_i $(i=1, 2, \cdots, 300)$에 대한 값
- wght = 300개의 계산 격자에 대한 가중치 w_i $(i=1, 2, \cdots, 300)$

SizeDist_MGam의 결과물 : BHMIE_MGam.sdist

- 입자반경에 따른 $d\widetilde{N}(r_i)/dr$, $d\widetilde{V}(r_i)/dr$, $d\widetilde{S}(r_i)/dr$ 값
- 수치적분으로 계산한 유효 반경은 $R_{eff}^{cal} = 7.3301$ [μm]이며 식(6.3.30)으로 계산한 유효 반경은 $R_{eff}^{eqs} = 7.3301$ [μm]이다.
- $V = 1.1031\times10^3\,[\mu\text{m}^3\text{cm}^{-3}]$이고 $S = 4.5147\times10^2\,[\mu\text{m}^2\text{cm}^{-3}]$이다. 이들은 표준 크기분포일 때의 값이므로 구름 입자의 수밀도가 N_0이면 이 값을 곱해 준다.
- $LWC = 1.1031\times10^{-3}\,[\text{g cm}^{-3}]$이다. 여기에도 구름 입자의 수밀도가 N_0이면 이 값을 곱해 준다.

- **주프로그램 결과물**

- BHMIE_MGam.out : Legendre polynomial 전개 상수를 계산하고 다시 위상함수를 복원하여 원래 위상함수와 비교하였다. 구름 입자 전체에 대한 부피 소산계수, 산란계수, 비대칭도, 단일산란 알베도가 포함되어 있다.

- **부수 프로그램**

- SizeDist.pro : BHMIE_MGam.sdistX를 그림으로 그리는 프로그램이다
- Phase_Plot.pro : 계산 결과물인 BHMIE_MGam.outX를 그림으로 그리는 프로그램이다.

참고문헌

이광목, 2000 : 대기복사, 장파복사와 응용, 시그마프레스, 174pp.

한국기상학회, 2015 : 대기과학 용어집, 시그마프레스, 1042pp.

Bergstrom, R.W., P.B. Russell, and P. Hignett, 2002 : Wavelength dependence of the absorption of black carbon particles : Predictions and results from the TARFOX experiment and implications for the aerosol single scattering albedo, J. Atmos. Sci., 59, 567-577.

Bodhaine, B.A., N.B. Wood, E.G. Dutton, and J.R. Slusser, 1999 : On Rayleigh optical depth calculations, J. Atmos. Ocean. Tech., 16, 1854-1861.

Bohren, C.F., and D.R. Huffman, 1983 : Absorption and scattering of light by small particles, John Wiley & Sons, Inc., 530pp.

Boer, G.J., I.N. Sokolik, and S.T. Martin, 2007 : Infrared optical constants of aqueous sulfate – nitrate – ammonium multi – component tropospheric aerosols from attenuated total reflectance measurements : Part II. An examination of mixing rules, J. Quant. Spectrosc. Radiat. Transfer, 108, 39–53, https://doi.org/10.1016/j.jqsrt.2007.02.018.

Burden, R.L., and J.D. Faires, 2011 : Numerical analysis, 9th Ed., Brooks/Cole, 877pp.

Chance, K., and R.L. Kurucz, 2010 : An improved high-resolution solar reference spectrum for Earth's atmosphere measurements in the ultraviolet, visible, and near infrared, J. Quant. Spectrosc. Radiat. Transfer, 111, 1289-1295.

Chandrasekhar, S., 1960: Radiative transfer, Dover, New York, 393pp.

Chylek, P., G. Videen, W. Geldart, S. Dobbie, and W. Tso, 2000 : Effective medium approximation for heterogeneous particles. In M. Mishchenko (Ed.), Light scattering by nonspherical particles : Theory, measurements and geophysical applications, (273–308pp). San Diego, Calif., USA, Academic.

Clough, S.A., F.X. Kneizys, and R.W. Davies, 1989 : Line shape and the water vapor continuum, Atmos. Res., 23, 229–241.

De Rooij, W.A., and C.C.A.H. Van der Stap, 1984 : Expansion of Mie scattering matrices in generalized spherical functions, Astron. Astrophys., 131, 237-248.

Drayson, S.R., 1976 : Rapid computation of the Voigt profile, J. Quant. Spectrosc. Radiat. Transfer, 16, 611-614.

Dubovik, O., and M.D. King, 2000 : A flexible inversion algorithm for retrieval of aerosol optical properties from Sun and sky radiance measurements, J. Geophys. Res., 105, 20673-20696.

Dubovik, O., and coworkers, 2006 : Application of spheroid models to account for aerosol particle nonsphericity in remote sensing of desert dust, J. Geophys. Res., 111, D11208, doi:10.1029/2005JD006619.

Goody, R.M., and Y.L. Yung, 1989 : Atmospheric radiation, 2nd Ed., Oxford University Press, 519pp.

Gordon, I.E., and coworkers, 2022 : The HITRAN2020 molecular spectroscopic database, J. Quant. Spectrosc. Radiat. Transfer, 277, 1-82, doi:10.1016/j.jqsrt.2021.107949.

Grainger, R.G., 2017 : Some useful formulae for aerosol size distributions and optical properties.

Hess, M., P. Koepke, and I. Schult, 1998 : Optical properties of aerosols and clouds : The software package OPAC, Bull. Amer. Meteor. Soc., 79, 831-844.

Hovenier, J.P., C. van der Mee, and H. Domke, 2004 : Transfer of polarized light in planetary atmospheres,

Kluwer Academic Publishers, 258pp.

Joseph, J.H., W.J. Wiscombe, and J.A. Weinman, 1977 : The delta-Eddington approximation for radiative flux transfer, J. Atmos. Sci., 33, 2452-2459.

Kim, J., and coworkers, 2020 : New era of air quality monitoring from space, Bull. Amer. Meteor. Soc., 101, E1-E22, https://doi.org/10.1175/BAMS-D-18-0013.1.

Koepke, P., J. Gasteiger, and M. Hess, 2015 : Technical Note : Optical properties of desert aerosol with non-spherical mineral particles : data incorporated to OPAC, Atmos. Chem. Phys., 15, 5947–5956, doi:10.5194/acp-15-5947-2015.

Lamouroux, J., H. Tran, A.L. Laraia, R.R. Gamache, L.S. Rothman, I.E. Gordon, and J.-M. Hartmann, 2010 : Updated database plus software for line-mixing in CO2 infrared spectra and their test using laboratory spectra in the 1.5–2.3 mm region, J. Quant. Spectrosc. Radiat. Transfer, 111, 2321-2331, doi:10.1016/j.jqsrt.2010.03.006.

Lamouroux, J., L. Régalia, X. Thomas, J.V. Auwera, R.R. Gamache, and J.-M. Hartmann, 2015 : CO2 line-mixing database and software update and its tests in the 2.1 mm and 4.3 mm regions, J. Quant. Spectrosc. Radiat. Transfer, 151, 88–96, doi:10.1016/j.jqsrt.2014.09.017.

Lee, K.-M., H. Choi, and J. Kim, 2020 : Refractive Index for Asian dust in the ultraviolet-visible region determined from compositional analysis and validated with OMI observations, J. Geophys. Res. Atmosphere, 125, DOI : 10.1029/2019JD030629.

Levy A, N. Lacome, C. Chackerian, Jr., 1992 : Collisional line mixing, in Spectroscopy of the Earth's Atmosphere and Interstellar Medium, Academic Press, Inc. Boston. 261-337.

Liou, K.N., 2002 : An introduction to atmospheric radiation, 2nd Ed., Academic Press, 577pp.

McCartney, E.J., 1976 : Optics of the atmosphere, John Wiley & Sons, 408pp.

Meador, W.E., and W.R. Weaver, 1980 : Two-stream approximations to radiative transfer in planetary atmospheres : A unified description of existing methods and a new improvement, J. Atmos. Sci., 37, 630-643.

Mishchenko, M.I., and L.D. Travis, 1994 : Light scattering by polydispersions of randomly oriented spheroids with sizes comparable to wavelengths of observations, Appl. Opt., 33, 7206–7225.

Mishchenko, M.I., L.D. Travis, and A.A. Lacis, 2006 : Multiple scattering of light by particles, Cambridge University Press, 478pp.

Mlawer, E.J., S.A. Clough, P.D. Brown, and D.C. Tobin, 1999 : Recent developments in the water vapor continuum, paper presented at Ninth ARM Science Team Meeting, NASA, San Antonio, Tex.

Mlawer, E.J., S.A. Clough, and D.C. Tobin, 2003 : A revised perspective including collision induced effects, paper presented at ASSFTS.

Mlawer, E.J., V.H. Payne, J-L. Moncet, J.S. Delamere, M.J. Alvarado, and D.C. Tobin, 2012 : Development and recent evaluation of the MT_CKD model of continuum absorption, Phil. Trans. Roy. Soc. A, doi:10.1098/rsta.2011.0295.

More, J.J., and D.C. Sorensen, 1983 : Computing a Trust-Region Step, J. Sci. Stat. Comput., 4, 553–572, doi:10.1137/0904038.

Niro, F., C. Boulet, and J.-M. Hartmann, 2004 : Spectra calculations in central and wing regions of CO2 IR bands between 10 and 20 mm. I : model and laboratory measurements, J. Quant. Spectrosc. Radiat. Transfer, 88, 483-494.

Petty, G.W., 2004 : A first course in atmospheric radiation, Sundog Publishing, 444 pp.

Potter, J.F., 1970 : The delta function approximation in radiative transfer theory, J. Atmos. Sci., 27, 943-949.

Purcell, E.M., and C.R. Pennypacker, 1973 : Scatteting and absorption of light by nonspherical dielectric grains, Astro. J., 186, 705-714.

Rothman, L.S., and coworkers, 2013 : The HITRAN2012 molecular spectroscopic database, J. Quant. Spectrosc. Radiat. Transfer, 130, 4-50, doi:10.1016/j.jqsrt.2013.07.002.

Schulz, F.M., K. Stamnes, and F. Weng, 1999 : VDISORT : an improved and generalized discrete ordinate radiative transfer model for polarized (vector) radiative transfer computations, J. Quant. Spectrosc. Radiat. Transfer, 61, 105-122.

Shettle, E.P., and J.A. Weinman, 1970 : The transfer of solar irradiance through inhomogeneous turbid atmospheres evaluated by Eddington's approximation, J. Atmos. Sci., 27, 1048-1055.

Shine, K.P, A. Campargue, D. Mondelain, R.A. McPheat, I.V. Ptashnik, D. Weidmann, 2016 : The water vapour continuum in near-infrared windows – Current understanding and prospects for its inclusion in spectroscopic databases, J. Molec. Spectro., 327, 193-208, doi:10.1016/j.jms.2016.04.011.

Siewert, C.E., 2000 : A discrete-ordinates solution for radiative-transfer models that include polarization effects, J. Quant. Spectrosc. Radiat. Transfer, 64, 227-254.

Sokolik, I.N., and O.B. Toon, 1999 : Incorporation of mineralogical composition into models of the radiative properties of mineral aerosol from UV to IR wavelengths, J. Geophys. Res., 104, 9423-9444.

Spurr, R.J.D., 2006 : VLIDORT : A linearized pseudo-spherical vector discrete ordinate radiative transfer code for forward model and retrieval studies in multilayer multiple scattering media, J. Quant. Spectrosc. Radiat. Transfer, 102, 316-342, doi:10.1016/j.jqsrt.2006.05.005.

Stamnes, K., and R. Swanson, 1981 : A new look at the discrete ordinate method for radiative transfer calculations in anisotropically scattering atmospheres, J. Atmos. Sci.. 38, 387-399.

Stamnes, K., S.-C. Tsay, W. Wiscombe, and I. Laszlo, 2000 : DISORT, a general-purpose fortran program for discrete-ordinate-method radiative transfer in scattering and emitting layered media : Documentation of methodology, DISORT Report v1.1, 112pp.

Thomas, G.E., and K. Stamnes, 1999 : Radiative transfer in the atmosphere and ocean, Cambridge University Press, 515pp.

Tretyakov, M.Y., M.A. Koshelev, E.A. Serov, V.V. Parshin, T.A. Odintsova, and G.M. Bubnov, 2014 : Water dimer and the atmospheric continuum, Phys. Usp., 57, 1083–1098, doi:10.3367/UFNr.0184.201411c.1199.

Waterman, P.C., 1971 : Symmetry, unitarity, and geometry in electromagnetic scattering, Phys. Rev. D., 3, 825-839.

Wiscombe, W.J., 1977 : The delta-Eddington approximation for a vertically inhomogeneous atmosphere, NCAR/TN-121+STR, 66pp.

Wiscombe, W.J., 1977 : The delta-M method : rapid yet accurate radiative flux calculations for strongly asymmetric phase functions, J. Atmos. Sci., 34, 1408–21.

Wiscombe, W.J., 1979 : Mie scattering calculations : Advances in technique and fast vector-speed computer codes, NCAR technical note, 64pp.

Yang, P., and K.N. Liou, 1996 : Geometric-optics-integral-equation method for light scattering by non-spherical ice crystals, Appl. Opt., 35, 6568–6584.

Yang, P., and coworkers, 2013 : Spectrally consistent scattering, absorption, and polarization properties of atmospheric ice crystals at wavelengths from 0.2 to100 mm, J. Atmos. Sci., 70, 330–347.

Yurkin, M.A., and A.G. Hoekstra, 2011 : The discrete-dipole approximation code ADDA : capabilities and known limitations, J. Quant. Spectrosc. Radiat. Transfer, 112, 2234–2247.

주요 상수

빛의 속도(진공)	$c = 2.997925 \times 10^{8}\,\mathrm{ms}^{-1}$
Boltzmann 상수	$k = 1.380622 \times 10^{-23}\,\mathrm{JK}^{-1}$
Planck 상수	$h = 6.626196 \times 10^{-34}\,\mathrm{Js}$
Radiation 상수	$\begin{cases} C_1 = 2\pi hc^2 = 3.741832 \times 10^{-16}\,\mathrm{Wm}^2 \\ C_2 = hc/k = 1.438786 \times 10^{-2}\,\mathrm{mK} \end{cases}$
Stefan-Boltzmann 상수	$\sigma = 5.67032 \times 10^{-8}\,\mathrm{Wm}^{-2}\mathrm{K}^{-4}$
태양 상수	$S = 1368\,\mathrm{Wm}^{-2}$
지구 평균반경	$R_{\oplus} = 6.3710 \times 10^{6}\,\mathrm{m}$
태양 평균반경	$R_{\odot} = 6.9600 \times 10^{8}\,\mathrm{m}$
지구－태양의 평균 거리	$AU = 1.4960 \times 10^{11}\,\mathrm{m}$
원자 질량단위	$amu = 1.660539 \times 10^{-27}\,\mathrm{kg}$
전자의 질량	$m_e = 9.10956 \times 10^{-31}\,\mathrm{kg}$
전자의 전하	$e = 1.60219 \times 10^{-19}\,\mathrm{C}$ (coulomb)
Permittivity of vacuum	$\epsilon_0 = 8.85419 \times 10^{-12}\,\mathrm{Fm}^{-1}$ (farads per meter)
Permeability of vacuum	$\mu_0 = 1.256637 \times 10^{-6}\,\mathrm{NA}^{-2}$ (N per square ampere)
Avogadro 수	$N_0 = 6.022140 \times 10^{23}\,\mathrm{mol}^{-1}$
Loschmidt 수	$n_s = 2.686781 \times 10^{25}\,\mathrm{m}^{-3}$
표준 온도	$T_0 = 273.16\,\mathrm{K}$
표준 기압	$P_0 = 1.01325 \times 10^{5}\,\mathrm{Pa}$

찾아보기

실습 프로그램 파일 안내

본 교재에서 설명한 프로그램 파일은 도서출판 동화기술 홈페이지와 웹하드에서 다운로드 가능합니다. LINUX (UNIX) 컴퓨터에서 압축된 파일을 풀면 여러 개의 하부 디렉터리 아래에 다양한 실습 프로그램들이 있습니다. 교재의 내용이나 프로그램에 대한 제언 혹은 문의 사항은 저자의 연락처인 kmlee@knu.ac.kr 로 문의하시면 됩니다.

프로그램 다운로드 방법

(1) 도서출판 동화기술 홈페이지 / 고객센터 / 자료실 / 대기복사
https://donghwapub.co.kr

(2) 도서출판 동화기술 웹하드 접속 ID / PW = dh2236 / 홈페이지자료 / 대기복사
https://webhard.co.kr

프로그램 설치 방법

다운로드 한 압축 파일은 LINUX (UNIX) 컴퓨터에서 풀 수 있습니다. 먼저 디렉터리 /SCA_LecNotes/ 를 만들고 위의 자료실에서 다운로드 한 파일을 복사합니다. 그리고 다음 형식으로 압축 파일을 풉니다.

```
tar -zxvf LecNOTE_Part1.tar.gz
```

혹은

```
gunzip -v LecNOTE_Part1.tar.gz
tar -xvf LecNOTE_Part1.tar
```

각각의 *_Part*.tar.gz 파일을 압축해제 하였을 때 생성되는 하부 디렉터리는 다음과 같으며, 교재에서 설명한 실습 프로그램들은 그 하부 디렉터리에 있습니다.

LecNOTE_Part1.tar.gz
- ATM_Profiles
- DeltaEddington
- Eigenvalue
- DISORT_Basic

LecNOTE_Part2.tar.gz
- DISORT_GEMS

LecNOTE_Part3.tar.gz
- LBL_Basic

LecNOTE_Part4.tar.gz
- LBL_DISORT
- MIE_Particle
- MIE_SizeDist
- RadioSonde

저자 **이광목**

저자는 경북대학교 사범대학 과학교육과(지구과학 전공)를 졸업하고 서울대학교 대학원 기상학과에서 석사학위를 마친 후 미국의 U. of Michigan에서 대기과학 박사학위를 취득하였다. 기상청 기상연구소에서 연구관으로 근무하였으며 1992년부터 경북대학교 자연과학대학 천문대기과학과-지구시스템과학부에서 교수로 재직하였다. NASA Langley 대기과학부의 방문연구원을 지냈으며 한국기상학회의 학술지 Asia-Pacific J. of Atmospheric Sciences 편집위원장을 역임하였다. 현재는 경북대학교 지구시스템학부의 명예교수이다.

대기복사 산란대기에서 복사전달　　정가 25,000원

발　행　2023년 5월 30일 초판 1쇄
저　자　이광목
발행인　정우용
발행처　도서출판 동화기술
경기도 파주시 광인사길 201(문발동, 파주출판도시)
Tel (031)955-4211~6　donghwapub@nate.com
Fax (031)955-4217　www.donghwapub.co.kr
(등록) 1977년 12월 19일/9-16호

ISBN 978-89-425-9469-6